黄河流域
水沙变化趋势集合评估

张晓明　赵　阳　于坤霞
徐梦珍　刘红珍　史红玲　等　著

科学出版社
北京

内 容 简 介

　　本书根据国家重点研发计划课题"黄河流域水沙变化趋势集合评估"的研究成果系统总结而成。全书系统梳理流域水沙预测既有方法，在量化识别各类既有水沙预测方法适用性和预测成果不确定性基础上，创新研发流域水沙变化趋势预测集合评估技术。综合考虑极端降雨情景，基于多模型方法水沙预测结果，集合评估黄河流域未来 30~50 年水沙变化趋势及其置信区间，研究结果可为未来治黄策略制定提供重要的水沙调控边界条件。

　　本书可供从事水土保持、河床演变与河道整治、水文学及水资源、水沙资源配置与利用、防洪减灾、黄河治理等方面研究的科技人员及高等院校有关专业师生参考。

审图号：GS 京（2023）1895 号

图书在版编目（CIP）数据

黄河流域水沙变化趋势集合评估／张晓明等著 . —北京：科学出版社，2024. 3

ISBN 978-7-03-070328-6

Ⅰ. ①黄… Ⅱ. ①张… Ⅲ. ①黄河流域–含沙水流–研究 Ⅳ. ①TV152

中国版本图书馆 CIP 数据核字（2021）第 216330 号

责任编辑：李晓娟／责任校对：樊雅琼
责任印制：徐晓晨／封面设计：无极书装

科 学 出 版 社 出版
北京东黄城根北街 16 号
邮政编码：100717
http://www.sciencep.com
北京建宏印刷有限公司 印刷
科学出版社发行　各地新华书店经销
*
2024 年 3 月第 一 版　开本：787×1092　1/16
2024 年 3 月第一次印刷　印张：26 3/4
字数：650 000
定价：288. 00 元
（如有印装质量问题，我社负责调换）

序

黄河，孕育并承载了古老灿烂、延绵不断的中华文明，是中华民族的母亲河。然而，黄河以水少沙多、水沙异源和水沙过程不匹配为主要特征的水沙关系不协调问题仍未从根本上解决，仍是制约黄河安澜与黄河流域生态保护和高质量发展的症结所在。人民治黄70多年来，通过大规模的兴利除害、综合治理和系统调控，彻底改变了黄河历史上"三年两决口、百年一改道"的困境，书写了黄河岁岁安澜的伟大奇迹。但是，由于黄土高原独特的气候、土壤及地理环境与不断加剧的人类活动，保障黄河流域长治久安之关键，依然是调节黄河水沙关系这个"牛鼻子"问题，而水沙关系系统调控之前提则是黄河水沙情势的科学预测。

黄河水沙情势的变化直接影响黄土高原水土流失治理方略确定、流域水沙调控体系建设、上下游河道保护和治理与跨流域调水工程布局等决策制定。自1980年以来，国家科技计划持续资助开展黄河水沙变化趋势预测研究。然而，受预测时段、方法、技术及其边界条件等影响，预测成果呈现"百家争鸣"之态，难达成共识，制约了对水沙变化情势的科学认识。如：2000年以前，多采用水文法和水保法，入黄沙量预测结果介于5亿~21亿t/a；2000年以来，水土保持稳步推进，且可实现复杂水文过程数学概化表达的水文模型广泛应用，入黄沙量预测结果的差异逐步缩小，介于3亿~8亿t/a。面对近20年黄河水沙锐减的新情势，如何提高未来变化趋势预测的可靠性，成为水沙科学与工程实践亟须破解的技术难题。

《黄河流域水沙变化趋势集合评估》一书，是在"十三五"国家重点研发计划项目"黄河流域水沙变化机理与趋势预测"资助下完成的关于黄河水沙演变趋势多模型预测及其集合评估等研究成果的凝练。该书共分8章35节，重点论述了黄河流域水沙变化规律及其与世界典型河流水沙变化的分异性、水沙变化归因与预测现有方法的适用性评价、流域水沙变化预测集合评估技术构建、黄河流域未来50年水沙变化趋势集合评估以及未来极端降雨黄河可能输沙量等。该书提出的针对数据需求、物理基础、应用效率、输出尺度、预测精度、结果不确定性的水沙预测模型适用性判别技术，实现了水沙预测方法适用性及其不确定性集合评价，首次研发了流域水沙变化趋势集合评估技术，评估各种模型预测结果的可信度，并基于黄河流域水沙预测现有方法的预测结果，在统一边界条件下，集合评估了未来50年入黄沙量（潼关站）约为3亿t/a，极端降雨条件下可能的入黄沙量（潼关站）约为5亿t/a。

　　该书首次提出的针对不同方法水沙预测结果的集合评估技术，集众家之长以提高预测结果的稳定性，契合了当前水沙科学与工程实践关于黄河流域水沙变化趋势科学认识的实际需求，为制订黄河流域治理规划打下重要的科技基础，便于决策者应用。集合评估技术的研究理念、方法及成果对读者开展相关教学、研究和实践应用具有重要借鉴价值，也对推动黄河流域生态保护和高质量发展国家战略的科学实施具有重要参考意义。

中国工程院院士

2022 年 10 月

前　言

黄河是我国第二大河流，是中华民族的母亲河。黄河以占全国 2.5% 的水资源量，养育了 12% 的人口、灌溉了 15% 的耕地、支撑了 14% 的国内生产总值，生产了全国 12.3% 的粮食和 55% 的煤炭。黄河流域在保障国家粮食安全、能源安全和生态安全等方面地位十分重要。然而，黄土高原生态环境禀赋条件差，再加特殊的气候地理特征和不合理的人类活动，致使黄河善淤、善决、善徙，给中华民族带来过深重灾难。黄河水少沙多、水沙关系不协调，是黄河复杂难治的症结所在。调控黄河水沙关系对保障黄河长久安澜至关重要。党领导人民治黄 70 多年来，通过兴利除害、综合治理和系统调控，黄河流域水沙情势发生了持续性变化，黄河来水量在减少、来沙量锐减。黄河水沙情势变化深刻影响黄河流域生态保护与高质量发展战略专项规划、设计及工程布局等重大决策，科学研判未来黄河来水来沙量是制定水沙调控对策最基础、最关键的科学问题，也是水沙科学与工程实践长期关注的难点问题。

我国自 20 世纪 80 年代即开展黄河水沙变化研究，围绕入黄水沙的趋势性预测成果很多，但由于黄河水沙是一个动态的变化系统，受气候、生态、地貌等多过程耦合驱动影响，使得黄河水沙变化将呈趋势性减少或周期性减少未达成共识。特别持续的生态建设与水沙调控工程布局、极端的气象事件频发与不断加剧的人类活动，更增加了黄河水沙变化实际及预测的不确定性。为此，科技部将"黄河流域水沙变化机理与趋势预测"（2016YFC0402400）列为"十三五"国家重点研发项目，以加强对黄河水沙变化问题的研究，旨在为黄河水沙调控策略的科学制定提供技术支撑。本书就是在该项目资助下完成的关于黄河水沙演变趋势多模型预测及其集合评估等研究成果的凝练。

本书以科学研判黄河未来水沙情势为目标，系统阐明了百年尺度下黄河来水来沙量的演变规律及其耦合驱动机制，明晰了黄河水沙变化归因-模拟既有方法研究结果的不确定性和误差来源，构建了水沙变化预测方法的适用性集合评估技术，并基于模型输入、结构和输出在数据需求、物理基础、应用效率、输出尺度和预测精度等方面集合评估了方法的适用性。借鉴 IPCC 关于气候预测的集合预报思想，融合水沙变化预测集合评估技术，综合考虑极端降雨情景，集合评估了机器学习模型、SWAT 模型、多因子影响的分布式水文模型、流域水沙动力模型等关于黄河流域未来 30 ~ 50 年水沙变化预测结果，明确了水沙变化趋势及其置信区间。本研究成果的提出，在丰富和扩展水文领域集合预报研究的同时，有助于突破黄河水沙趋势预测难于形成一致共识的缺憾，可为科学预测黄河未来常态水沙情势，提出黄河水沙变化调控阈值与应对策略提供重要依据。

本书是在"黄河流域水沙变化趋势集合评估"（2016YFC0402407）课题研究成果的基础上，通过系统总结撰写而成。全书共分为 8 章，各章撰写人员如下：第 1 章，由张晓明执笔；第 2 章，由赵阳、徐梦珍、王友胜和刘红珍等执笔；第 3 章，由史红玲和张晓明执笔；第 4 章，由徐梦珍、赵阳和于坤霞等执笔；第 5 章，由于坤霞、徐梦珍和张晓明等执笔；第 6 章，由张晓明、徐梦珍和于坤霞等执笔；第 7 章，由张晓明、徐梦珍、于坤霞和赵阳等执笔；第 8 章，由赵阳、刘红珍和张晓明等执笔。全书由张晓明和赵阳统稿，张晓明审定。

特别需要说明的是，本书研究成果是在中国水利水电科学研究院、清华大学、西安理工大学、黄河勘测规划设计研究院有限公司等单位的共同努力下完成的，主要完成人有：中国水利水电科学研究院的胡春宏、张晓明、赵阳、史红玲、王友胜、殷小琳、成晨、辛艳、张永娥、郭米山、李永福、朱毕生、刘卉芳、刘冰、解刚、王昭艳等；清华大学徐梦珍、胡宏昌、刘星、王光辉、王紫荆、张晨笛、周雄、东库玛尔辛格等；西安理工大学于坤霞、肖列、任宗萍、刘莹、常恩浩、刘昱、蒋凯鑫、孙倩、白璐璐、张荷惠子等；黄河勘测规划设计研究院有限公司刘红珍、王鹏、沈铭晖、李保国、沈洁、陈松伟、宋伟华、李荣容等。在研究过程中，课题组全体成员密切配合，相互支持，圆满地完成了项目的研究任务，在此对他们的辛勤劳动表示诚挚的感谢。同时，在课题执行过程中，得到胡四一、宁远、刘昌明、王浩、王光谦、倪晋仁、高安泽、陈效国、黄自强、李文学、梅锦山、高俊才、郭熙灵、李义天、余新晓、贾绍凤、曲兆松等专家全过程咨询指导，在此深表感谢。

限于作者水平，书中难免存在不足之处，敬请读者批评指正。

张晓明

2022 年 10 月

目 录

| 1 | 绪 论

1.1 背景意义

黄河是世界上水流含沙量最高的河流，自西向东流经 9 省（区），以占全国 2% 的河川径流量，承担全国 15% 的耕地面积和 12% 的人口供水重任，为国家的经济建设、粮食安全、能源安全、生态改善等做出了突出的贡献，肩负着实现中国梦的黄河担当。黄土高原位于黄河中游，是世界上黄土堆积最厚、面积最大、水土流失最严重的区域。黄土高原向黄河输送大量泥沙，成为中华民族的心腹之患。黄土高原经过 50 多年的治理，特别是在大规模退耕还林（草）、坡改梯和淤地坝等工程实施后，加之气候暖干化等影响，黄河流域水沙情势发生巨大变化，潼关站年输沙量由 1919～1959 年的 16 亿 t 减少至2000～2020 年的 2.42 亿 t，减少约 85%。黄河水沙情势剧变，已严重影响黄土高原乃至黄河流域规划与治理的科学参照依据。水沙变化如此之大、如此之快，演变机理是什么？未来趋势如何？黄土高原未来治理方向是否随之做出重大调整？成为新时期黄河治理亟须回答的重大科技问题，也是事关黄河治理开发与管理的基础性战略性问题。

我国自 20 世纪 80 年代即开展黄河水沙变化研究，从 1988 年的"黄河水沙变化研究基金"、"八五"国家重点科技项目（攻关）计划、"九五"国家重点科技项目（攻关）计划、"十五"国家重点科技项目（攻关）计划、"十一五"国家科技支撑计划项目、"十二五"国家科技支撑计划项目，一直到"十三五"国家重点研发专项。关于流域水沙变化机理、机制及水沙过程模拟，研究成果诸多，但黄土高原由于侵蚀产沙问题的复杂性，在产汇流机制变化、水沙非线性关系、水沙-地貌-生态多过程耦合效应等关键机理方面仍有不足。特别是关于流域水沙变化趋势预测方面，虽然研究方法多样（如水文法、水保法、集总式模型、分布式水文模型等），甚至利用多子模型嵌套开展集合预报，但各类方法结构的差异导致输入数据的分辨率和结构参数等标准不一，评估和预测的结果千差万别，甚至相互矛盾、与实际不符，使各界对预测结果的不确定性和方法本身的可靠性、实用价值存在争议，却无评判抓手，影响到流域治理措施效应的正确评估和措施的对位配置，使相关管理部门不能做出最科学的决策。

为此，为保证流域水沙变化预测结果的实用性和科学性，迫切需要开展不同预测方法的集合评估，即构建基于各类方法输入、参数、结构和输出等综合评价的集合评估技术，在对各类方法模拟预测结果的集合评估基础上，科学确定输出值及其置信区间。集合评估的提出是借鉴政府间气候变化专门委员会（Intergovernmental Panel on Climate Change, IPCC）集合预报的思想，而通用管理信息协议（common management information protocol, CMIP）中输入与输出的格式是标准化的。本书中既有水沙变化预测方法，如水文法、水保法和物理模型等，其内在机理与数据输入存在巨大差异，所以集合评估需突破更复杂的技术瓶颈。集合评估不同于集合预报，前者是在对各类预测结果综合评价基础上提出最靠近真值的值，后者是对同一系统分段模拟来集合输出一个结果，后者是前者的对象。本研究成果将丰富和扩展水文领域的集合预报，推动其他领域类似的多模型的比较和集合分析研究发展，为水文模型的不确定性研究另辟蹊径，并有助于弥补黄河水沙趋势预测难以形成一致共识的缺憾，为科学预测未来常态水沙情势，提出黄河水沙变化调控阈值与应对策略提供重要依据。

1.2 黄河流域水沙变化归因与预测研究现状

1.2.1 流域水沙变化归因与预测

江河水沙变化是全球水文与泥沙研究的重要关注点，水沙变化归因与模拟预测是其永恒主题。受近年来气候变化、水利水保工程等高强度人类活动的影响，全球大江大河的水沙发生了明显的变化（Berendse et al., 2015；Brevik et al., 2015；Buendia et al., 2016），这引起了国内外学者与政府管理部门的高度关注（Burt et al., 2016；Chen et al., 2017）。据统计，全球主要江河自20世纪90年代以来入海沙量由126亿t减少了30%，其中，47%的河流输沙量减少、22%的河流径流量减少、19%的河流两者都减少（Borrelli et al., 2015）。作为我国第二大河流的黄河，水沙量锐减，水沙关系发生重大变化，直接导致黄河下游河槽萎缩、河道排洪输沙能力降低等一系列新问题产生。从1980～2017年国际河流水沙变化研究领域的发文量年度变化趋势看（图1-1），国际水沙变化研究自2007年以来处于快速发展阶段，中国在水沙变化研究领域的论文数量位居发文量首位（图1-2），反映了中国在水沙变化研究领域的科研活动相当活跃，并且具有强的研究实力。通过对1980年以来每个阶段水沙变化研究领域的论文的主题词进行统计发现，流域水沙变化模拟预测研究一直是科学界的热点（Burt et al., 2016；Capra et al., 2017），2001年以后，水沙变

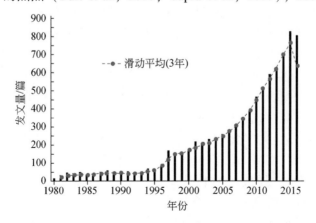

图 1-1 1980～2017 年水沙变化研究领域的发文量年度变化趋势

化的影响因素分析与驱动机理成为另一研究热点（表1-1）。

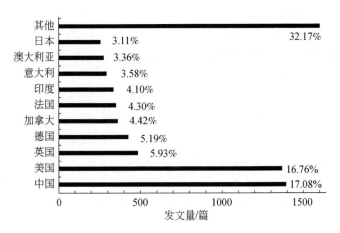

图1-2　水沙变化研究领域主要国家发文量对比

表1-1　1980~2017年水沙变化研究领域最受关注的主题词和新出现的主题词

时段	最受关注的主题词	新出现的主题词
1980~1990年	土壤侵蚀、降雨-径流模型、泥沙演算、建模	
1991~2000年	土壤侵蚀、径流、水文、建模	洪水、GIS、遥感、分布式水文模型、气候变化
2001~2010年	土壤侵蚀、径流、水文、建模、气候变化	降雨、水量平衡、冲淤量、SWAT、土地利用、不确定性
2011~2017年	径流、洪水、水文建模、气候变化	水文响应、水文过程、HEC-HMS、RUSLE、敏感性分析、人类活动

　　气候变化和人类活动共同影响下世界主要大江大河水沙量都受到了不同程度影响（Huntington，2006；Wang et al.，2011；Lu et al.，2013）。气候变化作用体现在：自20世纪80年代以来，全球的地表温度平均每10年约上升0.2℃（Hansen et al.，2006）；20世纪全球的年平均降水量增加的速率约为0.2mm/a（Piao et al.，2007）。气候变化通过改变全球及区域的水循环影响流域的径流及输沙（Miao et al.，2011）。人类活动的影响体现在：一方面，开垦、采矿等活动会加剧土壤的侵蚀产沙，河流的输沙量因此增大；另一方面，植树、造林、建设水坝等措施能够有效减少水土流失（Walling，2006）。据统计，20世纪全球土地利用变化导致的径流量平均增加速率为0.08mm/a（Piao et al.，2007）。

　　我国关于黄河水沙变化的研究与世界潮流一致，水沙变化趋势特点也一直是一个热点问题（刘昌明和张学成，2004；胡春宏等，2010；赵广举等，2012；姚文艺等，2013）。水利部自1987年专门设立"黄河水沙变化研究基金"资助专项研究以来，对黄河流域水利水土保持措施减水减沙量进行了评估，为黄河治理开发决策与大型水利工程建设提供了基础数据。近年来，胡春宏等（2010）分析了包括黄河在内11条中国江河的水沙变化趋势与主要影响因素，认为黄河中游龙门站、华县站、河津站、状头站等断面的输沙量只有多年均值的1/3，给黄河治理开发带来重大影响。针对近期黄河水沙变化，许炯心

（2010a）对黄河多沙粗沙区的水沙变化成因进行了分析，认为 1997 ～ 2007 年多沙粗沙区产沙量变化与降水量变化的关系不大，水利水土保持等人类活动已经完全改变了产沙量与降水量的关系，成为支配产沙过程的主导因素；赵广举等（2012）通过对 20 世纪 50 年代 ～ 2009 年黄河中游水沙系列资料的统计，认为气候变化、降雨、水土保持措施等人类活动是水沙变化的主要影响因素。

黄河流域显著的特点之一是沙多水少（第一大特点），数据资料显示黄河的多年平均输沙量为 16 亿 t（陕县站，1919 ～ 1960 年），为全世界江河的输沙量之最（赵广举等，2012），是中国第一大河流长江的 3 倍。其多年平均径流量为 559 亿 m³（花园口站，1919 ～ 1975 年），只有长江的 1/17（刘晓燕等，2016）。第二大特点是水沙异源，流域内径流约有 62% 来源于上游（李二辉，2016），而超过 90% 的输沙量来源于中游的黄土高原（Wang et al.，2017）。其中，中游河口镇至龙门段，也称为多沙粗沙区，地表组成物主要为沙黄土或砒砂岩，抗蚀性很弱，该地区是主要的产沙区，其粗泥沙来量占全河道粗泥沙来量的 73%（叶清超，1994）。多沙粗沙区的年降水量为 350 ～ 450mm，降水多为侵蚀性较强的暴雨形式（许炯心，2010a）。黄河流域形成这种特点的主要原因是：上游的流域面积大，占全流域面积的 53.8%，径流能够得到的支流补给量较大；中游经过土壤侵蚀率较高的黄土高原，容易得到充足的泥沙补给量。

在过去的 50 年中，黄河流域的实测径流量和输沙量均有显著减少的趋势（Liu et al.，2008；Yang et al.，2013；Wang et al.，2015a）。黄河中游在 20 世纪的年均输沙量峰值为 16 亿 t，而 2001 ～ 2009 年的年均输沙量只有 3.6 亿 t（三门峡站）（赵广举等，2012）。此外，在 21 世纪以来的 10 年里，黄河入海的径流量和泥沙量分别只有 20 世纪 50 年代的 30% 和 10%（Yu et al.，2013）。对于径流变化的研究表明，黄土高原年均径流量以 0.9mm 的速率显著降低（Feng et al.，2016）。

黄河流域内的人口数由 1953 年的 4180 万人增加到 2000 年的 1.1 亿人（Kong et al.，2016），人口增长意味着对水资源的需求增加。人类活动对黄河流域的影响主要体现在：过去的 50 年中，干流上修建了十几座坝，灌溉面积也由 1949 年前的 0.8 万 km² 增加到 1997 年的 7.51 万 km²（Fu et al.，2004），水利工程措施导致的引水减沙量明显增加（胡春宏等，2008）。许炯心（2010a）统计 1997 ～ 2005 年全流域的梯条田、造林、种草和自然封禁面积，合计为 10.83 万 km²，占全流域水土流失面积（43.4 万 km²）的 24.9%。大规模实施水土保持措施强烈地影响到流域的水文循环和侵蚀产沙过程（Mu et al.，2007）。Wang 等（2015b）用 DPSIR 框架将黄河流域的水土保持措施分为三个阶段实施，做了更为精细的比较研究。

气候变化对径流的影响主要体现在对降水量和蒸散发的影响（王随继等，2012），温度的变化则会引起蒸散发的变化。Yang 等（2004）的研究表明，黄河流域年降水量的减少速率约为 45.3mm/50a，气温的增加速率约为 1.28℃/50a。张建云等（2009）分析认为，气温每升高 1℃，中游干流的年径流量将会减少 3.7% ～ 6.6%；降水量每增加 10%，年径流量将会增加 17% ～ 22%。

然而，目前对黄河流域水沙变化成因仍缺乏系统评估，也缺乏对未来水沙变化趋势的定量预测，国外研究除很少涉及黄河流域外，也缺乏对降雨、下垫面、人类活动等多因子对大尺度流域水沙变化影响的分析实例。

1.2.2　黄河水沙变化归因与预测既有研究方法

黄河泥沙的锐减，改变了人们对黄河泥沙的认识（Fu et al., 2017）。黄河水沙的锐减是阶段性的还是确定性的趋势，引起水土保持界及相关管理部门高度关注和广泛而激烈的争论，也始终是水文、水保界研究的重点，特别地，关于降雨和人类活动对河流输沙变化的影响分析则是"百家争鸣"，相关研究结论缺乏实证支持或验证，大家各说各理，无法统一。关于黄河水沙变化的既有研究方法主要有水文法和水保法两大类 30 余种，其中水文法又包括水文统计模型和水文物理模型（图 1-3）。

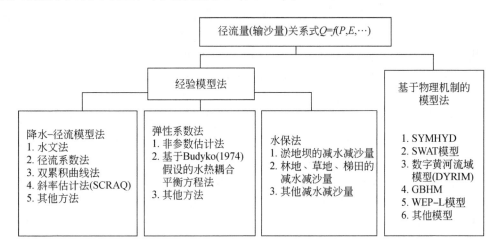

图 1-3　流域水沙变化归因与预测既有研究方法

Q 为径流量，P 为降雨，E 为蒸散发

（1）经验性方法

定量研究人类活动和气候变化对黄河流域的长期水文响应已有很多方法与成果（Kong et al., 2016）。由水利部主导的"黄河水沙变化研究基金"第一期提出水文法和水保法（汪岗和范昭，2002a，2002b），这类方法选取的变量较少，变量能够反映整个流域的主要水文特征（赵广举等，2013），这类方法是一种典型的基于历史观测数据的回归模型。Miao 等（2011）用水文法研究了黄河流域从上游唐乃亥站到下游利津站共 7 个主要水文站点的降雨-径流和降雨-输沙关系。Xu 等（2011）分析了无定河流域的年径流量 $Q_{w,m}$ 和五个自变量（流域调水量 $Q_{w,div}$、最大 30 日累计降水量 P_{30}、最大 1 天降水量 P_1、年降水量 P_m 及水土保持措施面积 A_{SC}）之间的线性关系，分别求出了上述各因素对径流变化的贡献率。Li 等（2007）在用水文法拟合无定河流域的径流量和降水量的回归关系时，加入了月降水量方差作为自变量。许炯心（2010b）用多元线性回归法研究了无定河流域的产沙模数和降水量、水土保持措施面积等多个因子之间的关系，并认为水土保持措施面积变化和降水量变化对产沙模数变化的贡献率基本相等。

水保法的原理是分项计算各项水土保持措施（如植树、种草、修建淤地坝和梯田等）

的减水减沙效益（Mu et al.，2007；Fu et al.，2007），通过逐项线性叠加即可得到所有水土保持措施的减水减沙量之和（姚文艺等，2013）。冉大川等（2004，2006）提出了计算淤地坝减洪量、减蚀量和拦泥量的公式，并着重分析了中游 6 条支流的淤地坝的拦沙效应，研究结果表明当河龙区间的淤地坝配置比例达到 2% 时，可有效地减少入黄的粗泥沙量。

双累积曲线法是研究水沙变化的一种最为常见的方法，该方法以其简单有效的特点而被广泛使用。Kong 等（2016）介绍了双累积曲线法的原理，运用该方法分析认为 1961 ~ 2012 年黄河流域上游、中游、下游径流变化受人类活动影响程度均超过了 90%。Mu 等（2012）使用双累积曲线法分析了中游陕县站的累计降水量（降水量分别 ≥ 0.1mm、≥10mm、≥15mm 和 ≥20mm 的 4 种情况）和累计输沙量的回归关系，结果表明日降水量 ≥15mm 时的累计降水量–累计输沙量曲线的相关系数最高。Yao 等（2015）用双累积曲线法研究了黄河上游西柳沟流域的水沙关系，其自变量选取大于 20mm 的日降水量数据，认为降水量和人类活动对径流变化的贡献率分别为 32% 和 68%，对输沙变化的贡献率分别为 25% 和 75%。此外，冉大川等（1996）探讨了两种形式的双累积曲线法，并结合实际案例和公式推导对二者的合理性进行了分析。

其他经验性方法的研究：王随继等（2012）提出用 SCRAQ（slope change ratio of accu-mulative quantity）法来计算气候变化因子对径流变化的贡献率，并用该方法分别分析了皇甫川流域和黄河中游河龙区间的径流变化特点，结果表明人类活动是地表径流量减少的最重要因素（王随继等，2013）。He 等（2016）提出用对比流域的方法来量化人类活动和气候变化对流域的影响作用，该方法按自定义的标准选取降水量和蒸散发量接近的两个年份，比较两个年份的径流量或输沙量的差值，用该值来衡量人类活动的贡献。上述方法的原理均较简单，得到的结论和水文法、双累积曲线法的结论也基本一致，因而也可以归类于经验性方法。

（2）弹性系数法

水文中的弹性系数定义为径流量变化率与气候因子变化率的比值（Schaake，1990），该系数被广泛用来研究降水量、蒸散发量及人类活动和径流量之间的关系（Xu et al.，2014），Sankarasubramanian 等（2001）提出了一种简单的非参数估计方法来计算弹性系数。Zheng 等（2009）认为 Sankarasubramanian 等（2001）的方法在处理小样本量数据时的统计可信度不高，运用最小二乘法对其进行了改进，并用改进后的方法分析了黄河源区 1960 ~ 2000 年的径流量变化。

Budyko 假设是对流域水热平衡关系的一种描述（Budyko，1974）。Choudhury（1999）基于该假设提出了多种形式的水热耦合平衡方程，这类平衡方程在黄河流域上被广泛应用于分析径流变化规律（Gao et al.，2016）。杨大文等（2015）选取了黄河 38 个典型支流作为研究对象，基于水热耦合平衡方程计算了径流量与气候因子和下垫面条件变化的弹性系数。Zhao 等（2014）基于 Budyko 假设的水热耦合平衡方程和线性回归两种方法，研究黄河流域 20 世纪 50 年代 ~ 2010 年 12 条支流的径流变化特点，结果表明除了北洛河与延河受气候变化主导，其余支流的径流受人类活动的影响更为强烈。Wu 等（2017）运用 6 种基于 Budyko 假设的弹性系数法、经验性方法、SWAT 模型对比研究了气候变化和人类活动对延河流域径流变化的贡献率，研究显示弹性系数法和 SWAT 模型的结果较为一致，而经验性方法计算的人类活动对其径流变化的贡献率偏高。

此外，Wang 等（2011）基于 Budyko 假设提出了一种分离评估方法（decomposition method）来划分人类活动和气候变化对径流变化的贡献率，并比较了该方法和其他方法在黄河流域上计算的贡献率。Milly 和 Dunne（2002）提出了类似于弹性系数法的方法，分别计算出径流量与降水量和潜在蒸散发量的敏感系数，该方法也可以用于区分人类活动和气候变化的作用。Li 等（2007）使用该方法计算了无定河流域的径流变化，得出了人类活动对径流变化贡献率为 84.3% 的结论。Wang 等（2015a，2017）通过输沙量的计算公式，借鉴弹性系数法的原理，提出了输沙量与降水量、径流系数、含沙率的弹性系数计算公式，可以定量表达上述三个因素对输沙量变化的贡献率。

另外，水文物理的外经验侵蚀产沙模型（修正通用土壤流失方程，RUSLE）在黄土高原地区运用也较广泛，RUSLE 是美国学者根据大量径流小区试验资料提出的著名经验模型，该模型考虑降雨、土壤可蚀性、作物管理、下垫面条件等因素对侵蚀的影响，在预测面蚀和沟蚀中被广泛应用。其中在我国被广泛采用的是 Liu 等（2002）根据我国土壤侵蚀的实际情况提出的适用于我国土壤侵蚀特征土壤流失预报（CLSE）模型，该模型是在美国的通用土壤流失方程（USLE）和 RUSLE 的基础上，经过改进得到的。

以上方法中，水保法可直观了解在实施各项措施后土壤侵蚀减轻的程度，在一定范围内可检验水文法计算结果的合理性，且能计算现状治理措施与预测规划治理措施的蓄水拦沙效益，不足之处在于将小区试验资料移用到大、中流域时，忽略了水保措施间耦合效应及尺度变异性，不能反映产流产沙过程中的内在联系。物理模型以土壤侵蚀产沙的物理机制为基础，能够较为细致地描述土壤侵蚀发生的物理过程及其机理，但由于缺乏详尽的实测资料，在大中型尺度流域的应用受到很大的限制；水文统计模型一般不考虑侵蚀产沙过程的物理机制，主要从侵蚀产沙因子角度入手，建立径流、产沙与降雨、植被、土壤、土地利用、耕作方式、水保措施等因素之间的统计关系，尽管在描述土壤侵蚀产沙过程中存在一定的局限性，但其结构简单、使用方便（图 1-4）。

1.2.3　流域水沙预测中的不确定性

不确定性是水文学研究中的热点问题，对既有预测方法的集合评估在于对其不确定性传递的辨析。

水文模型模拟和预报中的不确定性问题使模型结果的可靠性与实用价值受到限制，忽视或错估水文模型预报结果的不确定性会导致对各种预测的错误估计（Schuol et al.，2008），使相关管理部门不能做出最科学的决策。水文模型中参数的异参同效性（Beven，2006）、尺度效应（杨大文等，2004）、输入量的时空变异性及模型结构的潜在系统性偏差（Baird，2004）等存在不确定性，不确定性研究成为水文模型研究永远绕不开的关键课题，也是水文模型研究发展的瓶颈。

水文模型研究经历了从集总式水文模型到分布式水文模型的发展过程，但复杂的模型并不能显著提高水文模拟的精度。以往的水文模型研究集中在模型开发、参数率定和数据

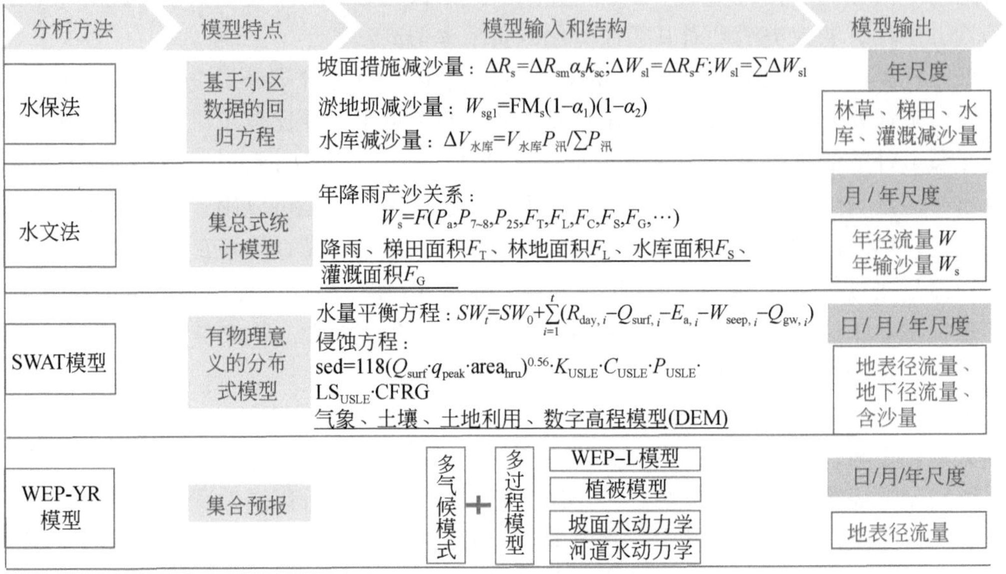

图 1-4 黄河水沙变化预测既有方法比较

处理等方面，而当前的研究热点和趋势在于模型验证、误差传递、不确定性分析和风险分析等方面（Singh and Woolhiser，2002；王中根等，2007）。自 20 世纪 90 年代以来，水文模型不确定性研究飞速发展，成为支撑水文模拟技术进一步发展的基础性研究（Beven，2006；Clark，2005），至今仍是研究前沿和热点问题。不确定性研究的意义在于通过评估水文预报的不确定性，评估各种灾害发生的风险，为科学决策提供依据。同时，通过诊断不确定性的来源，促进对水文循环规律的认识，从而为改进水文模型结构或者同化水文数据提供基础，使其模拟得更接近真实值，降低各种不确定性。

水文模型不确定性的直接来源主要分为参数不确定性、模型输入不确定性和结构不确定性。参数不确定性指参数赋值的不确定性，通常用参数取值的概率密度函数来表示，如尺度问题使模型参数的观测值和最有效值存在差异，即可观测的物理性参数也有不确定性。模型输入不确定性指模型的降雨、潜在蒸发等输入数据的不确定性，如作为模型输入的站点观测资料往往不能真实地反映流域范围内降雨的时空特征，即使在小流域，也存在着暴雨的空间不均匀性，进而影响产流过程。模型结构不确定性指建模各环节对流域水文过程所做模拟的不确定性，一般表现为模型不能同时准确地模拟同一或不同流域在不同输入条件下的响应。用于校验模型的流量等观测数据也有不确定性，通常称为数据不确定性。数据不确定性会通过参数率定、模型诊断等过程对模型参数不确定性和结构不确定性的估计产生影响。目前，在模型不确定性的研究中，结构不确定性的相关研究最为缺乏，且不同来源的不确定性既相互区别，又相互影响。

各学科不确定性问题的主要研究方法包括贝叶斯统计（朱慧明和韩玉启，2006）、信息熵（Shannon，1948）、模糊集（Zadeh，1965）、灰色系统（Deng，1982）等几大类，以及一些近似估计方法，如一阶近似（first-order approximation，FOA）（Haan，2002）等。基于水文模型的模拟和预报受到参数、输入、模型结构等来源的不确定性的影响，在估计预报不确定性的基础上做出概率形式的水文预报，比确定性预报更能为风险预警和合理决策等提供条件。早在 1975 年，Vicens 等（1975）就针对水资源规划提出了基于贝叶斯理论的年径流预报方法。自 20 世纪 80 年代以来，Krzysztofowicz（1999）针对洪水预报结果及相关预警和决策过程进行了一系列研究，并建立了基于确定性水文模型的概率预报方法即贝叶斯预报系统（Bayesian forecasting system，BFS）。自 20 世纪 90 年代以来，BFS 及相关概率预报方法被介绍和应用到国内（张洪刚等，2004；张铭等，2009）。基于集合卡尔曼滤波（ensemble Kalman filtering）方法的研究（Vrugt et al.，2005），估计模型状态和模型误差的时程演进，从而给出预报的不确定性。

从水沙变化研究方法的不确定性方面考虑，经验模型与概念性模型的结构不确定性通常较为显著，分布式水文模型对水文过程的描述更加严密，但其结构复杂、参数众多，子模块和状态变量很少得到检验，因此在实际应用中也表现出结构不确定性。然而，水文模型模拟和预报中的不确定性问题使得模型结果的可靠性与实用价值受到限制，忽视或错估水文模型预报结果的不确定性会导致对各种预测的错误估计，使相关管理部门不能做出最科学的决策。近年来，马尔可夫链蒙特卡罗方法、BFS 与贝叶斯模型平均（BMA）方法的结合进一步提高了概率预报的效率（Hoeting et al.，1996；Neuman，2003；Ajami et al.，2007；李向阳等，2006；邢贞相等，2007）。但是如何明确地考虑参数、输入和结构不确定性对传统水保法、水文法和过程模型预报的影响，特别是输入-参数-结构不确定性如何传递（Renard et al.，2010）、如何评估概率预报结果的准确性（Thyer et al.，2009），以及如何定量评估水沙预报的不确定性区间等方面，现有研究还比较薄弱，基于不同方法模拟和预报结果的集合评估，通过对表征预报结果精度与不确定性的多指标的综合评价，可定量集合预报预测结果、确定置信区间，有助于拓展不确定性及其传递研究的途径。

1.2.4　流域水沙变化预测集合评估

黄河水沙变化成因及影响因素非常复杂，不同时期的主导因子是不同的（Cevasco et al.，2014；Zhao et al.，2017）。近 2300 年以来，黄河年均入海泥沙量是黄土高原大规模农业开展前的全新世早期和中期的 10 倍左右，这似乎表明了人类活动对黄河泥沙的巨大影响（Milliman et al.，1987）。而实际上，有人类活动以来，黄河流域水沙的丰枯变化是气候等自然因素和人类活动因素共同作用的结果，不过每个时段的主导因子是不同的（姚文艺等，2015）。20 世纪 50~60 年代是降水丰沛期，1933~1959 年成为近百年以来的黄河丰水期。自 60 年代黄河上游刘家峡、龙羊峡等大型水库先后建成运用和多项水利水保措施实施，加之 70 年代黄河流域又进入了显著干旱期，这一时段水沙变化受到人类活动和降雨减少的双重影响。自 2000 年以来，尽管黄河流域降水量较前期明显偏丰，但由于退耕还林还草等封禁治理成效显现，因此径流泥沙较前一时段仍进一步减少，人类活动对减沙起到主导作用。在成因分析中，学者对影响因素的贡献率开展了大量研究。综合来看，不同时段水沙变化影响因素的贡献率评估结果有区别，影响黄河水沙变化的因素是很复杂的，根据水沙变化评估理论与方法的发展现状，要精确评估各项自然因素、人类活动因素的贡献率是很困难的，不同研究者即使分析的是相同的时段、相同的区域，所得到的结果仍很可能不一致。

因此，为了检测水文模型能够反映水文观测数据的程度，诊断出水文模型结构存在的缺陷，近年来水文学者越来越关注各类研究方法及水文模型诊断评估的理念。目前水文模型评价指标往往是基于模型模拟结果与实测数据的离差平方的整体性评价指标，无法提供有效信息用于评价模拟结果与实测资料在各种水文特性上的一致程度，即模拟结果哪一方面"好"或哪一方面"坏"，且模型评价指标不同，评价结果差异较大。为了对模型进行全面的诊断评估，需要对反映不同模型精度的评价指标进行综合评价，目前关于水文模型评价指标评估的研究较少，未来多指标方案优选思路值得借鉴，这也是多维集合评估的本质内涵。

集合预报是在大气科学领域发展壮大起来的研究方法，用于处理影响因素众多、影响机制复杂、不确定性高的问题，通过多个模型的比较和评估，融合不同模型对未来情景的预测，对同一有效预报时间给出一组集合的预报结果。各预报间的差异可提供有关被预报量的概率分布的信息，在集合预报中的各个预报可具有不同的初始条件、边界条件、参数设定，甚至可用完全独立的数值天气预报模式生成。世界气候研究计划（World Climate Research Programme，WCRP）通过比较和融合几个简单的模型，获取了早期全球大气耦合气候模型，伴随之后的五个发展阶段（Meehl et al.，2005，2013；Taylor et al.，2012），成为一个主要的国际多模型集合研究活动，不仅把气候科学研究引进了一个新时代，而且也成为国家和国际气候变化评估的核心。CMIP 的一个重要组成部分是使多模型输出以标准化格式公开，以便进行更广泛的用户分析。在指定格式的模型输出的标准化，以及通过地球系统网格联邦（Earth System Grid Federation，ESGF）数据复制中心对模型输出的收集、归档和访问，促进多模型的比较和集合分析。

目前，国际上关于集合评估和集合预报比较成熟的系统是在通过协调全球气候模型模拟过去、当前和未来气候的设计和分布的耦合模型相互比较项目（CMIP）中发展起来的，其已成为气候科学领域最重要的基础。跨部门影响模型比较项目（Inter- Sectoral Impact Model Intercomparison Project，ISI-MIP）建立在全球范围内早期的气候变化风险评估基础上，将来自 5 个不同行业的 28 个全球影响模型汇集在一起，通过建模协议进行仿真，并将收集得到的仿真数据进行分析（Warszawski et al.，2014）。AgMIP 通过改善农业模拟状况，以了解全球和区域范围内农业部门对气候的影响，Friend 等（2014）分析了 7 种全球植被模型对未来气候的可能响应。

关于水文模型的集合评估，目前国际方面也开展了类似的跨区域联盟，水文模型比较项目（WaterMIP）旨在比较各种陆地水文循环模型，并为 20 世纪和 21 世纪的世界水资源状况提供多模式集合评估（Clark et al.，2009）。但所有气候模型或者水文模型比较项目均是对模型产出的分布和模型整体的特征的比较，所以参与比较的模型在结构上的分布是相似的，确定最适模型结构和量化模型结构中的不确定性仍是研究的关键。Clark 等（2008）提出一种方法来了解水文模型之间的差异，通过研究发现，模型结构的选择和模型参数的选择一样重要，需要进一步使用多个标准来诊断多种气候制度的结构差异的相对重要性以评估模型，并评估每个模型中独立信息的数量。Clark 等（2011）还通过提出多假设检验方法对水文学中替代模型进行了系统和严格的测试,与精密诊断相结合,根据观测数据仔细检查多个模型,对模型假设空间覆盖更为广泛。此外,为改进基于过程的水文模型理论基础,需将水文模型与现有理论和新兴理论相结合来完成不同尺度及地域的水文模型评估。

综上所述,现有的国际气候模型、农业模型和水文模型等比较项目,模型输入与输出的格式是标准化的,只是模型的参数和结构存在差别,即甲方负责基础数据标准化,乙方负责开展模型模拟,丙方独立开展评估与集合预报。而黄河流域既有的水沙变化预测方法,如水文法、水保法和物理模型等,其内在机理与数据输入存在巨大差异,构建统一的集合评估平台需突破更复杂的技术瓶颈。鉴于黄河水沙变化成因和影响因素非常复杂,以及未来变化的不确定性极大的现实,单一的研究方法无法给出可靠的预测结果,需将各类研究方法和预测模型与新型理论相结合,开展集合评估与集合预报,这是未来水文研究发展的方向和新的生长点。

1.3　研究区概况

1.3.1　黄河流域

研究区为黄河流域潼关水文站以上区域,总面积约 72.4 万 km²,占黄河流域面积的 91%。河源至内蒙古托克托县河口镇(控制站头道拐)为上游,干流河道长 3472km,流域面积 42.8 万 km²,是黄河径流的主要来源区(主要来自兰州以上地区),来自兰州以上的径流量(1956~2016 年天然径流量)占全河的 66%;河口镇至郑州桃花峪(控制站花园口)为中游,干流河道长 1206km,流域面积 34.4 万 km²,该区域地处黄土高原地区,暴雨集中,水土流失严重,是黄河洪水和泥沙的主要来源区,其中河口镇—潼关区间(简称河潼区间)来沙量(1956~2016 年实测输沙量)占全河的 89%。桃花峪以下为下游,流域面积 2.3 万 km²,该河段河床高出背河地面 4~6m,成为淮河和海河流域的分水岭,是举世闻名的"地上悬河"。潼关站为黄河干流代表性水文站,控制流域面积 91%、径流量 90%、沙量近 100%,因此,通常采用潼关断面沙量代表黄河沙量,如图 1-5 所示。

1.3.2　黄土高原

黄土高原地跨青海、甘肃、宁夏、内蒙古、陕西、山西和河南等省(自治区),涉及黄河流域大部、海河流域和淮河流域局部,是我国乃至世界上水土流失最严重的地区,面积 64 万 km²。黄土高原地貌复杂多样,包括黄土丘陵沟壑区(简称黄丘区)、黄土高塬沟壑区(简称黄土塬区)、黄土阶地区、黄土丘陵林区和风沙区等 9 个类型区。因地形、地貌和海拔等差异,黄丘区又细分为 5 个副区(即丘一区~丘五区),如图 1-6 所示。在 9 个类型区中,黄丘区水土流失最严重,黄土塬区次之,是黄河主要产沙区重点涉及的研究地区。黄丘区和黄土塬区的地表物质均为黄土,两者在地貌上的最大差别在于地形,前者

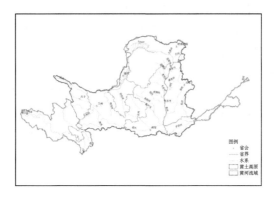

图 1-5　黄河流域地理位置

主要由墚峁坡、沟谷坡和沟（河）床组成，如图 1-7 所示，后者主要由平整的塬面和边壁几近垂直的深沟组成，如图 1-8 所示。

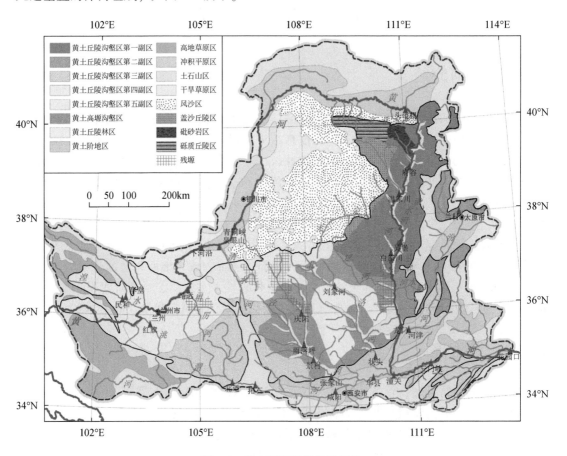

图 1-6　黄土高原地貌类型划分

(a) 绥德　　　　　　　　　　　　　(b) 子洲团山沟

图 1-7　黄土丘陵区地形

图 1-8　黄土塬区地形（董志塬）

丘一区～丘三区面积最大，其中丘一区主要分布在黄河河龙区间中北部，丘二区主要分布在河龙区间南部、泾河流域北部、北洛河上中游和汾河上中游地区，丘三区分布在渭河上游和泾河流域西部。丘一区和丘二区的墚峁坡度较大、沟谷面积较大，大于25°的陡坡面积一般可占30%～50%，如图1-9所示；丘三区墚峁坡度较缓、沟谷面积较小，大于25°的陡坡面积占15%～20%，如图1-10所示。

图 1-9　黄土丘二区地形（志丹）　　　　图 1-10　黄土丘三区地形（静宁）

丘四区分布在黄土高原与青藏高原接壤的湟水流域和刘家峡水库以上的沿黄地区。该区地形与丘三区差别不大，如图1-11所示，但海拔多在2500m以上，且很少发生日降雨大于50mm的暴雨，如在湟水流域58座雨量站1951年以来的逐日降水量数据中，仅8.5%的站年观测到暴雨，但该比例在丘一区和丘二区高达40%～50%。

图 1-11　黄土丘四区地形

丘五区主要分布在泾河的马莲河上游、祖厉河、清水河和洮河下游。在毛乌素沙漠和库布齐沙漠边缘，主要包括十大孔兑上游和河龙区间西北部等，一直被视为黄丘区。但实地考察看到，这些地区的地表鲜见黄土，而是粒径 0.05~0.3mm 的细小砾石或风沙，如图 1-12 所示。

图 1-12　黄土丘五区地形

黄土高塬沟壑区面积为 3.35 万 km² （含残塬区），主要分布在泾河流域、北洛河中游、河龙区间南部、汾河流域下游和祖厉河下游。位于泾河流域的董志塬是面积最大的完整台塬，总面积为 2765.5km²，其中塬面面积为 960km²，输沙模数约为 4000t/（km²·a）。另外，在黄土丘二、丘三和丘五区还散布着一些面积不大的黄土塬，俗称残塬。本书采用空间分辨率为 2m 的高分一号卫星遥感影像，以"影像上可识别"为原则，调查了潼关以上黄土高原（不含汾河流域和涑水河流域）黄土塬空间分布，结果如表 1-2 和图 1-13 所示。

表 1-2　黄土塬塬面面积提取结果　　　　　　　　　　　　　　　（单位：km²）

泾河流域	北洛河流域	河龙区间	祖厉河	清水河
5331	2403	930	401	272

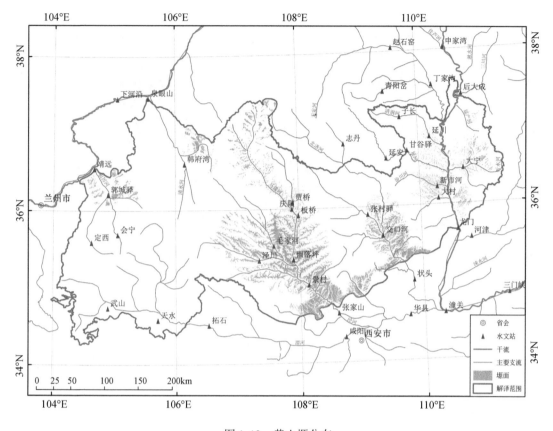

图 1-13　黄土塬分布

1.3.3　主要产沙区

黄河流域主要产沙区包括：黄河循化—兰州区间黄丘区（不含庄浪河）、祖厉河流域、清水河流域、十大孔兑上中游、河龙区间（不含土石山区和风沙区）、汾河兰村以上（不含土石山区，简称汾河上游）、北洛河刘家河以上（简称北洛河上游）、泾河景村以上（不含土石山区，简称泾河上中游）、渭河元龙以上（不含土石山区，简称渭河上游），面积 21.5 万 km²，如图 1-14 中黄色区域所示，据 1950～1969 年实测数据推算，该区域流域产沙量 17.4 亿 t，占潼关以上黄土高原产沙量的 95%。

黄河流域多沙区为黄土高原黄河中游区域，黄河泥沙有 90% 以上来源于此，其特征为输沙模数大于 5000t/(km²·a)、侵蚀强度多在强度侵蚀以上。黄河中游多沙粗沙区面积 7.86 万 km²，主要涉及黄丘区、黄土塬区，分布于河龙区间的 23 条支流及泾河上游和北洛河上游部分地区，该区产沙量占黄河中游总产沙量的 60% 以上，是输沙模数大于 5000t/(km²·a)、粒径大于 0.05mm 的粗泥沙输沙模数大于 1300t/(km²·a) 的区域。黄河中游粗泥沙集中来源区面积 1.88 万 km²，对应为粒径大于 0.10mm 的粗泥沙输沙模数大于 1400t/(km²·a) 的区域；面积仅占多沙粗沙区面积的 23.9%，输沙量却占多沙粗沙区的

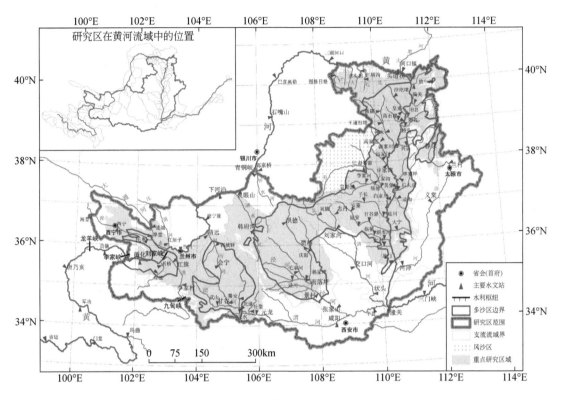

图 1-14　黄河主要产沙区

34.5%，其中粒径大于0.10mm的粗泥沙输沙量占68.5%，是黄河下游河道淤沙的集中产区，主要涉及黄丘区，分布于黄河中游右岸的皇甫川、孤山川、窟野河等9条主要支流。

1.3.4　典型流域

基于区位代表性、数据可获得性等多方面考虑，在潼关水文站以上，筛选了不同地貌类型区10个典型流域开展水沙变化机理与趋势预测模型开发研究，如表1-3和图1-15所示。

表 1-3　10 个典型流域支流与水文站

序号	河流	水文站	流域面积/km²
1	皇甫川	皇甫	3 246
2	孤山川	高石崖	1 276
3	窟野河	温家川	8 706
4	秃尾河	高家川	3 294
5	佳芦河	申家湾	1 121
6	无定河	白家川	29 662

序号	河流	水文站	流域面积/km²
7	延河	甘谷驿	5 891
8	汾河	武山	8 080
9	祖厉河	靖远	10 700
10	清水河	泉眼山	14 500

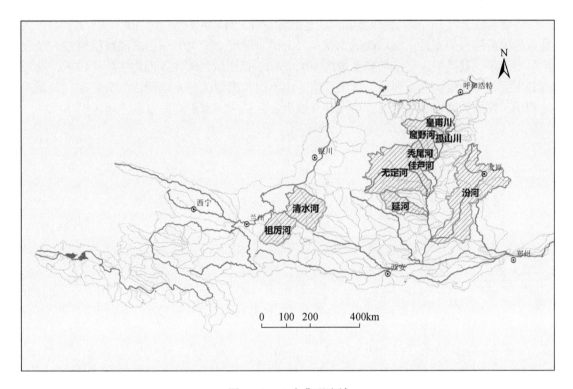

图 1-15　10 个典型流域

主要典型流域简况如下。

（1）皇甫川流域

皇甫川位于黄河中游北段、晋陕峡谷以北，是黄河一级支流，流域面积为 3246km²。同时皇甫川流域位于黄土高原东北部，东经 110.3°～111.2°，北纬 39.2°～39.9°。皇甫川上游段干流称为纳林川，其源头位于内蒙古准格尔旗以北部的点畔沟附近，与十里长川汇合后称为皇甫川，沿途流经准格尔旗的纳林乡、沙圪堵镇以及皇甫镇，最后在皇甫镇下川口汇入黄河干流。皇甫川（含纳林川）全长 137km。流域气候为温带半干旱大陆性气候。流域多年平均降水量在 350～400mm，年内降雨主要集中在夏秋雨季（6～9 月），且强降雨发生概率大。就地质组成而言，皇甫川流域内母岩大多为强度较低的砒砂岩或黄土易受风力、水力以及重力侵蚀，形成地表沟壑。由于极端天气（干旱、暴雨）发生频率高、地质特征以及坡地耕种和不加节制地放牧等人类活动的影响，皇甫川流域曾经遭受剧烈的水土流失和生态破坏，流域植被覆盖退化严重。

（2）窟野河流域

窟野河，黄河一级支流，发源于内蒙古南部鄂尔多斯市沙漠地区，称乌兰木伦河，最大支流悖牛川河源于鄂尔多斯市东胜区内，两河在陕西神木市县城以北的房子塔相汇合，以下称为窟野河。河流从西北流向东南，于神木市沙峁头村注入黄河。全河长 242km，流域面积 8706km²，河道比降 3.44‰；陕西境内河长 159.0km，流域面积 4865.7km²，河道比降 4.28‰。窟野河流域水土流失严重，洪枯流量的变幅也很大，洪灾较为频发。

（3）无定河流域

无定河位于黄土高原与毛乌素沙漠的过渡地带（37°14′~39°35′N，108°18′~111°45′E），是黄河中游的重要支流，流域面积 3.026 万 km²，干流全长 491km。该流域属温带大陆性干旱半干旱气候类型，年平均降水量为 491.1mm。该流域为河龙区间的主要产沙区，地形地貌主要分为沙地、河源涧地、黄土丘陵 3 个不同的类型区，土壤侵蚀十分严重。流域土地利用和覆被类型以农业用地、草地和荒漠为主，是全国水土流失重点治理区。

2 | 黄河水沙变化特征及其分异规律

2.1 黄土高原降水动态变化

2.1.1 年降水总量的变化

本书对系统收集的 1980~2015 年黄土高原范围内 294 个雨量站的日降水量数据（图 2-1）进行统计分析。从整个黄土高原年降水量的空间变化来看（图 2-2），1980~2015 年黄土高原年降水量平均减少 2.5%，10% 的土地面积（6.2 万 km²）减少 15%~36%；与此同时，20% 的土地面积（12.7 万 km²）增加 6%~18%。从统计学意义上来看，在 90% 置信区间上，22 个雨量站（总站点数量 294）减少 9%~36%；1 个雨量站增加 2%~6%。而这种减少主要与汛期降水量的减少有关。简言之，黄土高原年降水量整体呈现出减少趋势，主要集中在龙门以下区域，局部区域微弱增加。

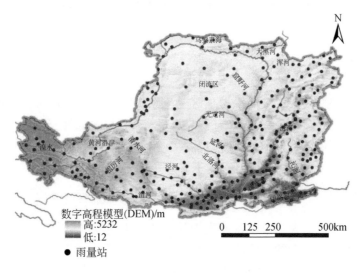

图 2-1　黄土高原地理位置与雨量站空间分布

2.1.2 400mm 等降水量线的变化

400mm 等降水量线是我国一条重要的地理分界线，还是半湿润区和半干旱区的分界

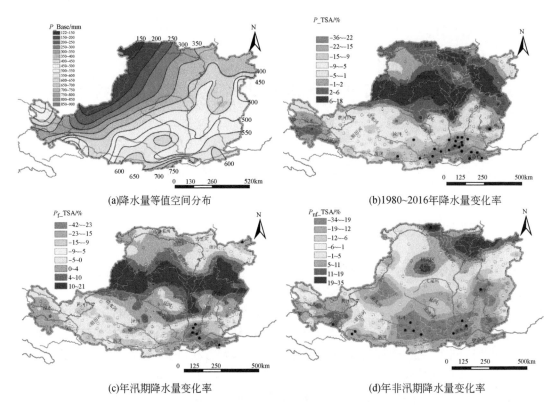

(a)降水量等值空间分布　　　　　　　　(b)1980~2016年降水量变化率

(c)年汛期降水量变化率　　　　　　　　(d)年非汛期降水量变化率

图 2-2　1980~2016 年黄土高原降水量时空分布变化

P_Base 为年均降水均值；P_TSA 为年降水变化率；P_f_TSA 为年汛期降水变化率；P_{nf}_TSA 为年非汛期降水变化率

线，同时是我国森林植被与草原植被的分界线，呈东北—西南走向贯穿黄土高原。本书通过对不同时期贯穿黄土高原的 400mm 等降水量线的研究发现（图 2-3），400mm 等降水量线一直在波动，局部变化大。黄河上游地区变化小，但中游的窟野河、无定河流域周边，自 2010 年以来降水量增加明显，400mm 等降水量线在该区域向北移动大约 90km，降水量的增加给该区域的植被恢复带来了正向的影响。

2.1.3　降雨年内集中程度的变化

降雨年内集中程度的大小可以说明大雨强事件的集中程度。日降雨集中程度的增加，意味着洪水等自然灾害发生的可能性在增加。相关分析表明，该指标与年内最大降雨日数的前 25% 呈显著相关的关系。如图 2-4 所示，1980~2015 年黄土高原降雨年内集中程度总体呈增加的趋势，平均增加 0.24%。增加区域遍布中游的大部分区域，入泾河、北洛河、延河、汾河、清水河及宁夏和内蒙古鄂尔多斯段黄河附近区域，其变化与汛期雨强的增加是密不可分的。值得关注的是，黄河上游的高海拔地带非汛期的雨强显著增加。从统计学意义上的变化来看，在 90% 置信区间上，12 个站点（总站点数量为 294 个）的集中程度呈显著增加的趋势，12 个站点呈显著减少的趋势。

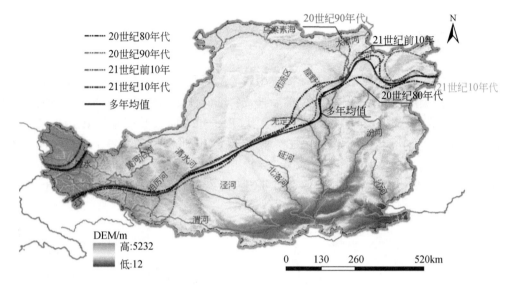

图 2-3 400mm 等降水量线变化

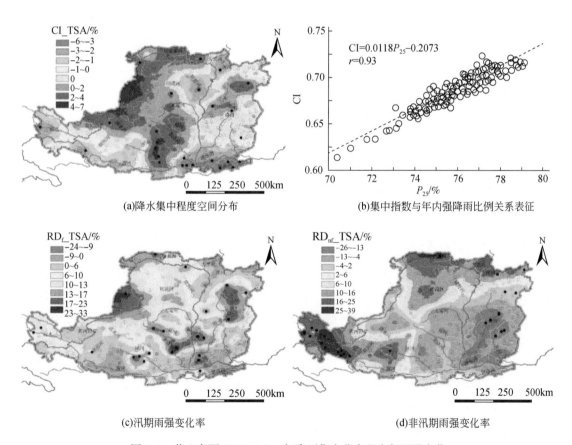

(a)降水集中程度空间分布

(b)集中指数与年内强降雨比例关系表征

(c)汛期雨强变化率

(d)非汛期雨强变化率

图 2-4 黄土高原 1980~2016 年降雨集中分布程度与雨强变化

CI_TSA 为降水集中指数变化率；CI 指降水集中指数；RD$_f$_TSA 为汛期雨强变化率；RD$_{nf}$_TSA 为非汛期雨强变化率

2.1.4 降雨集中时段变化

降雨集中时段可以体现出降雨在年内集中发生的时段。不同年份降雨集中时段的变化可以反映出年内大雨强事件发生时间的前后迁移特征。如图2-5所示,通过对1980~2015年日降雨事件的研究分析表明,黄土高原年内降雨的重点时段在每年的第194~212d(7月10日~7月28日),均值为第204d(7月20日)。而近年来降雨集中时段呈明显推迟的趋势,平均推迟7.6d。从统计学意义上来看,在90%置信水平,55个站显著推迟,平均推迟16d。降雨集中时段的这种推迟会对下垫面地表覆盖产生影响,从而影响土壤侵蚀。

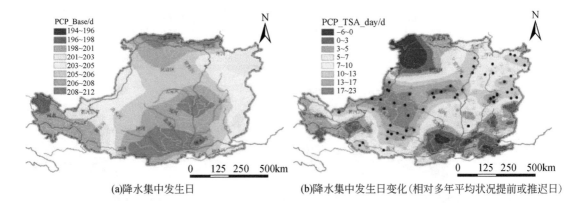

(a)降水集中发生日   (b)降水集中发生日变化(相对多年平均状况提前或推迟日)

图2-5 黄土高原降水年内重心日分布和1980~2016年降水年内重心日分布的变化

PCP_Base为年降水重心日;PCP_TSA_day为年降水重心日变化

2.1.5 极端降雨指标变化

2.1.5.1 黄河流域极端降雨的定义

极端降雨是需要达到一定量级以上(包括历时、面积、总量、强度等多方面)的降雨,包括单场次的降雨和多场次的降雨,多场次即相应于长历时(月、汛期、年)的降雨(卫伟等,2007)。年内多场降雨时,降雨日数多、场次多、降水量大,后期极端降雨、非极端降雨均可产洪产沙;对于单场降雨,分析雨洪关系或径流系数时,应考虑前期降水量影响。受下垫面情况、前期降水量、场次降雨时空分布特点等多种因素影响,河潼间相当一部分极端降雨特别是5~6月的极端降雨并不能产生洪水,7~8月、9~10月产洪产沙的降雨并不一定非常极端。

本书在分析极端降雨变化时,考虑多种指标,时间长度上既有场次的也有长时段(多场次累计)的,空间上分析不同时间降雨笼罩面积和降雨落区的变化,量级上分析不同等级降水量,强度上分析单场次和多场次累计。从多个方面分析极端降雨指标的历年变化,说明极端降雨的变化情况。

2.1.5.2 极端降雨的表征指标

世界气象组织农业气象学委员会（Commission for Agricultural Meteorology，CAGM）及气候变化和可预报性研究计划（CLIVAR）联合设立的气候变化检测、监测和指数专家组（ETCCDMI）提出了 27 个监测气候指数，这些指数都从气候变化的强度、频率和持续时间三方面反映极端气候事件。有关降雨的指数主要包括极端降雨的某特征量的极值、特征量超某阈值的天数、某特征量持续天数，其主要反映某特征量的强度、持续时间等。这些指数都是以年内出现某量级降雨的时间、总量等为统计对象，是通用的指标，具体的流域指标应根据本流域、地区的实际情况确定（表 2-1）。

表 2-1 世界气象组织推荐的极端降雨指标

代码	名称	定义	单位
Rxlday	最大 1 日降水量	每月 1 日最大降水量	mm
Rx5day	最大 5 日降水量	每月连续 5 日最大降水量	mm
SDⅡ	雨强	总降水量与降雨日数（日降水量≥1.0mm）比值	mm/d
R_{50}	暴雨日数	日降水量≥50mm 的日数	d
R_{25}	大雨日数	日降水量≥25mm 的日数	d
R_{10}	中雨日数	日降水量≥10mm 的日数	d
R95PTOT	强降水量	日降水量＞95% 分位值的累计降水量	mm
R99PTOT	极强降水量	日降水量＞99% 分位值的累计降水量	mm

根据相关研究成果，从与产洪产沙关系密切的角度出发，降雨的指标包括 6 类，包括时段降水量、最大 N 日降水量、不同等级降水笼罩面积、不同等级降水量、不同等级平均雨强、不同等级高效降雨笼罩面积。各类降水指标的计算方法详述如下。

（1）时段降水量

由泰森多边形法计算逐日面均降水量，将时段内（如全年、6~9 月、7~8 月）的逐日面均降水量累加，得时段降水量（mm）。全年、6~9 月、7~8 月降水量一般分别以 $P_{1\sim12}$、$P_{6\sim9}$、$P_{7\sim8}$ 表示。以 $P_{7\sim8}$ 为例，其计算公式可表示为

$$P_{7\sim8} = \sum_{i=1}^{n} P_i$$

式中，P_i 为第 i 日面均降水量；n 为 7~8 月的总日数。

（2）最大 N 日降水量

由泰森多边形法计算逐日面均降水量，滑动统计连续 N 日累计降水量系列，统计系列最大值，即得最大 N 日降水量（如最大 30 日降水量）（mm）。最大 1 日、最大 3 日、最大 5 日降水量一般分别以 P_{max1}、P_{max3}、P_{max5} 表示。以 P_{max3} 为例，其计算公式可表示为

$$P_{max3} = \max \sum_{i=1}^{n-2} (P_i + P_{i+1} + P_{i+2})$$

式中，n 为统计时段内的总日数。

（3）不同等级降水笼罩面积

根据泰森多边形计算各雨量站控制面积，逐日查找流域内不同等级降水的雨量站，将相应等级雨量站控制面积累加，即可得不同等级降水笼罩面积（km²）。25mm、50mm 以上等级的降水笼罩面积一般分别以 F_{25}、F_{50} 表示。以 F_{25} 为例，其计算公式可表示为

$$F_{25} = \sum_{i=1}^{n} \left(F_1 + \cdots + F_{k(i)} \right)$$

式中，$F_{k(i)}$ 为第 k（i）个降水量在 25mm 以上的雨量站控制面积；k（i）为第 i 日降水量在 25mm 以上的雨量站个数。

（4）不同等级降水量

根据泰森多边形计算各雨量站权重系数，逐日查找流域内不同等级降水的雨量站，将相应等级雨量站控制面积与其日降水量进行乘积并累加，即可得某日不同等级降水量，统计时段内各日不同等级降水量叠加，即为不同等级降水量（亿 m³），计算公式为

$$P_r = \sum_{i=1}^{n} \left(\sum_{j=1}^{m} R_r^j \cdot A_r^j \right)_i \cdot 10^{-5}$$

式中，P_r 为 $r$mm 以上降水量；n 为统计时段内总日数，如 7～8 月为 62d；m 为流域内某日降水量大于 $r$mm 雨量站的个数；R_r^j 为流域内某日第 j 个降水量大于 $r$mm 雨量站的降水量，mm；A_r^j 为流域内某日第 j 个降水量大于 $r$mm 雨量站的控制面积，km²。

（5）不同等级平均雨强

不同等级降水量除以相应等级笼罩面积（mm），即可得相应等级平均雨强，其计算公式为

$$I_r = \frac{P_r}{F_r} \cdot 10^5$$

式中，I_r 为 $r$mm 以上平均降水强度。

（6）不同等级高效降雨笼罩面积

根据水利部黄河水利委员会水文局 1986 年编制的《黄河流域（片）水资源评价》中 1956～1979 年输沙量模数分布图（图 2-6），统计不同等级降水在输沙模数达到 5000t/（a·km²）以上区域的笼罩面积。

根据泰森多边形计算各雨量站控制面积，将该控制面积与输沙模数达到 5000t/（a·km²）以上区域进行空间拓扑关系上的相交分析，得到每个雨量站的高效降雨笼罩面积，逐日查找流域内不同等级降水的雨量站，将相应等级雨量站高效降雨笼罩面积累加，即可得不同等级高效降雨笼罩面积（km²）。50mm、75mm 以上等级高效降雨笼罩面积一般分别以 S_{50}、S_{75} 表示。以 S_{75} 为例，其计算公式可表示为

$$S_{75} = \sum_{i=1}^{n} \left(S_1 + \cdots + S_{k(i)} \right)$$

式中，$S_{k(i)}$ 为第 k（i）个降水量在 75mm 以上的雨量站高效降雨笼罩面积；k（i）为第 i 日降水量在 75mm 以上的雨量站个数。

2.1.5.3　黄河流域极端降雨表征指标选取

根据黄河流域降雨洪水泥沙特点，本书的范围重点在河潼间。河潼间降雨特点是短历

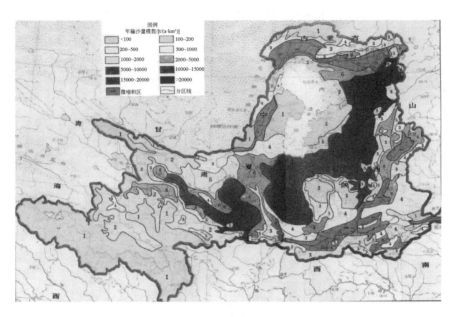

图 2-6　1956~1979 年输沙量模数分布图

时暴雨多，河龙间以一日、三日为主；龙潼间以三日、五日为主，个别年份有历时较长或连续多场的降雨。因此在选取降雨指标时，世界气象组织推荐的通用指标考虑降雨日数（R_{10}、R_{20}、R_{25}、R_{50}、R_{100}），各月最大 1 日及最大 5 日降水量（6~10 月，Rx1day、Rx5day）、雨强（SD Ⅱ）、日降水量大于某一分位值的年累计降水量（R90PTOT、R95PTOT、R99PTOT）；为便于建立雨洪、雨沙关系，选取指标时考虑了年最大选样和超定量选样两种方法，选取的降雨指标包括年最大日（N 日）总降水量，总降水量中一定量级以上的降水量、笼罩面积，日降水量大于某一指标的累计降水量（P_{25}、P_{50}、P_{100}、P_{150}、P_{200}）。

2.1.5.4　极端降雨指标变化

（1）极端降雨指标及变化分析

本书根据世界气象组织推荐的极端降雨指标分析，采用线性倾向估计法和 M-K 趋势检验法分析了各指标 1956~2015 年的变化情况，黄河河潼间各量级的降雨日数大多呈下降趋势，下降趋势不显著，未通过置信度 90% 的 M-K 趋势检验；从 6~9 月各月最大 1 日、最大 5 日降水量（Rx1day、Rx5day）来看，6 月最大 1 日、最大 5 日降水量呈上升趋势，通过置信度 95% 的 M-K 趋势检验，其余各月最大 1 日、最大 5 日降水量变化趋势不显著，7~9 月略显上升，10 月稍有下降；从雨强 SD Ⅱ 来看，雨强呈下降趋势，并通过置信度 95% 的 M-K 趋势检验；日降水量大于 90%、95% 分位值的年累计降水量变化趋势不显著，日降水量大于 99% 分位值（R99PTOT）的年累计降水量呈显著上升趋势，并通过置信度 95% 的 M-K 趋势检验，见表 2-2、图 2-7~图 2-9。

表 2-2　世界气象组织推荐的极端降雨指标趋势性情况

类别	指标	线性倾向估计法	M-K 趋势检验法		
		气候倾向率/(* /10a)	Z	趋势	显著性
降雨日数	R_{10}	−0.0175	−0.68	下降	不显著
	R_{20}	−0.0084	−0.76	下降	
	R_{25}	−0.0051	−0.73	下降	
	R_{50}	−0.0008	−0.11	下降	
	R_{100}	−0.0001	−0.30	下降	
	R_{150}	0.0000	0.52	上升	
	R_{200}	0.0000	−1.03	下降	
各月最大 1 日、最大 5 日降水量	Rx1day_ 6 月	0.1089	2.47	上升	显著，置信区间 99%
	Rx5day_ 6 月	0.1448	1.88	上升	显著，置信区间 95%
	Rx1day_ 7 月	0.0012	0.26	上升	不显著
	Rx5day_ 7 月	−0.0058	0.08	上升	
	Rx1day_ 8 月	0.0452	1.04	上升	
	Rx5day_ 8 月	0.0936	0.73	上升	
	Rx1day_ 9 月	0.0236	0.78	上升	
	Rx5day_ 9 月	0.0577	0.67	上升	
	Rx1day_ 10 月	0.0016	−0.22	下降	
	Rx5day_ 10 月	−0.0226	−0.50	下降	
雨强	SD Ⅱ	−0.0109	−2.10	下降	显著，置信区间 95%
日降水量大于某一分位值的年累计降水量	R90PTOT	0.1218	−0.20	下降	不显著
	R95PTOT	0.2233	0.21	上升	
	R99PTOT	0.6062	2.05	上升	显著，置信区间 95%

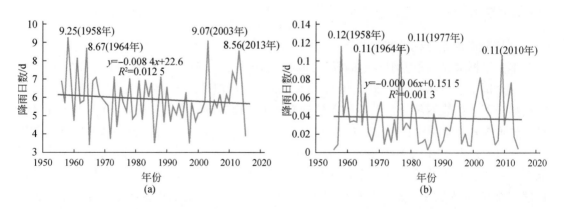

图 2-7　R_{20}（a）、R_{100}（b）1956～2015 年逐年变化过程图

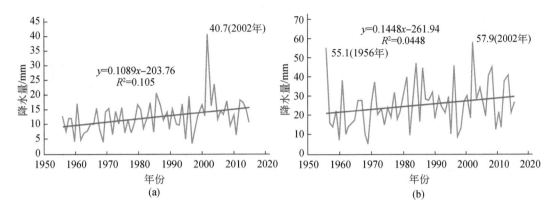

图 2-8　6 月 Rx1day（a）、Rx5day（b）降水量 1956～2015 年逐年变化过程图

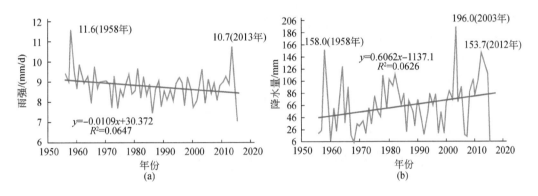

图 2-9　SDⅡ（a）、R99PTOT（b）1956～2015 年逐年变化过程图

从各降雨指标的变化情况可以看出，河潼间各量级以上降雨日数整体上略有下降；各月最大 N 日降水量，除 6 月显著增大外，其余各月变化不显著，7～9 月略上升、10 月稍下降；年雨强（SDⅡ）较明显降低。1956～2015 年河潼间日面降水量 90%、95%、99%分位值分别为 4.4mm、7.73mm、15.48mm，近年来日面降水量超过 15.48mm 的年累计降水量呈增大趋势，日面降水量 4.4mm、7.73mm 以上的累计降水量下降、上升趋势不明显。

在以往黄河水沙变化研究、黄河近年水沙锐减成因研究、黄河流域水文设计成果修订等多项工作中，都对与黄河水沙变化相关的流域的降雨指标进行了研究。以往洪水、径流、泥沙变化研究中的降雨指标主要有两种：一种是基于场次分析的年最大选样指标，另一种是基于长时段分析的超定量选样法指标。基于场次分析的年最大选样指标主要包括年最大 N 日面降水量，年最大 N 日某量级以上累计降水量、笼罩面积等；基于长时段分析的超定量选样法指标主要包括年及汛期某量级以上降水量、笼罩面积、雨强等。本书针对场次和长时段累计指标分析了 1956～2015 年河潼间极端降雨指标的变化情况，成果见表 2-3 和表 2-4。

表 2-3　河潼间 1956～2015 年年最大 N 日降雨指标变化趋势分析结果

类别	指标	线性倾向估计法	M-K 趋势检验法		
		气候倾向率/(＊/10a)	Z	趋势	显著性
面降水量	最大 1 日	0.4159	1.15	上升	不显著
	最大 3 日	0.7338	1.38	上升	显著，置信区间 90%
	最大 5 日	0.3164	0.26	上升	不显著
	最大 7 日	0.1112	0.10	上升	
	最大 12 日	0.1075	0.68	上升	
	最大 15 日	0.1908	−0.16	下降	
	最大 20 日	384.3	−0.55	下降	
	最大 30 日	1603.3	−0.31	下降	
量级降水量	年最大 1 日降水量 25mm 以上	392.5	0.25	上升	
	年最大 3 日降水量 50mm 以上	0.2391	0.45	上升	
	年最大 5 日降水量 100mm 以上	0.7671	−0.17	下降	
笼罩面积	年最大 1 日降水量 25mm 以上	0.3188	0.38	上升	
	年最大 3 日降水量 50mm 以上	−0.7943	1.09	上升	
	年最大 5 日降水量 100mm 以上	−0.8071	−0.24	下降	

表 2-4　河潼间 1956～2015 年全年降雨指标变化趋势分析结果

类别	指标	线性倾向估计法	M-K 趋势检验法		
		气候倾向率/(＊/10a)	Z	趋势	显著性
面积	F_{10}	−5189.7348	−0.68	下降	不显著
	F_{20}	−2489.1172	−0.76	下降	
	F_{25}	−1506.1770	−0.73	下降	
	F_{50}	−249.6628	−0.11	下降	
	F_{100}	−17.2623	−0.30	下降	
	F_{150}	−4.1822	0.52	上升	
	F_{200}	−3.2508	−1.03	下降	
降水量	P_{10}	−1.1086	−0.76	下降	
	P_{20}	−0.7596	−0.41	下降	
	P_{25}	−0.5521	−0.41	下降	
	P_{50}	−0.1710	−0.13	下降	
	P_{100}	−0.0263	−0.22	下降	
	P_{150}	−0.0107	0.33	上升	
	P_{200}	−0.0100	−1.12	下降	

类别	指标	线性倾向估计法	M-K 趋势检验法		
		气候倾向率/(*/10a)	Z	趋势	显著性
雨强	P_{50}/P_{10}（无量纲）	0.0000	−0.06	下降	不显著
	I_{10}	0.0003	0.52	上升	
	I_{20}	0.0027	0.45	上升	
	I_{25}	0.0016	0.36	上升	
	I_{50}	−0.0061	−0.11	下降	
	I_{100}	0.0214	0.48	上升	
	I_{150}	0.6127	0.11	上升	
	I_{200}	−0.5845	−0.325	下降	

河潼间 1956~2015 年大多数降雨指标变化趋势不显著，只有年最大 3 日降水量呈上升趋势，通过置信度 90% 的 M-K 趋势检验。年最大短时段（12 日以内）降水量指标近年来略有上升，15 日以上长时段降水量指标近年来略有下降，但趋势均不明显。随着量级以上降水笼罩面积的变化，各量级降水量也相应略有上升或下降。

（2）极端降雨极值及其变化

极端降雨极值频率的分析可以采用参数法和非参数法，参数法可以采用某种概率密度分布函数计算如 P-Ⅲ型分布、伽马（Gamma）分布，非参数法可采用经验频率公式计算，本书采用非参数法的等概率公式分析极端降雨极值频率，选取的频率为 $P=10\%$。

A. 场次类型分析

选取的场次类型的降雨指标为年最大 1 日降水量、年最大 3 日降水量、年最大 5 日降水量、年最大 12 日降水量、年最大 30 日降水量，年最大 1 日 25mm 以上降水量、笼罩面积、雨强，年最大 3 日 50mm 以上降水量、笼罩面积、雨强，年最大 5 日 100mm 以上降水量、笼罩面积、雨强，河潼间 1956~2015 年 $P=10\%$ 的场次类型降雨指标极值计算结果见表 2-5。

表 2-5　河潼间 1956~2015 年 $P=10\%$ 的场次类型降雨指标极值

项目	年最大 N 日				
	1	3	5	12	30
面降水量/mm	28.9	51.7	71.8	115.4	190.2
量级降水量/亿 m³	72.9	112.9	85.0	—	
笼罩面积/万 km²	14.9	13.7	6.1		
雨强/(mm/d)	57.9	89.8	142.6		

注：量级降水量、笼罩面积、雨强为年最大 1 日降水量 25mm 以上、年最大 3 日降水量 50mm 以上、年最大 5 日降水量 100mm 以上。

B. 长时段累计类型分析

选取的长时段累计类型的降雨指标为年累计 10mm 以上、20mm 以上、25mm 以上、

50mm 以上、100mm 以上、150mm 以上、200mm 以上量级降水量、笼罩面积、雨强，河潼间 1956～2015 年 $P=10\%$ 的累计类型降雨指标极值计算见表 2-6。

表 2-6 河潼间 1956～2015 年 $P=10\%$ 的累计类型降雨指标极值

项目	P_{10}	P_{20}	P_{25}	P_{50}	P_{100}	P_{150}	P_{200}
量级降水量/亿 m³	1182	740	591	186.93	27.22	6.44	2.36
笼罩面积/万 km²	558	219	151	28.63	2.30	0.34	0.09
雨强/(mm/d)	22.5	35.2	41.0	70.1	132.2	201.2	238.6

C. 极端降雨极值变化分析

本书根据河潼间 1956～2015 年 $P=10\%$ 的场次类型降雨指标极值统计了大于极值的降雨指标在各时段的出现频次。总体来看，2000～2015 年年最大 N 日降水量、笼罩面积等指标出现频次较高，高于多年平均情况；2000～2015 年年最大 N 日雨强指标出现频次较平均情况有所减少，见表 2-7。

表 2-7 河潼间 1956～2015 年 $P=10\%$ 的场次类型降水指标极值出现频次

项目		年最大 N 日				
		1	3	5	12	30
面降水量	阈值/mm	28.9	51.7	71.8	115.4	190.2
	1956～1960 年	1	0	0	0	1
	1961～1970 年	0	0	1	0	0
	1971～1980 年	1	2	1	2	2
	1981～1990 年	1	1	2	2	1
	1991～2000 年	1	0	0	0	0
	2001～2010 年	2	2	1	1	1
	2011～2015 年	0	1	1	1	1
量级降水量	阈值/亿 m³	72.9	112.9	85.0		
	1956～1960 年	1	0	0		
	1961～1970 年	0	0	0		
	1971～1980 年	1	1	1		
	1981～1990 年	1	1	2		
	1991～2000 年	0	0	1		
	2001～2010 年	3	2	1	—	
	2011～2015 年	0	2	1		
笼罩面积	阈值/万 km²	14.9	13.7	6.1		
	1956～1960 年	2	0	0		
	1961～1970 年	0	1	1		
	1971～1980 年	1	1	1		

项目		年最大 N 日				
		1	3	5	12	30
笼罩面积	1981~1990 年	1	1	2		
	1991~2000 年	0	0	0		
	2001~2010 年	2	1	1		
	2011~2015 年	0	2	1		
雨强	阈值/(mm/d)	57.9	89.8	142.6	—	
	1956~1960 年	0	1	1		
	1961~1970 年	3	2	0		
	1971~1980 年	1	2	1		
	1981~1990 年	0	1	1		
	1991~2000 年	0	0	0		
	2001~2010 年	2	0	1		
	2011~2015 年	0	0	1		

注：量级降水量、笼罩面积、雨强为年最大 1 日 25mm 以上、年最大 3 日 50mm 以上、年最大 5 日 100mm 以上。

　　本书根据河潼间 1956~2015 年 $P=10\%$ 的累计类型降雨指标极值统计了大于极值的降雨指标在各时段的出现频次。总体来看，2000~2015 年降水量、笼罩面积等指标出现频次较高，高于多年平均情况；2000~2015 年雨强指标出现频次较平均情况有所减少，见表 2-8。

表 2-8　河潼间 1956~2015 年 $P=10\%$ 的累计类型降雨指标极值出现频次

项目		P_{10}	P_{20}	P_{25}	P_{50}	P_{100}	P_{150}	P_{200}
量级降水量	阈值/亿 m³	1182	740	591	186.93	27.22	6.44	2.36
	1956~1960 年	1	1	1	1	1	1	2
	1961~1970 年	2	2	2	2	1	2	1
	1971~1980 年	0	0	0	1	1	1	1
	1981~1990 年	0	0	0	0	0	0	0
	1991~2000 年	0	0	0	0	0	1	1
	2001~2010 年	1	1	1	1	2	1	1
	2011~2015 年	2	2	2	1	0	0	0
笼罩面积	阈值/万 km²	558	219	151	28.63	2.30	0.34	0.09
	1956~1960 年	2	1	1	1	1	2	2
	1961~1970 年	2	2	2	2	1	2	1
	1971~1980 年	0	0	0	1	1	1	1
	1981~1990 年	1	0	0	0	0	0	0
	1991~2000 年	0	0	0	0	0	0	1

续表

项目		P_{10}	P_{20}	P_{25}	P_{50}	P_{100}	P_{150}	P_{200}
笼罩面积	2001~2010 年	1	1	1	1	2	1	1
	2011~2015 年	0	2	2	1	1	0	0
雨强	阈值/(mm/d)	22.5	35.2	41.0	70.1	132.2	201.2	238.6
	1956~1960 年	2	1	0	1	0	1	1
	1961~1970 年	1	1	1	1	2	1	0
	1971~1980 年	0	1	1	1	1	2	3
	1981~1990 年	1	0	0	0	0	1	1
	1991~2000 年	1	1	0	1	2	1	0
	2001~2010 年	0	1	3	2	1	0	1
	2011~2015 年	1	1	1	0	0	0	0

2.2 黄河水沙变化特征

2.2.1 黄土高原水土流失治理历程

2.2.1.1 黄土高原水土流失治理发展阶段

黄土高原地区一直是我国水土保持工作的重点,自中华人民共和国成立以来我国持续开展了大规模的水土流失防治工作,主要分为五个发展阶段:一是 1949 年至 20 世纪 70 年代的系统试验推广和发展阶段,该阶段我国建立了一大批不同类型区的水土保持试验站和工作站,开展了水土流失成因、规律观测研究,并试验推广了机修梯田、水坠筑坝、飞播造林等系统防治技术;二是 80 年代的小流域综合治理阶段,该阶段我国在实践中总结提出了"山顶植树造林戴帽子,山坡退耕种草披褂子,山腰兴修梯田系带子,沟底筑坝淤地穿靴子"等治理模式;三是 90 年代的依法防治水土流失、深化水土保持改革阶段,1991 年《中华人民共和国水土保持法》诞生,1993 年水利部设置水土保持司,黄土高原持续开展秀美山川建设;四是 1999 年以后的生态建设和保护阶段,该阶段我国实施退耕还林(草)、封山绿化和坡改梯、淤地坝等工程建设;五是中国共产党第十八次全国代表大会以后的生态文明、绿色发展理念引领水土流失高标准系统治理、强化监督管理阶段,"绿水青山"与"金山银山"相融相生。自 2019 年习近平总书记考察甘肃、河南后,提出将黄河流域生态保护和高质量发展作为重大国家战略,黄土高原进入了"共同抓好大保护,协同推进大治理"时期。

2.2.1.2 黄土高原水土流失治理措施变化

自中华人民共和国成立以来通过对黄土高原的科学治理和综合防治,黄土高原地区的水土保持措施面积逐年增加，自 21 世纪以来增加水土保持措施面积 21.3 万 km^2，造林种草、梯田和封禁各占 60%、25% 和 15%（侯建才等，2008）。黄土丘陵沟壑区和黄土高塬沟壑区为黄河主要产沙区，黄河泥沙 90% 以上来自这两个区域，该区域 1954～2017 年各水土保持措施累计面积变化和骨干坝建设情况分别如图 2-10 和图 2-11 所示。截至 2018 年，黄土高原植被覆盖度由 20 世纪 80 年代总体不到 20% 增加到 63%，梯田面积由 1.4 万 km^2 增加至 5.5 万 km^2，建设淤地坝 5.9 万座，其中骨干坝 5899 座。植被覆盖度变化、梯田和淤地坝分布如图 2-12 和图 2-13 所示。

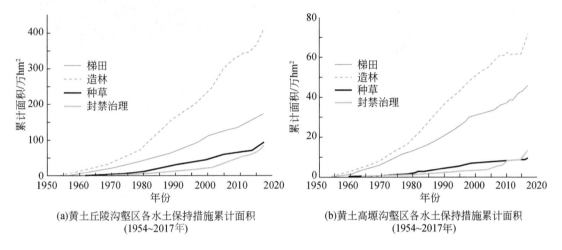

(a)黄土丘陵沟壑区各水土保持措施累计面积
(1954～2017年)

(b)黄土高塬沟壑区各水土保持措施累计面积
(1954～2017年)

图 2-10　黄土丘陵沟壑区和黄土高塬沟壑区 1954～2017 年各水土保持措施面积累计变化图

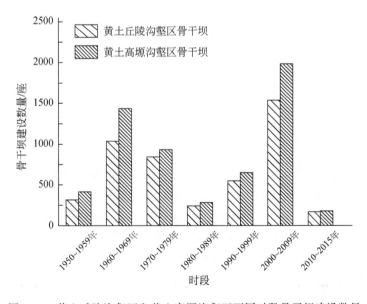

图 2-11　黄土丘陵沟壑区和黄土高塬沟壑区不同时段骨干坝建设数量

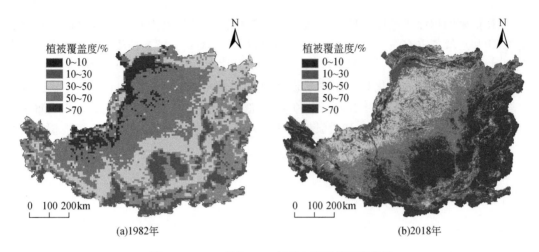

图 2-12　1982 年和 2018 年黄土高原植被覆盖度

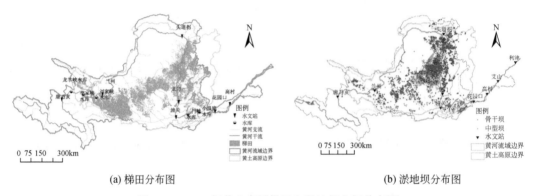

图 2-13　2018 年黄土高原梯田和淤地坝空间分布图

2.2.2　黄河水沙变化特征

2.2.2.1　水沙异源与地区分布极不均

黄河干流主要水文站 1950～2018 年（唐乃亥站的数据源于 1956 年）平均径流量和平均输沙量对比情况如图 2-14 所示，花园口站平均径流量最高，为 368.3 亿 m³，而潼关站的平均输沙量最高，为 9.61 亿 t。黄河流域平均径流、平均输沙量在空间上呈现出不均匀性，其中水量主要来自兰州站以上冰川和降雪融水，唐乃亥站与兰州站平均径流量分别占全河天然径流量的 37.0% 和 59.4%，而平均输沙量分别仅占全河沙量（潼关站输沙量）的 1.1% 和 6.4%。兰州站至头道拐站区域，年降水量少，对径流补充有限，头道拐站平均径流量较兰州站降低 30.2%，头道拐站输沙量却比兰州站增加 60.9%。头道拐站至龙门站区域，是黄河多沙粗沙主要来源区域，该区域入黄泥沙占潼关站总输沙量的 70.0% 以上。由此可见，黄河来水来沙异源，地区分布不均，黄河平均输沙量主要来自兰州站以上区域，占全河的 62.0%，平均输沙量仅占全河的 7.5%；黄河泥沙主要来自头道拐站至潼关站区域，平均输沙量占全河的91.0%，平均径流量仅占全河的28.5%。

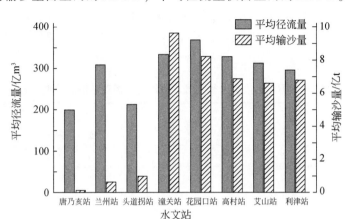

图2-14 黄河干流主要水文站1950~2018年平均径流量和平均输沙量对比情况

2.2.2.2 水沙锐减与时空减幅不同步

黄河水沙主要来自上中游地区，潼关站控制黄河流域面积91%、径流量90%、输沙量近100%。图2-15为1919~2018年黄河潼关站实测水沙量变化过程。从五个时段看：①1919~1959年：黄河年均径流量、输沙量分别约为426.4亿m³、16.0亿t，这个时段水利工程和水土保持措施对水沙变化影响较小，可作为水沙变化研究的基准时段；②1960~1986年：水土保持措施逐步实施，中小型淤地坝建设，刘家峡水库1968年运行，径流量、输沙量比基准时段分别减少6.3%、24.4%；③1987~1999年：小流域综合治理，治沟骨干工程实施，龙羊峡、刘家峡水库联合运行，生产建设项目依法防治，径流量、输沙量比基准时段分别减少38.6%、49.4%；④2000~2010年：退耕还林还草、淤地坝坝系工程和坡改梯等水土保持生态建设推进力度大，径流量、输沙量比基准时段分别减少49.6%、81.3%；⑤2011~2018年：极端降雨频率增加，河道流量也明显增加，特别是2018年径

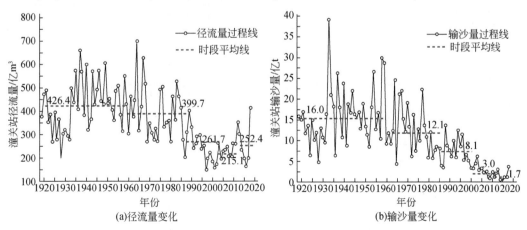

图2-15 1919~2018年黄河潼关站实测水沙量变化过程

流量增加到基准时段水平，径流量、输沙量比基准时段分别减少 40.8%、89.4%；其中，2017 年无定河流域虽发生该流域有实测数据以来最强极端暴雨事件，但潼关站输沙量仍低于基准时段 91.9%；2018 年由于河道径流量显著增加，万家寨、小浪底水库排沙约 1.2 亿 t（表 2-9）。

表 2-9　不同时段黄河径流量、输沙量及相对基准时段变化量

时段	径流量/亿 m³	输沙量/亿 t	相对基准期 1919～1959 年减少率	
			径流量减少率/%	输沙量减少率/%
1919～1959 年	426.4	16.0		
1960～1986 年	399.7	12.1	6.3	24.4
1987～1999 年	261.7	8.1	38.6	49.4
2000～2010 年	215.1	3.0	49.6	81.3
2011～2018 年	252.4	1.7	40.8	89.4
2017 年	197.7	1.3	53.6	91.9
2018 年	414.6	3.7	2.8	76.9

兰州站、头道拐站和潼关站 1950～2016 年径流量和输沙量年际变化 M-K 趋势检验分析如表 2-10 所示，由表 2-10 可见，1950～2016 年黄河干流年径流量呈显著性减少趋势（$p<0.05$），但上中游减少趋势差异较大，潼关站年径流量减少趋势最为显著（$p<0.001$），年均减少量达 4.12 亿 m³。黄河干流年输沙量各站均呈现显著性减少趋势（$p<0.001$），潼关站年输沙量减少尤为显著，兰州站年输沙量减少最少。对各站径流量、输沙量数据序列进行 Pettitt 突变检验可知，三个水文站年径流量突变年份较为一致，均发生在 1985 年左右；而年输沙量突变年份各站差异较大，潼关站年输沙量突变年份为 1981 年和 1999 年，兰州站和头道拐站则分别为 1999 年和 1985 年。

表 2-10　黄河干流主要水文站 1950～2016 年径流量、输沙量年际变化 M-K 趋势检验

水文站	类别	Z	显著性 p 值	年均变化量/亿 m³	突变年份
兰州站	年径流量	−2.32	<0.05*	−1.1	1986
	年输沙量	−3.78	<0.001***	−0.013	1999
头道拐站	年径流量	−4.30	<0.001***	−1.94	1986
	年输沙量	−5.87	<0.001***	−0.025	1985
潼关站	年径流量	−6.10	<0.001***	−4.12	1985
	年输沙量	−7.40	<0.001***	−0.25	1981、1999

注：Z 为 M-K 趋势检验值。

* 95% 置信区间。

*** 99.9% 置信区间。

根据流域下垫面变化特征与水沙变化的突变年份，可分五个时段来分析兰州站、头道拐站、潼关站三个水文站径流量和输沙量特征值变化，如图 2-16 所示。从径流量来看，

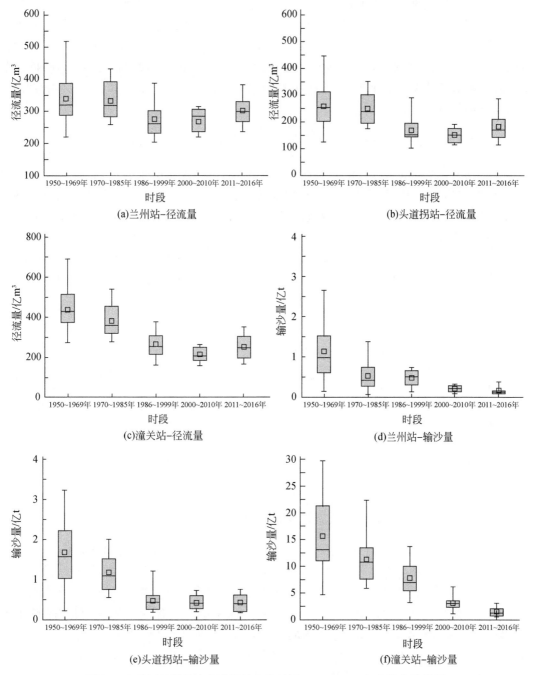

图 2-16　黄河兰州站、头道拐站和潼关站 1950～2016 年水沙变化过程

兰州站自 2000 年以后有明显增加，而潼关站自 2010 年以后才呈现增加趋势，头道拐站在区域上介于两站之间，因此，变化呈现出过渡性变化特征。从输沙量来看，相应箱线图中中值、75% 分位值、25% 分位值、最大值和最小值均显示各站各阶段呈逐步递减趋势；头道拐站自 20 世纪 80 年代后期至今输沙量基本保持不变，而潼关站一直呈现稳步减少趋

势。另外，黄河径流量减少主要集中在头道拐站以上区域，尤其在 20 世纪 80 年代后期径流量显著减少，此后基本维持在 166.61 亿 m³ 左右。黄河泥沙减少主要集中在头道拐站至潼关站区域，自 2011 年以来潼关站输沙量减少的 14.18 亿 t 中，头道拐站以上区域占 7.4%，头道拐至潼关站区域占 92.6%。显然，黄河径流量、输沙量在 20 世纪 80 年代后期较以前显著减少，水沙变化趋势在年际及空间分布上均不同步，但黄河水沙异源的空间分布格局仍然持续。

2.2.2.3 利于输沙的流量持续时间减小且中常洪水频率降低

日平均大于 2000m³/s 的流量利于河道泥沙输移。潼关站汛期中小流量（<2000m³/s）历时增加，2000~2018 年汛期出现日平均流量大于 2000m³/s 的年平均天数由 1960~1986 年的 58d/a 减少为 14d/a，相应径流量占汛期径流量的比例由 1960~1986 年的 71% 减少为 30%。据实测资料分析，自 20 世纪 80 年代后期以来，黄河中游中常洪水发生场次明显减少。潼关站大于 3000m³/s 和大于 6000m³/s 年均场次分别由 1987 年以前的 5.5 场/a 和 1.3 场/a 降为 1987~1999 年的 2.8 场/a 和 0.3 场/a，自 2000 年以来 3000m³/s 以上仅为 1.2 场/a，最大洪峰流量仅为 5800m³/s，如表 2-11 所示。

表 2-11　中游潼关站不同时段洪水特征值统计

时段	洪水发生场次/(场/a)		最大洪峰流量	
	>3 000m³/s	>6 000m³/s	流量/(m³/s)	发生年份
1950~1986 年	5.5	1.3	13 400	1954
1987~1999 年	2.8	0.3	8 260	1988
2000~2018 年	1.2	0.0	5 800	2011

2.2.2.4 含沙量随水利水保工程建设呈阶段性变化

黄河单位径流输沙能力强，受干流三门峡（1960 年）、刘家峡（1968 年）、龙羊峡（1985 年）和小浪底（1999 年）等水库蓄水淤沙影响，各水文站年均含沙量呈阶段性变化，如图 2-17 所示。唐乃亥站泥沙来源较少且上游无水库运行，其含沙量维持在 0.5kg/m³ 的水平。兰州站受上游刘家峡水库运行影响，1968 年前后含沙量从 3.45kg/m³ 降低到 1.48kg/m³。头道拐站则从 1968 年以前的 6.36kg/m³ 降到刘家峡建成运行后的 4.42kg/m³，1985 年龙羊峡建成并联合运行后含沙量又降至 2.71kg/m³，比 1968 年以前降低约 57.4%。潼关站距离上游的刘家峡和龙羊峡水库较远，且沙量主要来自头道拐站至潼关站（简称河潼区间），因此，水库汛期蓄水对潼关站含沙量影响并不显著，龙羊峡水库运行时段（1988~1999 年）的含沙量比水库建设以前仅降低 9.9%。而 1981~1987 年和 2000 年后两个时段的含沙量显著降低，均为区间水土保持效益发挥所致。花园口站在 1981~1987 年同潼关站一样，含沙量急速降低至 15.76kg/m³，而后在 1987 年后又恢复到 26.98kg/m³；1999 年小浪底水库建成运行后，含沙量再次急速降低至 4.17kg/m³。潼关站和花园口站在

2000 年后的含沙量变化趋势因主要驱动力不同而表现不同，前者在于水土保持效应的滞后性，含沙量逐步减少，而后者在于小浪底水库淤沙的及时性，含沙量表现为急剧降低且稳定保持。

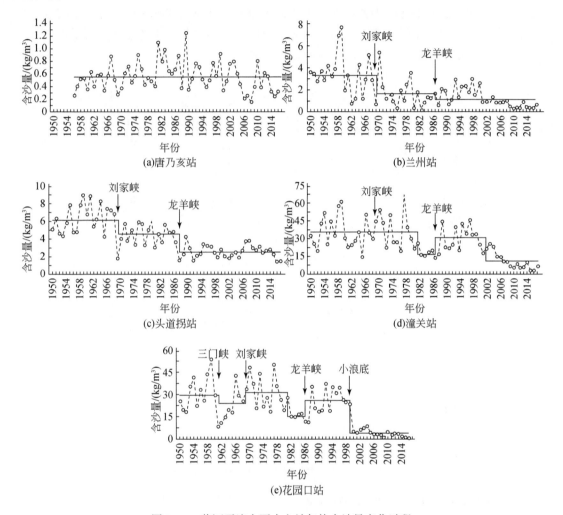

图 2-17　黄河干流主要水文站年均含沙量变化过程

2.2.2.5 黄河干流水沙变化区域分异且产沙区来沙占比发生变化

与 20 世纪 50 年代相比，自 2000 年以来，黄河干流不同区域水沙量变化差异显著。具体地，如图 2-18 所示，各水文站年均径流量变化幅度呈由上游向下游递增的特征。具体排序为潼关站（43.9%）>龙门站（35.9%）>头道拐站（30.8%）>兰州站（8.2%）；龙门站和潼关站年均输沙量减少幅度均达 80% 以上，具体排序为龙门站（89.5%）>潼关站（86.8%）>兰州站（78%）>头道拐站（71.9%）。从绝对变化量看，各水文站年均径流量变化的绝对值呈由上游向下游递增趋势。具体排序为潼关站（-184.1 亿 m³）>龙门站（-104.9 亿 m³）>头道拐站（-74.2 亿 m³）>兰州站（-25.6 亿 m³）；各水文站年均输沙量变化绝对值具体排序为潼关站（-14.5 亿 t）>龙门站（-11.3 亿 t）>头道拐站（-1.1 亿 t）>兰州站（-0.65 亿 t）。不同站点变化趋势、幅度及量级综合说明黄河干流兰州站至潼关站（简称兰潼区间）年均径流量由总体累加递增状态向累加递减趋势转变，说明兰潼区间水资源消耗量大幅增加；年均输沙量累加递增（冲>淤）状态虽未转变，但递增幅度明显减小，龙门站至潼关站（简称龙潼区间）减小幅度尤为显著，说明在气候变化和人类活动耦合影响下，龙潼区间输沙量显著减少。

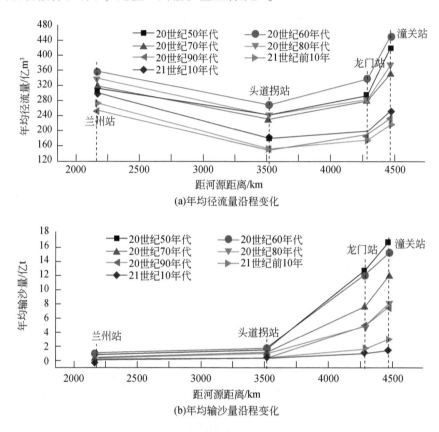

图 2-18　黄河干流主要控制水文站不同时段多年平均径流量和输沙量沿程变化

河潼区间多年平均径流量和输沙量分别占黄河干流潼关断面以上水沙量的 60% 和 90% 以上。为进一步说明河潼区间年径流量及输沙量锐减成因，从空间角度系统统计分析了黄河干流头道拐站、龙门站、潼关站三个干流水文站及无定河等 7 个主要一级支流 1950 ~ 2016 年水沙变化情况。由图 2-19 可知，2000 年以前，头道拐站至龙门站（简称河龙区间）和龙潼区间对整个河潼区间的径流量贡献率分别为 36.0% 和 64.0%，2000 年以后，则变化为 31.8% 和 68.2%；类似地，2000 年以前，河龙区间和龙潼区间对整个河潼区间的输沙量贡献率分别为 65.5% 和 34.5%，2000 年以后，其输沙量贡献率分别为 50.1% 和 49.9%，说明在大规模水土保持生态建设背景下，河龙区间水土保持成效更为显著，黄河干流主要泥沙来源区由河龙区间向龙潼区间发生转移。

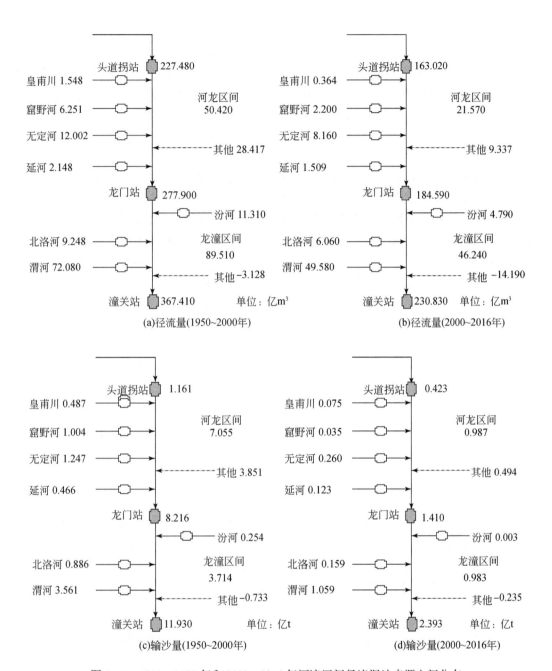

图 2-19 1950～2000 年和 2000～2016 年河潼区间径流泥沙来源空间分布

从河龙空间水沙来源看，2000 年以前皇甫川、窟野河、无定河、延河流域对河龙区间径流量贡献率分别为 3.1%、12.4%、23.8% 和 4.3%；输沙量贡献率分别为 6.9%、14.2%、17.7% 和 6.6%，2000 年以后径流量贡献率分别为 1.7%、10.2%、37.8% 和 7.0%，输沙量贡献率则分别为 7.6%、3.5%、26.3% 和 12.5%，对比发现无定河流域为黄河干流河龙区间水沙最大来源区；窟野河经多年治理，水土流失治理效果最为显著，减沙作用最为明显。从龙潼区间看，2000 年以前汾河、北洛河、渭河流域对龙潼区间径流量贡献率分别为12.6%、10.3%和80.5%，输沙量贡献率分别为6.8%、23.9%和95.9%，2000年以后汾河、北洛河、渭河流域对龙潼区间径流量贡献率分别为10.4%、13.1%和107.2%，输沙量贡献率分别为0.3%、16.2%和107.7%，均表现为渭河流域贡献率最大。此外，受潼关断面以上河道束窄影响，龙潼区间河道泥沙淤积，2000年前约占潼关站输沙量的19.7%，2000年以后约为23.9%。

2.2.2.6 下游河道累积性淤积变为持续冲刷

花园口站是黄河下游河道控制站，2000～2018年相对1960～1999年的水量和沙量分别减少34%和90%。据实测资料分析，黄河下游河道冲淤、平滩流量、过流能力与花园口断面水沙条件密切相关，花园口站年平均含沙量小于20kg/m³时黄河下游河道基本不淤积。如图2-20所示，2000～2018年与1960～1999年相比，下游河道由累积淤积泥沙48.2亿t变为累积冲刷泥沙29.4亿t，下游平滩流量由20世纪60年代初的约8000m³/s下降到1999年的2000m³/s，自2002年以来通过小浪底水库的调水调沙，又恢复到4300m³/s左右。由此可见，2000年以后，下游河道由累积性淤积转为累积性冲刷，过流能力加大、洪水水位下降、游荡性变弱，下游河势总体向好。

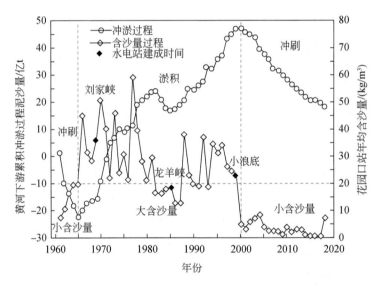

图2-20 1960～2018年花园口站年均含沙量变化与黄河下游累积冲淤过程

花园口站沙量变化是入黄泥沙减少和小浪底水库直接拦沙共同作用的结果，2000～2018年小浪底水库共拦沙约45亿t，若无水库拦沙，花园口年平均输沙量将增至3.35亿t。根据黄河下游河道实测资料和相关研究成果，当下游年平均水量为250亿m³和年平均沙量为3亿t左右时，黄河下游河道可基本维持冲淤平衡。因此，即使无小浪底水库，黄河中上游水土保持措施和生态工程的减沙效益也可基本保证黄河下游河床不再淤积抬升，而小浪底水库的拦沙效应在提高黄河下游主槽过流能力和保障防洪安全方面起到了关键性作用。

2.3 黄河水沙变化分异规律

本书选择了位于黄河干流的 27 个水文站（表 2-12 和图 2-21）的日径流量序列，以及上述站点中的 20 个日均输沙量序列。从上游到下游，所有 27 个站点被标记为 1～27 号，径流量序列的时间跨度为 1934～2015 年，输沙量序列的时间跨度为 1950～2015 年。部分站点的序列存在缺失某些年份数据的情况，为了满足在后续分析中对数据连续性的需求并充分利用已有的数据集，本书按照以下规则对时间序列进行插值：①缺少单一年份，取前一年和后一年同一天的平均值；②连续几年缺失，取前一测站和后一测站的同一天的平均值。图 2-22 为插值后的各站点年径流量和输沙量，以及各站点的数据序列跨度。

表 2-12 本书所采用的黄河干流站点信息

序号	站点编号	站点名称	汇流面积比例/%	径流量序列跨度		输沙量序列跨度	
				起始年份	结束年份	起始年份	结束年份
1	40100100	黄河沿站	2.5	1956	2014	1960	2014
2	40100150	吉迈站	5.2	1959	2014	1960	2014
3	40100250	玛曲站	10.1	1960	2014	1960	2014
4	40100350	唐乃亥站	14.0	1960	2014	—	—
5	40100500	贵德站	15.8	1954	2004	—	—
6	40100550	循化站	17.3	1946	2004	—	—
7	40100800	小川站	21.8	1964	2004	—	—
8	40101200	兰州站	26.8	1935	2014	1950	2014
9	40101600	安宁渡站	29.2	1954	2004	—	—
10	40101750	下河沿站	30.5	1951	2014	1951	2014
11	40102100	青铜峡站	33.0	1954	2014	1956	2014
12	40102500	石嘴山站	37.4	1943	2014	1956	2014
13	40102650	巴彦高勒站	38.2	1956	2014	1956	2014
14	40103050	三湖河口站	43.0	1953	2014	1956	2014
15	40103400	头道拐站	47.2	1952	2014	1956	2014
16	40104000	吴堡站	54.4	1952	2005	—	—
17	40104200	龙门站	65.2	1951	2005	—	—
18	40104360	潼关站	87.9	1954	2015	1956	2015
19	40104450	三门峡站	88.7	1955	2014	1956	2010
20	40104700	小浪底站	89.4	1956	2015	1960	2015
21	40105150	花园口站	94.3	1949	2015	1950	2015
22	40105453	夹河滩站	94.5	1953	2009	1952	2009
23	40105650	高村站	96.2	1951	2009	1951	2009
24	40106350	孙口站	97.6	1952	2009	1952	2009
25	40107100	艾山站	98.1	1951	2009	1951	2009
26	40107450	泺口站	98.7	1934	2009	1950	2009
27	40108400	利津站	99.8	1950	2015	1950	2015

注："—"表示数据缺失。

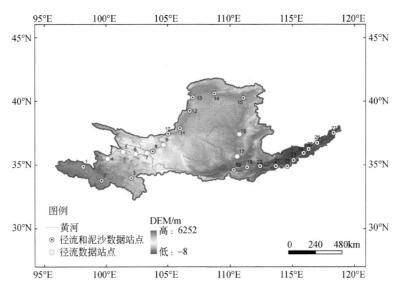

图 2-21　黄河流域以及所采用的干流水文站点在流域内的分布

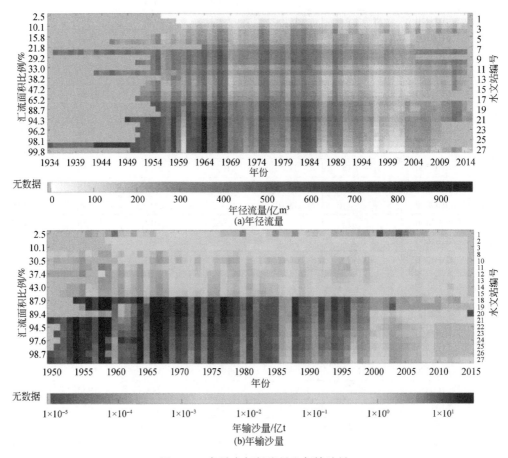

图 2-22　各站点年径流量和年输沙量

2.3.1 黄河流域分区

本书采用了聚类分析和主成分分析结合的手段，根据来自 27 个水文站的日尺度径流量和输沙量序列，对流域进行子区划分。聚类分析需要等长度的序列作为输入矩阵，因此分别选择径流量和输沙量序列的共有时段的数据作为流域分类的输入数据，分别是1964~2004 年和 1960~2009 年的日尺度数据。在分类之前，对这两个数据集的序列进行标准化，以避免数据绝对值对分区结果的影响，重点关注组间的相对差异。使用聚类分析，不可避免地要对分类的数量做出主观的决定。为了最大限度地减小使用者的主观意图对分类结果的影响，应用非参数多元方差分析（PERMANOVA）来验证应用聚类分析得到的各组间差异的显著性。这种方法不但不需要假设变量的分布或相关性，并且可以帮助用户对组间差异做出严格的概率表述。在采用 PERMANOVA 之前，需要对数据进行预处理，以符合输入数据的格式要求。因此，本书采用主成分分析以获得 PERMANOVA 的多变量输入矩阵。通过主成分分析将初始变量转换为多个线性不相关变量，这些线性不相关变量被称为主成分。按照每个主成分解释总体方差的贡献率大小，将其进行排序，选取解释方差总和超过90% 的主成分，这些主成分当作用于 PERMANOVA 的主要变量。变量选择完成后，将径流量和输沙量序列的聚类结果作为先验分组，检验各组间差异的显著性。

对径流量和输沙量的日尺度序列分别采用聚类分析，得到聚类结果，可视化树状图如图 2-23 所示。从图 2-23 中标记的水文站点编号可以看出，得到的两个分区结果几乎相同，它们都将流域分成五个子区。这两个分区方案之间只有一个区别，即 22 号站点序列（夹河滩站）分别被归入第 4 个子区（18~22 号）和第 5 个子区（22~27 号）。鉴于在聚类分析中，输沙量系列的输入时间长于径流量系列（分别是 1960~2009 年和 1964~2004 年），因此本书认为前者更有代表性，选择前者为分区依据，所以将夹河滩站分在第 5 个子区中。站点分区结果是：①1~4，黄河沿站至唐乃亥站；②5~12，贵德站至石嘴山站；③13~17，巴彦高勒站至龙门站；④18~21，潼关站至花园口站；⑤22~27，夹河滩站至利津站。

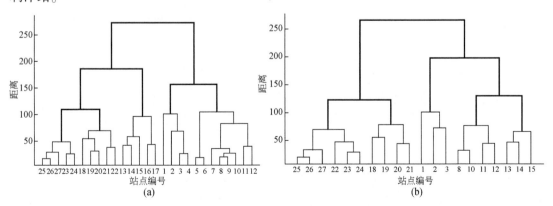

图 2-23 径流量（a）和输沙量（b）分区的聚类树状图
五个子区用粗线突出显示，y 轴表示每两个聚类之间的几何距离

对于聚类结果，应用 PERMANOVA 来检验其显著性。本方法将每个测站的径流量（输沙量）视为一个初始变量，并将每日实测值作为主成分分析的观测值，将该矩阵输入主成分分析中，得到每个新的原始数据矩阵的线性不相关变量（主成分），共 27（20）个变量。对于利用径流量序列得到的所有主成分，根据其解释总体方差的贡献率大小进行排序，前三个主成分解释总方差的 90% 以上（92.2%），因此被选为代表性变量。对五个子区进行了比较，结果显著（$p<0.05$，表 2-13）。另外，还对任意两个子区进行了比较，结果同样显著。因此，可以拒绝子区间无差异的零假设，即认为各子区之间具有显著差异。

表 2-13 黄河径流量序列的非参数多元方差分析

源数组	自由度	平方和	均方和	F	p
分组	4	1.804	0.451	36.777	0.001
残差	22	0.270	0.012		
总和	26	2.074			
两两比较									
组对	1&2	1&3	1&4	1&5	2&3	2&4	2&5	3&4	3&5	4&5
F	5.70	19.30	14.26	27.31	56.82	52.06	125.04	6.59	82.41	29.18
p	0.014	0.001	0.005	0.002	0.002	0.002	0.001	0.014	0.001	0.006

对于输沙量序列，选择了前两个主成分作为 PERMANOVA 的变量，其解释总方差的 91.0%。同样地，对聚类结果进行总体比较和两两比较，得到显著的差异性（表 2-14）。这两项分析都验证了黄河流域分类结果的可靠性。图 2-24（a）为五个子区在流域内的分布。

表 2-14 黄河输沙量序列的非参数多元方差分析

源数组	自由度	平方和	均方和	F	p
分组	4	1.041	0.260	67.272	0.001
残差	15	0.058	0.004		
总和	19	1.099			
两两比较									
组对	1&2	1&3	1&4	1&5	2&3	2&4	2&5	3&4	3&5	4&5
F	36.40	15.04	11.72	63.95	13.48	53.79	369.22	24.24	204.39	30.96
p	0.006	0.002	0.02	0.008	0.005	0.015	0.002	0.014	0.011	0.005

本书计算各个站点年径流量之间的相关系数，可以辅助验证分区结果的合理性。在图 2-24（b）中，横纵坐标意义相同，均对应着各个站点；每个色块代表对应两个站点之间的相关系数（显著性水平为 0.05）；虚线矩形框内的站点位于同一个子区。位于第 1 个子区的各站点的年径流量相关系数范围在 0.646～0.984，平均值为 0.795。其余 4 个子区内部的相关系数范围分别为 0.902～0.996、0.983～0.998、0.985～0.997、0.977～

0.999。除第 1 个子区相关系数稍低外，其他子区各站点之间的相关系数均高于 0.9，可以看出在年径流量方面，子区内部具有很强的一致性。

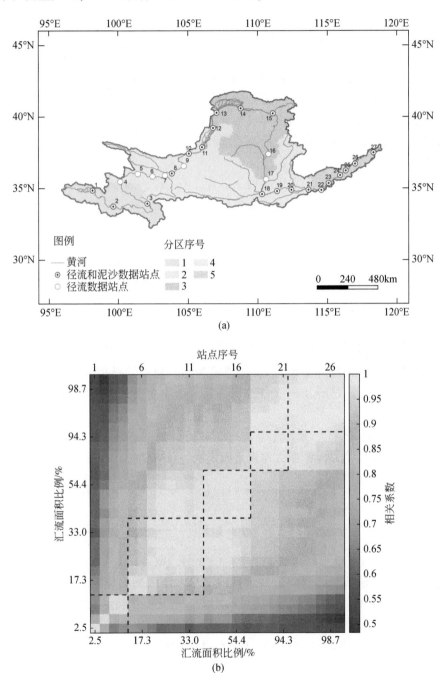

图 2-24　基于水文情势变化的黄河流域分区（a）和各个站点年径流量相关系数（b）

2. 3. 2 黄河水沙多尺度分异特征

2. 3. 2. 1 水沙突变分析

采用 Lavielle 提出的参数化全局方法（Lavielle，2005）以检测时间序列方差突变。该方法的具体思路：①选择一个点并将信号分为两部分；②计算每部分所需统计特性的经验估计；③对于每部分的各个观测值，测量所选特性偏离经验估计的程度，将每部分所有观测点的偏差分别求和；④将所有部分的偏差求和，求得总残差；⑤改变分割点的位置，直到总残差达到最小值。

如果目标统计特性是均值，对于序列 x_1，x_2，$\cdots$，x_N，该方法即找到一个 k，使得

$$
\begin{aligned}
J &= \sum_{i=1}^{k-1} (x_i - \langle x \rangle_1^{k-1})^2 + \sum_{i=k}^{N} (x_i - \langle x \rangle_k^N)^2 \\
&= \sum_{i=1}^{k-1} \left(x_i - \frac{1}{k-1} \sum_{r=1}^{k-1} x_r \right)^2 + \sum_{i=k}^{N} \left(x_i - \frac{1}{N-k+1} \sum_{r=k}^{N} x_r \right)^2 \\
&= (k-1) \mathrm{var}([x_1, \cdots, x_{k-1}]) + (N-k+1) \mathrm{var}([x_k, \cdots, x_N])
\end{aligned}
\tag{2-1}
$$

最小。可以推广式（2-1）以适用于其他统计特性，即找到 k，使得

$$
J(k) = \sum_{i=1}^{k-1} \Delta(x_i; \chi([x_1, \cdots, x_{k-1}])) + \sum_{i=k}^{N} \Delta(x_i; \chi([x_k, \cdots, x_N]))
\tag{2-2}
$$

最小，其中每个子序列的经验估计为 χ，偏差值为 Δ。使残差最小等价于使对数似然函数最大。给定平均值为 μ，方差为 σ^2 的正态分布，N 个独立观测值的对数似然函数为

$$
\lg \prod_{i=1}^{N} \frac{1}{\sqrt{2\pi \sigma^2}} \mathrm{e}^{-(x_i-\mu)^2/2\sigma^2} = -\frac{N}{2}(\lg 2\pi + \lg \sigma^2) - \frac{1}{2\sigma^2} \sum_{i=1}^{N} (x_i - \mu)^2
\tag{2-3}
$$

如果目标统计特性是方差，那么均值是固定的，该方法使用

$$
\begin{aligned}
\sum_{i=m}^{n} \Delta(x_i; \chi([x_m, \cdots, x_n])) &= (n-m+1) \lg \sum_{i=m}^{n} \sigma^2([x_m, \cdots, x_n]) \\
&= (n-m+1) \lg \left(\frac{1}{n-m+1} \sum_{i=m}^{n} \left(x_i - \frac{1}{n-m+1} \sum_{r=m}^{n} x_r \right)^2 \right) \\
&= (n-m+1) \lg \mathrm{var}([x_m, \cdots, x_n])
\end{aligned}
\tag{2-4}
$$

采用根据上述方法编制的 MATLAB 函数检测水文序列的突变。通过对 27 个站点的全时期月径流量序列和 20 个站点的全时期月输沙量序列进行突变点分析，检测结果如图 2-25 所示，展示部分站点的月径流量/输沙量并标记突变点，5 个站点（玛曲站、石嘴山站、头道拐站、花园口站、利津站）分别选自分区结果中的 5 个子区。图 2-26 表现所有站点的径流输沙序列突变点。

在第 1 个子区 4 个站点中，只有一个站点（黄河沿站）检测出突变点，这显示黄河源区径流量和输沙量的年际稳定性。而第 1 个子区下游的 23 个径流量序列的突变点均发生在 1986 ~ 1996 年。这意味着在该时段，从第 2 个子区到第 5 个子区（唐乃亥站至利津站），在自然和人为因素耦合影响下，区域天然径流量变化趋势发生突变，而其中 21 个径

流量序列的突变点集中发生在 1986～1989 年。从图 2-25 可以看出，径流量在突变点之后的波动范围及平均水平都呈现大幅减小的趋势。检验结果显示，1986 年是突变发生最多的年份，是流域内径流变异的重要转折年份。

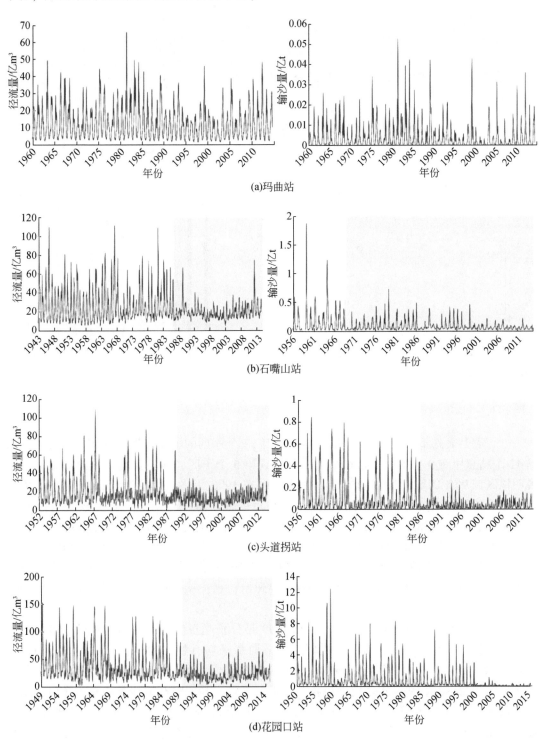

(a)玛曲站

(b)石嘴山站

(c)头道拐站

(d)花园口站

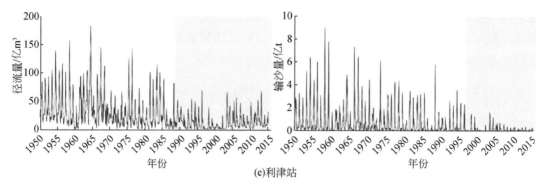

图2-25 干流各水文站径流量和输沙量序列突变点检测（灰色方框代表突变点之后的时段）

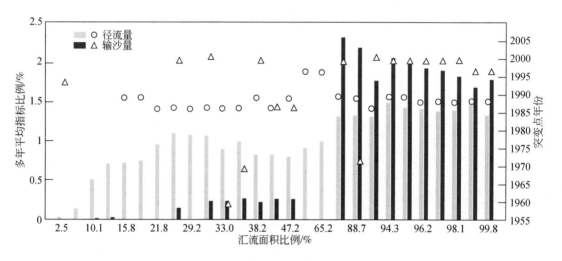

图2-26 径流量和输沙量序列突变点及1987年之前各站点年径流量和输沙量相对平均值（柱状图）

　　唐乃亥站下游17个输沙量序列中，有12个序列的突变点发生在1996～2000年，这12个站点中有9个集中分布在第4个子区到第5个子区，即潼关站到利津站之间。这说明该区域90%的输沙量序列的年际变化幅度在1996年之后迅速减小；1999年最为特殊，是输沙量突变发生最多的年份，有8个站点的输沙量序列突变发生在1999年；在青铜峡站、石嘴山站和三门峡站三个站点，输沙量序列的突变发生在20世纪80年代之前，比大多数站点都早。而这些突变都发生在测站上游的大型水利工程修建不久之后。其中，青铜峡站和石嘴山站的突变分别发生在1959年和1969年，其上游的盐锅峡站和刘家峡站在1958年开始修建，其中刘家峡站在1969年开始蓄水；三门峡站的突变发生在1971年，三门峡站则在20世纪60年代建成。

　　从突变检测结果可以看出，1986年和1999年分别是黄河径流量和输沙量大范围发生突变的年份，突变点前后序列的变化幅度、平均水平均有较大的改变。因此，本书认为1986年及其以前的时段是黄河流域的天然水文情势时段，受气候变化和人类活动影响相对较小。图2-26展示1987年之前干流各个站点的平均年径流量和输沙量相对于全流域平均值的水平。从图2-26可以看出，黄河干流径流量和输沙量沿程的消长过程。玛曲站（汇流面积比例10.1%）到兰州站（汇流面积比例26.8%）是黄河的主要产流区之一，在此区间径流量快速增加，兰州站的径流量已经达到全流域最高水平的70%以上。兰州站至头道拐站区间实测径流量减少，主要是因为该区域支流贡献较少而灌溉区取水量大。再往下游，径流量在头道拐站至潼关站区间再次有较大幅度增加，其中渭河的贡献最大。河道泥沙的主要来源是黄土高原，增加区间主要集中在头道拐站至潼关站，年输沙量从头道拐站的1.5亿t/a大幅度增长至潼关站的13.3亿t/a。图2-26清晰地展示黄河"水沙异源"的特征。

2.3.2.2 年尺度水沙指标变化特征

采用M-K趋势检验法对时间序列的趋势特征进行分析。对于黄河干流各个站点的年均径流量、输沙量及各自的变差系数，应用上述方法进行趋势分析，检验结果如表2-15所示。除了第1个子区的站点，其他站点的年均径流量和输沙量均呈现显著减少的趋势；从上游至下游，径流量和输沙量的减少速率的绝对值逐渐增加。径流量的变差系数（C_v）在13个站点的变化趋势是显著减少的，其中包括位于第2至第3个子区的连续11个站点，对于贵德站至头道拐站，该河段密集分布的水文站对径流量的调节是流量过程离散程度减小的重要原因。另外，位于第5个子区的两个站点的径流量C_v呈现显著增加趋势。第1至第3子区各有一个站点的输沙量C_v的减少趋势显著。9个站点的输沙量C_v呈现明显增加趋势，主要位于第4至第5个子区，而这两个子区的其他两个站点变化趋势不显著，变化率也为正。可以看出，输沙量离散程度增大是龙门以下水文站的普遍特征。

表 2-15 M-K 趋势检验结果显著的站点个数——年尺度指标 （单位：个）

分区序号	年平均值				变差系数			
	径流量		输沙量		径流量		输沙量	
	下降	上升	下降	上升	下降	上升	下降	上升
1	0	0	0	0	1	0	1	0
2	8	0	4	0	8	0	1	1
3	5	0	3	0	3	0	1	0
4	4	0	4	0	1	0	0	3
5	6	0	6	0	0	2	0	5
总和	23	0	17	0	13	2	3	9

（1）不同时段沿程变化特征

根据突变检测结果，1986年和1999年分别是黄河径流量和输沙量大范围发生突变的年份，据此，本书将历史时期划分为3个时段：1987年之前（不包括1987年）、1987～1999年、1999年之后（不包括1999年），分别标记为A、B、C时段。根据每个时段年尺度指标的平均值，分析径流量、输沙量在不同时段基本特征及变化。

从图2-27可以看出，相比于1987年之前，27个站点的平均年径流量在1987～1999年均减少，减少范围在9%～64%；在1999年之后，有11个站点的平均年径流量相对于1987～1999年有所增长，其中有10个站点位于第1至第3个子区，但最大增幅仅为11%。

有 16 个站点的平均年径流量继续减少，减少范围在 1%~24%。在 1987 年之后，第 4 至第 5 个子区的平均年径流量减少程度比其他区域更加剧烈，这使得平均年径流量最大值出现的地方发生偏移，由原先的花园口站转移到兰州站。至于平均变差系数，在 1987 年之前其沿程变化范围比较稳定，最小值是 0.62，最大值是 0.92。在 1987 年之后，平均变差系数的范围变得分散，最小值仅为 0.25（贵德站，汇流面积比例为 15.8%），最大值达到 1.30（利津站，汇流面积比例为 99.8%）。有 23 个站点的 C_V 在 1987~1999 年减少，其中以第 2 个子区各站点最为明显，在该子区平均变差系数减少 40% 以上。而在流域出口附近的泺口站和利津站，平均变差系数迅速上升，呈现出与上游邻近站点完全不同的变化特征，反映黄河入海口径流量的离散程度增加。1999 年之后的平均变差系数与 1987~1999 年相比差别不大，除贵德站和循化站以外，所有站点的变化率均小于 20%。

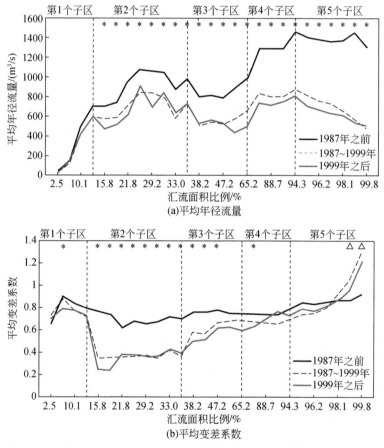

图 2-27　各站点在三个时段的平均年径流量和平均变差系数

图上部标记指示相应指标 M-K 趋势检验结果显著的站点；"＊"表示下降趋势；"△"表示上升趋势，下同

所有站点的平均年输沙率从 A 时段到 B 时段均减少，减少幅度在 16%~70%（图 2-28）。从空间变化的角度来看，在 1987 年之前，平均年输沙率从三门峡站至小浪底站有明显下降的过程，在小浪底之后又上升；但是在 1987~1999 年，小浪底站的平均年输沙率相比于三门峡站并没有大幅度下降，变化率从 −19.3% 变为 −2.9%。这可能与三门

峡水库的调度方式有关，在 1987 年之前，三门峡库区淤积了大量径流挟带的泥沙，使得库区下游的平均年输沙率减少；而在 1987 ～ 1999 年，三门峡水库拦蓄泥沙的功能明显减弱，其运用方式已经转变为"蓄清排浑"，这导致下游的平均年输沙率相比于上游减幅较小。从 B 时段到 C 时段，20 个站点中有 18 个站点的平均年输沙率依然减少，而两个平均年输沙率增加的站点其增幅小于 10%；在平均年输沙率继续减少的站点中，潼关站及以下所有站点的平均年输沙率减少幅度均超过 50%，其中在小浪底站（汇流面积比例为 89.4%）和花园口站（汇流面积比例为 94.3%），1999 年之后的平均年输沙率分别减少 95% 和 90%。从平均年输沙率的沿程变化来看，1987 年之前，兰州站至头道拐的平均年输沙率平缓增加，然而在 1987 ～ 1999 年转变为沿程减少的趋势；由于潼关站沙量的大幅减少，输沙率从头道拐站至潼关站的沿程递增速率明显降低。

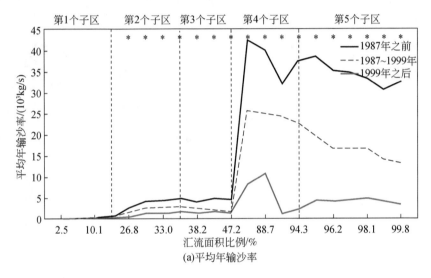

(a)平均年输沙率

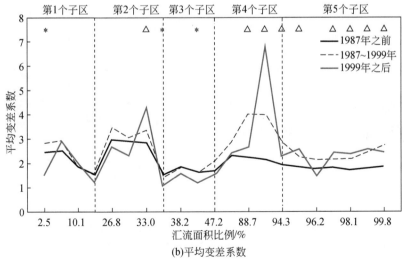

(b)平均变差系数

图 2-28　各站点在三个时段的平均年输沙率和平均变差系数

有 16 个站点输沙率的平均变差系数在 B 时段相比于 A 时段有所增加，其中包括头道拐站及其下游的 11 个站点。与中下游站点相比，平均变差系数在上游（头道拐站以上）的变化不大，变化率均小于 20%，这与径流量的平均变差系数大幅减少的特征不同。从 B 时段到 C 时段，有 13 个站点的平均变差系数减少。在 C 时段，小浪底的平均变差系数相比于 B 时段增长近 70%，与相邻站点形成强烈反差。

站点之间径流量和输沙量的增减变化能够反映区域的产流产沙能力，同时能够间接反映人类活动如社会用水、水土保持等的影响情况。为了减少汇流面积造成的影响，将两个站点之间的区间径流量/输沙量用该区域的汇流面积进行标准化，将标准化之后的指标称为"区间径流（输沙）模数"。图 2-29 展示 3 个时段的区间径流模数和区间输沙模数，暖色表示负模数，冷色表示正模数。

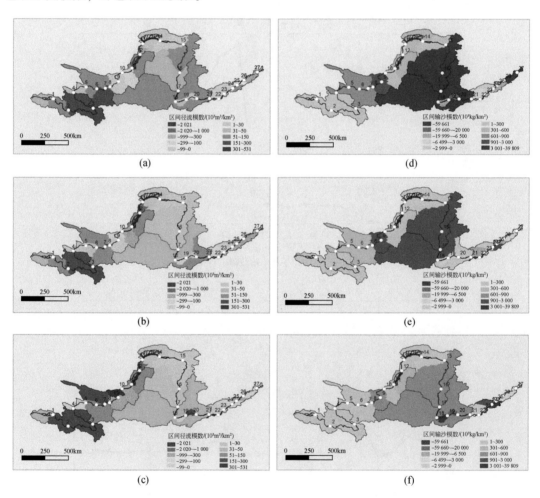

图 2-29　区间径流模数 [（a）~（c）] 和区间输沙模数 [（d）~（f）]
（a）、（d）为 1987 年之前；（b）、（e）为 1987~1999 年；（c）、（f）为 1999 年之后

对于区间径流模数 [图 2-29（a）~（c）]，1987 年之前呈现负模数的区域，如兰州站（编号 8，下同）至青铜峡站（11）地区、花园口站（21）下游，在 1987~1999 年径流模

数变得更小，这些区域的径流量减小效应较明显。1999 年之后，兰州站至青铜峡站地区的径流模数继续减小，而花园口站下游的径流模数相对于 1987～1999 年有所增加，说明该地区的径流量减少程度有所舒缓。头道拐站（15）至潼关站（18）地区是黄河流域主要的产流区之一，渭河、汾河、无定河、皇甫川等主要支流均位于此。但是在 1987 年之后，该地区单位面积的径流量明显减小，在头道拐站至吴堡站（16）地区，区间径流模数甚至在 1999 年之后变为负数。

从区间输沙模数［图 2-29(d)～(f)］可以看出，唐乃亥站（4）至兰州站地区是上游输沙量增加的主要区域。但是在 B 时段和 C 时段，该地区的区间输沙模数减少 60% 以上。在青铜峡站至头道拐站地区，区间输沙模数从 A 时段的正值变为 B 时段的负值，这可能与河道泥沙淤积量增大有关。河潼区间地处黄土高原，是流域的最主要产沙区，贡献 90% 以上的沙量。在 A 时段和 B 时段该地区的输沙模数依然是全流域最高的，但是在 1999 年之后大幅减少，从 B 时段的 $2.320 \times 10^{6} \text{kg/km}^{2}$ 减少到 $6.47 \times 10^{5} \text{kg/km}^{2}$，不再是流域中区间单位面积输沙最多的地区。在 1999 年之后，从小北干流出口的潼关站直至艾山站，除三门峡站至小浪底站与夹河滩站（22）至高村站（23）两个河段外，区间单位面积输沙量高于河潼地区。

（2）2000 年至今水沙变化趋势

1999 年之后大多数站点年径流量和输沙量水平相比于 1987 年之前及 1987～1999 年有所减少。现选取每个子区的出口站点（分别是唐乃亥站、石嘴山站、龙门站、花园口站和利津站），将其 2000～2017 年的年径流量和年输沙量展示在图 2-30 中。

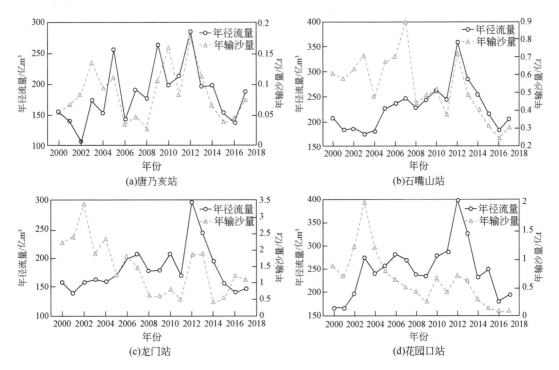

(a)唐乃亥站　(b)石嘴山站

(c)龙门站　(d)花园口站

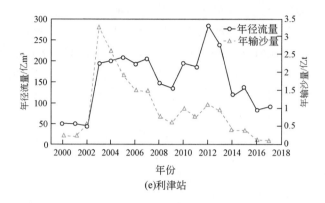

(e)利津站

图 2-30　2000～2017 年各站点年径流量和年输沙量

以上站点 2000～2017 年径流量、输沙量序列的 M-K 趋势检验结果如表 2-16 所示。19 个站点的年径流量序列的 Sen's 斜率①全部为正，其中在 8 个站点呈现显著增加趋势，趋势显著的站点中有 7 个站点位于头道拐以上，即黄河的上游。从图 2-30 可以看出，2012 年的年径流量是 2000～2017 年的最高值，在 2012 年之后各个站点的年径流量呈现下降态势。年输沙量则整体呈现下降的趋势，14 个站点的 Sen's 斜率小于 0，其中 10 个站点的减少趋势显著。仅 5 个站点的 Sen's 斜率大于 0，其中 3 个位于第 1 个子区，另外两个位于第 3 个子区。第 1 个子区的黄河沿站和玛曲站的年输沙量呈现显著增加趋势。可以看出，2000～2017 年的径流量和输沙量整体呈现相反的变化趋势。

表 2-16　2000～2017 年径流量、输沙量序列的 M-K 趋势检验结果

分区序号	站点名称	年径流量		年输沙量	
		显著性	Sen's 斜率/(亿 m³/a)	显著性	Sen's 斜率/(亿 t/a)
1	黄河沿站	1	0.84	1	0.000 04
	吉迈站	1	1.92	0	0.000 3
	玛曲站	1	4.06	1	0.002 9
	唐乃亥站	0	2.67	0	−0.000 2
2	贵德站	0	2.30	—	—
	兰州站	0	3.18	−1	−0.008 0
	下河沿站	1	4.07	0	−0.001 7
	青铜峡站	1	7.27	0	−0.021 1
	石嘴山站	0	3.43	−1	−0.020 5
3	巴彦高勒站	1	6.25	−1	−0.022 2
	三湖河口站	1	7.14	0	0.022 7
	头道拐站	0	2.87	0	0.000 1

---

① Sen's 斜率是 Sen 于 1968 年提出并发展的一种非参数检验法。

分区序号	站点名称	年径流量		年输沙量	
		显著性	Sen's 斜率/(亿 m³/a)	显著性	Sen's 斜率/(亿 t/a)
3	龙门站	0	2.28	−1	−0.104 3
4	潼关站	0	5.77	−1	−0.183 3
	三门峡站	0	3.31	−1	−0.134 9
	小浪底站	1	7.37	−1	−0.020 2
	花园口站	0	2.83	−1	−0.053 9
5	高村站	0	2.56	−1	−0.064 5
	艾山站	—	—	0	−0.081 8
	利津站	0	0.12	−1	−0.099 5

注：1 代表检验结果显著且变化趋势为正；−1 代表结果显著且变化趋势为负；0 代表结果不显著。

2.3.2.3 年内径流模式

(1) 年内降水分布及其变化

降水是黄河流域径流的最主要来源，而由于流域地理跨度较大，东部和西部地区分别受海陆季风和高原季风的影响；流域内地形条件十分复杂，多种因素导致流域内的降水具有地区分布差异显著、季节分布不均匀、年际变化大等特点。选取流域内及流域周边的117 个气象站（图2-31），提取1960~2015 年的降水数据，数据来自中国气象局和水利部水文局。本节计算了五个子区的各月平均降水量（图2-32），用于分析降水的季节和空间分布特点。

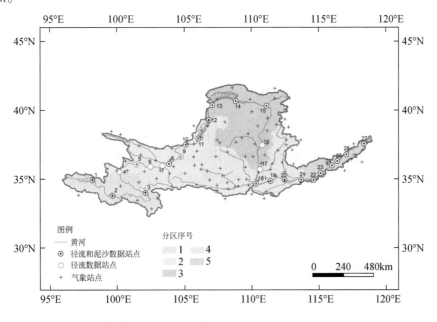

图 2-31　黄河流域各子区气象站点分布

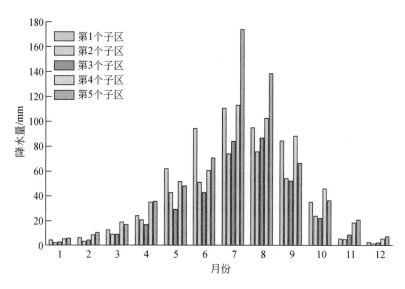

图 2-32 黄河流域各子区内各月平均降水量

从图 2-32 可以看出，第 1、第 4、第 5 个子区的降水量相对较多，多年平均降水量在 500mm 以上，其中第 5 个子区（花园口站至利津站）的多年平均降水量为 626mm。第 2、第 3 个子区由于深处内陆，基本不受季风影响，年降水量较少，多年平均值在 360mm 左右。全年各个月份中，第 5 个子区有 7 个月份的降水量为流域所有子区中最大，其中该地区的 7～8 月降水量比其他子区在对应月份的最大值高出 35% 以上。而 5～6 月的降水量则在第 1 个子区最多，较其他子区的最大值高出 20% 以上。

从降水量的季节分布来看，流域整体受季风的影响显著，季节分布十分不均，降水主要集中在夏、秋季节，6～9 月的降水量占年降水量的 70% 以上。各子区的春季（3～5月）降水量占年降水量的比例在 15%～20%，夏季降水量比例在 50%～62%，秋季降水量比例在 19%～28%，冬季的降水量为全年最少，仅占年降水总量的 1.7%～3.6%。各子区之间比较，第 5 个子区的年内降水量分布最为不均，月均降水量的变差系数为 0.98，第 4个子区的月均降水量变差系数最小，为 0.80。

对于各子区降水量的年际变化特征，采用 M-K 趋势检验法检测其趋势性，用变差系数描述其年际变化的悬殊程度。对于每个子区 1960～2015 年的年降水量、1～12 月的月降水量序列进行趋势检验。结果显示，流域年降水量的变化趋势不显著，而月降水量指标中，仅有第 1 个子区的 6 月降水量水平上升趋势显著，第 2 个子区的 8 月降水量和第 4 个子区的 10 月降水量水平下降趋势显著，这 3 个子区的其他月份降水量变化均不呈现显著变化趋势，而第 3、第 5 个子区各月降水量变化趋势均不显著。可以看出，流域的降水量变化程度较小。

将降水量序列分为 3 个时段：1987 年之前（不包括 1987 年）、1987～1999 年、1999年之后（不包括 1999 年），分别标记为 A 时段、B 时段、C 时段计算以上 3 个时段黄河流域的平均月降水量及 5 个子区的平均月降水量，结果如图 2-33 所示。流域在 3 个时段的平均年降水量分别为 461mm、438mm、452mm，其中 B 时段年降水量偏少，该时段的降水量比 A 时段少 5.0%。分析各月降水量的变化可以得知，这主要是由于 9 月平均降水量在该时段偏少。全流域的 9 月降水量在 B 时段为 46.5mm，相比于 A 时段的 73.2mm 减少 36%。而从每个子区来看，9 月平均降水量在 B 时段相比于 A 时段的减幅在各子区均在 26% 以上，其中第 4 个子区（龙门站至花园口站）的减幅最大，达到 47%，该地区在 A 时段的 9 月降水量与 7 月、8 月相近，而在 B 时段剧减至与 10 月平均降水量相近。C 时段各子区的 9 月降水量均有回升，其中第 4 个子区的涨幅高达 93%。其他月份和 9 月相比，不论是全流域还是各子区降水量的变化幅度均不大。

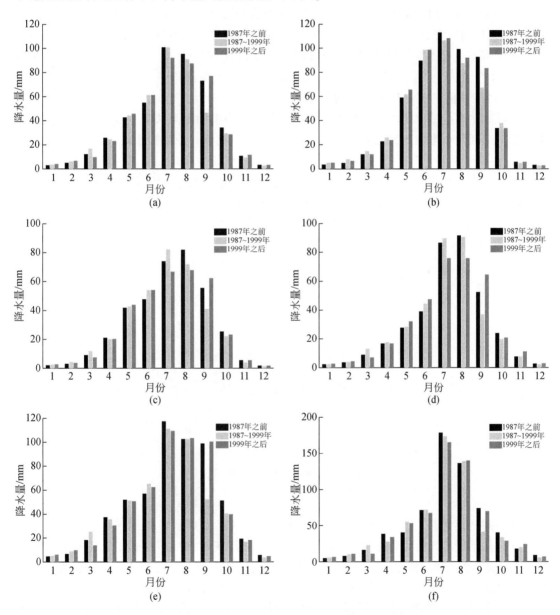

图 2-33　黄河流域月均降水量（a）和第 1～第 5 个子区月均降水量 ［（b）～（f）］

（2）年内径流模式及其变化

黄河流域的气候变化和径流量变化过程有很强的季节性，径流量季节性变化的规律性有益于社会用水及灾害防范。然而，随着气候变化和人类活动影响加强，近几十年来黄河流域的径流量变化季节性特征发生了很大的变化。根据已有数据，本书计算了每个站点所有年份的月均径流量的平均值，将其作为多年月均径流量，从而得到区域年内径流模式。各子区月均径流量如图2-34所示，在所有子区中，7～10月的径流量最大，洪水多发生于这几个月。和其他月份相比，径流量在6～7月的增长速度最快，该时段是产流的主要时段。在处于流域上游的第1个子区（黄河沿站至唐乃亥站）和第2个子区（唐乃亥站至石嘴山站），年内径流量峰值以双头峰的形式出现，径流量首先在7月出现峰值，接着在8月有所回落，然后在9月再次升高，出现另一个峰值。在第3个子区（石嘴山站至龙门站）、第4个子区（龙门站至花园口站）和第5个子区（花园口站至利津站），径流量在3～4月出现较高值，而在5～6月回落，其中在第3、第5个子区尤为明显。这是由于黄河许多河段在冬天会结冰封河，而到春天冰雪融化时，石嘴山站至头道拐站区间及花园口站下游的两个河段会形成冰凌洪水（称为凌汛，又称桃花汛）。而在第1、第2个子区，径流量在2～7月持续上升，在5～6月第2个子区的径流量在全流域为最大值。从流域各子区的各月降水量可以看出（图2-33），5月和6月的降水量在第1个子区是全流域最多的，在60～95mm，而其邻近的第2、第3个子区的降水量快速减少，第3个子区的降水量仅有28～45mm，这是第3个子区在这两个月的径流量较上游大幅减少的重要原因。

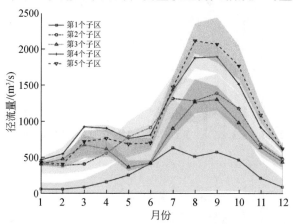

图2-34　黄河流域各子区月均径流量

颜色带的下边界表示对应子区的最小流量；上边界表示最大流量

从空间变化来看，第1个子区作为黄河源区，其径流量水平相比于其他子区明显较低，并且从子区的入口（即黄河沿站）至出口（唐乃亥站）呈现快速增加的态势，该区域是流域水量的主要来源之一。在夏汛期间，径流量从上游至下游总体上呈现快速增加的趋势，其中以8月和9月最为明显，从第2、第3个子区到第4、第5个子区，夏汛径流量增加30%以上。而其他月份的径流量空间差别相对于夏汛时较小，这使得在第2、第3个子区的年内径流量波动范围比第4、第5个子区较小，这也可以从图2-27（b）的年均变差系数的空间变化看出。在上游，梯级水库的陆续建成对汛期径流量施加较强的调控作用，使得年内径流量的离散程度相比下游明显偏小。

除了径流模式的多年平均状态，对于径流模式在不同时段的变化同样需要关注。根据突变点检测结果，将历史时段分为 3 个时段：1987 年之前（不包括 1987 年）、1987～1999年、1999 年之后（不包括 1999 年），分别标记为 A 时段、B 时段、C 时段。对于每个子区，分别计算 3 个时段的月均径流量的均值，得到每个子区在各个时段的季节性径流模式（图 2-35）。

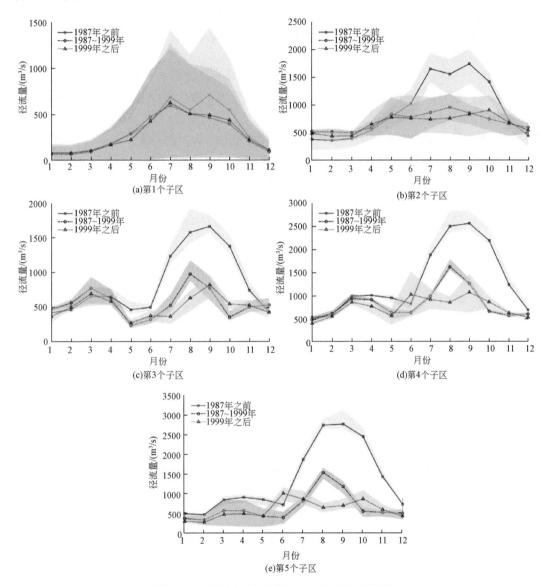

图 2-35 黄河流域各子区 3 个时段的月均径流量

在第 1 个子区，径流量的变化主要发生在汛期（6～10 月）[图 2-35（a）]，在 1987年之后，汛期的月均径流量相比于 A 时段有所下降，其中 9 月平均径流量从 A 时段的712m³/s 减少到 B 时段、C 时段的 500m³/s 以下，减少幅度达到 30% 以上。根据前述分析，第 1 个子区的年径流量从 A 时段到 B 时段的减少幅度在 9.1%~38.0%，而其中以 9 月的径流量减少为主。在 1987 年以前，该地区的季节性径流模式呈现双头峰的特征，但在 1987 年之后只有一个峰出现在 7 月。

第 2 个子区各个站点在 B 时段和 C 时段的径流量变化相比于 A 时段变得十分平缓，体现在 12 月~次年 4 月，非汛期的径流量有所增加，而在 6~10 月，汛期的径流量大幅减少。在 1987 年之前，该地区 7~9 月的平均径流量在 1500m³/s 以上，而在 1987 年之后则降到 1000m³/s 以下。另外，最大径流量月份在 3 个时段均不相同，在 A 时段是 9 月，在 B 时段和 C 时段分别是 8 月和 10 月。可以看出，第 2 个子区梯级水库对年内径流模式的调控作用在 1987 年之后更加明显。

在第 3 个子区，相比于 A 时段，12 月~次年 4 月的径流量水平在 B 时段和 C 两个时段变化不大；而 B 时段和 C 时段的 5~11 月的径流量水平减少幅度基本均在 25% 以上，B 时段的 10 月平均径流量相比于 1987 年之前减少 74.1%，从 1383m³/s 降到 358m³/s，C 时段的 7 月平均径流量为 368m³/s，相比于 1987 年之前的 1242m³/s 减少 70.4%。而由于春汛期间（3~4 月）的流量变化不大，1987~1999 年的 3 月径流量相对 1987 年之前还有所增加，这使得第 3 个子区某些年份的年内最大径流量从 8~9 月提前到 3~4 月。如图 2-36 所示，在头道拐站（汇流面积比例为 47.2%），1987 年之后的峰值流量日期平均在 120d 之前，而其下游邻近的吴堡站在 1999 年之后的峰值流量日期提前到 100d 左右。

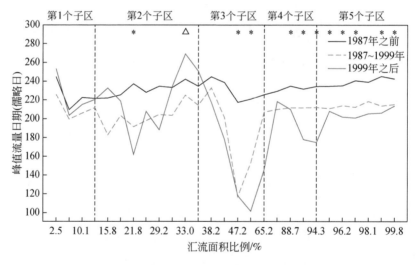

图 2-36　各站点 3 个时段的峰值流量日期

与第 3 个子区类似，第 4 个子区各个站点的 12 月~次年 4 月径流量水平在 B 和 C 两个时段相比于 A 时段变化不大。在 1987~1999 年，7~11 月的径流量则大幅减少，减幅在 35% 以上，10 月的减幅甚至达到了 70%。1999 年之后，季节性径流模式变得更加平缓，最大月均径流量降为 1070m³/s（9 月），相比于 1987 年之前的 2568m³/s（9 月）减少 58.3%。同时，第 4 个子区的年内径流模式在 C 时段出现了"双头峰"的特征，峰值月份为 6 月和 9 月，其中 6 月径流量水平在 3 个时段之中是最高的。另外，该地区在 C 时段 6~9 月的径流量空间变化范围 [图 2-35（d）] 比其他月份更宽，最大波动幅度达到

$1000\text{m}^3/\text{s}$ 以上（6月）。

在第5个子区，季节性径流曲线的形态与第4个子区相似。不同的是，第5个子区的径流量无论是在汛期还是非汛期都呈现明显减少的特征。在B时段，各个月份的径流量相比于A时段减少23%以上，其中10月径流量的减幅达到76.9%。在C时段，8月和9月的径流量水平继续下降，相比于B时段减少40%以上；而6月和10月的径流量回升幅度较大，其中6月径流量相比于B时段增加148%，10月径流量增加55%。与第4个子区相似，该地区6月平均径流量在1999年之后为全时段的最大值，同时也呈现"双头峰"的特征，峰值月份为6月和10月。与第4个子区不同的是，第5个子区在C时段的月均径流量空间变化范围较大的月份出现在3~4月，波动幅度在$500\text{m}^3/\text{s}$以上。

2.3.2.4 基于小波分析的周期性研究

小波分析（wavelet analysis）或者小波变换（wavelet transform）指用有限长或快速衰减的称为"母小波"（mother wavelet）的振荡波形来表示信号（Labat et al., 2005）。水文时间序列具有非平稳特性；小波分析方法根据尺度–时域两个维度对信号进行分解，可以实现时间序列局部特性的表征，因此可以用于研究水文时间序列的多尺度和长时间的变化特性。在水文学领域，小波分析已广泛用于描述径流量、降水量和气温序列的变化特征。对于时间序列选择 Morlet 连续小波，分析其周期性和波动性，其定义为

$$\psi_0(\eta) = \pi^{-1/4} e^{i\omega_0\eta} e^{-\eta^2/2} \tag{2-5}$$

式中，ω_0 为无量纲的频率变量；η 为无量纲的时间变量。在实际操作中，输入信号是离散的，因此对于离散信号 x_n 的小波变换，定义为具有时间尺度变换的标准化小波卷积：

$$W_n(s) = \sum_{n'=0}^{N-1} x_{n'} \psi^* \left[\frac{(n'-n)\delta t}{s} \right] \tag{2-6}$$

式中，$*$ 表示复共轭；N 为离散信号的总数；s 为小波尺度；n' 为独立变量，指示离散变量；δt 为时间的微分；n 为局部时间参数。

小波系数是复数，具有实部和虚部，而小波的强度（功率）定义为其模数的平方 $|W_n(s)|^2$，根据该指标，可以描绘出信号振动强度随着尺度和时间变化的图像。

根据分区，将黄河流域划分成5个子区。根据分区的标准，每个子区内的各个径流量（输沙率）序列之间的方差与子区之间的序列相比是最小的，因此认为这些序列的变化特征较为相似。为了简化冗余的分析工作，对于每个子区，选择一个代表性站点进行详细的周期特征分析。首先选择位于子区出口的站点，如果该站点只有径流量序列而没有输沙率序列，则选择最靠近子区出口的拥有径流量和输沙量序列的站点。最终选择玛曲站（汇流面积比例为10.1%）、石嘴山站（汇流面积比例为37.4%）、头道拐站（汇流面积比例为47.2%）、花园口站（汇流面积比例为94.3%）和利津站（汇流面积比例为99.8%）作为每个子区的代表性站点。

对于代表性站点，计算其日径流量的小波系数，并将小波系数的模值展示在小波功率谱中（图2-37）。对于每个时间序列，在小于 0.5 年的尺度中，序列的信号强度在时间轴上呈现明显的间歇性，这主要是由于径流量在年内具有季节性变化特征。每个序列的 1 年尺度的波动过程最为显著，径流量的年尺度变化主要是由于地球自转导致的气候条件循环

变化，更可能是由于气候变化之外的影响，如社会用水、水库调度等人类活动。

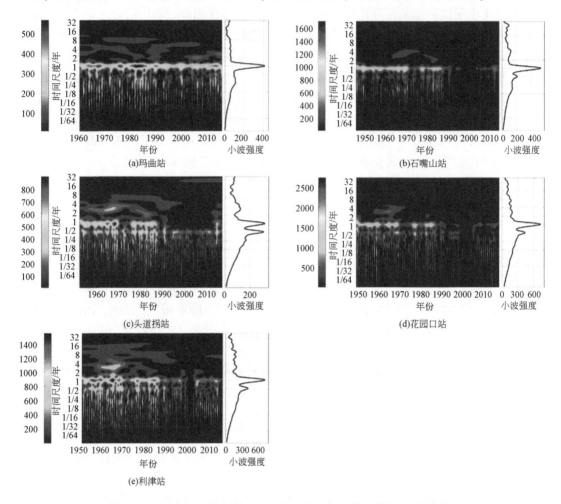

图 2-37　各站点日径流量 Morlet 小波功率谱及时间平均全局小波谱

在玛曲站，1 年的周期表现十分稳定，表明第 1 个子区的年径流量变化保持较好的规律性。最大强度出现在 1980~1987 年。在其他 4 个子区，1 年周期表现在时间维度呈现相近的变化特征：首先，在 1950~1969 年呈现较强振荡，然后在 1969~1975 年周期性明显减弱，1975~1986 年恢复为强振荡，而 1986~2012 强度再次减弱。需要特别注意的是，头道拐站的径流量变化的 1 年周期表现在 1990~2011 年小波强度几乎消失，0.5 年周期转而占据主导地位。

第 3~第 5 个子区径流量的 0.5 年尺度的小波强度相比于第 2 个子区较高，这是因为石嘴山站至头道拐站地区及花园口站下游的两个河段在初春（3~4 月）会形成冰凌洪水，称为凌汛，与夏汛（8~9 月）相隔约半年，径流量涨落形成 0.5 年周期。该尺度的振荡过程在玛曲站的径流中呈现间歇性，与 1 年过程相比强度较弱。在其他 4 个代表性站点，0.5 年过程与 1 年过程在大部分时期的强弱保持一致，在 1969 年和 1975 年也出现强度明显变化的现象；但是在石嘴山站和头道拐站（分别代表第 2 个子区和第 3 个子区），0.5

年的振荡过程在 1986～2012 年呈现完全不同的特征：在石嘴山站，振荡过程在 0.5 年尺度几乎消失；而在头道拐站，径流量在该时期还保持着相对较强的 0.5 年周期振荡。

小波功率谱同时表征时间序列的大尺度波动特征，这为本书深入了解黄河的长期水文振荡过程提供了帮助。总体上来说，5 个代表性站点的多年尺度振荡成分相对于 1 年尺度都较为微弱，仅第 3 个子区的头道拐站和第 5 个子区的利津站在某些年份有较强的多年振荡。在玛曲站，1970～1987 年是 8 年周期振荡相对最剧烈的时段，在此之后 8 年及更大尺度的振荡成分消失；1965～2007 年存在较为持续的 4 年尺度的周期变化，而在 1980～1987 年减弱，该时期正是 1 年尺度振荡周期最强的时段；2003 年之后，4 年及更大尺度的振荡成分开始消失，2 年周期变化开始增强。可以看出，在黄河源区存在大尺度周期逐渐减弱的现象。

位于第 2 个子区的石嘴山站的径流量多年振荡成分相比于 1 年尺度十分微弱，仅在1960～1983 年有相对较强的 2～4 年振荡成分。位于第 3 个子区的头道拐站，其径流量在1956～1972 年有较强的 2～4 年振荡成分，8 年尺度的波动在 1967～1987 年最强。在第 4个子区的花园口站，1960～1969 年的 2～4 年振荡成分较强。第 5 个子区的利津站也是黄河流域的出口站，其径流量在 1980 年之前具有 2～16 年尺度的周期振荡，1980 年之后 16年振荡成分消失，1995 年之后 4～8 年振荡成分消失。在第 3～第 5 个子区，4 年尺度振荡均在 20 世纪 60 年代最为强烈，1970 年后该振荡减弱或消失。

通常可以对该小波在时间域上取平均，得到时间平均全局小波谱，由此能够更清晰地观察某时间序列在尺度域上的峰值，得到特征振荡尺度。从时间平均的全局小波谱图（图 2-37），可以更清晰地看出径流量的主要振荡周期。除了 1 年周期，玛曲站径流量的0.25 年周期最为明显，这个尺度体现的是径流量的季节性变化。在其他 4 个代表性站点，正如前文所述，1 年和 0.5 年周期振荡最为明显，第 3 个子区的头道拐站的 0.5 年振荡尤为强烈。在多年尺度方面，均是 2～4 年振荡成分占主导地位。

2.4 黄河洪水输沙演变特征

黄河的河川径流量仅占全国河川总径流量的 2%，但却需要供养流域内占全国近 9%的人口，水资源供给和需求严重不均衡。黄河流域一方面需要解决少水的困境，另一方面流域内的洪涝灾害频繁，下游河段在历史上由于河道严重淤积，水位持续抬升，面临着严峻的防洪压力。近十几年来，随着技术的发展、认识的改变及社会实际需求的增加，我国对洪水的利用从"洪水控制"向"洪水管理"转变，探寻如何在防范洪水灾害的同时，又能充分利用洪水资源。流域内洪水特征的分析有助于提升对洪水特征和洪水资源的认识，以及反映气候变化和人类活动对洪水特性的改变，为洪水管理提供帮助。河道输沙主要依赖于大流量径流的驱动，相比于洪水水量对年径流量的贡献，洪水期间的沙量对年输沙量的贡献往往更大。根据 2.3 节的分析，1987 年之后径流量和输沙量整体下降，大部分站点的径流变差系数也在减少，但输沙量的变差系数不降反升。这说明年内输沙量的离散程度增强，汛期和非汛期、大洪水和其他时段的输沙量的差距加大。因此，有必要通过洪水分析加深对水沙情势变异的认识。

2.4.1 场次洪水识别算法

本书采用的场次洪水识别算法是基于 Vogel 和 Kroll（1991）提出的退水算法构建的。在应用退水算法之前，对于年内的每日流量采用 Savitzky-Golay 滤波（简称 S-G 滤波）（Orfanidis，1995）进行预处理。该方法比滑动平均滤波、有限脉冲响应（finite impulse response，FIR）滤波（又称为非递归型滤波）等表现更好，其主要优势体现在保留高频信号方面。图 2-38 是花园口站 1984 年径流量观测值及 S-G 滤波处理结果。对于平滑处理之后的流量过程，退水过程以流量开始下降为起始点，以流量开始上升为结束点；洪水的起涨点则从退水过程起始点往前推移，直到前日流量大于当日流量。完整的涨水和退水过程构成可能的场次洪水。场次洪水的大小根据其峰值流量确定，年内最大场次洪水即峰值流量最大的场次洪水。图 2-39 是花园口站 1984 年径流量观测值及最大场次洪水过程示例。

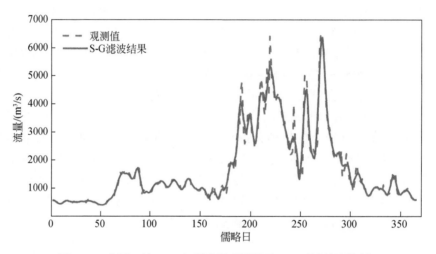

图 2-38　花园口站 1984 年径流量观测值及 S-G 滤波处理结果

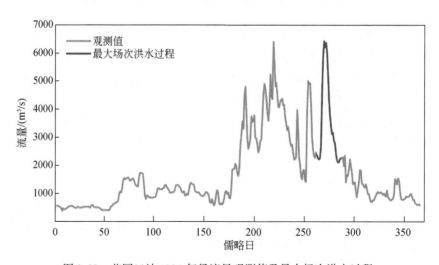

图 2-39　花园口站 1984 年径流量观测值及最大场次洪水过程

2.4.2　年最大场次洪水特征变化

2.4.2.1　年最大场次洪水趋势特征及各时段变化

根据场次洪水识别算法，挑选干流站点的每年最大场次洪水进行分析。对于场次洪水，本研究选择洪水历时、洪水过程变差系数、洪量、洪量占年径流量的比例 4 个指标描述其特征。洪量指洪水期间的径流量总和。对于输沙，选择场次洪水期间的输沙量作为研究对象，具体选用场次洪水输沙量和洪水输沙量占年输沙量的比例两个指标进行分析。

对于上述指标的全时段序列，采用 M-K 趋势检验法检验其变化趋势特征。洪水历时和洪水过程变差系数的趋势检验结果如图 2-40 所示。有 11 个站点的年最大场次洪水历时呈现显著下降的趋势，在这些站点中有 8 个站点位于第 2 个子区，即第 2 个子区的所有站点的洪水历时均显著下降，该地区自 20 世纪 60 年代以来修建了数十座水电站，对洪水过程的改变有重要影响。3 个站点的洪水过程变差系数呈现显著减少趋势，均位于第 2 个子区，而该指标呈现显著增加趋势的 4 个站点均位于第 4、第 5 个子区。和前面的分析类似，本书将历史时段分为 3 个时段：1987 年之前（A 时段）、1987～1999 年（B 时段）、1999 年之后（C 时段）。计算各个指标在每个时段的平均值，分析其不同时段的整体特征、空间维度的变化和时间维度的变化。

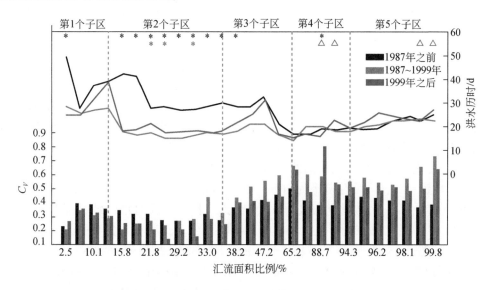

图 2-40　年最大场次洪水过程变差系数（柱状）和洪水历时（折线）平均值

图上部的标记指示相应指标 M-K 趋势检验结果显著的站点，"＊"表示下降趋势，"△"表示上升趋势；
蓝色对应柱状图的指标趋势结果，黑色对应折线图的指标。下同

1987 年之前，年最大场次洪水历时的沿程曲线被划分为 3 部分（图 2-41），各部分的分界站点为循化站（汇流面积比例为 17.3%）和头道拐站（汇流面积比例为 47.2%）。在循化站及以上，1987 年之前的年最大场次洪水的平均历时达到了 39.6d。在循化站和头道

拐站之间，洪水历时略有缩短，平均为28.5d。而到了头道拐站以下，平均洪水历时缩短到20.3d。从该指标的沿程变化可以看出，洪水类型在流域上、下游有着明显的差别。为了进一步描述上、下游洪水过程的差别，对洪水过程变差系数进行分析。在第1、第2个子区，1987年之前的洪水过程变差系数平均为0.313。但是在第2个子区下游，平均变差系数上升到0.412，这表明在第3~第5个子区，年最大场次洪水过程的离散程度增强。图2-41展示循化站、头道拐站、花园口站在1984年的最大场次洪水过程，可以看出，循化站和头道拐站的洪水形状为矮胖型，历时长、洪峰稍低；而花园口站的洪水形状更为尖瘦，历时短、洪峰高，涨落快速。

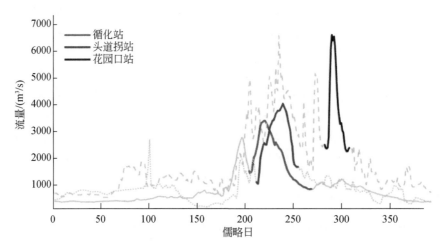

图2-41　循化站、头道拐站、花园口站1984年的最大场次洪水过程
彩色曲线标示对应站点的年最大场次洪水过程

　　虽然洪峰类型在黄河流域上、下游各有差别，但一些指标依然表明，在1987年之前流域上、下游的自然水文情势是相对稳定的。前面已经指出，全流域27个站点的径流变差系数在1987年之前较为相近，变化范围在0.62~0.92。除了该指标，该时段的汛期（7~10月）径流量占年径流量比例的空间变化也是3个时段最小的，为52%~63%。汛期输沙量占年输沙量比例的变化范围为66%~89%，波动幅度远小于1987年之后。

　　在1987年之后，水文情势发生了显著改变，上、下游的水沙特征差异更加明显。1987~1999年有21个站点的年最大场次洪水历时减少。其中在第2个子区，所有站点的洪水历时减幅超过35%，最大的减幅接近60%，从41.5d缩短到16.8d。在第4、第5个子区，洪水历时的变化幅度不大，为-8.0%~17.4%。相比于1987~1999年，1999年之后有22个站点的洪水历时有所增加，其中唐乃亥站的洪水历时增加39.9%；头道拐站的洪水历时增幅比例在上游所有站点中最大，达到44.1%。从空间变化来看，1999年之后，洪水历时从石嘴山站至头道拐站快速增加，而在头道拐站之后又迅速减少。洪水过程变差系数在上下游的差别在1987~1999年变得悬殊。一方面，兰州站（汇流面积比例为26.8%）以上的洪水过程C_v均减少，在洪水历时缩短的同时洪水过程的离散程度也变小；另一方面，兰州站以下直至入海口的洪水C_v均有所增加，在利津站的涨幅达到89.6%。在1999年之后，有21个站点的洪水C_v相对1987~1999年减少，其中有一个例外是三门峡站（汇流面积比例为88.7%），其洪水 C_v 在1999年之后达到全时段最大，从1987年之前的0.38增加到0.80。

年最大场次洪水洪量及洪量占年径流量的比例这两个指标的趋势检验结果如图2-42所示。23个站点的年最大场次洪水洪量均呈现显著减少趋势，在第2～第5个子区内，除了三门峡站之外，各个站点的洪量均显著减少。在黄河源区的黄河沿站，洪量水平也显著下降。对不同时段的平均水平进行比较，全流域的洪量水平在1987年之后都减少。与A时段相比，19个站点B时段的洪量水平减少幅度在50%以上，从空间分布看，第2个子区的洪量减少幅度在全流域是最大的，从高于50亿 m³ 降低至小于18亿 m³，所有站点的减幅均在69%以上。由于第1个子区的整体减少幅度较小，原本在A时段第2个子区的洪量水平整体高于唐乃亥站（汇流面积比例为14.0%），到了B时段比唐乃亥段要低。在1999年之后，洪量水平相对于1987～1999年有所提升，有18个站点的洪量水平增加，其中9个站点增加幅度在20%以上。小浪底站（汇流面积比例为89.4%）及下游各站点的洪量均增加，最大增幅达到46.3%。

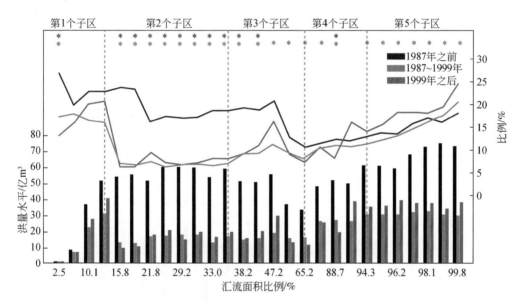

图2-42　年最大场次洪水洪量（柱状）及其占年径流量比例（折线）平均值

最大场次洪水洪量占年径流量的比例在12个站点呈现显著减少的趋势（图2-42），包括从贵德站至三湖河口站的连续10个站点。在1987年之前，洪量占年径流量比例的沿程走势与洪水历时十分相像，同样在循化站和头道拐站经历两次大幅度的减少。相比于A时段，B时段的洪量比例在25个站点有所减少，其中7个站点的减幅超过50%，这7个站点全部位于第2个子区。在1987年之前，第2个子区的洪量比例平均为18.9%，比第4、第5个子区的平均水平（14.2%）要高。但是在1987～1999年第2个子区的洪量比例减少到8%以下，第2个子区成为全流域该指标最小的地区。在1999年之后，20个站点的洪量比例相比于1987～1999年有所提升，其中有8个站点的洪量比例达到3个时段的最大值，这些站点全部位于小浪底站（汇流面积比例为 89.4%）及其下游。

2.4.2.2 年最大场次洪水输沙趋势特征及其各时段变化

对于年最大场次洪水输沙量及其占年输沙量比例，趋势检验结果如图 2-43 所示。有 18 个站点的洪水输沙量呈现显著减少趋势，这包括除三门峡站（汇流面积比例为 88.7%）之外的第 2～第 5 个子区的所有站点。相比于 1987 年之前，在 1987～1999 年有 18 个站点的洪水输沙量减少。在三门峡站和小浪底站，虽然年输沙量、年径流量和洪水洪量都减少，洪水输沙却有所增加，增加率分别为 10.8% 和 26.7%。这与三门峡水库"蓄清排浑"的调度方式有关，在汛期利用大流量径流冲刷库区及下游河道淤积的泥沙，使得洪水期间河道输沙量增加。在 1999 年之后，19 个站点的洪水输沙量减少，其中 16 个站点的减幅超过 50%，潼关站及以下站点的洪水输沙量水平减少一个数量级。在小浪底站和花园口站，该指标的减幅甚至超过 90%，从 2400 亿 kg 以上减少到 150 亿 kg 以下。值得注意的是，在 1999 年前后，小浪底站至孙口站（汇流面积比例为 97.6%）河段洪水输沙量的沿程变化态势截然相反。在 1987～1999 年，该河段的洪水输沙量沿程迅速减少，从 2977 亿 kg 减少到 1378 亿 kg。而在 1999 年之后，洪水输沙量在该河段沿程增加，从 74 亿 kg 增加至 404 亿 kg。

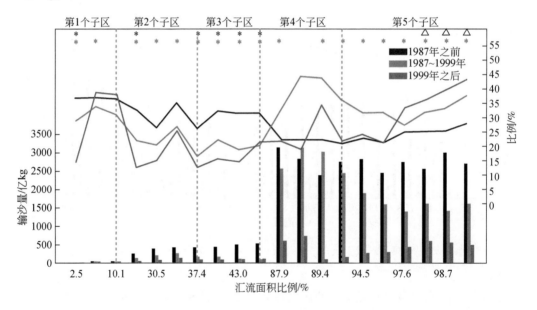

图 2-43　年最大场次洪水输沙量（柱状）及其占年输沙量比例（折线）平均值

年最大场次洪水输沙量占年输沙量的比例在 6 个站点呈现显著减少趋势，这些站点位于第 1～第 3 个子区，其中包括第 3 个子区的 3 个站点。第 2 个子区除贵德站外的其他站点虽然检验结果不显著，但是在 3 个时段的平均输沙量同样依次减少。另外，在第 5 个子区的最下游 3 个站点，洪水输沙量的比例呈现显著增加的趋势，与上游站点的变化特征相反。相比之下，年最大场次洪水洪量占年径流量的比例在这 3 个站点的变化趋势也为正，但不显著。从 A 时段到 B 时段，洪水输沙量比例在前 3 个子区的 10 个站点减少，而在第 4～第 5 个子区的 10 个站点增加，其中在三门峡站和小浪底站的涨幅在 95% 以上。在 C 时段，洪水输沙量大幅度减少，13 个站点的输沙量比例下降。

2.4.2.3　年最大场次洪水指标之间的动态关系

从前面的分析可以看出，年最大场次洪水的某些指标之间有着较强的相关性，如洪水历时与洪量占年径流量的比例（图 2-44），这反映洪水不同特性之间的联系；这种相关性不是一成不变的，而是随着空间的转换、时间的推移发生改变。本节对洪水历时（X_1）、洪水过程变差系数（X_2）、洪量占年径流量的比例（X_3）以及洪水输沙量占年输沙量的比例（X_4）4 个指标的相关性及其变化进行分析。图 2-44 展示 X_1、X_2 在 A、B、C 3 个时段的相关关系，以及 X_1、X_3、X_4 两两之间的相关关系。每个散点表示某个站点在对应时段的对应指标值。X_1、X_2 是描述洪水峰型的特征指标，X_3、X_4 两个比例指标刻画了年最大场次洪水对年径流量和年输沙量的贡献程度。

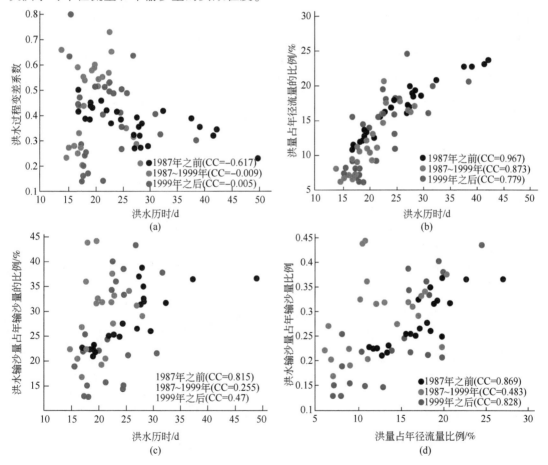

图 2-44　洪水指标的散点分布图

两个指标之间的相关系数标注在图例中，用缩写"CC"表示洪水历时和洪水过程变差系数之间的关系在近30年来发生了巨大的变化［图2-44（a）］。回归分析的结果表明，在1987年之前，这两个指标之间存在较强的负相关关系，相关系数（CC）为-0.617。这与之前的分析一致，从图2-44的不同站点典型洪水过程可以看出，更长的洪水历时对应更低的洪峰和相对更加平缓的洪水过程曲线。然而，在1987~1999年及1999年之后，这两个指标的相关系数绝对值锐减到0.01以下。这表明，在这两个时段洪水历时和洪水过程变差系数没有显著的线性相关关系。

洪水历时和洪量占年径流量的比例在总体上呈现较强的相关关系［图2-44（b）］。在A时段，两者的相关系数达到了0.967。从时间维度来看，随着时间的推移，两者的相关关系逐渐减弱，相关系数在C时段降到0.779。这种变化说明，在近年来，更长的洪水历时并不意味着洪量占年径流量的比例更大。在1987年之前，洪水输沙量占年输沙量的比例与洪水历时之间有较强的相关关系［图2-44（c）］，相关系数为0.815，但是在1987年之后，两者的相关关系明显减弱。相比于洪量占年径流量的比例与洪水历时的强相关，洪水输沙量占年输沙量的比例在B时段和C时段受洪水历时的影响较小，两者在B时段的线性相关性最弱。再比较两个比例指标的相关关系［图2-44（d）］，在1987年之前两者的相关系数最大，在1987~1999年其相关系数最小，1999年之后相关系数又明显增大。

综合以上分析可以得知，这些洪水指标之间的相关性在1987年之后明显减弱，可以推断水沙关系不协调在加剧；这些洪水指标之间的相关性在1987~1999年最弱，表明该时段的水沙耦合关系受到外部因素的强烈干扰，不同河段的水沙关系变化程度有所差异。

2.4.2.4　主要支流洪水特征变化

对支流的洪水特征进行分析，有助于厘清支流洪水对干流洪水的贡献、支流变异对干流的影响，进一步加深对干流洪水特征的认识。在黄河的上、中、下游的干流上分别选取兰州站、潼关站、花园口站并将其作为分析节点，选择位于这3个站点上游的邻近主要支流进行分析，分别选择民和与享堂（兰州站）、河津与华县（潼关站）、黑石关与武陟（花园口站）等6个支流把口站点。站点信息如表2-17所示，支流的流域图如图2-45所示。

表2-17　用于洪水分析的支流站点

站点名称	支流	多年平均年径流量/亿 m³	邻近干流站点	汇流面积/km²	日径流量序列跨度	
					起始年份	结束年份
民和	湟水	16.2	兰州站	15 342	1950	2004
享堂	大通河	28.2		15 126	1950	2004
河津	汾河	10.7	潼关站	38 728	1951	2003
华县	渭河	70.3		106 498	1951	2014
黑石关	伊洛河	27.4	花园口站	18 563	1951	2005
武陟	沁河	8.8		12 880	1951	2003

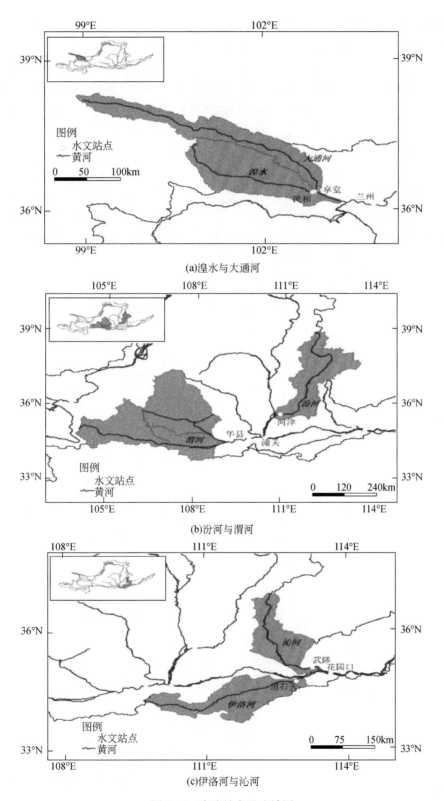

(a)湟水与大通河

(b)汾河与渭河

(c)伊洛河与沁河

图 2-45　支流站点及流域图

民和与享堂是湟水与大通河的出口站点，这两条支流在兰州上游汇流。民和与享堂的多年平均年径流量（1950~2004 年）分别为 16.2 亿 m³ 与 28.2 亿 m³，占兰州站多年平均年径流量（309.4 亿 m³）的 5.24% 与 9.11%。河津与华县的多年平均年径流量分别占潼关站多年平均年径流量（352.4 亿 m³）的 3.04% 与 19.95%，华县所在的渭河是黄河流域径流量最大的支流。黑石关与武陟分别为伊洛河与沁河的出口站点，其多年平均年径流量分别是花园口站（391.7 亿 m³）的 7.00% 与 2.25%。

对于支流站点，同样选取年最大场次洪水进行分析，采用洪水历时、洪量、洪量占干流年最大场次洪水洪量的比例 3 个指标描述其特征。对于以上站点的各个洪水指标，M-K 趋势检验分析结果如表 2-18 所示。对于上游的民和与享堂站，年最大场次洪水的历时与洪量的变化趋势均不显著；相比之下，位于干流上的兰州站的这两个指标均呈显著下降趋势。支流和干流的洪量变化趋势的差异导致两个支流站点的洪量占干流年最大场次洪水洪量比例呈现显著上升趋势。图 2-46 展示支流站点的年最大场次洪水洪量及其占干流年最大场次洪水洪量比例的变化过程。

表 2-18　M-K 趋势检验结果——支流站点洪水指标

站点名称	年最大场次洪水历时		洪水洪量		洪量占干流洪量比例	
	显著性	Sen's 斜率	显著性	Sen's 斜率	显著性	Sen's 斜率
民和	0	0	0	−0.013	1	0.001 08
享堂	0	0	0	0.007	1	0.003 11
河津	0	0	1	−0.042	1	−0.000 72
华县	0	0	1	−0.140	0	0.000 07
黑石关	0	0	1	−0.083	0	−0.000 69
武陟	1	0.173	1	−0.029	0	−0.000 02

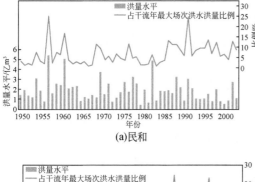

(a)民和

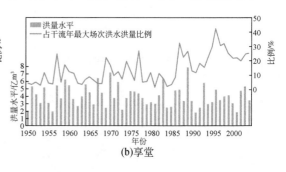

(b)享堂

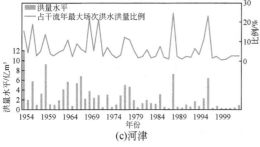

(c)河津

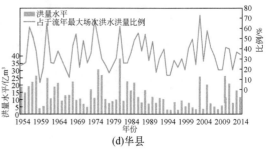

(d)华县

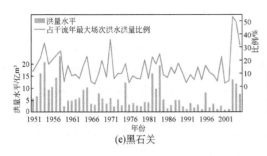
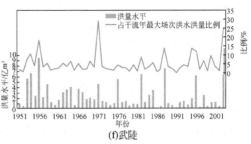

图 2-46　支流站点的年最大场次洪水洪量及其占干流年最大场次洪水洪量的比例

在中游的河津和华县站，洪水历时变化趋势同样不显著。与上游不同的是，这两个站点的年最大场次洪水洪量呈现显著减少趋势，与潼关站的变化趋势保持一致。河津站的洪量减少程度更大，其多年平均径流量仅占华县站的 15%，但是其 Sen's 斜率的绝对值是华县站的 30%。在 1987 年之后，河津站的洪量水平比 1987 年之前减少 53%（图 2-46）。洪量水平的迅速下降使得其占潼关站洪量的比例显著减少（表 2-19）。

表 2-19　支流站点的洪量水平在 3 个时段之间的变化及其对干流洪量变化的贡献率

站点名称	洪量平均水平变化量/亿 m³		支流洪量变化对干流洪量变化的贡献率/%	
	A 时段至 B 时段	B 时段至 C 时段	A 时段至 B 时段	B 时段至 C 时段
民和	−0.32	−0.52	0.7	45.3
享堂	−0.11	−0.32	0.2	27.8
河津	−1.22	−1.20	5.6	16.3
华县	−7.57	2.40	34.8	−32.7
黑石关	−4.44	1.42	15.5	−17.1
武陟	−0.70	0.39	2.4	−4.7

下游的黑石关站的洪水历时变化趋势不显著，而洪量显著减少。对于武陟站，虽然该站点的洪水历时呈现显著增加趋势，但是洪量水平依然显著下降。花园口站的洪量同样呈现显著减少趋势。黑石关站和武陟站的洪量占花园口站洪量比例的变化趋势不明显。

结合支流和干流的洪水特征分析可以看出，在兰州站，其洪量、洪水历时的减少与支流的相应洪水指标变化关系不大，而更多是受干流上密集修建的水库的直接影响。相比之下，支流的洪量没有明显减少，这种干支流洪水指标的不同变化趋势在贵德站至石嘴山站河段具有代表性。而在黄河中、下游，代表性的支流站点的洪量变化趋势与干流相同，均显著减少，河津站的洪量减少程度相比其年径流量变化水平尤为剧烈。支流的洪量减少，在一定程度上影响干流的洪量水平，这点与上游是完全不同的。

分别计算 1987 年之前（A 时段）、1987～1999 年（B 时段）及 1999 年之后（C 时段）这 3 个时段支流年最大场次洪水洪量的变化对干流洪量变化的贡献率，结果如表 2-11 所示。在 B 时段，民和与享堂的洪量水平与 A 时段相比变化不大，对兰州站洪量减少的贡献率不到 1%；而在 1999 年之后，这两个支流站点的洪量减少对干流洪量减少的贡献率分别增加到 45.3% 与 27.8%。对于潼关站的洪量水平，渭河（华县站）明显比汾河（河津站）的影响大。从 A 时段到 B 时段，华县的洪量减少，占干流洪量减少的 34.8%，而尽管河津洪量减少程度剧烈，但由于其洪量绝对水平较小，其贡献率仅为 5.6%。从 B 时段到 C 时段，河津的洪量减少对干流洪量减少的贡献率增加到 16.3%；华县的平均洪量增加 2.4 亿 m^3，其对干流洪量变化的贡献率为 -32.7%。对于下游的花园口站，从 A 时段到 B 时段，伊洛河（黑石关）的洪量减少对干流洪量减少的贡献率为 15.5%，而沁河（武陟）的贡献率仅为 2.4%。从 B 时段到 C 时段，这两条支流的洪量水平均有所增加，而花园口站洪量减少，这使得支流洪量变化对干流洪量变化的贡献率为负。

2.4.3 洪水量级对泥沙输移的影响

以上研究了年最大场次洪水对泥沙输移的贡献，其中在一些地区（如三门峡）年最大场次洪水输送的泥沙能够接近年输沙量的 50%。现从另一个角度探讨洪水对泥沙输移的影响。7~10 月为黄河的汛期，洪水主要发生在该阶段，对于 1987 年之前、1987~1999 年、1999 年之后 3 个时段，本节分别将每个时段的黄河汛期流量划分成不同的洪水量级，分析汛期各量级洪水对河道泥沙输运的贡献。以 1000m^3/s 为间隔，将流量分为 7 级，分别是 ≤1000m^3/s、1000~2000m^3/s、2000~3000m^3/s、3000~4000m^3/s、4000~5000m^3/s、5000~6000m^3/s、>6000m^3/s。

对于 20 个具有径流和泥沙数据的站点，分析各站点不同流量级径流历时、水量及含沙量相对值的变化。前两个指标以其占总量的比例表示；而含沙量相对值是以归一化的思想将各个流量级别的含沙量进行预处理，使所有流量级别的含沙量总和为 1，与计算流量、输沙量比例的思路一致。预处理后，各流量级含沙量相对大小的空间差别及其在不同时段的变化能更好地进行对比。

如图 2-47（a）所示，在 1987 年之前（A 时段），第 1 个子区各个站点的汛期径流量 96% 以上在 2000m^3/s 以下，玛曲站的中等流量过程（2000~4000m^3/s）和高流量过程（4000m^3/s 以上）历时仅占 3%。在第 2、第 4、第 5 子区，1000~2000m^3/s 量级的流量历时占比与各个量级相比最大，但是在第 3 个子区，1000m^3/s 以下的流量历时占比最大。第 3 个子区的低流量过程（2000m^3/s 以下）比例在第 2~第 5 子区之中最大，占比为 78%~79%。6000m^3/s 以上的流量过程仅在潼关站至利津站区间（第 4、第 5 子区）出现，占比为 0.8%~5.1%。1987~1999 年（B 时段），由于径流量的大幅减少，各个站点的低流量历时比例明显增加，其中头道拐站及以上各站点的 2000m^3/s 以下流量历时占比均在 90% 以上，潼关站以下的低流量历时占比为 84%~89%。头道拐站以上站点的 4000m^3/s 以上的流量过程全部消失，潼关站以下站点的 5000m^3/s 以上流量历时比例最高仅为 0.8%，6000m^3/s 以上的流量过程仅在花园口站至高村站之间存在。在 1999 年之后（C 时段），仅有潼关站存在 5000m^3/s 以上的流量过程。相比于 1987~1999 年，兰州站至石嘴山站（第 2 个子区）区间的 1000~2000m^3/s 流量历时比例在 C 时段增加 55%~116%。而与之相反的是，该流量级的历时在潼关站以下各站点均减少，最大减幅为 69.4%，而最小流量级的历时在该区间增加，最大涨幅为 49.3%。

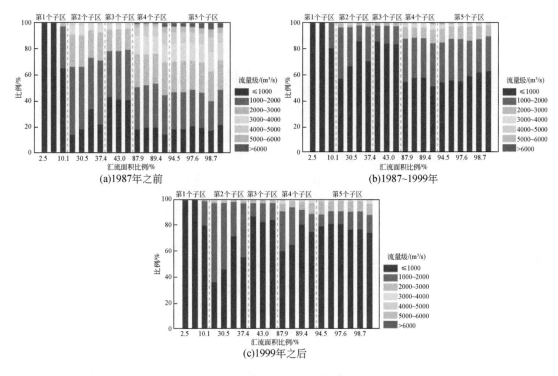

图 2-47 干流站点汛期各流量级流量历时占总量的比例

汛期各流量级的水量比例的变化整体上反映汛期径流量减少的趋势（图 2-48）。在 1987 年之前，兰州站至头道拐站（第 2、第 3 个子区）区间的 2000m³/s 以上的水量比重范围为 41%~53%。在潼关以下（第 4、第 5 个子区），从低流量级到高流量级的水量比例呈现先增后减的趋势，1000m³/s 以下水量比例在 6% 以下，2000~4000m³/s 流量级的水量为主体，5000m³/s 以上水量比例在 7%~25%。在 1987~1999 年，兰州站至头道拐站区间的 2000m³/s 以上的水量比例减少至 12% 以下，潼关站以下各站点的水量比例以 1000~2000m³/s 为最大，5000m³/s 以上水量减少至 4.3% 以下。到了 1999 年之后，各个站点 2000m³/s 以下水量占比与 B 时段相比变化不大，潼关站以下中等流量级水量占比上升，10 个站点中有 7 个站点的 2000~3000m³/s 比例增加。

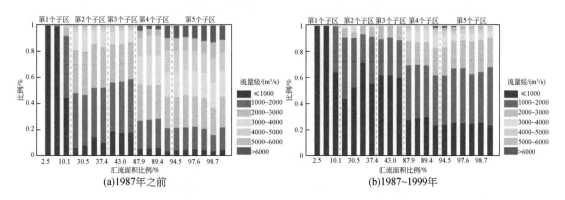

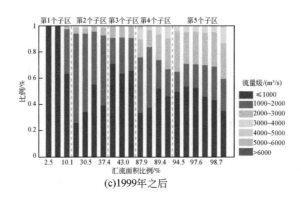

图 2-48　干流站点汛期各流量级的水量占总量的比例

含沙量相对值能够反映不同量级径流量的泥沙输移能力（图 2-49）。在 1987 年之前，玛曲站的含沙量在 1000m³/s 以下最小，1000～2000m³/s 其次，2000m³/s 以上各量级的含沙量差别较小，在 0.9kg/m³ 左右。在兰州站至头道拐站区间，兰州站的最大含沙量出现在该站的最大流量级（5000～6000m³/s），而其余各站的最大含沙量均出现在中等流量级（2000～4000m³/s）。在第 4 个子区（潼关站至花园口站），各流量级含沙量呈现逐级递增的趋势，6000m³/s 以上流量的含沙量最大，在三门峡站，该量级的含沙量比其他量级的最大含沙量高 118%。花园口站以下的 6 个站点中，艾山站和利津站的含沙量在 4000～5000m³/s 最大，其他站点的最大含沙量均出现在 6000m³/s 以上。

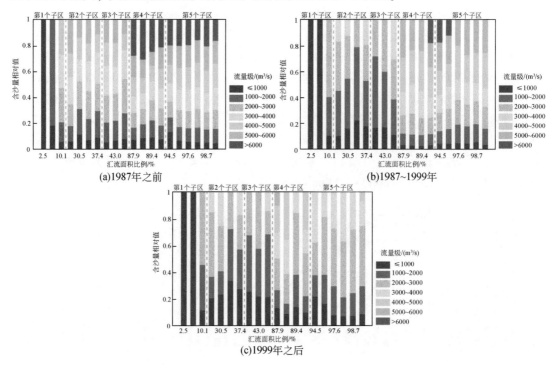

图 2-49　干流站点汛期各流量级的含沙量相对值

在 1987~1999 年，兰州站至头道拐站区间的最大含沙量主要分布在 1000~2000m³/s 流量级 [图 2-49 (b)]。而随着径流水平的减小，最低流量级 (1000m³/s 以下) 的含沙量相对值增加，从 1987 年之前的 0.05~0.11 增加至 1987~1999 年的 0.1~0.22。而在潼关站以下，1000m³/s 以下的含沙量相对值减少，呈现出与上游不同的变化特征。事实上，该区间 1000m³/s 以下的含沙量绝对值从 A 时段到 B 时段同样减少，而其他流量级的含沙量绝对值全部增加。与 A 时段相同的是，在 B 时段，潼关站至利津站的最大含沙量同样出现在高流量过程 (4000m³/s 以上)；不同的是，在大多数站点，不再是最大流量级过程的含沙量最大，其中有 5 个站点的最大含沙量出现在 4000~5000m³/s 流量级。在第 4、第 5 个子区，各流量级含沙量呈现先增后减的趋势。

在 1999 年之后，玛曲以上站点各流量级的含沙量相对值变化不大。兰州站至头道拐站区间的最大含沙量分布在 1000~3000m³/s 流量级 [图 2-49 (c)]。在该区域，多数站点的各个流量级的含沙量绝对值均比 B 时段减少，其中 1000~2000m³/s 流量级的含沙量减幅明显，最大减幅为 78%。相比之下，1000m³/s 以下的含沙量的变化幅度较小，在三湖河口站与头道拐站该指标增加，涨幅分别为 7.6% 与 5.1%。在潼关站以下，随着高流量历时减少，高流量过程的含沙量大幅下降，其中利津站的最大流量级 (4000~5000m³/s) 的含沙量甚至在各个流量级中最小。这使得最大含沙量所在的流量级由高流量向中流量转移。潼关站以下的 10 个站点中，有 8 个站点的最大含沙量出现在 2000~3000m³/s 流量级。可以看出，在潼关站以下，随着时间的推移，最大流量级的输沙能力减弱较为明显，在各个流量级中不再是最大的，而低流量过程的含沙量相对值在 1999 年之后增加明显，相对输沙能力增强。

2.5 黄河泥沙近期波动成因解析

2.5.1 1919~2018 年黄河潼关站输沙量变化

对 1919~2018 年潼关站年输沙量年际变化进行趋势分析，如图 2-50 所示，潼关站年均输沙量在近百年尺度上以 0.1658 亿 t/a 速率减少，结合 M-K 趋势检验，$Z=-7.48$，说明潼关站输沙量在近百年尺度上减少趋势达到极显著性水平 ($p<0.001$)，且 2000 年后减少趋势更为明显，其中，2015 年降至近百年最低点 0.55 亿 t。但 2013 年和 2018 年潼关站输沙量均达到 3 亿 t 以上，其中，2013 年为 3.05 亿 t，2018 年达 3.73 亿 t，分别较 2001~2018 年均值增加 25% 和 53%，为近年来典型的"大沙年"。

采用距平累积分析方法对黄河潼关站输沙量阶段变化进行分析发现，潼关站输沙量年际变化呈"台阶式"下降的特征。其中，1919~1959 年黄河流域受人类活动影响较小，水利及水土保持工程措施实施较少，潼关站年均输沙量约为 16 亿 t/a，该时段常作为黄河水沙变化研究的基准期；1960~1986 年随着青铜峡、刘家峡水库蓄水运用及水土保持措施相继实施，在气候变化等综合影响下，潼关站输沙量减少至 12 亿 t/a；1987~2000 年在龙羊峡水库蓄水运用及黄土高原水土流失治理力度大幅增加等多因素耦合影响下，潼关站输

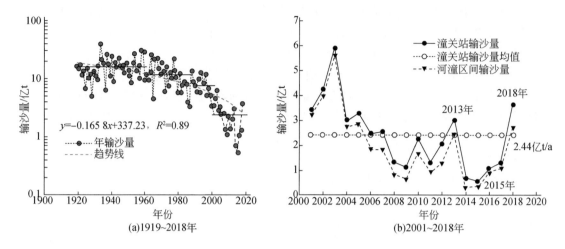

图 2-50　黄河潼关站输沙量年际变化过程

沙量进一步减少至 7.7 亿 t/a；2001～2018 年水土保持措施水沙调控效益持续发挥，年均输沙量锐减至 2.44 亿 t/a。从变化周期看，采用小波分析法对黄河潼关站输沙量标准化数据进行周期变化特征分析，如图 2-50 和图 2-51 所示，潼关站输沙量 1919～2018 年演变过程中存在 15～25 年的主振荡周期；且潼关站输沙量变化呈现多时间尺度变化特征，尤其在长时间尺度上变化周期更为明显。据此判断，在 50 年变化尺度上，自 2010 年以来黄河潼关站输沙量处于向"偏丰期"过渡阶段（图 2-52）。

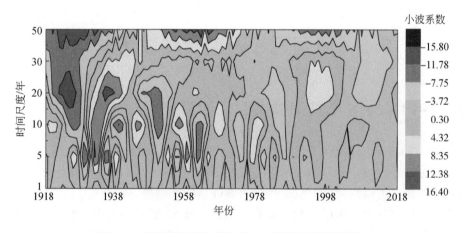

图 2-51　黄河潼关站年输沙量小波系数实部等值线图

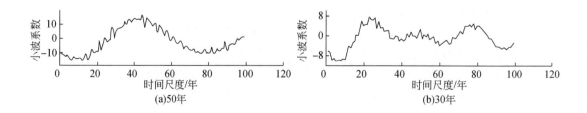

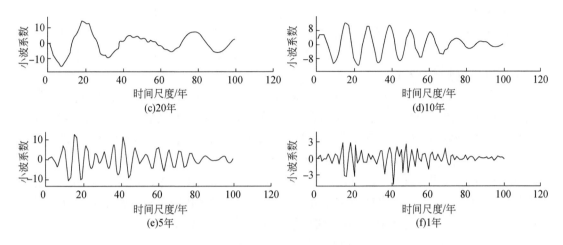

图 2-52　黄河潼关站年输沙量数据在不同时间尺度频率特征

2.5.2　"大沙年"潼关站输沙量来源解析

据实测资料，2013 年潼关站输沙量达到 3.05 亿 t，较 2001~2018 年均值（2.44 亿 t/a）增加 25%。图 2-53 为基于泥沙收支平衡法计算的不同典型年黄河潼关站输沙量来源解析图，图 2-53 给出河潼区间流域输沙量、河道冲淤和区间来沙量等，由图 2-53 可知，2013 年黄河上游来沙和河潼区间主要一级支流流域输沙量分别较 2001~2018 年均值增加 37% 和 29%。其中，河龙区间流域输沙量增加 5%，河道冲刷量增加 101%；龙潼区间流域输沙量增加 47%，河道泥沙淤积增加 108%。由此初步判断，河龙区间河道泥沙冲刷、龙潼区间流域输沙量增加是 2013 年潼关站泥沙增加的主因。进一步地，对龙潼区间主要一级支流 2013 年流域输沙量分析可知，受 2013 年 7 月黄河中游长历时暴雨影响，渭河（华县）2013 年输沙量为 1.44 亿 t，较 2001~2018 年均值增加 43%，尤其是其主要支流泾河年输沙量达 1.3 亿 t。结合刘晓燕（2016）近年典型场次大暴雨流域降雨-产沙关系研究结果，2013 年 7 月泾河流域产沙较 20 世纪 70 年代减少 70% 以上，综合黄土高原地区流域

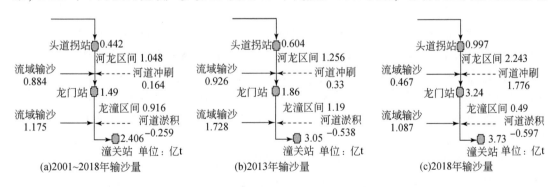

图 2-53　不同典型年黄河潼关站泥沙来源解析

80%以上泥沙来自沟道的已有认识，2013 年龙潼区间流域输沙量增加主要是渭河下游及泾河河道泥沙冲刷所致，这与李建华和雷文青（2014）、刘铁龙等（2015）的调查结果较为一致。综合以上研究认为 2013 年黄河潼关站沙量主要源自河龙区间河道泥沙冲刷量及渭河流域河道淤积泥沙冲刷量。

相似地，对 2018 年潼关站泥沙来源组成分析可知，潼关站输沙量为 3.73 亿 t，其中，黄河上游区域贡献 0.997 亿 t，河潼区间流域输沙贡献 1.554 亿 t，干流河道泥沙冲刷 1.179 亿 t。较 2001~2018 年均值，上游来沙量增加 126%，流域输沙量减少 25%，而河道泥沙方面河龙区间泥沙冲刷量增加 983%，龙潼区间河道泥沙淤积增加 131%。进一步根据《黄河泥沙公报（2018）》，2018 年 8~9 月万家寨和龙口水库汛期排沙量均为其运用以来最大。由此判定，河龙区间万家寨和龙口水利枢纽工程利用干流大流量联合排沙致使库区泥沙大量冲刷下泄是 2018 年潼关站沙量的主要来源。2018 年黄河中游河道泥沙输移比为 1.46，也证明河道总体处于冲刷状态。进一步对相似来水情景下的"大水年"潼关站泥沙来源进行对比分析，如表 2-20 所示，1981 年和 2018 年上游来水量相差仅为 0.7%，均达到 320 亿 m³ 以上，但 2018 年潼关站输沙量大幅减少 68%，其中，流域输沙量锐减 82%。流域输沙量的大幅减少成为黄河潼关站输沙量大幅减少的主要原因，也说明近年来大规模生态建设成果在减少入黄泥沙方面发挥了重要作用。

表 2-20　相似来水情景下潼关站泥沙来源对比

年份	头道拐以上		河潼区间		潼关站输沙量/亿 t
	来水量/亿 m³	来沙量/亿 t	流域输沙量/亿 t	河道冲淤量/亿 t	
1981	322.5	1.446	8.866	1.478	11.79
2018	324.9	0.997	1.554	1.179	3.73
变化量/%	0.7	−31	−82	−20	−68

注：河道冲刷以负值表示；河道淤积以正值表示。

2.5.3　极端降雨潼关站输沙量解析

黄河中游泥沙多因暴雨洪水而产生，极端降雨多发使未来水沙情势存在不确定性。已有研究表明，黄土高原河流的泥沙通常是由汛期几场短历时高强度暴雨形成的，往往一次洪水输沙量占全年的 70%~80%，由此可见暴雨等极端气候对黄土高原地区水土流失及入黄泥沙具有重要影响（周佩华和王占礼，1992）。大规模水土保持措施实施作为改善区域下垫面侵蚀环境的有效手段，在极端暴雨情景下能发挥多大作用成为科学研判黄河未来输沙情势的重要前提。2017 年 7 月 26 日，黄河中游河龙区间最大支流无定河流域发生特大暴雨，面降水量达 63.6mm，100mm 以上降水量覆盖面积为 6126km²，暴雨中心绥德县暴雨重现期达 200 年一遇（时芳欣等，2018）。暴雨量级大、范围广、强度高导致无定河白家川水文控制站出现建站以来最大洪水，洪峰流量达 4480m³/s，次洪沙量为 0.78 亿 t，占 2017 年总输沙量的 91%。图 2-54 为无定河输沙量与潼关站输沙量相关关系，按照图 2-54

推算，2017 年潼关站输沙量约为 8.2 亿 t，而实际仅为 1.3 亿 t，黄河中游极端降雨年并未引发黄河"大沙年"出现。

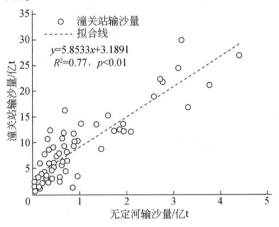

图 2-54　无定河输沙量与潼关站输沙量关系

　　进一步以 2017 年无定河特大暴雨事件为背景，根据黄河潼关站输沙量年际阶段性变化特征，选取 2000 年为临界点，系统统计了无定河、皇甫川、窟野河、湫水河、清涧河、孤山川等典型流域 2000 年前后暴雨洪水输沙量数据，分析了极端降雨下黄河中游典型流域降雨量与输沙量对比，如图 2-55 可见，2000 年后黄河中游极端降雨条件下流域雨沙关系发生明显变化，次洪输沙量平均减少 50%~85%。以无定河流域为例，1977 年 8 月场次降水量达到 62.1mm，降水量与 2017 年 7 月 26 日（"7.26"）特大暴雨相似，但 2017 年次洪沙量减少 53%，流域输沙量大幅减少。

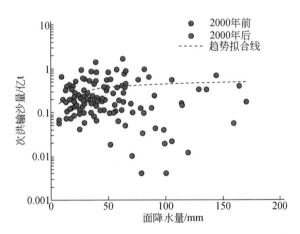

图 2-55　极端降雨下典型流域降雨量与输沙量对比

　　图 2-56 为无定河"7.26"特大暴雨下的水土流失治理流域与非治理流域洪水输沙特征对比图，同样表明，在相似极端降雨条件下，水土流失治理流域较非治理流域洪水模数、输沙模数、最大含沙量分别平均减少 57%、75%、55%，水土保持措施的实施在极端降雨事件中的调水减沙效益不容忽视，在减少入黄泥沙方面发挥关键作用。

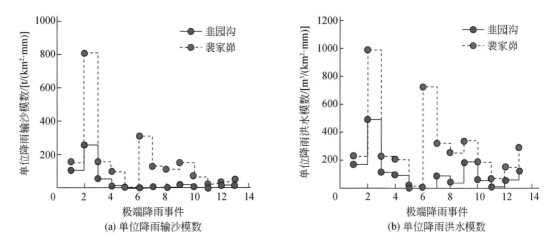

图 2-56　无定河 "7.26" 特大暴雨下的水土流失治理流域和非治理流域洪水输沙特征对比

黄河未来水沙情势是决定治黄方略的首要问题。在黄河近 20 年泥沙锐减已是不争事实背景之下，如何科学辨识黄河泥沙来源变化以阐明输沙量年际波动成因是准确研判黄河未来水沙情势的重要前提。本书通过对 2013 年和 2018 年两个近期典型 "大沙年" 及 2017 典型 "极端降雨年" 黄河潼关站输沙量来源进行分析表明近年来随着黄土高原水土流失持续治理，主色调由黄变绿，下垫面发生不可逆的变化，黄河流域生态环境持续改善，"极端降雨年" 和 "大沙年" 等不同典型年份流域输沙量均大幅减少且对黄河潼关站输沙量贡献率大幅下降，水土保持措施实施在减少入黄泥沙方面发挥关键作用；而极端降雨增加或人类活动影响下的河道淤积泥沙冲刷下泄则成为近年来黄河 "大沙年" 新的重要泥沙来源。

3 世界典型河流水沙变化特征及其影响因素

黄河流域在水文气象、地域特点和人类活动影响等方面均具有明显特色，其水沙变化趋势也与其他典型河流具有明显的不同，形成了自身独特的演变特性。全球大江大河众多，如亚洲的长江、黄河与印度河，非洲的尼罗河，美洲亚马孙河和密西西比河，对人类的生存和社会发展发挥重要作用。随着全球人类活动的不断加剧和工农业的不断发展，全球需水量不断增加，全球河流水沙过程发生重要变化。联合国的《世界水发展报告》警告，目前一些重要水系都出现河流年径流量大幅度减少甚至断流的情况，昔日大河奔流的景象不复存在。素有埃及"生命之河"之称的世界第一大河尼罗河及印度文明的发祥地、现属于巴基斯坦的印度河到达入海口时的水量大大减少，其他一些河流如美国加利福尼亚州北部的科罗拉多河则根本难以到达入海口。与此相应，河流水量的变化会造成河流年输沙量的变化，对流域生态环境建设与河流健康发展产生重要的影响。据初步分析，造成全球河流水量减少、河道萎缩的主要原因是流域人类活动的加剧，修建大量的水土保持工程，以及在河流上修建大量的水利工程，造成河流水沙过程发生重要变化。

3.1 世界典型河流水沙变化

为了与黄河水沙变化趋势进行对比，根据收集的实测资料，本章对选取的世界典型河流水沙变化进行分析。典型河流主要包括黄河和位于亚洲的恒河（Ganges River）、帕德玛河（Padma River），欧洲的莱茵河（Rhine River），非洲的尼罗河（Nile River），北美洲的密西西比河（Mississippi River）、科罗拉多河（Colorado River）、格兰德河（Rio Grande），以及南美洲的曼索河（Rio Manso）。多年平均径流量和输沙量情况如表3-1所示。

表3-1　世界典型河流多年平均径流量和输沙量

河名	流域面积/万 km²	代表站多年平均		代表站名称	资料统计时段		所在大洲
		径流量/亿 m³	输沙量/亿 t		径流量	输沙量	
黄河	75.2	366.8	9.32	花园口/潼关	1950~2018 年	1952~2018 年	亚洲
恒河	105	3480	1.88	哈丁桥	1965~2006 年		亚洲
帕德玛河	157	9620	6.95	巴路里	1965~2006 年	1965~2000 年	亚洲
莱茵河	22.44	790	0.035	洛比斯	1901~2001 年	1965~2004 年	欧洲
尼罗河	287	866	1.66	阿斯旺大坝	1871~2000 年	1965~1978 年	非洲
密西西比河	322	1935	1.19	底比斯	1940~2013 年	1949~2013 年	北美洲
科罗拉多河	63.7	136	1.02	大峡谷	1923~2013 年	1926~1972 年	北美洲

河名	流域面积/万 km²	代表站多年平均		代表站名称	资料统计时段		所在大洲
		径流量/亿 m³	输沙量/亿 t		径流量	输沙量	
格兰德河	47	10.1	0.0164	阿尔伯克基	1943~2013 年	1970~2009 年	北美洲
曼索河		53.3	0.0102	波托德西马	1931~1992 年		南美洲

3.1.1 恒河与帕德玛河

恒河与布拉马普特拉（Brahmaputra）河在戈阿隆多（Goelundo）汇合，汇合口以下105km 的河段称帕德玛河，在坚德布尔（Chandpur）与来自左岸的梅克纳（Meghna）河汇合，汇合后的河段也称梅克纳河，然后通过3 个汊口注入孟加拉湾（图3-1）。从戈阿隆多至孟加拉湾长约250km。三河总流域面积约175 万 km²，其中恒河面积为105 万 km²，布拉马普特拉河面积约为62 万 km²，梅克纳河面积约8 万 km²。总的年径流量约13 098 亿 m³，其中恒河约5500 亿 m³（包括法拉卡闸以上引出的灌溉水量），布拉马普特拉河6180 亿 m³，梅克纳河1418 亿 m³。

图 3-1 恒河、帕德玛河流域水系示意图

3.1.1.1 恒河

恒河发源于喜马拉雅山西段南麓，向东南流入恒河平原后，自西向东，最后经孟加拉国注入孟加拉湾。干流全长2527km（从河源至孟加拉湾），流域面积105 万 km²，印度占61.44 万 km²，孟加拉国占3.8 万 km²，河口处多年平均径流量为5500 亿 m³，多年平均输沙量为1.96 亿 t。

恒河流域北部与喜马拉雅山脉接壤，南部与温迪亚山脉相邻，西部与印度河平原相接，东部以布拉马普特拉河流域为界。恒河–布拉马普特拉河平原地面为深厚的冲积层，最大厚度超过 1800m，但形成时间可能还没超过 1 万年。

恒河流域的径流，一部分来自 7 ~ 10 月季风带来的降雨，另一部分来自 4 ~ 6 月热季喜马拉雅山的融雪。流域的降雨伴随西南季风而来，但也与 7 ~ 10 月孟加拉湾的旋风有关。11 月 ~ 次年 1 月降雨很少。降水量的变化：从流域西端的 750mm 到东端的 2250mm。在北方邦上恒河平原平均为 750 ~ 1000mm；在比哈尔邦恒河中游平原为 1000 ~ 1500mm；在三角洲地区达到 1500 ~ 2500mm。三角洲地区 3 ~ 5 月和 9 ~ 10 月往往遭受强旋风暴雨的袭击。恒河的地表水资源总量为 5500 亿 m^3，地下水蕴藏量为 1717 亿 m^3。

恒河的源流有 5 条，分别是帕吉勒提（Bhagirathi）河、阿勒格嫩达（Alaknanda）河、曼代基罗（Mandakini）河、陶利根加（Dhauliganga）河和宾德（Pindar）河，前两条源流最长。阿勒格嫩达河与帕吉勒提在代沃布勒亚格（Devaprayag）汇合以后始称恒河。

恒河在恒河平原上接纳南、北岸许多支流。北岸主要支流有拉姆根加（Ramganga）河、卡格拉（Ghaghara）河、古姆蒂（Gumti）河、根德格（Gandak）河、布里根德格（Burhi Gandak）河、戈西（Kosi）河、默哈嫩达（Mahananda）河。而朱木拿（Jumna）河与宋（Son）河是来自南岸的支流。

三河汇流区的河口三角洲总面积超过 8 万 km^2，宽约 300km，从三角洲顶点至海岸约 500km。河流在三角洲上发生大幅度变迁，1785 年布拉马普特拉河曾从迈门辛（Mymensingh）城旁流过，现在向西移动了超过 60km。15 世纪时，恒河主河道在加尔各答（Calcutta）市附近入海，后主流逐渐东移，与布拉马普特拉汇合成一条入海水道。因此三角洲上汊河、湖泊、沙洲遍布，水系紊乱，最大的汊河是巴吉拉什 – 胡格利（Bhagirathi Hooghly）河，它是被泥沙淤塞的古河道，枯季断流，只在汛期成为恒河的分洪道。

恒河在哈丁桥（Hardinge Bridge）测站测得的最大流量为 73 200m^3/s（1941 年 9 月 1 日）；据 1965 ~ 2009 年的实测资料，恒河哈丁桥站该站多年平均径流量为 3480 亿 m^3，多年平均输沙量为 1.88 亿 t（图 3-2）。

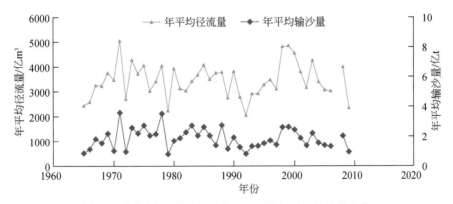

图 3-2　恒河哈丁桥站年平均径流量及年平均输沙量变化

恒河干流哈丁桥水文站年径流量及年输沙量系列 M-K 趋势检验分析结果见表 3-2。由表 3-2 可见，1965 ~ 2006 年恒河进入孟加拉国境内的哈丁桥水文站多年水沙变化没有明显增加或减少的趋势。

表 3-2 恒河哈丁桥水文站水沙变化 M-K 趋势检验

统计项目	Z	趋势性检验	统计年份
多年径流量	0.618	无明显增大	1965～2006 年（42 年）
多年输沙量	-0.379	无明显减小	1965～2006 年（42 年）

图 3-3 为恒河哈丁桥水文站的累计年径流量曲线和累计年输沙量曲线。由图 3-3 可见，哈丁桥站年径流量增加较为稳定，而年输沙量在 1992～1997 年减少，累计输沙量曲线整体呈上凸形。

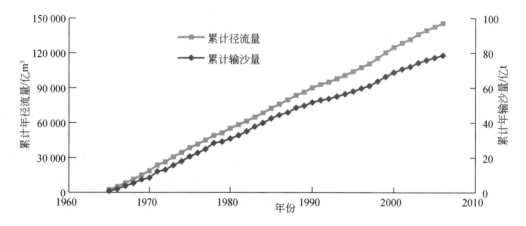

图 3-3 恒河哈丁桥水文站累计年径流量曲线和累计年输沙量曲线

（1）干、支流主要工程措施

法拉卡闸是恒河上最重要的水利工程。恒河哈丁桥站（孟加拉国）旱季 10d 平均流量（1934～1995 年）如图 3-4 所示（Mirza，2001）。法拉卡闸位于恒河干流下游，在距流入孟加拉国边境上游侧 18km 处，完建于 1975 年。该闸总长 2200 多米，有 108 孔闸，孔宽 18.3m。

恒河在印度法拉卡一分为二，右支是巴吉拉什–胡格利水道，印度孟加拉邦南流，Calcutta 港，左主支 18km 以下进入孟加拉国，在戈阿隆多（Goalundo）处与布拉马普特拉河汇流。在孟加拉国，Gorai 河是主要的恒河分流，分流位于恒河–布拉马普特拉河汇流处以上 65km（Mirza，1998）。

法拉卡闸工程包括一个金吉布尔（Jangipur）闸，在巴吉拉什–胡格利河道上，以及一条引水渠（feeder canal），从法拉卡闸上游引水至 Jangipur 闸下游。1975 年 4 月，法拉卡闸试验运行了 41d（4 月 21 日～5 月 31 日），根据印度和孟加拉国两国的临时协定，引水 312～454m³/s。在协议过期以后，1975 年 6 月～1977 年 11 月印度单方面继续引水。1977 年 11 月，印度和孟加拉国两国签订了《关于分享恒河水和增加径流量协定》。协定为期五年，在 1982 年期满，后来又以理解备忘录（MOU）的形式，两次更新了协定。第二次 MOU 在 1988 年过期。在 1991～1992 年，哈丁桥旱季实测流量低于另一个非协议时期

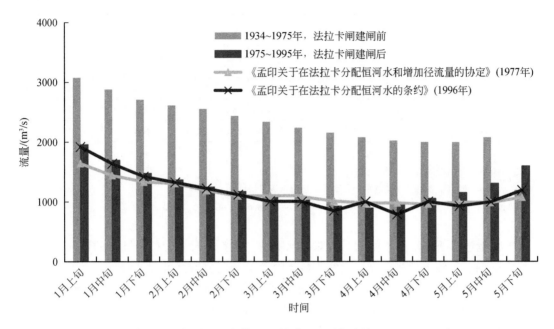

图 3-4　恒河哈丁桥站（孟加拉国）旱季 10d 平均流量（1934～1995 年）

1976～1977 年（Mirza，1998）。

（2）法拉卡闸工程的水沙影响

1975 年，印度开始运行恒河干流上的法拉卡闸。该闸在旱季引走相当的水量，从恒河引水 1133m³/s，用来冲刷巴吉拉什-胡格利河道的泥沙，从而维护加尔各答（Calcutta）港的航道畅通。研究表明，自法拉卡闸运行以来，孟加拉国境内恒河流域的水文状况发生了很大的变化。孟加拉国恒河流量，在雨季增加，而在旱季大幅减少。恒河的主要分流 Gorai 河在旱季几乎干涸，发生了显著的淤积现象（Mirza，1998）。

自法拉卡闸运行以后，恒河下游的月平均流量发生了明显的变化，如图 3-4 及表 3-3 所示（Mirza，1997）。在后法拉卡闸时期（1975～1992 年），月平均流量发生了显著的变化。旱季（11 月～次年 5 月）流量的变化比雨季更明显。哈丁桥站的其他数据，见表 3-3。

表 3-3　恒河-帕德玛河哈丁桥站月平均径流量　　　　　　　　（单位：m³）

时段	1 月	2 月	3 月	4 月	5 月	6 月	7 月	8 月	9 月	10 月	11 月	12 月	年平均径流量
平均径流量													
a	3 090	2 668	2 287	2 031	2 176	4 489	17 290	38 348	36 063	17 870	7 091	4 180	11 685
b	1 932	1 482	1 155	1 063	1 450	3 569	20 111	40 183	39 233	16 685	5 730	2 943	11 295
c	1 436	788	576	712	1 309	5 016	20 269	32 596	32 243	14 798	4 133	2 151	9 663

续表

时段	1 月	2 月	3 月	4 月	5 月	6 月	7 月	8 月	9 月	10 月	11 月	12 月	年平均径流量
最小径流量													
a	2 055	1 897	1 576	1 260	1 440	2 344	9 704	23 584	20 907	7 714	4 145	2 869	7 817
b	1 249	884	742	263	706	1 512	11 725	26 574	15 360	7 813	2 864	1 930	6 839
c	1 204	551	517	663	1 187	4 547	11 636	26 650	27 035	8 599	3 519	2 064	8 534

注：a：1934~1974 年，法拉卡闸建闸前。

b：1974~1988 年，法拉卡闸建闸后。

c：1989~1992 年，法拉卡闸建闸后，印度和孟加拉国签订协议后。

资料来源：FPCO，Ministry of Irrigation，Government of Bangladesh，FAP 25，1993。

根据上述分析，法拉卡闸的运行对恒河下游，尤其是对孟加拉国境内的恒河水系产生了重要影响，主要体现在旱季流量的明显下降及 Gorai 河的泥沙淤积问题上。

自法拉卡闸运行以来，孟加拉国境内恒河的水文特性发生了很大变化。雨季流量增大，而旱季却减少。曾经为孟加拉国西南部提供水源的 Gorai 河（恒河主要的分流），在旱季几乎干涸。旱季恒河供水不足以破坏农业、渔业、林业、航运，增加海水侵蚀的深度对社会经济产生重要的影响。

3.1.1.2 帕德玛河

帕德玛河起始于恒河贾木纳河口阿里恰（Aricha），下游一直到梅克纳河汇口，帕德玛河控制流域面积为 157 万 km²，河流全长 100km，河道平均比降 0.05‰，河宽 3~22km，平均河宽为 10km。根据帕德玛河巴路里（Baruria）水文站（SW91.9R）逐日流量统计，年平均来水量为 9620 亿 m³，多年平均悬移质输沙量约为 6.95 亿 t。床沙由细沙组成，平均中值粒径为 0.13mm。

帕德玛河是游荡分汊河流，河道窄深与宽浅交替。宽浅河段河道容易分汊，河床演变剧烈，两岸侵蚀和淤积严重，但主流还是相当强劲，由北而南直进汇合口，流路比较通畅；窄深河段河道相对稳定。根据 1973~2009 年的卫星图像分析，帕德玛河两岸总的侵蚀面积为 39 560hm²，淤积面积为 8390hm²。

（1）帕德玛河水沙变化趋势分析

帕德玛河代表站 Baruria 水文站 1965~2015 年年径流量及年输沙量过程见图 3-5。帕德玛河多年径流量没有明显变化，但多年输沙量在 1978 年之后明显减少。

由于帕德玛河代表站 Baruria 水文站年径流量及年输沙量系列不连续，对 1965~2006 年连续径流量序列和 1965~2000 年连续输沙量序列进行 M-K 趋势检验分析，分析结果见表 3-4。由表 3-4 可见，Baruria 水文站 1965~2006 年径流量序列呈无明显增大趋势，而 1965~2000 年输沙量序列呈明显减小趋势。

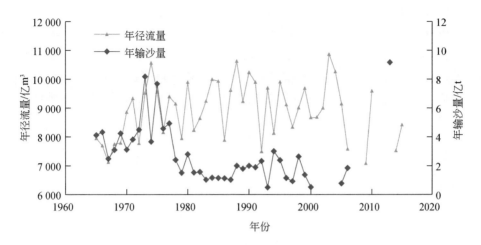

图 3-5　帕德玛河代表站 Baruria 水文站 1965～2015 年年径流量及年输沙量过程

表 3-4　Baruria 水文站水沙变化趋势检验

统计项目	Z	趋势性检验	统计年份
多年径流量	1.918	无明显增大	1965～2006 年（42 年）
多年输沙量	−3.814	明显减小	1965～2000 年（36 年）

（2）帕德玛河水沙跳跃性检验

根据时序累计值相关曲线法，绘制帕德玛河代表站 Baruria 水文站历年累计径流量和历年累计输沙量曲线（图 3-6）。由图 3-6 可见，历年累计径流量曲线基本呈一条直线，没有明显的拐点，说明帕德玛河径流量变化较为平稳，无明显的连续丰水或连续枯水年；而帕德玛河多年累计输沙量在 1978 年呈现明显的拐点，为上凸曲线。经秩和检验，1978 年通过跳跃成分显著性检验，是帕德玛河输沙量的跳跃点。

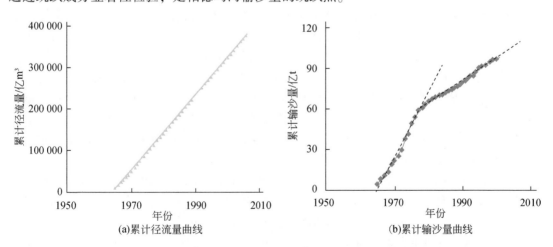

图 3-6　帕德玛河代表站 Baruria 水文站历年累计径流量和历年累计输沙量曲线

（3）帕德玛河水沙变化影响因素分析

经分析 Baruria 水文站水位-流量关系（图 3-7），帕德玛河在 1965～2009 年的研究尺度上水位-流量关系较好，保持平稳，没有持续增加或降低的趋势，说明帕德玛河 Baruria 水文站输沙量减少受河道冲淤的影响较小，帕德玛河径流量无明显增加趋势、输沙量呈明显减少趋势，主要受 1975 年恒河法拉卡闸工程建成运用及贾木纳河入流水沙变化等影响。

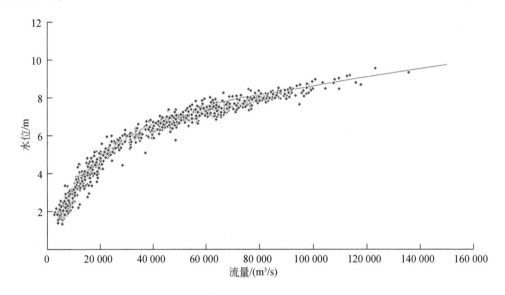

图 3-7　Baruria 水文站水位-流量关系

3.1.2　莱茵河

莱茵河是纵贯中欧、西欧的一条重要河流。莱茵河发源于瑞士中部的阿尔卑斯山北麓，河流向西北，经瑞士、列支敦士登、奥地利、法国、德国和荷兰 6 国，在鹿特丹附近注入北海。全长 1320km，流域面积为 22.44 万 km²，流域年平均降水量为 910mm，河口多年平均流量为 2500m³/s，年径流量为 790 亿 m³，年输沙量为 350 万 t（赵纯厚等，2000）。

习惯上把莱茵河干流分为 4 段：①从河源至巴塞尔（Basel）为阿尔卑斯莱茵（Alpine Rhine）河，其中博登（Bodden）湖出口至巴塞尔又称为高莱茵（High Rhine）河；②巴塞尔至宾根（Bingen）称为上莱茵（Upper Rhine）河；③从宾根至科隆（Koln）称为中莱茵（Middle Rhine）河；④从科隆至潘内尔登称为下莱茵（Lower Rhine）河。

莱茵河流域南北长 690km（阿尔卑斯山脉到北海），东西宽 480km。流域的气候、水文和气象条件因地而异，南面是阿尔卑斯山的山地气候，西面为海洋性气候，东面则接近大陆性气候。莱茵河上游春、夏季冰雪融化，水量增多，下游冬季降水多，水文状况较稳定。莱茵河是一条水患频繁的河流，上游降水量充沛，高山积雪在同一时间融化，常出现特大洪峰。莱茵河上、中、下游的洪水主要由两部分组成：一部分来自上游集水区的降雨；另一部分来自支流。由于莱茵河上游的洪水被上游众多的山区湖泊滞留，洪水对上游构成的威胁比中、下游小。

莱茵河开发的主要任务是防洪、航运和发电。根据各河段的特点,开发的侧重点有所不同。20世纪以前主要是修建防洪工程,进行河道整治,自20世纪初开始积极修建水利枢纽和水电站。

(1) 水沙变化趋势分析

收集了莱茵河下游荷兰境内洛比斯(Lobith)水文站1901~2001年径流量和1965~2004年输沙量资料,见图3-8。由图3-8可见,莱茵河下游Lobith水文站20世纪径流量没有趋势性的变化,而1965~2004年的输沙量则呈现下降的趋势。对莱茵河连续径流量序列和连续输沙量序列进行M-K趋势检验分析,分析结果见表3-5。由表3-5可见,Lobith水文站径流量序列无明显增大趋势,而输沙量序列呈明显减小趋势。

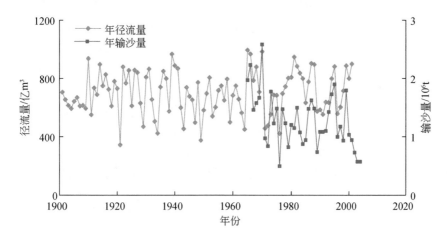

图3-8 莱茵河Lobith水文站年径流量和年输沙量变化

表3-5 Lobith水文站水沙变化趋势检验

统计项目	Z	趋势性检验	统计年份
多年径流量	1.097	无明显增大	1901~2001年(101年)
多年输沙量	−2.773	明显减小	1965~2004年(40年)

(2) 水沙跳跃性检验

根据时序累计值相关曲线法,绘制莱茵河代表站Lobith水文站历年累计径流量和历年累计输沙量曲线,见图3-9。由图3-9可见,累计径流量曲线基本呈一条直线,没有明显的拐点,说明莱茵河径流量变化较为平稳,无明显的连续丰水或连续枯水年;而累计输沙量则为上凸曲线,尤其在1976年及2000年是输沙量减少较为明显的转折点。因2000年后输沙量序列样本较少(只有5年),无法检验2000年拐点的跳跃性;经秩和检验莱茵河输沙量在1976年通过跳跃成分显著性检验。

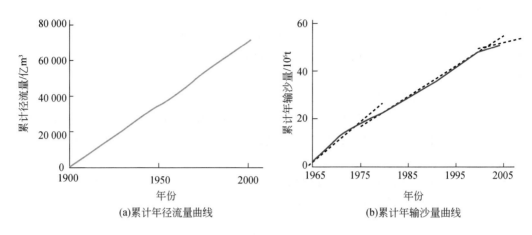

(a)累计年径流量曲线　　　　　　　　　　　(b)累计年输沙量曲线

图 3-9　莱茵河代表站 Lobith 水文站历年累计年径流量和历年累计年输沙量曲线

3.1.3　尼罗河

尼罗河是世界第一长河，位于非洲东北部，流域涵盖 9 个不同国家（布隆迪、刚果、埃及、厄立特里亚、肯尼亚、卢旺达、苏丹、坦桑尼亚和乌干达），流域内人口 1.7 亿人，是著名的国际河流之一。尼罗河发源于赤道南部东非高原上的布隆迪高地，干流流经布隆迪、卢旺达、坦桑尼亚、乌干达、苏丹和埃及等国，跨越撒哈拉沙漠，最后注入地中海。支流则流经肯尼亚、埃塞俄比亚和刚果、厄立特里亚等国的部分地区。严格来说，尼罗河指青、白尼罗河在苏丹首都喀土穆交汇后曲折北上、纵贯埃及全境直至注入地中海的河段，而喀土穆以南漫长水域的两大支流则被称为"青尼罗河"和"白尼罗河"。尼罗河干流自卡盖拉河源头至入海口，全长 6695km，流域面积为 3 254 853km²，占非洲大陆面积 10.3%。入海口处年平均径流量为 810 亿 m³（赵纯厚等，2000）。

可以将尼罗河划分为上游、中游和下游三部分。苏丹的尼穆莱（Nimule）以上为上游河段，长 1730km，自上而下分别称为卡盖拉（Kagera）河、维多利亚尼罗（Victoria Nile）河和艾伯特尼罗（Albert Nile）河。从尼穆莱至喀土穆（Khartoum）为尼罗河中游，长 1930km，称为白尼罗（White Nile）河，其中马拉卡勒（Malakal）以上又称杰贝勒（Bahr El Jebel）河，最大的支流青尼罗（Blue Nile）河在喀土穆汇入。白尼罗河和青尼罗河汇合后称为尼罗河，属下游河段，长约 3000km。尼罗河穿过撒哈拉沙漠，在开罗以北进入河口三角洲，在三角洲上分成东、西两支注入地中海。

（1）水沙变化趋势分析

尼罗河阿斯旺站年径流量及年输沙量变化过程见图 3-10。由图 3-10 可见，自 1964 年阿斯旺大坝的兴建以来，该站径流量和输沙量均明显减少。尼罗河水沙变化的原因是阿斯旺大坝修建。阿斯旺大坝修建之前，尼罗河上阿斯旺城的年平均径流量一般认为是 840 亿 m³，变化从 420 亿 m³（1913 年）到 1510 亿 m³（1978 年）不等。阿斯旺大坝修建之后，尼罗河的损失水量显著增加。1965 年后，阿斯旺大坝上游形成的约塞尔水库的蒸发损失水量显著增加，其中一段时间更是达到 150 亿 m³，这相当于尼罗河年径流量的 18%。20 世纪八九十年代，蒸发损失的水量稳定了下来，约 100 亿 m³。另外，纳塞尔水库地区的引水分流也有增加。这两方面导致阿斯旺大坝下游的径流量明显减少，从 20 世纪 70 年代到 90 年代，年均径流量只有 550 亿 m³/a。

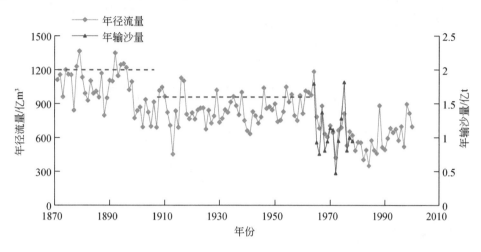

图 3-10　尼罗河阿斯旺站年径流量及年输沙量变化过程

　　根据本书收集的尼罗河阿斯旺坝址处 1871～2000 年径流量系列和 1965～1978 年输沙量资料，此外，据尼罗河长期记录历史资料统计，1860～1900 年尼罗河平均悬移质输沙量为 2 亿 t，1900～1964 年长系列资料分析估算年平均输沙量为 1.6 亿 t。由图 3-10 可见，尼罗河径流量和输沙量均呈明显减少的趋势。对尼罗河连续径流量序列进行 M-K 趋势检验分析，计算 M-K 检验值为 -8.072，远远超出显著性 $\alpha=0.05$ 时的临界值（1.96），尼罗河径流量自 1871 年以来呈现显著减少的趋势。尼罗河输沙量因收集的实测序列较短，不能进行 M-K 趋势检验分析，但从多年平均及 1965～1978 年实测输沙量变化过程看，尼罗河输沙量也存在极其显著的下降趋势。

（2）水沙跳跃性检验

　　利用时序累计值相关曲线法，绘制尼罗河阿斯旺大坝处历年累计径流量曲线，见图 3-11。由图 3-11 可见，尼罗河多年累计径流量曲线在 1899 年和 1965 年存在明显的拐点，经秩和检验法，这两点均通过跳跃成分显著性检验，是尼罗河径流量变化的跳跃点。鉴于尼罗河年输沙量变化与径流量变化基本同步，该两点也可作为尼罗河输沙量减少的跳跃点。

（3）水沙变化影响因素分析

　　为了调节尼罗河径流量，向尼罗河输送灌渠用水，消除洪水威胁和利用水力发电，尼罗河干流上修建有阿斯旺高坝和阿斯旺旧坝，维多利亚尼罗河上有欧文瀑布大坝（1954年）、白尼罗河上的杰贝勒奥利亚坝，青尼罗河上有塞纳尔大坝（1927 年）和罗塞雷斯坝（1966 年），以及阿特巴拉河上有哈什姆吉尔巴大坝（1964 年），见表 3-6（Alan Nicol，2003）。

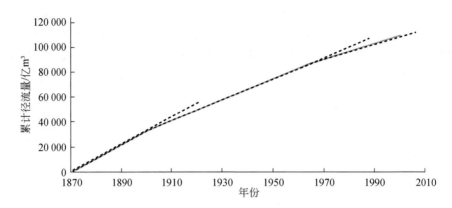

图3-11 尼罗河阿斯旺大坝处历年累计径流量曲线

表3-6 尼罗河干支流水利工程表

工程名称	地理位置	修建年份	库容/亿 m³
三角洲闸 （Delta Barrage）	开罗以北23km，埃及	1843~1861年；1898~1901年	—
阿西尤特闸 （Assiut Dam）	三角洲闸上游107km，埃及	1902年；1934~1938年	—
阿斯旺老坝 （Aswan Old Dam）	埃及	1898~1902年；1907~1912年、 1927~1934年两次加高	52
阿斯旺高坝 （Aswan High Dam）	上游6.4km，埃及	1960~1968年	1640
杰贝勒奥利亚坝 （Jebel Aulia Dam）	喀土穆以南48km，白尼罗河	1937年	31
森纳儿坝 （Sennar Damn）	青尼罗河	1913~1925年；1951~1952年 两次加高	9.3
罗塞雷斯坝 （Roseires D）	喀土穆上游555km，青尼罗河，苏丹	1960~1966年	30
哈什姆吉尔巴坝 （Khasm el Qirba）	阿特巴拉河，苏丹	1964年	13
欧文瀑布坝 （Owen Falls Dam）	维多利亚尼罗河欧文瀑布，乌干达	1954年	2048
雄雷渠 （Jonglei Canal）	苏丹	20世纪80年代早期	

　　另外，从阿斯旺旧坝到河口三角洲顶端的河段上，也建有一些拦河坝，通过提高水位来向灌渠系统供水。拦河坝主要有伊斯纳坝（Esna）、纳加哈马迪坝（Naga Hammadi）、阿西尤特闸（Assiut Dam）、三角洲闸（Delta Barrage）、齐夫塔闸（Zifta）和伊德费纳闸（Edfina）。

　　苏丹境内号称"苏丹三峡"的麦罗维大坝正在建设中，坐落于尼罗河大湾。麦罗维大坝以发电为主，兼顾灌溉，是目前非洲大陆上在建的最大水电项目，库容为 150 亿 m³。

由表 3-6 可见，尼罗河阿斯旺站径流量变化与 1898 年开始修建阿斯旺老坝和 1964 年阿斯旺高坝主体工程完工时间节点相吻合。据分析，当阿斯旺高坝水位达到 175m 时，纳赛尔湖的库容是 1300 亿 m³。每年注入水库的水量为 840 亿 m³。每年由于漏水、堤坝渗水和蒸发所损失的水量约为 100 亿 m³。在洪水季节，水流挟带的大量泥沙将沉积在苏丹附近，导致水库的库容减小。

3.1.4　密西西比河

密西西比河是美国最大的河流，是世界第四长河，也是北美洲流程最长、流域面积最广、水量最大的河流。其位于北美洲中南部，注入墨西哥湾。如图 3-12 所示，若以发源于美国北部的艾塔斯卡（Itasca）湖的上密西西比河为河源，则其全长为 3767km。通常以发源于美国西部落基山脉的密苏里河支流红石溪（Red Rock）（位于蒙大拿州）为河源，则其全长为 6262km，居世界河流的第 4 位；流域面积为 322 万 km²，约占北美洲面积的1/8，占美国本土面积的 41%，覆盖东部和中部广大地区。河口平均年径流量为 5800 亿 m³（包括阿查法拉亚河），年均输沙量为 3.12 亿 t。

图 3-12　密西西比河流域示意图

密西西比河按自然特征可分不同河段。源头艾塔斯卡湖至明尼阿波利斯和圣保罗为密西西比河的上游，长 1010km，地势低平，水流缓慢，河流两侧多冰川湖与沼泽，湖水多形成急流瀑布后注入干流。在明尼阿波利斯附近，河流流经 1.2km 长的峡谷急流带，落差 19.5m，形成著名的圣安东尼瀑布。沿途有明尼苏达河等支流汇入。

密西西比河两岸地形低矮，湖泊密布，是联系美国内地与东北部的通道。尽管密苏里河发源于落基山脉高地，但流域内大部分地势平坦或微有起伏。俄亥俄河大部处于中央低地，高程在 150m 以下，东部与阿巴拉契亚山地相接。密西西比河干流流经中央低地，中游河段河面宽阔，下游河道迂曲，河宽达 2500～3000m，水势平稳。由于泥沙不断在河口堆积，自 1898 年以来，河口三角洲平均每年向海延伸 30m，形成宽约 300km，面积达 3.7 万 km² 的三角洲。三角洲地区地势低平，河堤两岸多沼泽、洼地。河口分成 6 个汊流向外伸展，形如鸟足，有"鸟足三角洲"之称。

密苏里河是密西西比河的最大支流，全长 4126km，流域面积 137.2 万 km²，主要源流为蒙大拿州西南部的杰斐逊（Jefferson）河、麦迪逊（Madison）河和加拉丁（Gallation）河，这 3 条河汇合成密苏里河，汇口处高程约为 1220m，向北流经陡峭、狭窄的峡谷到大瀑布城，以上为密苏里河上游。这一段河流是典型的深山峡谷河段，水流湍急，河道平均坡降达 11.36‰，局部河段如在大瀑布城附近的 16km 河段，水面下降 122m，形成一系列瀑布，以下折向东流，进入山地和高地平原，到苏城（Sioux）为中游河段。苏城以下为下游河段，河流在冲积性河床内摆动频繁，河道蜿蜒曲折而多汊，在密苏里州的圣路易斯城以北 16km 处汇入密西西比河。中下游河段的平坡坡降一般为 1.9‰。密苏里河的多年平均径流量为 703 亿 m³，河口最大流量为 25 500m³/s。在高平原地区的支流，水土流失严重。如黄石（Yellowstone）河、波特（Powder）河和白（White）河等，泥沙含量以质量计可达 30%。密苏里河是美国多沙河流，年平均输沙量为 2.18 亿 t。在天然状态下河流泥沙年平均含沙量达 3.1kg/m³。

（1）水沙变化趋势分析

A. 密苏里河水沙变化趋势分析

根据收集的资料，密苏里河内布拉斯加（Nebraska）站径流量系列较全面，可统计计算该站 1930～2013 年径流量系列，而输沙量资料较为欠缺，统计得到较为合理可靠的年输沙量系列只有 1994～2013 年系列资料，如图 3-13 所示。

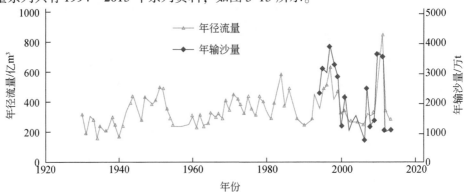

图 3-13   密苏里河 Nebraska 水文站历年径流量及年输沙量

Nebraska 水文站水沙变化趋势检验结果见表 3-7。由表 3-7 可见，密苏里河多年径流量自 20 世纪 30 年代~2013 年有明显增大趋势，而输沙量 1993~2013 年有减小趋势，值得说明的是，由于输沙量统计年限较短，其代表性不强。

表 3-7　Nebraska 水文站水沙变化趋势检验结果

统计项目	Z	趋势性检验	统计年份
多年径流量	3.060	明显增大	1930~2013 年（84 年）
多年输沙量	-2.235	减小	1993~2013 年（21 年）

B. 密西西比河水沙变化趋势分析

本书根据美国地质勘探局（United States Geological Survey，USGS）网站资料情况，选取底比斯（Thebes）站作为密西西比河的代表站，对密西西比河的水沙变化趋势进行分析。

Thebes 站位于圣路易斯（St. Louis）站下游密西西比河干流上，与其上游的 St. Louis 水文站距离较近。由于 Thebes 水文站实测输沙量资料仅有 1981 年后不连续日含沙量数据，经统计分析并与 St. Louis 水文站进行水沙量对比，1980 年前借鉴 St. Louis 水文站输沙量。Thebes 水文站历年径流量及年输沙量见图 3-14。

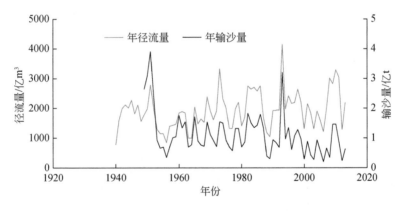

图 3-14　密西西比河 Thebes 水文站历年径流量及年输沙量

对 Thebes 水文站实测径流量及延长后的输沙量进行 M-K 统计，统计情况见表 3-8。由表 3-8 可见，密西西比河多年径流量在 1940~2013 年有明显增大趋势，而输沙量在 1949~2013 年有明显减小的趋势。

表 3-8　Thebes 水文站水沙变化趋势检验

统计项目	Z	趋势性检验	统计年份
多年径流量	3.127	明显增大	1940~2013 年（74 年）
多年输沙量	-2.853	明显减小	1949~2013 年（65 年）

（2）水沙跳跃性检验

密苏里河、密西西比河多年累计径流量和累计输沙量曲线图也反映径流量增大、输沙量减小的趋势，见图 3-15 和图 3-16。由图 3-15 和图 3-16 可见，密苏里河和密西西比河累计径流量曲线均为下凹形，呈增加趋势；而输沙量曲线则为上凸形，呈下降趋势。密苏里河水沙变化对密西西比河具有决定性的影响（表 3-9）。

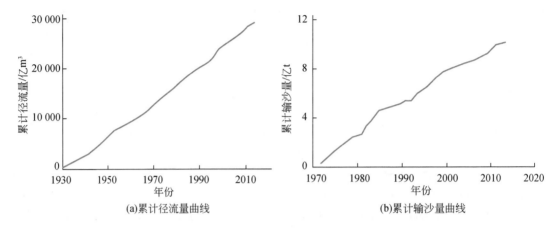

图 3-15　密苏里河 Nebraska 水文站多年累计径流量和累计输沙量

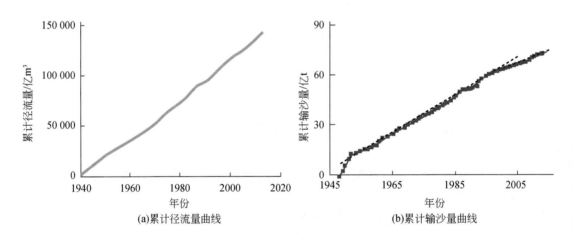

图 3-16　密西西比河 Thebes 水文站多年累计径流量和累计输沙量

表 3-9　密西西比河水沙变化跳跃性检验

年径流量跳跃性检验			年输沙量跳跃性检验		
时段	1940~1972 年	1973~2013 年	时段	1949~1999 年	2000~2013 年
样本个数/个	33	41	样本个数/个	51	14
检验统计量	-2.95		检验统计量	-3.29	

（3）水沙变化影响因素分析

由图 3-16（b）可见，1953 年密西西比河输沙量有明显的拐点，这主要是 1953 年建成兰德尔堡（Fort Randall）坝和加文点（Gavins）坝，拦截了大量来自密苏里河的泥沙（减少70%），使密西西比河的泥沙量降低62%。1962～1963年来自阿肯色河的泥沙减少87%，可能是泥沙量下降27%的主要原因（Kesel，1988）。

密苏里河开发较迟。1953～1964年建成了佩克堡、加里森、奥阿希、大本德、兰多尔堡、加文斯波因特6座水库，总库容达933.3亿m³。为苏城年径流量的3.2倍，为密苏里河河口处年径流量的1.3倍。在支流上计划修建96座支流水库，已建成35座，其中包括黄尾、金斯利等较大的水库。上述水库群基本上拦截了上游泥沙。建库后20多年平均损失库容5%，最大的为10%左右。

密西西比河干流的治理开发主要是防洪和航运。改善下游航道的主要措施是裁弯取直、护岸、修建丁坝、顺坝、导堤及疏浚河道。如1929～1942年在孟菲斯至巴吞鲁日之间共裁弯16处，缩短航道里程274km。1928～1976年采用柔性混凝土块沉排护岸996km，修丁坝261km。此外，每年的疏浚挖泥量为0.35亿～0.5亿t。

3.1.5 科罗拉多河

科罗拉多河是北美洲西部的主要河流，又是美国西南部干旱地区最大的河流，被称为美国西南部的生命线，如图3-17所示。科罗拉多河发源于美国科罗拉多州中北部、落基山脉中部的弗兰特岭西坡，海拔4300m。干流流经科罗拉多、犹他、亚利桑那、内华达和加利福尼亚5个州和墨西哥西北端，最后注入加利福尼亚湾。干流全长2310km，其中最下游145km在墨西哥境内，流域面积63.7万km²。科罗拉多河水系复杂，支流逾50条，其主要支流有甘尼森（Gunnison）河、格林（Green）河、圣胡安（San Juan）河、小科罗拉多（Little Colorado）河、维尔京（Virgin）河和希拉（Gila）河等，详见图3-17。

科罗拉多河流域边界三面环山，东、北为构成大陆分水岭的山脉，西为落基山脉，整个流域地势为北高南低。源流所在地两岸山地海拔均在4270m以上，从发源地到利兹渡口（海拔940m）为上游段，河道蜿蜒，长约1030km。由于地势较高，终年积雪，水量较多，河水下切明显。中游从利兹渡口至比尔威廉斯河河口（帕克坝哈瓦苏水库内），流经科罗拉多高原，由于该地区多处干旱地区，增加的径流量不多，河谷不易展宽，形成许多峡谷地形，上、中游合计长达1600km，占科罗拉多河总长的2/3以上，其中最为著名的是科罗拉多大峡谷，该峡谷东起小科罗拉多河汇入处，西至内华达州界附近的格兰德瓦什岸，全长350km，最大深度为1740m，河流曲折蜿蜒，河床坡降为1.5m/km，水流湍急，流速高达6.9m/s，水深10～15m。科罗拉多河下游地势低洼，有山脉、盆地、沙漠等。

科罗拉多河上游受海拔和地形的影响，气候变化较大，最低气温为-46.7℃，最高气温达42.8℃，年均降水量为200～500mm。秋、冬、春季降水量多来源于降雪，春末夏初当气温升高时，积雪迅速融化，河道流量大增，年径流量约70%集中在4～7月。由于落基山区降水较多，并有冰雪融水补给，因此科罗拉多河上游干、支流水资源极为丰富。据利兹渡口站统计，该站多年平均实测径流量为186亿m³，最大径流量为296亿m³（1917年），最小径流量也有69亿m³（1934年）。中、下游地区大部分属干旱、半干旱气候，年均降水量不足100mm，加上蒸发量大、渗漏、灌溉等耗水，水量逐渐减少。各年之间及各

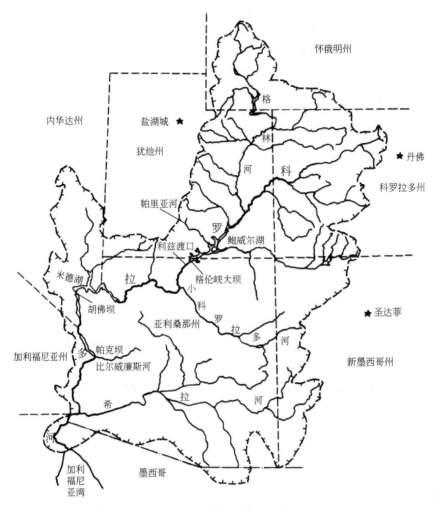

图 3-17　科罗拉多流域水系示意图

季之间丰枯相差很大，4～5 月洪水期流量可达 1982～3115m³/s（最大洪水流量达 8500m³/s），枯水期流量仅为 85m³/s（最小枯水流量仅 20m³/s），相差 23～26 倍。春末夏初洪水泛滥，秋季河水干涸。科罗拉多河中、下游泥沙很多，含沙量高，河水浑浊，呈暗褐色，河流年均含沙量达 27.5kg/m³。在科罗拉多大峡谷中测得年均输沙量为 1.81 亿 t，平均含沙量为 11.6kg/m³。科罗拉多河所挟带的泥沙大部分沉积在河口下游附近，形成一个横跨加利福尼亚湾北部的大三角洲，并向南发展，占据该湾头部的水域面积。有些支流的含沙量更大，如小科罗拉多河，每平方千米平均每年要冲刷 688t 泥沙，平均含沙量高达 120kg/m³。

（1）水沙变化趋势分析

选取干流大峡谷（Grand Canyon）水文站分析科罗拉多河的水沙变化。Grand Canyon 水文站承接小科罗拉多河以上支流汇入的径流量和泥沙。Grand Canyon 水文站历年径流量及年输沙量变化过程如图 3-18 所示，科罗拉多径流量 1965 年以后连续的枯水年和连续的丰水年交替，以枯水系列占主要年份；而输沙量则在 1930 年以后呈现明显减少的趋势，尤其是 1943 年以后减少幅度较大，1959 年后年输沙量进一步减少。

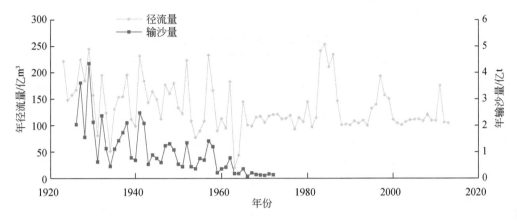

图 3-18　Grand Canyon 水文站历年径流量及年输沙量变化过程

对科罗拉多河连续径流量和输沙量序列进行 M-K 趋势检验分析，由表 3-10 可见，科罗拉多河径流量和输沙量均通过显著性检验，具有明显减小的趋势，输沙量减小尤为显著。

表 3-10　Grand Canyon 水文站水沙变化趋势检验

统计项目	Z	趋势性检验	统计年份
多年径流量	−2.821	明显减小	1923～2013 年（91 年）
多年输沙量	−6.098	明显减小	1926～1972 年（47 年）

（2）水沙跳跃性检验

本书利用时序累计值相关曲线法，绘制 Grand Canyon 水文站多年累计径流量和累计输沙量曲线，见图 3-19。由图 3-19 可见，科罗拉多河多年累计径流量曲线在 1963 年和 1983 年存在拐点，经秩和检验法（表 3-11），1983 年未通过显著性检验，科罗拉多河径流量变

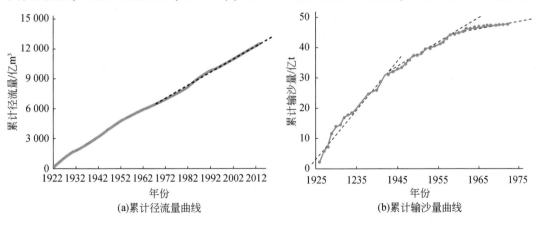

(a)累计径流量曲线　　　　　　　　　　(b)累计输沙量曲线

图 3-19　科罗拉多河 Grand Canyon 水文站多年累计径流量和累计输沙量曲线

化发生跳跃的年份为 1963 年；科罗拉多河多年累计输沙量曲线呈明显的上凸形，在 1943 年和 1959 年存在拐点，且该两点均通过秩和检验的显著性检验，科罗拉多河年输沙量在 1943 年和 1959 年显著减小。

表 3-11　科罗拉多河径流量和输沙量跳跃性检验

年径流量跳跃性检验			年输沙量跳跃性检验		
时段	1923~1962 年	1963~2013 年	时段	1926~1958 年	1959~1972 年
样本个数/个	40	51	样本个数/个	33	14
检验统计量	2.92		检验统计量	-5.07	
时段	1963~1982 年	1983~2013 年	时段	1926~1942 年	1943~1958 年
样本个数/个	20	31	样本个数/个	17	16
检验统计量	-1.04		检验统计量	-3.10	

（3）水沙变化影响因素分析

科罗拉多河流经人烟稀少的美国西南部地区，穿行于深山峡谷之中，谷深水急，适宜筑高坝建大水电站，为开发水电资源提供了有利条件。

鲍尔德峡（胡佛坝）工程于 1931 年开工，1936 年建成，是一座具有防洪、灌溉、发电及城乡供水等综合效益的水利工程。此后，在科罗拉多河流域兴建了一系列水利工程，干流上已兴建水库 11 座，支流上修建水库 95 座，干支流水库总库容约为 872 亿 m³。另外，还规划在干、支流上分别兴建 5 座大水电站，其中装机容量超过 100 万 kW 的电站有两座。在这些水电站建成后，科罗拉多河流域的水能资源将得到充分的开发和利用。这些工程措施不但促进了流域的开发，更好地利用了流域的资源，而且对流域的减水减沙产生了明显的效果。表 3-12 和表 3-13（赵纯厚等，2000）分别列出科罗拉多干、支流上的主要工程措施。

表 3-12　科罗拉多河干流已建水利工程表

工程名称	坝型	坝高/m	库容/亿 m³	投产年份
格兰比（Granby）	土坝	91	6.7	1950
格伦峡（Glen Canyon）	拱坝	216.4	346	1966
胡佛（Hoover）	重力拱坝	221	393	1936
戴维斯（Davis）	土坝	61	22.43	1950
上戴维斯（Davis Upper）	土坝	27	0.37	1982
帕克（Parker）	拱坝	98	6.97	1938
首闸岩（Headgate）	土坝	23	—	1941
影山（Shadow Mountain）	土坝	19.2	0.23	1946
帕洛弗地（Palo Verde）	重力坝	15	—	1957
英皮利尔（Imperial）	支墩坝	26	1.05	1938
拉古纳（Laguna）	重力坝、堆石坝	13	0.024	1909

表3-13 科罗拉多河主要支流已建水利工程表

支流	工程名称	坝型	坝高/m	库容/亿 m³	投产年份
布卢河	狄龙 （Dillon）	堆石坝	94	3.12	1963
	格林山 （Green Mountain）	土石坝	94	1.91	1943
弗赖因潘河	鲁埃迪 （Ruedi）	土石坝	98	1.26	1969
甘尼森河	布卢梅萨 （Blue Mesa）	土坝	119	11.61	1966
	莫罗波因特 （Morrow Point）	双曲拱坝	143	1.45	1968
	克里斯特尔 （Crystal）	土坝	98.5	0.32	1976
格林河	丰特内尔 （Fontenelle）	—	—	1.84	1968
	弗莱明峡 （Flaming Gorge）	双曲拱坝	153	46.7	1964
	斯特罗伯里 （Strawberry）	土坝	77	13.7	1974
圣胡安河	纳瓦霍 （Navajo）	土坝	123	21.09	1963
比尔威廉斯河	阿拉莫 （Alamo）	土坝	105	12.9	1968
希拉河	柯立芝 （Coolidge）	连拱坝	76	14.91	1929
	佩恩蒂德罗克 （Paint Rock）	土坝	55	30.74	1959
索而特河	西奥多罗斯福 （Theodore Roosevelt）	砌石拱坝	85	17.05	1911
弗德河	霍斯舒 （Horseshoe）	土坝	59	1.76	1946
	巴特莱特 （Bartlett）	连拱坝	87	2.21	1939
圣罗萨河	塔特莫诺利科特 （Tat Monolikot）	土坝	23	2.45	1974
纽河	纽河 （New River）	土坝	32	0.54	1985
斯康克河	阿多贝 （Adobe）	土坝	33	0.23	1982
凯夫河	凯夫巴特斯 （Cave Buttes）	土坝	33	0.58	1979
皇后河	惠特洛兰奇 （Whitlow Ranch）	土坝	45	0.44	1960

由于美国西半部干旱缺水，科罗拉多河流域的绝大部分水量用于农业灌溉（约95亿 m³），城市给水和工业用水约需28亿 m³，因此在科罗拉多河干、支流上兴建了许多大型引水工程，上游有弗赖因潘河-阿肯色河引水工程（Frying Pan-Arkansas Project）、圣胡安河-查马工程（San Juan-Chama Project，灌溉农田3.7万 hm²）、纳瓦霍印第安人灌溉工程（Navajo India Irrigation Project，灌溉4.5万 hm²）、科罗拉多河-大汤普森河工程（Colorado-Big Thompson Project）；下游有南达科他工程（South Dakota Project）、科罗拉多河引水工程（Colorado Aqueduct）、全美灌渠（All American Canal）、中央亚利桑那工程（Central Arizona Project，可灌溉农田14.9万 hm²）、索尔特河工程（Salt River Project，灌溉10.7万 hm²）和希拉河工程（Gila Project，可灌农田4.3万 hm²）等。

科罗拉多河-大汤普森河调水工程于1938年开工，1959年完工，将科罗拉多河上游格兰比水库、影山湖威洛河水库和格兰德湖的水经21.1km长的隧洞，穿过落基山脉调往东部，每年可调水3.8亿 m³，其中，城市用水8000万 m³，灌溉农田28万 hm²。该调水工程建有10座水库，总库容超过12.25亿 m³。经多年运行，该工程实际调水量为2.84亿 m³。

3.1.6　格兰德河

格兰德河是流经美国与墨西哥的一条国际河流，发源于美国科罗拉多州圣胡安 (San Juan) 县境内的落基山山麓，由北向南流过美国新墨西哥州到达埃尔帕索 (墨西哥一侧为华雷斯城) 转向东南，成为美国与墨西哥的界河 (墨西哥称此河段为北布拉沃河)，在布朗斯维尔 (墨西哥一侧为马塔莫罗斯) 注入墨西哥湾。格兰德河全长 3034km，流域面积为 47 万 km²。其中，美国境内约占 23.05 万 km²，墨西哥 23.95 万 km²。美墨边界河段长 2019km。拉雷多站的实测年径流量为 39 亿 m³，径流量年变幅为 12 亿~87 亿 m³。

格兰德河流域气候属干旱、半干旱气候，降水量少，且变化大。平均年降水量最多的地区为高山区与沿海低平原区，年降水量约为 762mm；年降水量最少的中部河谷区只有 203mm。此外，大部分降水形式为夏季大雷暴雨。在科罗拉多州和墨西哥高山区冬季严寒，但整个低平原较温和。

格兰德河经常泛滥，河床不断改道、南移，留下大片冲积地，引发美国、墨西哥两国争夺土地的矛盾。两国虽然于 1889 年签订过条约，但矛盾未得到解决，直到 1963 年两国签订新的条约，决定修建一条渠道，从根本上防止河床改道，开凿费用由两国平均承担。为了解决格兰德河河水的合理使用问题，两国先后于 1906 年和 1944 年签订条约，确定了公平分配用水和划分水系的原则。条约规定，美国保证每年向墨西哥供水 260 万 m³，在出现旱情年灌溉系统发生问题时，尽量保证墨西哥农民得到的供水量不低于美国农民。条约中还规定双方联合修建必要的工程，费用按各国使用工程的比例分摊。

(1) 水沙变化趋势分析

根据 USGS 网站资料情况，选取阿尔伯克基 (Albuquerque) 站作为代表站，对格兰德河的水沙变化趋势进行分析。Albuquerque 站位于格兰德河上游，科奇蒂 (Cochiti) 大坝下游，控制流域面积 6861km²。Albuquerque 站历年径流量和输沙量变化过程见图 3-20。由图 3-20 可见，格兰德河上游径流量 20 世纪 80 年代和 90 年代径流量较大，2000 年径流量有所减小，总体而言径流量变化不大；输沙量自 20 世纪 80 年代开始呈持续性明显偏小趋势。

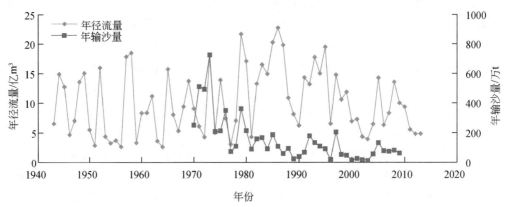

图 3-20　格兰德河 Albuquerque 站历年径流量和年输沙量变化过程

对 Albuquerque 站实测径流量和输沙量进行 M-K 统计分析，统计结果见表 3-14。由表 3-13 可见，格兰德河多年径流量自 20 世纪 40 年代至今略有增加，但尚未形成增加趋势；而输沙量自 20 世纪 70 年代至今呈现明显减小趋势。

表 3-14 Albuquerque 站水沙变化趋势检验

统计项目	Z	趋势性检验	统计年份
多年径流量	0.561	无趋势	1943 ~ 2013 年（71 年）
多年输沙量	−3.358	明显减小	1970 ~ 2009 年（40 年）

（2）水沙跳跃性检验

根据累计时序法，格兰德河多年累计径流量曲线图（图 3-21）呈现先下凹后上凸的形态，于 1978 年和 1999 年有明显的拐点；而多年累计输沙量曲线则为明显的上凸形态，于 1981 年和 1998 年更加趋于平缓。经秩和检验，上述年径流量和年输沙量变化拐点均通过跳跃成分显著性检验，是格兰德河径流量和输沙量变化的跳跃点（表 3-15）。

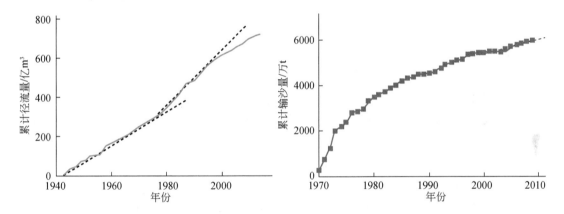

图 3-21 格兰德河 Albuquerque 站多年累计径流量和累计输沙量

表 3-15 格兰德河径流量和输沙量变化跳跃性检验

年径流量跳跃性检验			年输沙量跳跃性检验		
时段	1943 ~ 1977 年	1978 ~ 2013 年	时段	1970 ~ 1980 年	1981–2009 年
样本个数/个	35	36	样本个数/个	11	29
检验统计量	−2.94		检验统计量	4.10	
时段	—	1978 ~ 1998 年 | 1999 ~ 2013 年	时段	—	1981 ~ 1997 年 | 1998 ~ 2009 年
样本个数/个	—	21 | 15	样本个数/个	—	17 | 12
检验统计量	—	−3.37	检验统计量	—	2.70

（3）水沙变化影响因素分析

从 19 世纪 30 年代开始，格兰德河流域已修建数十项水利工程，其中较大工程见表 3-16。除此之外，美国、墨西哥两国还在格兰德河下游修建了防洪堤和分洪道。整体而言，格兰德河作为国际界河，其年径流量和年输沙量受人类活动影响较大，1980 年前大型工程完建后格兰德河输沙量明显减少。

表 3-16 格兰德河干、支流已建水利工程指标表

工程名称	所在河流	最大坝高/m	坝顶长/m	总库容/亿 m³	装机容量/万 kW	建成年份
法尔松（Falcon）	格兰德河	53	—	50	6.3	1953
阿比丘（Abiguiu）	查马河	108	469	2.9	—	1963
科奇蒂（Cochiti）	格兰德河	76.5	8626	7.36	—	1975
圣罗萨（Santa Rose）	佩科斯河	64.6	594	5.52	—	1979
戴蒙得 A（Diamond A）	翁达河	30.0	1489	2.07	—	1863
拉阿米斯塔特（La Amistad）	格兰德河	87	—	43.8	6.6	1968
象山（Elephant Butte）	格兰德河	92	510	26.1	2.4	1916
萨穆纳（Sumner）	佩科斯河	50	940	1.36	—	1937

3.1.7 曼索河

曼索河流经阿根廷和智利，主要河段位于巴塔哥尼亚地区，属于普埃洛河的支流。曼索河是巴拉圭河流域（Paraguay Basin）库亚巴河（Cuiaba River）上游支流，位于巴西马托格罗索（Mato Grosso）州中部。根据波托德西马（Porto de Cima）站 1931～1992 年月平均实测资料推算，曼索河多年平均径流量为 53.3 亿 m³，多年平均输沙量为 102 万 t。

（1）水沙变化趋势分析

根据收集的 Porto de Cima 站 1931～1992 年资料，选取该站作为代表站，对曼索河的水沙变化趋势进行分析。Porto de Cima 站位于阿根廷，是曼索河的中游水文控制站，其历年径流量和输沙量变化过程见图 3-22。由图可见，曼索河径流量和输沙量丰枯相关性较

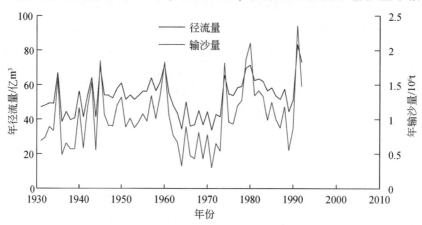

图 3-22 曼索河 Porto de Cima 站历年径流量和年输沙量变化过程

好，1962～1974 年径流量和输沙量均连续较枯，随后年份径流量和输沙量较多年平均略大，但总体保持平稳。

经 M-K 趋势检验法分析，曼索河统计时段内历年径流量和输沙量没有趋势性的变化，统计系列 Z 分别为 1.95 和 1.549，均未超过显著性检验，见表 3-17。

表 3-17 **Porto de Cima 站水沙变化趋势检验**

统计项目	Z	趋势性检验	统计年份
多年径流量	1.95	无明显增加趋势	1931～1992 年（62 年）
多年输沙量	1.549	无明显增加趋势	1931～1992 年（62 年）

（2）水沙跳跃性检验

曼索河多年累计径流量和累计输沙量曲线图也可以反映径流量和输沙量的变化趋势（图 3-23）。由图 3-23 可见，曼索河径流量和输沙量变化无明显趋势。

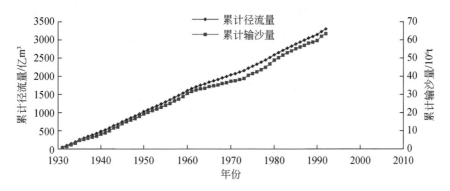

图 3-23 曼索河累计径流量和累计输沙量曲线

（3）水沙变化影响因素分析

从曼索河径流量和输沙量关系图 3-24 可见，曼索河输沙量与径流量呈良好的乘幂关系（相关系数高达 0.9619）。曼索河位于南美洲，所在流域水量充沛、受人类活动干扰较小，河流基本处于自然状态，多年径流量和输沙量无明显的趋势性变化。

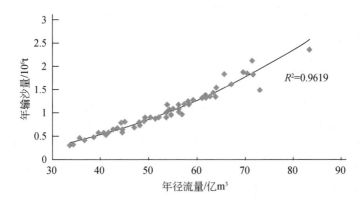

图 3-24 曼索河年径流量与年输沙量关系

3.2 黄河与世界典型河流水沙变化的分异性

3.2.1 世界典型河流水沙变化分异性

3.2.1.1 典型河流水沙变化特性类型划分

河流水沙变化自然条件与其所在地区气候、湿润度等密切相关。根据联合国环境规划署以干燥度为指标对世界干旱区的地带划分,世界干旱地区包括极端干旱区、干旱区、半干旱区和干燥的半湿润区(Allen et al., 1998)。

从表3-18和表3-19可以看出,世界干旱地区(包括极端干旱地区、干旱区、半干旱区和干燥的半湿润区)的总面积为61.5亿 hm²,占世界陆地面积(150亿 hm²)的41%。在61.5亿 hm²的干旱地区中,除9.78亿 hm²的极端干旱地区为不毛的荒漠地带以外,其余51.72亿 hm²的干旱、半干旱和干燥的半湿润区,占世界陆地面积的34.5%。这些地区虽然干旱,但气候、土壤基本可以满足农牧业生产要求,是人类聚居地区(图3-25)。

表3-18 世界干旱地区的地带划分 （单位：$10^6 hm^2$）

类型	非洲	亚洲	澳洲	欧洲	北美洲	南美洲	全世界	比例/%
极端干旱区	672	277	0	0	3	26	978	16
干旱区	504	626	303	11	82	45	1571	26
半干旱区	514	693	309	105	419	265	2305	37
干燥的半湿润区	269	353	51	184	232	207	1296	21
总面积	1959	1949	663	300	736	543	6150	100

表3-19 世界各大洲干旱地区的地理分布

项目	非洲	亚洲	澳洲	欧洲	北美洲	南美洲	全世界
干旱地区总面积/$10^6 hm^2$	1959	1949	663	300	736	543	6150
占世界干旱地区总面积的比例/%	32	31	11	5	12	9	100
占全球陆地总面积的比例/%	13.1	13.0	4.4	2.0	4.9	3.6	41.0
占所在洲陆地面积的比例/%	66	46	75	32	34	31	41

由表3-20可见,选取的世界典型河流多年径流量变化增减趋势不一,有的呈增加或无明显增加趋势,有的呈减少趋势;而选取的世界典型河流输沙量除南美洲曼索河无明显增加趋势外,其他河流均为减少趋势。整体而言,典型河流水沙变化归纳为以下3类:①水少沙少。黄河、尼罗河、科罗拉多河。②水多(平)沙少。帕德玛河、格兰德河、莱茵河、密西西比河。③水沙不变。恒河、南美洲曼索河。

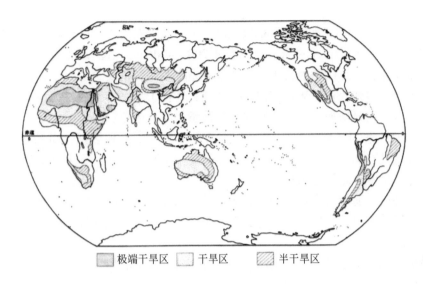

图 3-25　世界极端干旱区、干旱区、半干旱区分布

根据上述分类不难发现，从典型河流所在地理环境看，河流径流量与输沙量变化与其所在区域的干旱或湿润程度相关：①干旱半干旱地区河流。黄河、尼罗河、科罗拉多河、格兰德河。②湿润半湿润地区河流。恒河、帕特玛河、密西西比河、莱茵河、曼索河。

表 3-20　世界典型河流水沙变化趋势分析

河流及 代表站	径流量统计项目			输沙量统计项目		
	时段	Z	趋势性检验	时段	Z	趋势性检验
黄河	1950~2018 年	−5.811	明显减少	1952~2018 年	−7.538	明显减少
恒河	1965~2006 年	0.618	无趋势	1965~2006 年	−0.379	无趋势
帕德玛河	1965~2006 年	1.918	无明显增加	1965~2000 年	−3.814	明显减少
莱茵河	1901~2001 年	1.097	无明显增加	1965~2004 年	−2.773	明显减少
尼罗河	1871~2000 年	−8.072	明显减少	1964~1978 年	—	明显减少
密西西比河	1940~2013 年	3.127	明显增加	1949~2013 年	−2.853	明显减少
密苏里河	1930~2013 年	3.060	明显增加	1972~2013 年	−2.027	明显减少
科罗拉多河	1923~2013 年	−2.821	明显减少	1926~1972 年	−6.098	明显减少
格兰德河	1943~2013 年	0.561	无明显增加	1970~2009 年	−3.358	明显减少
曼索河	1931~1992 年	1.950	无明显增加	1931~1992 年	1.549	无明显增加

对比河流分类可见，年径流量趋势变化呈增加或无明显增加趋势的河流分别为帕德玛河、莱茵河、密西西比河、密苏里河、格兰德河和曼索河，大多数处于湿润半湿润地区；而年径流量和年输沙量均呈明显减少趋势的河流分别为黄河、尼罗河和科罗拉多河（年径流量减少趋势检验值为负值；年输沙量减少趋势检验值位居前列），这些河流位于干旱半干旱地区；格兰德河是干旱、半干旱地区河流，其径流量无明显增加趋势，而输沙量为明

显减少趋势。

干旱和半干旱地区的主要特征就是流域降水量少，蒸发量大，一般蒸发量明显大于降水量。具体而言，半干旱地区的降水量一般在200~400mm，蒸发量明显超过降水量，自然植被是温带草原，耕地以旱地为主，自然景观是半荒漠和荒漠。

世界典型河流水沙变化趋势存在以下规律或特性：①湿润半湿润地区河流年径流量趋势变化呈增加或无明显增加趋势，多数河流输沙量呈减少趋势；②干旱半干旱地区大多数河流径流量和输沙量均呈减小趋势，人类活动对干旱半干旱地区河流的影响更为突出；③河流的水沙量具有相关性，如果河流的多年径流量呈减小趋势，则多年输沙量也呈减小趋势，而且输沙量减小趋势更为显著。

根据以上分析，典型河流水沙变化趋势异同性可归纳为，按照地域特性划分，湿润半湿润地区和干旱半干旱地区河流水沙变化存在明显的差异；地域特性相似的河流，水沙变化趋势也较为相近。

黄河作为干旱半干旱河流，其水沙变化趋势性具有典型的代表性，即黄河流域多年径流量和多年输沙量均呈明显减少趋势，输沙量的减少尤为突出。

水文序列中的跳跃通常是自然或人为原因引起的。水文序列的跳跃发生时间可以从某种角度上说明河流水沙变化的原因。

综合统计选取的世界典型河流水沙变化一级跳跃点（表3-21），也就是世界典型河流水沙变化在统计时段内最突出的年份，并根据前面章节的分析对河流径流量和输沙量变化的原因进行综合判定。

表3-21 世界典型河流径流量和输沙量跳跃性检验

河流及 代表站	径流量统计项目		输沙量统计项目		水沙变化影响因素
	跳跃检验值	跳跃年份	跳跃检验值	跳跃年份	
黄河	-5.96	1986年	-6.21	1999	引水灌溉 水土保持、水库拦沙
恒河	—	—	—	—	引水灌溉
帕德玛河	无	—	4.82	1978	法拉卡闸调控，引水灌溉
莱茵河	—	—	2.56	1976	多级蓄水坝建成拦沙
尼罗河	-7.35	1965年	—	1965	阿斯旺高坝建设、引水灌溉
密西西比河	-2.73	1973年	-3.29	2000	灌溉用水、水土保持、 航道建设及水库拦沙
科罗拉多河	2.92	1963年	-5.07	1959	1963年格伦峡大坝建成蓄水， 1959年调水工程、引水灌溉
格兰德河	-2.94	1978年	4.1	1981	国际界河，水利工程建设
曼索河	—	—	—	—	南美洲河流，水量充沛 受人类活动影响小

从世界典型河流引起水沙突变的原因分析可得到以下结果。

1）河流径流量突变年份和输沙量突变年份不一定是同一年份，说明河流径流量和输沙量的突变既互相关联，又分别受制约因素影响而相互具有一定的独立性。单独事件对河流径流量和输沙量突变的影响大小要放在整个序列中讨论。

2）多数河流输沙量跳跃检验值的绝对值大小大于径流量跳跃检验绝对值，说明河流输沙量突变较径流量突变明显。科罗拉多河和格兰德河的输沙量跳跃检验值的绝对值大于径流量跳跃检验值，黄河输沙量跳跃检验值的绝对值则略大于径流量跳跃检验值。

3）典型河流水沙突变受自然因素（降水量和气温变化）的影响较小，或者说自然因素不会使河流水沙变化发生跳跃性突变。

4）河流水沙变化的主要原因是河流引水利用、水利工程调度等。例如，黄河径流量1986年发生跳跃性变化；尼罗河径流量突然减少与阿斯旺低坝及高坝建成年份基本一致；科罗拉多河1959年输沙量减少与其上游调水工程修建完成年份一致等。

5）干旱半干旱地区河流年径流量和输沙量跳跃检验值的绝对量较大，而湿润半湿润地区河流检验绝对值相对较小。黄河、尼罗河、科罗拉多河和格兰德河等干旱半干旱地区河流的径流量跳跃检验值绝对值在2.92以上（最大值为尼罗河的7.35），而湿润半湿润地区河流该绝对值小于2.73；干旱半干旱地区河流的年输沙量跳跃检验值绝对值在4.1以上（可计算的最大值为黄河的6.21），而湿润半湿润地区河流该绝对值小于4.82。

综上所述，从世界典型河流水沙突变特性及其驱动因素分析可见：①典型河流年输沙量突变较年径流量突变更为明显；②典型河流水沙突变受自然因素（降水量和气温变化）的影响较小，或者说降水量和气温变化不会使河流水沙变化发生跳跃性突变；③水沙变化的主要原因是河流引水利用、水利工程建设与调度运行等；④干旱半干旱地区河流年径流量和输沙量序列发生的突变较湿润半湿润地区河流明显，干旱半干旱地区河流跳跃检验值的绝对量较大，而湿润半湿润地区河流跳跃检验值的绝对值相对较小。

黄河作为干旱半干旱地区代表性河流，在多年径流量和多年输沙量均呈明显减少趋势过程中，水沙序列会出现明显拐点；人类活动是引起黄河水沙序列发生突变的主要影响因素。

3.2.1.2 干旱地区与湿润地区河流特性对比

（1）干旱地区河流的基本特征

A. 流域跨越多个气候带，面积较大

流域气候是流域水文的基本决定因素，所研究的干旱与半干旱河流都发源于降水比较丰富的湿润气候带，中下游流经干旱和半干旱气候带，降水相对较少。

科罗拉多河年均降水量为200～500mm，中、下游地区大部分属干旱、半干旱气候，年均降水量不足100mm。格兰德河平均年降水量最多的地区为高山区与沿海低平原区，年降水量约为762mm；最少的地区为中部河谷区，年降水量只有203mm。

B. 流域径流产生的特征

对各流域的汛期进行研究后，发现各流域出现洪峰的原因一般都有三个，即冰雪融水补给、长期降雨和短期暴雨（徐建华等，2009）。各流域由于所处纬度与气候带的不同，出现洪峰的季节也有所不同。

冰雪融水补给为主要来源之一：干旱半干旱地区河流的源头一般都处于高山上，冰雪融水是其主要产流来源之一。科罗拉多河在春末夏初气温升高时，其积雪迅速融化，河道流量大增，年径流量约70%集中在4~7月，秋季河水干涸。

长期降雨为主要来源之一：河流源头的冰雪融水虽然是干旱半干旱地区河流的水量来源之一，但径流量相对较少，很大程度上河流大部分径流量仍然来源于流域范围内的降水量，特别是短期暴雨。尼罗河干、支流每年则呈现明显的洪水期和枯水期，8~10月水量最丰，占全年水量的70%，2~4月为枯水期，洪峰出现时间越往下游越推迟。

径流量年内分布极不均匀，枯水期与洪水期径流量差别很大，有的甚至相差2~3个数量级。科罗拉多河上游干、支流水资源极为丰富。据利兹渡口站统计，该站多年平均实测径流量为186亿 m^3，最大径流量为296亿 m^3（1917年），最小径流量也有69亿 m^3（1934年）。中、下游地区大部分属干旱、半干旱气候，年均降水量不足100mm，加上蒸发量大、渗漏、灌溉等耗水，水量逐渐减少。各季之间丰枯相差很大，4~5月洪水期流量可达1982~3115 m^3/s（最大洪水流量达8 500 m^3/s），枯水期流量仅为85 m^3/s（最小枯水流量仅20 m^3/s），相差23~26倍。春末夏初洪水泛滥，秋季河水干涸。

印度河径流量的年内变化较大，4~9月的雨季平均水量占全年的84%。

径流量年际分布极不均匀，丰水年洪峰流量异常大。对于密西西比河的圣路易斯站，由1933~2006年径流量资料可知，最大年径流量发生在1993年，年径流量达3837.2亿 m^3，最小径流量发生在1934年，年径流量为604.6亿 m^3，相差5.3倍。密西西比河丰水年洪水流量也是非常大的，在1903年6月，密西西比河赫尔曼站实测最高洪峰流量为19 140 m^3/s，基奥库克洪峰流量达10 350 m^3/s。1927年圣路易斯站洪峰流量达25 200 m^3/s。俄亥俄河1937年2月初发生历史上最大洪水，河口洪峰流量高达52 350 m^3/s。

据1940~1975年的统计，印度河（不包括萨特莱杰河）的年径流量以1959~1960年最大，达2297.20亿 m^3，以1974~1975年最小，为1184.64亿 m^3，年径流量虽然相差仅为0.9倍，但印度河发生的洪水还是很大的。据1924~1978年实测资料统计，印度河干支流发生了多次洪水，1955年萨特莱杰河洪峰流量为16 891 m^3/s，其支流比阿斯河最大洪峰流量为14 160 m^3/s，1955年拉维河洪峰流量为19 244 m^3/s；1957年杰纳布河玛沙拉站洪峰流量为31 120 m^3/s；1929年杰赫勒姆河曼格拉站洪峰流量为31 120 m^3/s；1942年印度河上游洪峰流量为23 122 m^3/s；1973年杰纳布河洪峰流量为28 300 m^3/s，印度河下游洪峰流量为30 500 m^3/s。

部分河流出现断流现象。由于河流流经干旱和半干旱地区，蒸发量较大，同时由于河道引水用水、水库拦截等人类活动的影响，部分河流还出现断流现象。叶尼塞河流域约500mm的总降水量中，入喀拉海的为225mm左右，剩余的275mm降水量都从水面和陆地蒸发掉了。墨累河流经降水稀少、蒸发旺盛的广大平原地带时，多数支流的中、下游经常有断流现象，特别是干旱年份，断流时间更长。例如，1920年拉克伦河连续9个月断流；达令河连续11个月无水。

C. 输沙量特征

河流输沙量大，干旱、半干旱地区河流由于气候干燥，水土流失严重，河流输沙量较大（汪丽娜等，2005）。科罗拉多河由于流经沙漠、峡谷和高山高原地区，挟带大量的泥沙到达下游地区，其支流小科罗拉多河，每平方千米平均每年要冲刷 688t 泥沙，平均含沙量高达 $120kg/m^3$。尼罗河是一条多沙河流，其泥沙主要来自支流青尼罗河，在埃及阿斯旺测得的多年平均输沙量为 1.34 亿 t，平均含沙量约 $1.6kg/m^3$。阿姆河流域的悬移质泥沙含量在中亚细亚河流中均居前列，年平均含沙量在克尔基城附近大约为 $3.6kg/m^3$，年平均输沙量为 2.17 亿 t，瓦赫什河的含沙量大约为 $4.24kg/m^3$。

水沙异源。对于多沙河流，由于流经不同自然地理单元的地形、地质，降雨、产沙等存在较大的差异，水和沙的来源地区不同，即具有水沙异源特点。以黄河为例，从总体上看，进入黄河下游的水量主要来自上游地区，而泥沙量却基本上来自中游地区。黄河上游地区的流域面积为 36 万 km^2，占全流域面积的 45%，来水量占全河水量的 53%，该地区是全河的主要产水区，而来沙量仅为黄河泥沙总量的 9%。黄河中游的河口镇至龙门站区间，流域面积仅为 13 万 km^2，占整个流域面积的 16%，来水量占全河水量的 15%，而来沙量却占全河沙量的 56%，多年平均含沙量高达 $128.0kg/m^3$，该地区为全河含沙量最高的地区，是全河的主要产沙区。龙门站至潼关站区间，流域面积为 19 万 km^2，来水量占全河水量的 22%，来沙量却占全河沙量的 34%，多年平均含沙量仅次于河口镇至龙门站区间，为 $53.8kg/m^3$。

科罗拉多河含沙量最大，其年平均含沙量高达 $27.5kg/m^3$，是叶尼塞河年平均含沙量（$0.02kg/m^3$）的 1375 倍。这说明由于流经区域不同，干旱地区河流含沙量存在巨大的差别。

（2）湿润半湿润地区河流流域基本特征

A. 流域降水比较丰富

研究的 5 条河流中，有的全流域都处于降雨丰富地带，如莱茵河与曼索河；有的流域内部分河段处于干旱地带，但流域平均降水量比较大，仍属于湿润、半湿润地带，如格兰德河和帕德玛河所在布拉马普特拉河流域的上游区域。

湿润地区河流比较有代表性的是亚马孙河。由于亚马孙河为少沙河流，受泥沙资料限制，本书未对亚马孙河进行水沙变化趋势分析，但在湿润河流特性上，常以亚马孙河为例。

亚马孙河流域位于赤道附近，气候炎热潮湿，降水量充沛，年平均温度为 25 ~ 27℃，年均降水量多在 1500 ~ 2500mm，其典型气候是湿润、半湿润气候。刚果河流域号称"非洲水塔"，地处非洲赤道地区著名的刚果盆地，上游河段年平均降水量约 1300mm、年平均径流深约 200mm，在全流域属少水区；中游地区年平均降水量为 1500 ~ 2000mm，年径流深约为 500mm，是全流域的多水区。刚果河流域的典型气候是湿润、半湿润气候。

密西西比河支流密苏里河分 3 月洪水（是苏城以上平原区积雪融化并加上少量降雨造成的）和 6 月洪水（是由源流高山融雪伴随大雨引起的）。密西西比河支流俄亥俄河洪水一般由暴雨形成，有时由飓风引起，洪水主要出现在冬末春初，一般发生在 1 ~ 3 月。

恒河下游三角洲地区包括帕德玛河在 3 ~ 5 月和 9 ~ 10 月易遭受强旋风暴雨的袭击。

莱茵河流域年平均降水量为 910mm，流域的气候、水文和气象条件因地而异，南面是阿尔卑斯山的山地气候，西面为海洋性气候，东面则接近大陆性气候，总的来说，莱茵河流域属于半湿润地区。

B. 流域内常年流量比较大且稳定

亚马孙河流域降水季节分布比较均匀，干流水量在不同时段均得到补偿，终年丰沛，季节性变化较小。刚果河具有典型的赤道多雨区河流的水文特征，水量丰富的众多支流从赤道两侧相继汇入，因而刚果河常年流量大而稳定。莱茵河上游春夏季冰雪融化，水量增多，下游冬季降水多，水文状况较稳定。

水量充沛，河流径流量大，且年内差别小。亚马孙河每年注入大西洋的水量达 69 300 亿 m^3，为全世界河流注入海洋总水量的 1/11。河口平均流量为 17.5 万 m^3/s，洪水期最大流量在 22 万 m^3/s 以上，枯水期最小流量也大于 2 万 m^3/s。由于亚马孙河的干流和右岸支流均位于赤道以南，河水流量的变化主要取决于右岸支流，赤道以北的左岸支流只对干流洪水期的形成起促进作用，对枯水期的水量起补偿作用，又因赤道南北雨季不同，亚马孙河流域每年有两次大洪水，高洪期发生于 3~6 月，最高水位发生在 6 月，其洪峰流量占全年总流量的 40%；次洪期出现于 10~11 月；而 6~9 月为枯水期，枯水期流量占全年总流量的 14%。

莱茵河流域年平均降水量为 910mm，河口多年平均流量为 2500m^3/s，年径流量为 790 亿 m^3（赵纯厚等，2000）。莱茵河上、中、下游的洪水主要由两部分组成：一部分来自上游集水区的降雨；另一部分来自支流。莱茵河中游最大洪水发生于冬季。莱茵河下游最大洪水发生在 11 月~次年 3 月底。

流域内径流补给方式稳定。与干旱、半干旱地区河流不同，湿润、半湿润地区河流水量补给方式比较稳定，这与流域所处气候带有很大关系。由于湿润、半湿润地区降水充足，植被茂盛，水分涵养条件好，再加上春季融雪，该地区河流年内径流补给量变化不大。

亚马孙流域 50% 的水量来源于其流经的热带雨林。莱茵河上游春、夏季冰雪融化，水量增多，下游冬季降雨多。

C. 输沙量特征

湿润、半湿润地区降雨充足，水量充沛，河流径流量大，同时，由于植被比较茂盛，土壤抗冲蚀性强，河道内含沙量低。

河流含沙量小，但由于径流量较大，年输沙量比较大。对于亚马孙河，发源于安第斯山脉的支流易受冲刷的影响，其悬移质浓度最高（一般大于 0.2kg/m^3），被称为白水河。发源于高原地区和大陆冲积层的黑水河和清水河，其悬移质泥沙含量最低（小于 0.02kg/m^3，如内格罗河）。发源于安第斯冲积层的河流及上游海拔较高、坡度较小的河流，其悬移质浓度中等（0.05~0.1kg/m^3），如普鲁斯河。亚马孙河每年挟带入海的泥沙量约 3.62 亿 t，在远离河口 300km 的大西洋上还可以看到黄浊的水流。

水沙异源。亚马孙河与北美的科罗拉多河一样，具有明显的水沙异源性。该河泥沙的 90%~95% 来源于仅占流域面积 12% 的安第斯山区。

D. 水资源开发与利用

湿润、半湿润地区由于降水比较充足，水量丰富，水资源的开发与利用方式主要偏向于水电开发和航运工程建设，而引水灌溉工程相对较少。

水利枢纽工程建设情况如下。

亚马孙河可能开发的水能资源主要集中在支流上，至今尚无开发干流的计划。这些支流从山地或高原进入平原，形成一系列急流或瀑布，水能资源丰富，总蕴藏量约为 2.79亿 kW。全流域按支流情况可划分为 13 个小流域，其中水能资源超过 1000 万 kW 的流域有 3 个。据巴西北方电力公司调查统计，欣古河、塔帕若斯河和马代拉河的水能资源分别为 2100 万 kW、1920 万 kW 和 1635 万 kW。目前为止，亚马孙流域的水力资源开发主要集中在埃内河、瓦亚加河、欣古河和科廷果河。

莱茵河各河段开发的侧重点有所不同。20 世纪以前主要是修建防洪工程，进行河道整治，自 20 世纪初开始积极修建水利枢纽和水电站。在阿尔卑斯莱茵河比降陡、径流量大的河段，大部分已进行了水电开发，十几座水库已建成。

航运工程建设情况如下。

亚马孙河干支流具有非常优越的航运条件。干流不但水量丰沛，河宽水深，而且比降较缓，主要河段上没有任何险滩瀑布，终年不结冰，干流和各大支流之间可以直接通航，这样就构成一个庞大而便利的水上航运网。载重 3000t 的海轮沿干流可上溯至 3680km 远的伊基托斯，10 000t 巨轮可达中游的马瑙斯。莱茵河及其支流、运河组成欧洲重要的航道系统。

3.2.1.3 湿润地区河流莱茵河水沙变化影响因素分析

(1) 莱茵河流域特点

莱茵河流域面积为 185 000km²、年均流量为 2200m³/s，是欧洲最重要的流域之一。莱茵河径流源头是瑞士山脉的积雪和冰川，流经奥地利、德国、法国和卢森堡，到达荷兰的平原地。平均而言，瑞士阿尔卑斯山贡献莱茵河总径流的 50%。在夏季，由于积雪和冰川融化，这一比例升高到 70%。莱茵河流域水量平衡的组成：降水量 1100mm，径流量 520mm，蒸发量 580mm。

A. 径流特点

莱茵河山脉地区的径流状况特点是低流量和高流量之间存在巨大差异。瑞士阿尔卑斯莱茵河的最低和最高流量之比为 1:68。顺流而下，差异显著减少，这主要是因为天然湖泊的蓄水能力和人为因素（如人工水库）。

在德国和荷兰边境两侧，这一比例仅为 1:21。在瑞士的阿尔卑斯莱茵河地区湖泊较多，莱茵河在冬季流量较低，在 6~7 月流量较高。在德国和法国，莱茵河的内卡（Neckar）河、美因（Main）河、摩泽尔（Mosel）河和利珀（Lippe）河支流在夏季月流量较低，在冬季较高。因此，德国和荷兰国界雷斯（Rees）处的径流量在 1~3 月较高，在 8~10 月较低。莱茵河流域内的径流量变化很大。在瑞士，共有 16 个不同的自然流域类型（图 3-26）。

B. 输沙特点

由高莱茵河以下河段（康斯坦茨湖和荷兰边界）的 11 个固定监测站沿程悬移质测量资料统计（图 3-27）可知，莱茵河在 0km 处离开康斯坦茨湖，几乎不含泥沙。第一个主要的泥沙输入来源于流过瑞士阿尔卑斯山中部、瑞士中部的阿勒（Aare）河。尽管在巴塞尔以下 70km 河段内只有小型支流汇入莱茵河，但是每年悬移质从大约 5×10^5 t 增加到大约

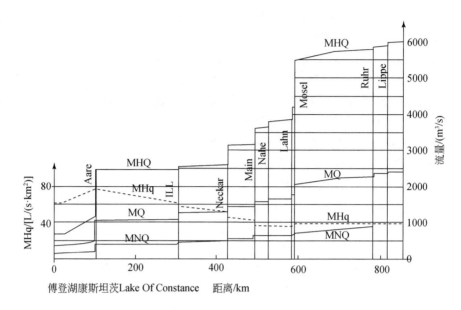

图 3-26　莱茵河 1951～1990 年沿程径流模数

MHQ 表示洪水期平均流量；MQ 表示平均流量；MNQ 表示枯水期平均流量；MHq 表示流域洪水强度。

Aare 表示阿勒河；ILL 表示伊尔河；Neckar 表示内卡河；Main 表示美因河；Nahe 表示那赫河；

Lahn 表示兰河；Mosel 表示摩泽尔河；Ruhr 表示鲁尔河；Lippe 表示利珀河

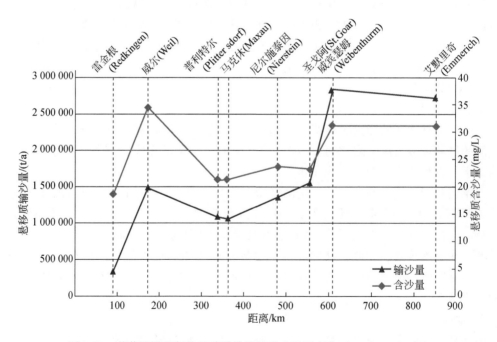

图 3-27　莱茵河沿程年均悬移质输沙量及含沙量变化（1995～2004 年）

$1.5×10^6$ t。在莱茵河巴塞尔至伊弗茨海姆河段，由于河道南岸回水淤积，莱茵河悬移质输沙量减少约 $3×10^5$ t。此外，黑森林（Black Forest）和孚日山脉（Vosges）的更小支流两岸引水用水，使汇入巴塞尔至马克休河段的输沙量减小得更多。正如之前的岩相学调查，阿尔萨斯（Alsatian）废水水道提供了大量的源自法国碳酸钾采矿业的悬移质（Gölz，1990）。从上游向下游，Neckar 河入汇对莱茵河悬移质含沙量的影响不大，而 Main 河，Nahe 河，Lahn 河，尤其是 Mosel 河，使悬移质含沙量翻了一番，从大约 1.5×10^6 t 达到 3×10^6 t。下游德国–荷兰边境（莱茵河 865km 处），悬移质含沙量几乎保持稳定。

（2）莱茵河水沙变化影响因素

A. 气候变化对水沙变化的影响

在 20 世纪，莱茵河流域所有地区的气候条件都发生了变化。尽管各地区不同，平均降水量和气温均有明显增加。在冬季，降水量显著增加，而且上、下半年的气温都有所增加。图 3-28 和图 3-29 描绘这一现象，给出整个莱茵河流域每 10 年平均值的总体变化。

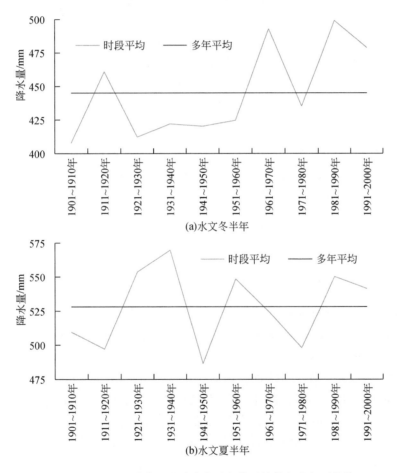

图 3-28　20 世纪莱茵河流域降水量年代平均值与多年平均值

尤其是在冬季，部分区域面降水量呈现明显增加趋势（显著性水平为 95%）。冬季半年面降水量的增加与较为"湿润"的气候状况一致。

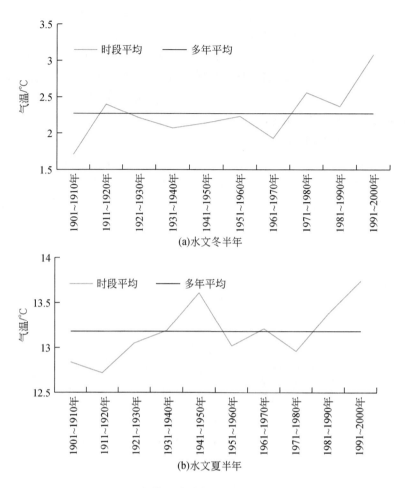

图 3-29　20 世纪莱茵河流域气温年代平均值与多年平均值

B. 气候变化对径流的影响

莱茵河流域具有长期的气象和水量观测资料，可用于了解气候变化对径流变化产生的影响。巴塞尔站 1901～1995 年气候变化及径流量变化对照图如图 3-30 所示。观察期间平均气温升高大约 1.4℃。降水量增加大约 120mm，约占年降水量的 8%。从 20 世纪 70 年代开始，1h 最大降水量明显增加，同时蒸发量升高也非常明显（107mm），使相应的面径流深增加较为微弱（仅 5mm）。在巴塞尔，洪峰流量年均升高 1.5‰。在德国的长期测量中也观察到了类似的趋势，德国的径流量增加得较多。就径流而言，它的低流量、平均流量及洪水流量都有所升高。

产生这些趋势的原因是河流状况的变化、气候变化和人类干预。例如，本书观察到风的模式发生了变化。西风更加普遍，这造成历时更长和更密集的降水。气温升高导致降水量和时间分布的变化。气温增加造成阿尔卑斯地区冰川和积雪的储水能力显著降低。水资源管理对洪水频率的变化也造成明显影响（正面或负面）。例如，山区水库可以通过保水消减洪峰流量。

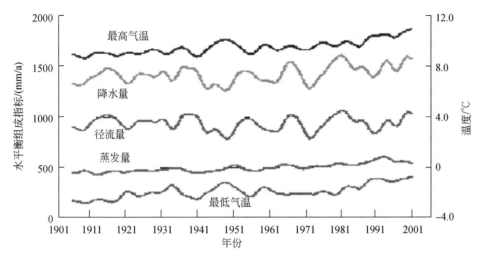

图 3-30　1901～1995 年 Basle 的气温和水平衡组成的时间序列

资料来源：Schädler, 1985；Schädler and Bigler, 1992

　　如果本书考虑温度之外最重要的因素——降水，那么它在莱茵河整个汇水区中有所增加，主要是在冬季。由于同一时间内平均气温也增加，尤其是在冬半年，因此莱茵河就可能出现流量较高的情况。

　　C. 暴雨产沙

　　瑞士阿尔卑斯 2005 年 8 月 19～22 日的大暴雨和相关的严重土壤侵蚀导致支流、湖泊和主河流中的悬移质浓度急剧增加。8 月 23 日在威尔监测站测量的悬移质浓度达到 2689mg/L，这是从 1973 年开始记录以来这里的最高浓度。借助莱茵河沿岸固定监测站的记录和来自浊度传感器的一些补充记录，可以跟踪从康斯坦茨湖到荷兰边境的浊度高峰传播（图 3-31）。在威尔和卡布伦茨之间，悬移质波的平均速度在上游河段和自由流动河段都为 6km/h。在大约 3000m³/s（在威尔略高，在卡布伦茨略低，见图 3-31）的最高流量下，洪水波以 6km/h 的相同速度向下游传播，但含沙量峰值通常比流量高峰滞后几小时。最大泥沙浓度在几天内减小，而流量的下降需要一周以上。

　　此外，极端暴雨事件下，一方面巴塞尔上游主要支流产生额外的流量和大量泥沙，使得威尔输沙量突然增加；另一方面，威尔和 Maxau 站之间监测到悬移质泥沙急剧减少，减少量达 50 万 t。极端暴雨情况下莱茵河出现泥沙量突然增加又迅速减少的现象，其原因尚待深入分析。

　　D. 人类活动对水沙变化的影响

　　莱茵河开发的主要任务是防洪、航运和发电。根据各河段的特点，开发的侧重点有所不同：20 世纪以前主要是修建防洪工程，进行河道整治，自 20 世纪初开始积极修建水利枢纽和水电站。

　　在阿尔卑斯莱茵河河段，一些比降陡、径流量大的河段大部分已进行水电开发，十几座水库已修建；莱茵河上游河段两岸修建河堤并进行人工裁弯取直；长期以来，莱茵河下游河床冲刷严重，为了控制河床冲刷，采取了抛投推移质泥沙、建丁坝、顺坝等措施；莱茵河河口三角洲地区修建闸坝、进出水道等工程，起到防潮、拒咸蓄淡、增加利用土地、

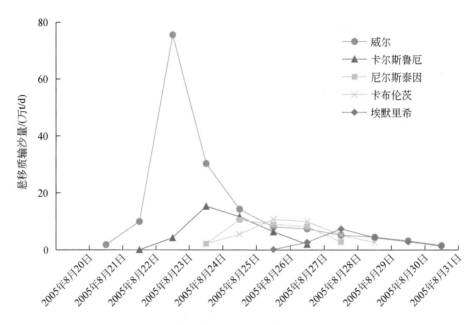

图 3-31　2005 年 8 月洪水事件期间固定监测站的悬移质输沙量

合理利用水资源、保护生态环境等作用；莱茵河及其支流、运河组成欧洲重要的航道系统，但近些年来，莱茵河货运量显著下降；20 世纪 50 年代之后，莱茵河水质污浊，部分河段严重缺氧，水质恶化，为了治理水污染，设置水质监测系统，修建污水处理厂，安设人工充氧装置，并对鲁尔工业区实行重点防治。

　　悬移质的固定监测站为理解莱茵河悬移质输移和淤积过程提供了一个重要的数据库。从 2005 年 8 月的大洪水事件分析可以得出结论，蓄水段的泥沙淤积与大流量事件相关，而不是与中流量或低流量条件相关。洪水通过蓄水河段时悬移质明显减小证明了此结论。但是在洪水阶段，悬移质部分进入蓄滞洪区，并且可能储存在洪漫滩和相关的河湾系统内，大量的悬移质淤积在甘布斯海姆（Gambsheim）和伊弗茨海姆的蓄水段。Maxau 的长期记录和疏浚统计证明，拦河闸 Gambsheim 尤其是伊弗茨海姆的回水是重要的悬移质淤积地点。

　　考虑全球气候变化带来的极端事件的频率和强度（Kempe and Krahe，2005）对泥沙淤积的潜在影响，如 2005 年 8 月的降水事件在未来将会更频繁的发生，莱茵河上游蓄水河段的淤积速率可能显著增加，因此必须采取相应措施，如增加拦河闸伊弗茨海姆和Gambsheim 回水区疏浚等。

　　为了确保莱茵河上游蓄水河段的高洪水流量和堤坝的稳定，每年必须挖出大约 30 万 m³的细粒泥沙，并重新安置。在将 10 万 m³的细粒泥沙从伊弗茨海姆拦河闸回水迁移到自由河段期间，悬移质输沙的监测证明，虽然泥沙临时储存在防洪堤和侧向河道中，但并没有影响河流生态系统的永久淤积。

　　综上所述，莱茵河作为湿润地区的代表性河流，径流量变化主要受气候变化的影响，其中汛期极端暴雨对莱茵河汛期输沙量有较大影响，甚至使河道沿程输沙规律异常；人类活动对莱茵河径流量的影响不大，但使河道输沙量呈现累积性减小，甚至改变河道的输沙特性，河道侵蚀严重，推移质沙量严重缺乏，采取人工喂沙等措施防止河道的进一步冲刷下切。

3.2.2　黄河与典型干旱半干旱地区河流水沙变化驱动的异同性

3.2.2.1　干旱地区河流水沙变化影响因素分析

干旱地区河流水沙变化的原因主要有降雨、气温等自然条件变化，以及大坝建设、引水利用、水土保持措施等人类活动的共同作用。

（1）自然因素

降雨特别是侵蚀性降雨是引起流域水力侵蚀产沙的主要能量来源。在一定的地表条件下，降雨能量的大小不但直接决定溅蚀量的高低，而且还是影响坡面径流量及径流侵蚀能力的重要因素。大量的研究表明降雨能量与降雨的物理特性有关，如雨强、雨滴大小及组成、降水量、历时、雨滴终速等。一般来说，仅靠降雨的溅蚀作用不会引起流域产沙，而由降雨形成的坡面径流，不但对土壤造成侵蚀，而且还会将侵蚀物质输移至流域出口，形成流域的产沙过程。坡面径流的侵蚀、产沙能力主要取决于其水力特性，包括径流量、径流历时、水力阻力等。

因为干旱地区降水量小于蒸发量，气候变暖使干旱地区蒸发更强烈，虽然降水量增加，但总体上负值更大，所以干旱地区将更干燥。洪涝、干旱灾害的频率和强度增加，使地表径流发生变化，可能加速河道周围的水土流失。我国干旱地区河流天然年径流量整体上呈减少趋势。全球变暖还使我国各流域年平均蒸发量增大，其中黄河及内陆河地区的蒸发量将可能增大15%左右，进一步加剧这些地区的缺水形势。

（2）人类活动影响

人类在社会、文化、经济等因素制约下，违背自然规律，进行不合理的生产活动等，引起严重水土流失。人类活动产生的影响作用可分为直接作用和间接作用。直接作用主要表现为人类直接作用而产生的剥蚀—搬运—堆积过程，类型方式多种多样，如耕作坡耕地、开矿、修路等。间接作用主要是人类破坏地表原始植被，加速水土流失的发生和发展。地表森林、草原遭受破坏，表层土壤失去保护，从而发生水土流失，表土的开垦和耕种进一步加速水土流失，特别是无保护措施的坡耕地。种有庄稼的山坡上水土流失量比森林覆盖山坡上水土流失量高出150倍。人为侵蚀是不能直接产沙的，必须通过其他营力，如风力、降雨等的作用才能达到侵蚀产沙的目的。

（3）流域水土保持工程

在水资源开发过程中，我国进行了大量的水土保持工程，水土保持工程对流域保水滞沙具有重要的作用，但是保水减沙效果是缓慢的。

以科罗拉多河为例，位于格林河入汇口以上、科罗拉多州的上游测站的年沙量在20世纪60年代以后都有所减少。1982年后，由于特大洪水作用，水量和沙量的突然增加，增加后的沙量一般仍然小于20世纪60年代前的水平，由于没有大型工程措施的影响，产生这种变化的原因可能是水土保持措施的作用。

（4）水库拦沙

水库修建后，拦沙调水效果明显。大坝和水库的建成，将大量的泥沙拦截在库内，可以迅速减少流向水库下游河道的沙量，对减沙产生立竿见影的效果。科罗拉多河利兹渡口站、托波克（Topock）站和优玛（Yuma）站三个测站资料显示，各站年径流量变化相对比较平稳，沙量有突然减少。其主要原因就是水库拦沙的影响。利兹渡口站泥沙迅速减少可能是受 1963 年建成的格伦峡大坝（Glen Canyon Dam）的影响，托波克则是受建于 1936 年的胡佛坝（Hoover Dam）的影响；优玛站则可能是由于建于 1938 年的帕克坝（Parker Dam）和建于 1938 年的英皮利尔坝（Imperial Dam）的共同作用。联合国环境规划署调查报告显示，目前全世界有 2.5 万个水库，泥沙淤积使原本有限的储水量以平均每年 1% 的速度递减。尼罗河水沙变化的原因是阿斯旺大坝修建。阿斯旺大坝修建之前，尼罗河上阿斯旺城的年平均径流量一般认为是 840 亿 m³，变化从 420 亿 m³（1913 年）到 1510 亿 m³（1878 年）不等。阿斯旺大坝修建之后，尼罗河的损失水量显著增加。1965 年后，纳赛尔水库的蒸发损失水量显著增加，其中一段时间更是达到 150 亿 m³，这相当于尼罗河年径流量的 18%。20 世纪八九十年代，年均蒸发损失水量稳定下来，约 100 亿 m³。另外，阿斯旺大坝水库地区的引水分流（withdrawal）也有增加。这两方面导致阿斯旺大坝下游的径流量明显减少，自 20 世纪 70～90 年代以来，年均径流量只有 550 亿 m³。

（5）引水引沙

河流泥沙和水流是紧密相关的，而且泥沙资源量与水资源量具有一定的函数关系。引水必引沙使得河道径流量和年输沙量减少。美国为了向干旱地区供水，在科罗拉多河上修建了很多引水灌溉工程，如 1938～1959 年建成的科罗拉多河–大汤普森河调水工程、20 世纪 70 年代建成的弗赖因潘河–阿肯色河工程及亚利桑那中央引水工程等，引水工程也是河流减水减沙的重要因素之一。恒河上最重要的水利工程是法拉卡闸，该闸总长约 2200m、有 108 孔闸、孔宽 18.3m，印度通过该闸在旱季从恒河引水 1133m³/s。

3.2.2.2　黄河与典型干旱半干旱地区河流水沙变化驱动异同性分析

黄河等干旱半干旱地区水沙变化与湿润半湿润地区水沙变化存在明显不同，本书重点分析黄河与尼罗河、科罗拉多河和格兰德河等干旱半干旱地区河流水沙变化的异同性。

黄河潼关站输沙量变化驱动因素较为复杂。其他河流输沙量发生跳跃的年份均与流域水利工程建设时段较为相关（图 3-32～图 3-35），如尼罗河输沙量跳跃年份与阿斯旺老坝（1902 年）和阿斯旺高坝（1943 年主体工程建成）密切相关；科罗拉多河 Grand Canyon 站输沙量跳跃年份与 20 世纪 30 年代其上游干支流水库建设及 1959 年完成的大汤普森河调水工程相关联；而格兰德河 Albuquerque 站输沙量跳跃年份是受其上科奇蒂大坝建设的直接影响。

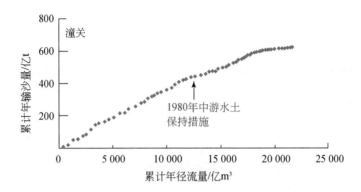

图 3-32 黄河输沙量变异分析

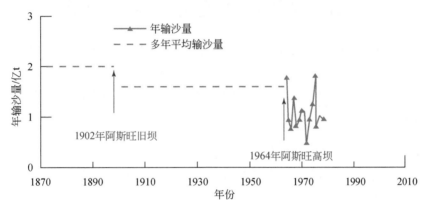

图 3-33 尼罗河输沙量变异分析

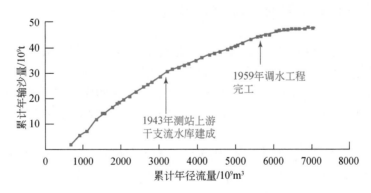

图 3-34 科罗拉多河输沙量变异分析

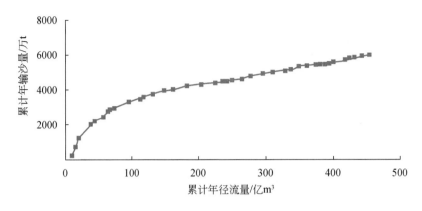

图 3-35　格兰德河输沙量变异分析

3.3　黄河水沙变化的影响因素

本章从水库运行和引用水两方面，探究在 1987 年之前（A 时段）、1987～1999 年（B 时段）、1999 年之后（C 时段）这三个时段造成径流泥沙特征发生重大变异的影响因素。

基于水量和沙量平衡的思路，某一影响因子在相邻两个时段之间的贡献率计算方法采用式（3-1）：

$$R = \frac{X_2 - X_1}{\Delta Y_1 - \Delta Y_2} \times 100\% \tag{3-1}$$

以耗水量为例，式（3-1）中的 X_1 与 X_2 分别表示在前一时段与后一时段的年均耗水量；ΔY_1 与 ΔY_2 分别表示所研究河段在前一时段与后一时段的区间年均径流量（出口站与入口站径流量的差值）。

3.3.1　水库运行对黄河径流泥沙的影响

截至目前，超过 30 座水库在黄河干流上建成（图 3-36），另有数十座水库在建或处于规划之中。在这些水库中，有 17 座建设在第 2 个子区（唐乃亥站至石嘴山站），包括刘家峡（总库容 57 亿 m³）和龙羊峡（总库容 247 亿 m³）这两座黄河上游库容最大的水库。图 3-37 展示自 1960 年三门峡水库（总库容 354 亿 m³）建成以来，黄河干流水库总库容的变化情况。

在唐乃亥站至石嘴山站区间，密集分布的水利枢纽将所在河段变成阶梯型河流，它们的联合调度充分发挥发电、防洪、供水、航运等作用，同时显著改变黄河的年内和年际径流特征。其中，龙羊峡水利枢纽自 1986 年建成以来，与其下游的刘家峡水库进行联合运用，使唐乃亥站下游多个站点的年内径流变化过程趋于平缓。如前面分析，汛期及洪水流量占年径流量的比例明显下降，贵德站至石嘴山站区间河段的年最大场次洪水历时缩短，洪水指标发生大幅改变，这是造成上游多个站点的径流量序列突变点发生在 1986 年的主要原因之一。

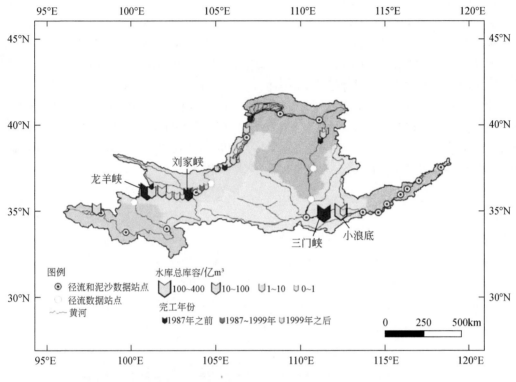

图 3-36　黄河干流水库分布图

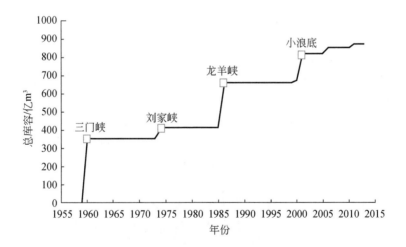

图 3-37　黄河干流水库总库容变化

　　在 1999 年之前，黄河干流头道拐站上游区间建成 6 座水利枢纽，按上、下游关系排列依次是龙羊峡（1986 年建成）、刘家峡（1974 年）、盐锅峡（1975 年）、八盘峡（1980年）、青铜峡（1978 年）及三盛公（1961 年）枢纽。其中除龙羊峡和刘家峡水库外，其他四座水库的总库容仅为前两者的 3.14%，单独调节径流量、拦蓄泥沙的能力有限。而这四座水库中库容最大的青铜峡水库自 1967 年开始蓄水，截至 1971 年其库容（6.06 亿 m³）已损失 87%，在其后时段内库容基本冲淤平衡。因此，这四座水库对上游干流年输沙量从 A 时段到 B 时段的锐减影响较小，本书仅考虑刘家峡和龙羊峡水库的拦沙作用。

刘家峡和龙羊峡水库 1968～2005 年拦沙量变化如图 3-38 所示。在 1968～1986 年，刘家峡水库年均拦沙 0.77 亿 t，累计拦沙 14.63 亿 t。1987 年及之后，水库年均拦沙水平有所下降，其中 1987～1999 年年均拦沙 0.43 亿 t，2000～2005 年年均拦沙 0.29 亿 t。M-K 趋势检验结果显示，1987～2005 年刘家峡水库年淤积沙量呈现显著减少趋势。龙羊峡水库在 1986 年建成，由于其上游来沙较少，每年淤积泥沙水平较低。在 1987～1999 年年均淤积 0.2 亿 t，1999～2005 年年均淤积 0.17 亿 t，两个时段淤积水平相近。

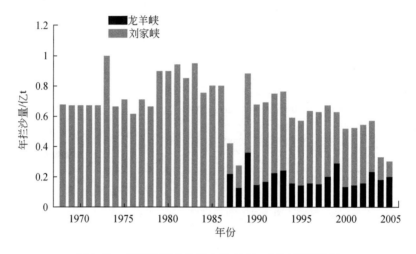

图 3-38　刘家峡和龙羊峡水库 1968～2005 年拦沙量

1986 年以前，仅刘家峡水库发挥拦沙作用，其平均年拦沙量为兰州站年输沙量的 202%（图 3-39），是头道拐站年输沙量的 88%。1986～1999 年，龙羊峡和刘家峡两座水

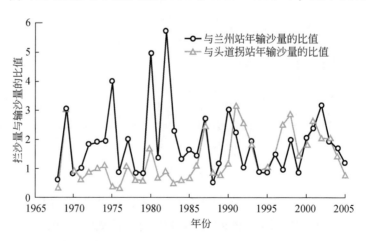

图 3-39　龙羊峡和刘家峡水库 1968～2005 年共同拦沙量与干流站点年输沙量的比值

库共同拦沙量与兰州站年输沙量的比值减少至152%，而与头道拐站年输沙量的比值增加至176%。可以看出，两座水库的拦沙对上游河道的减沙作用明显。不过需要注意的是，龙羊峡和刘家峡水库在B时段的年均拦沙量（0.63亿t/a）低于A时段的年均拦沙量（0.77亿t/a），因此对于从A到B时段兰州站至头道拐站区间年输沙量的减少，水库拦沙的贡献不大（表3-22）。

表3-22 黄河各时段不同河段干流水库年平均拦沙情况

时段	头道拐站上游		头道拐站至小浪底站		小浪底站至利津站		全流域水库拦沙量合计/亿t
	水库拦沙量/亿t	区间输沙量/亿t	水库拦沙量/亿t	区间输沙量/亿t	水库拦沙量/亿t	区间输沙量/亿t	
1987年之前（A）	0.77	1.38	2.29	9.91	0	-2.13	3.06
1987~1999年（B）	0.63	0.45	0.79	7.18	0	-3.46	1.42
1999年之后（C）	0.43	0.40	2.24	-0.11	0	0.64	2.67
水库拦沙变化对不同地区输沙量变化的贡献率/%							
A时段至B时段	-14.9		-55.0		0		—
B时段至C时段	-454.1		19.9		0		—
水库拦沙变化对全流域输沙量变化的贡献率/%							
A时段至B时段	-2.8		-30.0		0		-32.8
B时段至C时段	-6.3		45.6		0		39.4

龙羊峡和刘家峡水库在2000~2005年的总拦沙量为2.79亿t。2005年之后，青铜峡站以上有12座水库陆续建成，据估计，2006~2014年青铜峡站以上河段干流水库（包括龙羊峡和刘家峡水库）拦沙量总计约3.6亿t。根据以上数据计算，2000~2014年，青铜峡站以上水库年均拦沙量为0.43亿t，低于前面估计的1987~1999年该河段水库的年均拦沙量（0.63亿t）。因此可以推断，从B时段到C时段，干流水库的拦沙作用对于兰州站至头道拐站区间年输沙量减少的贡献较小（表3-22）。

除直接拦截泥沙外，上游水库的运用，同时改变水库下游河道的水沙关系，降低了径流的泥沙输移能力，使河道泥沙淤积程度加强。从兰州站至头道拐站区间的河道淤积变化来看（图3-40），1986年之前该河段大多数年份为冲刷状态，平均冲淤量为-0.08亿t。1986年之后，河道冲淤状态在大多数年份为淤积，其中1986~1999年，年均冲淤量达到0.72亿t。从A时段到B时段，头道拐站的年均输沙量从1.50亿t减少为0.44亿t，其中兰州站至头道拐站区间的年均河道冲淤量对头道拐站年均输沙量减少的贡献率为75.7%。

与上游相比，黄河干流中、下游的水库数量较少，目前建成的大中型水库有6座，其中以三门峡和小浪底水库对干流泥沙的拦截调节作用最为主要。如图3-41所示，三门峡水库自1960年建成后，干流库区（包括小北干流和潼关站以下河段）迅速淤积，截至1967年已累计淤积泥沙61.85亿t。由于淤积严重，三门峡水库经历多次改建，运用方式

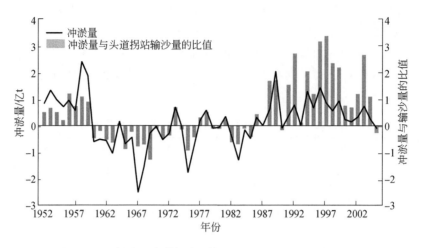

图 3-40　兰州站至头道拐站区间 1952~2005 年河道冲淤变化

也几经改变。自 1965 起，水库运用方式由原先的"蓄水拦沙"改变为"滞洪排沙"，后又变为"蓄清排浑"，库区年淤积量比 1965 年之前大幅减少。1960~1986 年三门峡水库平均年淤积量为 2.29 亿 t，与小浪底水文站年平均输沙量的比值为 19.9%。1987~1999年平均淤积量降至 0.79 亿 t，与小浪底年平均输沙量的比值降低为 10.0%。1999~2017年冲淤基本平衡，冲淤量为 -0.20 亿 t/a。头道拐站至小浪底站区间的年均输沙量在 A 时段为 8.65 亿 t，到 B 时段减少至 7.18 亿 t，与此同时三门峡水库年淤积量降低，对该河段输沙量减少的贡献率为负。

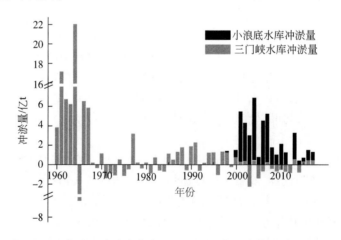

图 3-41　三门峡和小浪底水库 1960~2017 年干流库区冲淤量变化

小浪底水库自 1998 年开始发挥拦沙作用，其在 2000~2017 年的年均拦沙量为 2.15 亿 t。据统计，头道拐站至龙门站区间的干流水库在 1999 年之后的拦沙量为 0.29 亿 t/a。头道拐站至小浪底站区间年均输沙量在 1999 年之后减少至 0.106 亿 t，从 B 时段至 C 时段该河段的干流水库拦沙对于输沙量减少的贡献率为 19.9%。各时段不同河段的干流水库拦沙及其对输沙量变化的贡献率汇总如表 3-22 所示。

3.3.2 引水对黄河径流泥沙的影响

3.3.2.1 引水对河道径流的影响

本节分析流域内的引水对径流变化的作用。黄河流域内的大中型灌区为流域内农业、工业、生活及生态环境用水提供保障，然而从水文情势的角度来看，灌区的用水会减少径流量、改变径流的年内分布、影响水沙关系等，是水沙变异的重要因素。除了灌区，通过其他途径从流域内的河道等水源取水也是引水的一部分。本书考虑从地表水源消耗（用于生活、生产和生态环境）的不能回归至地表水体和地下含水层的水量，即地表耗水量，对径流量变化的影响。

由于统计口径、统计方法等存在差异，不同研究者计算的各时段不同河段的耗水量有一定的差别。本书综合从水利部黄河水利委员会获得的数据，以及不同研究者获得的多组数据，并以《黄河水资源公报》1998~2017年的耗水量数据为基准对结果进行校正。分别分析头道拐站上游、头道拐站至小浪底站、小浪底站下游（小浪底站至利津站）三个河段在1960~2017年的耗水量变化。

在头道拐站上游，1960~1986年的年均耗水量为104.7亿 m^3（图3-42），占头道拐站年均径流量的41.5%。到了1987~1999年，随着农业用水等需求增加，头道拐站上游地区的年均耗水量增加至123.8亿 m^3，与之形成对比的则是头道拐站年均径流量从1987年之前的252.3亿 m^3 减少至163.8亿 m^3，耗水量的增加对径流量减少的贡献率为21.7%（表3-23）。在2000~2017年，年均耗水量小幅增加至129.1亿 m^3，占头道拐站年均径流量的比例达80.9%。从B时段至C时段，头道拐站以上的耗水量增加超过头道拐站的径流量减少，贡献率为126.4%。

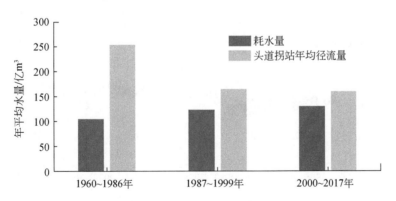

图3-42　头道拐站上游年均耗水量及径流量变化

在头道拐站上游，主要用水活动集中在兰州站至头道拐站区间，在该地区分布青铜峡灌区、河套灌区、卫宁灌区等大中型灌区，其中河套灌区的耗水量最大。图3-43展示兰州站至头道拐站区间及河套灌区1961~2014年耗水量变化，两个序列均呈现显著增加的趋势。河套灌区的多年平均耗水量占兰州站至头道拐站区间总耗水量的52%，在A、B、C

表 3-23 黄河各时段不同河段的年均地表耗水量变化情况

时段	耗水量/亿 m³					
	兰州站上游	兰州站至头道拐站	头道拐站上游	头道拐站至小浪底站	小浪底站至利津站	全流域耗水量合计
1987 年之前（A）	21.9	82.8	104.7	30.5	79.2	214.4
1987～1999 年（B）	29.2	94.6	123.8	38.6	139.4	301.8
1999 年之后（C）	25.6	103.5	129.1	50.1	121.3	300.5
耗水量变化对不同地区径流量变化的贡献率/%						
A 时段至 B 时段	9.9	87.1	21.7	13.0	70.1	—
B 时段至 C 时段	24.4	46.9	126.4	59.0	72.7	—
耗水量变化对全流域径流量变化的贡献率/%						
A 时段至 B 时段	3.1	5.0	8.1	3.4	25.5	37.0
B 时段至 C 时段	277.6	-686.8	-409.2	-889.2	1403.2	104.9

三个时段的年均耗水量分别为 43.4 亿 m³、52.2 亿 m³、48.6 亿 m³，而兰州站至头道拐站区间的耗水量在三个时段的年均耗水量分别为 82.8 亿 m³、94.6 亿 m³、103.5 亿 m³。从 A 时段至 B 时段，河套灌区的耗水量增加值占该区间耗水量增加值的 75%，而整个兰州站-头道拐站区间的耗水量增加对区间径流量减少的贡献率达到 87.1%，地区耗水是径流量减少的最主要因素。从 B 时段至 C 时段，该区间的径流量减少 18.9 亿 m³，耗水量变化的贡献率为 46.9%。从图 3-44 可以看出，三个时段的区间耗水量持续增加，兰州站至头道拐站区间的径流量净增长为负，且"径流赤字"不断加大。

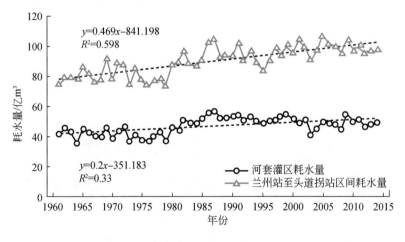

图 3-43 兰州站至头道拐站区间及河套灌区 1961～2014 年耗水量

根据头道拐站上游及兰州站至头道拐站区间的耗水量数据，估算得兰州站上游在 1960～1986 年和 1987～1999 年两个时段的年均耗水量分别为 21.9 亿 m³、29.2 亿 m³，从 A 时段至 B 时段耗水量变化对兰州站径流量减少的贡献率仅为 9.9%（表 3-23）。到了 C 时段，

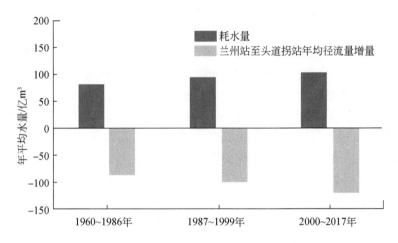

图 3-44　兰州站至头道拐站年均耗水量及径流量变化

兰州站上游的年均耗水量减少至 25.6 亿 m^3，对兰州站径流量的增加有 24.4% 的贡献率（图 3-44）。相比于兰州站至头道拐站区间，兰州站上游的水量减少受到用水变化的影响较小。黄河上游气候变化的研究显示，自 20 世纪 50 年代以来兰州站以上气温普遍呈现上升趋势，其中冬季的升温导致冻土退化、冰川退缩；1980～1990 年的降水减少导致草原退化，降低地区的涵养能力。气候变化是兰州站上游径流量变化的重要影响因素之一。

　　头道拐站至小浪底站区间在 1960～1986 年的年均耗水量为 30.5 亿 m^3，占头道拐站至小浪底站区间的年均径流量的 20.2%（图 3-45）。随着区间年均耗水量的增加以及径流量净值的减少，耗水量占区间径流量的比例在三个时段持续上升。在 1987～1999 年，该区间的年均耗水量相比于 1960～1986 年增加 27%，达到 38.6 亿 m^3。从 A 时段至 B 时段的耗水量增加对区间径流量减少的贡献率为 13.0%。2000～2017 年头道拐站至小浪底站区间的年均耗水量增加至 50.1 亿 m^3，而该区间年均径流量从 B 时段的 88.8 亿 m^3 减少至 69.3 亿 m^3。对于从 B 时段至 C 时段的径流量减少，该地区耗水量变化的贡献率为 59.0%。

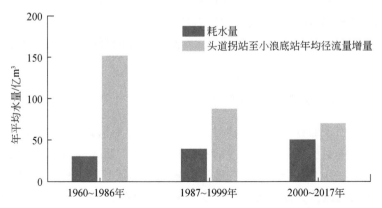

图 3-45　头道拐站至小浪底站年均耗水量及径流量变化

小浪底站至利津站区间的流域面积仅占全流域面积的10%，年平均耗水量却达到全流域耗水量的35%以上，产流较少而引水量可观，使该地区的径流量净值为负，多数用水供给河南、山东等省市地区的流域外地区使用。三个时段的年均耗水量呈现先增后减的趋势，而区间的径流量净值先减后增（图3-46）。在1960~1986年，小浪底站至利津站区间的年均耗水量为79.2亿m³，占利津站年均径流量的20%。在1987~1999年，年均耗水量增至139.4亿m³，涨幅达到76%；而从A时段至B时段，该区间年均径流量减幅高达520%，其中耗水量增加占70.1%。在2000~2017年，随着流域水量统一调度方案的实施，小浪底站至利津站的年均耗水量减少至121.3亿m³，区间径流量增加25.0亿m³，其中耗水量变化的贡献率达到72.7%，这是黄河下游径流量回升的主要影响因素。

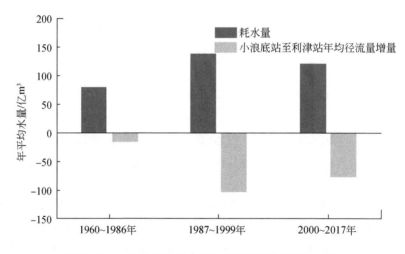

图3-46　小浪底站至利津站年均耗水量及径流量变化

下游的灌溉、生态用途的大量用水时段是3~7月和10月。在1960~1986年，3~8月的各月用水水平相当，耗水量在8.5亿~11.5亿m³（图3-47）。在1987~1999年，除了7月和8月，其他各月的平均耗水量均增加，12月~次年4月的增长率均大于100%；3月和4月的耗水量绝对涨幅最大，均增加12.3亿m³。在2000~2017年，月度耗水量在2~5月、8~10月及12月相比于前一时段有所减少，其中在9月耗水量的减少比例和绝对减幅最大，平均耗水量减少6.5亿m³，其次减幅最大的月份是4月和5月，均减少4.7亿m³左右。

3.3.2.2　引沙对河道输沙的影响

引水的同时会引走部分泥沙，引沙对河道输沙量的变化会造成影响。表3-24统计不同河段在各个时段的引沙量及其对输沙量变化的贡献率。从A时段至B时段，头道拐站上游的年均引沙量增加0.13亿t，对年均输沙量减少的贡献率12.9%。从B时段至C时段，黄河上游引沙量略有减少，而该时段河道输沙量同样减少，引沙量变化的贡献率为负。在头道拐站至小浪底站区间，引沙量在三个时段逐渐减少，同区间输沙量的变化特点一致，引沙对区间输沙量的变化贡献不大。在小浪底站至利津站区间，引沙量对输沙量变化的影

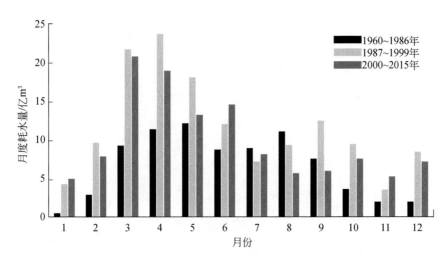

图 3-47　小浪底站至利津站不同时段各月平均耗水量

响相比于上游区间更大。从 A 时段至 B 时段，该区间的年均引沙量增加 31%，与此同时区间年均输沙量减少 62%，引沙量增加的贡献率为 24.0%。从 B 时段至 C 时段，小浪底站至利津站区间的引沙量减少 70%，而区间输沙量增加 4.38 亿 t，引沙量变化占比为 21.2%。

表 3-24　黄河各时段不同河段年均引沙量情况

时段	头道拐站上游		头道拐站至小浪底站		小浪底站至利津站		全流域引沙量合计/亿 t
	引沙量/亿 t	区间输沙量/亿 t	引沙量/亿 t	区间输沙量/亿 t	引沙量/亿 t	区间输沙量/亿 t	
1987 年之前（A）	0.37	1.38	0.51	9.91	1.03	−2.13	1.91
1987～1999 年（B）	0.50	0.45	0.35	7.18	1.35	−3.46	2.20
1999 年之后（C）	0.44	0.28	0.34	0.26	0.41	0.92	1.19
引沙量变化对不同地区输沙量变化的贡献率/%							
A 时段至 B 时段	12.9		−6.0		24.0		—
B 时段至 C 时段	−33.4		−0.1		21.2		—
引沙量变化对全流域输沙量变化的贡献率/%							
A 时段至 B 时段	2.4		−3.3		6.4		5.5
B 时段至 C 时段	−2.1		−0.1		−34.4		−36.6

出于用水需求，引水的含沙量一般低于河道含沙量，当引水过多而引沙较少时，河道的水沙关系会受到影响。从图 3-48 可以看出，在 1999 年之前小浪底站至利津站的引水含沙量普遍低于小浪底站的河道含沙量。在 1960～1986 年，该区间引水平均含沙量为 13.8kg/m³，而小浪底站的平均含沙量为 29.4kg/m³。在 1987～1999 年，引水平均含沙量

降至 9.6kg/m³，仅为河道平均含沙量的 31.8%。在 2000~2015 年，小浪底站平均含沙量减少至 1.6kg/m³，区间的引水平均含沙量为 2.8kg/m³，反而比区间入口（小浪底站）的河道含沙量高。

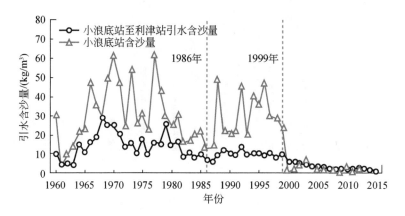

图 3-48　小浪底站至利津站引水含沙量与小浪底站含沙量变化过程

4 黄河水沙变化归因与预测结果的不确定性来源

4.1 黄河水沙变化归因及预测既有方法

4.1.1 水文序列分析方法

针对水文序列常见的分析有趋势性分析、突变点分析和周期性分析等。王延贵等（2014）总结了江河水沙变化趋势分析的主要方法，分为图示分析的方法和统计分析的方法两大类。前者主要包括过程线法（周园园等，2012）、双累积曲线法（冉大川等，1996）及滑动平均法，后者包括 M-K 趋势分析法（Mann，1945；Kendall，1975）、线性回归的趋势检验、Spearman 秩次相关检验法等方法。

在黄河流域，胡春宏等（2008）用过程线法分析了花园口站 1950~2005 年的流量和含沙量的变化，分析了建坝之后的水库调度、工农业用水等措施对水沙过程的影响。王国庆等（2001）用 Spearman 秩次相关检验法检验出无定河流域的年径流系数序列具有显著减小的趋势。Tian 等（2016）运用 Mann-Kendall 趋势检验法检验出皇甫川流域在年尺度和洪水期尺度上的径流量、输沙量、含沙量和径流系数都有显著减小的趋势。Fu 等（2004）运用非参数的 Kendall 法检验出兰州站的径流量没有显著变化，而花园口站和利津站的径流量则具有显著减小的趋势。大多数的趋势性分析都表明 20 世纪 50 年代至 2010 年黄河中下游流域的径流量和输沙量都具有显著减小趋势。

若水文序列存在显著的趋势变化时，则需要检验出序列的突变点，周园园等（2011）总结了十余种常用的水文序列突变点检验方法。李春晖等（2008）用 Yamamoto 法检测了黄河流域 1919~1989 年的径流量序列，得到了 1933~1935 年、1969~1972 年、1980~1983 年、1986~1989 年四个突变时段。王随继等（2013）使用距平累积法（Mu et al.，2012），识别出皇甫川流域有 1971 年和 1985 年两个拐点年份。Zhou 等（2015）运用 Pettitt 检验法检验出皇甫川流域的年径流量序列存在 1979 年和 1999 年两个突变年份。邵广文等（2014）则用有序聚类法检验出了皇甫川流域径流量的两个突变年份为 1983 年和 1999 年。对于同一流域，运用不同的检验方法得到的突变点也会不同。

针对流域水文序列的周期性分析，姚文艺等（2013）通过对花园口站断面 1470~2007 年重建的天然径流量序列进行了功率谱分析，研究表明该断面 538 年间的天然径流存在着明显的周期性，置信度大于 0.05 的周期共有 8 个。赵广举等（2012）对龙门站的径流量和输沙量做小波变换，结果表明 20 世纪 80 年代以前的水沙具有 0.2~1.0a 的显著性周期，之后的周期性逐渐减弱直至消失。由于不同时段影响黄河流域径流量的因素不同，径流量序列也不是一个平稳序列，因而对流域水文序列的周期性分析还未能有显著性较强的研究成果。

4.1.2 经验性方法

定量研究人类活动和气候变化对黄河流域的长期水文响应已有很多方法与成果（Wang et al.，2011；Kong et al.，2016）。由水利部主导的"黄河水沙变化研究基金"第一期提出水文法和水保法（汪岗和范昭，2002a，2002b），这类方法选取的变量较少，变量能够反映整个流域的主要水文特征（赵广举等，2013），这类方法是一种典型的基于历史观测数据的回归模型。Miao 等（2011）用水文法研究了黄河流域从上游唐乃亥站到下游利津站共7个主要水文站点的降雨-径流和降雨-输沙关系。Xu（2011）分析了无定河流域的年径流量 $Q_{w,m}$ 和五个自变量（流域调水量 $Q_{w,div}$、最大30日累计降水量 P_{30}、最大1日降水量 P_1、年降水量 P_m 及水土保持措施 A_{SC}）之间的线性关系，分别求出了上述各因素对径流量变化的贡献率。Li 等（2007）在用水文法拟合无定河流域的径流量和降水量的回归关系时，加入了月降水量方差作为自变量。许炯心（2010b）用多元线性回归研究了无定河流域的产沙模数和降水量、水土保持措施面积等多个因子之间的关系，并认为水土保持措施变化和降水量变化对产沙模数变化的贡献率基本相等。

水保法的原理是分项计算各项水土保持措施（如植树、种草、修建淤地坝和梯田等）的减水减沙效益（Mu et al.，2007；Fu et al.，2007），通过逐项线性叠加即可得到所有水土保持措施的减水减沙量之和（姚文艺等，2013）。冉大川等（2004，2006a，2006b）提出了计算淤地坝减洪量、减蚀量和拦泥量的公式，并着重分析了中游6条支流的淤地坝的拦沙效应，研究结果表明当河龙区间的淤地坝配置比例达到2%时，可有效地减少入黄的粗泥沙量。

双累积曲线法是研究水沙变化的一种最为常见的方法，该方法以其简单有效的特点而被广泛使用。Kong 等（2016）介绍了双累积曲线法的原理，运用该方法分析认为1961～2012年黄河流域上游、中游、下游径流变化受人类活动影响程度均超过了90%。Mu 等（2012）使用双累积曲线法分析了中游三门峡西站的累计降水量（降水量分别≥0.1，≥10，≥15和≥20mm的4情况）和累计输沙量的回归关系，结果表明日降水量≥15mm时的累计降水量-累计输沙量曲线的相关系数最高。Yao 等（2015）用双累积曲线法研究了黄河上游西柳沟流域的水沙关系，其自变量选取为大于20mm的日降水量数据，认为降水量和人类活动对径流变化的贡献率分别为32%和68%，对输沙变化的贡献率分别为25%和75%。此外，冉大川等（1996）探讨了两种形式的双累积曲线法，并结合实际案例和公式推导对二者的合理性进行分析。

其他经验性方法的研究：王随继等（2012）提出用 SCRAQ（slope change ratio of accumulative quantity）方法来计算气候变化因子对径流变化的贡献率，并用该方法分别分析了皇甫川流域和黄河中游河龙区间的径流变化特点，结果表明人类活动是地表径流量减少的最重要因素（王随继等，2013）。He 等（2016）提出用对比流域的方法来量化人类活动和气候变化对流域的影响作用，该方法按自定义的标准选取降水量和蒸散发量接近的两个年份，比较两个年份下的径流量或输沙量的差值，用该值来衡量人类活动的贡献。上述方法的原理均较简单，得到的结论和水文法、双累积曲线法的结论也基本一致，因而也可以归类于经验性方法。

4.1.2.1 水文法

针对皇甫川流域，采用 Pettitt 突变点检验法将研究期（1954~2015 年）划分为基准期和人类活动影响期后，本书首先运用了水文法（也称为水文分析法）来建立基准期内的降水量–径流量和降水量–输沙量的回归方程，水文法是基于最小二乘法的原理提出的（赵广举等，2013），以径流量变化研究为例，建立基准期内的年均降水量–年均径流量关系式如下：

$$Q_{ref} = aP_{ref} + b \tag{4-1}$$

式中，Q_{ref} 为基准期内的年径流量，亿 m^3；P_{ref} 为基准期内的年降水量，mm；a 和 b 均为线性回归系数。运用基准期内的实测年数据拟合出上述经验关系式后，将人类活动影响期内的多年平均降水量 $\bar{P}_{inf}$ 代入式（4-1），求得影响期内还原人类活动影响后的径流量 $\bar{Q}_{sim}$，即有

$$\bar{Q}_{sim} = a\bar{P}_{inf} + b \tag{4-2}$$

依据基准期的多年平均径流量 $\bar{Q}_{ref}$、人类活动影响期的多年平均径流量 $\bar{Q}_{inf}$ 和人类活动影响期内还原人类活动影响后的径流量 $\bar{Q}_{sim}$，可以区分出气候变化和人类活动对径流量变化的贡献量 ΔQ_{clim} 和 ΔQ_{hum}，其计算见式（4-5）和式（4-6）。

4.1.2.2 双累积曲线法

双累积曲线（Double Mass Curve）法选取两个水文变量的累计值分别作为自变量和因变量，拟合出二者在基准期的回归方程。该方法既可以被用来判断水文时间序列的突变点，也可以用来区分气候变化和人类活动的影响。当自变量和因变量成正比关系时，双累积曲线为一条直线（穆兴民等，2007）。以径流量变化为例，分别将基准期内的累计降水量和累计径流量作为自变量和因变量，建立回归关系：

$$\sum_{i=1}^{t} Q_{ref}^i = c \sum_{i=1}^{t} P_{ref}^i + d, \ t = 1,2,\cdots,k \tag{4-3}$$

式中，k 为基准期的长度；$\sum Q_{ref}$ 为基准期内的累计年径流量，亿 m^3；$\sum P_{ref}$ 为基准期内的累计年降水量，mm；c 和 d 为线性回归系数。把人类活动影响期的累计径流量值代入式（4-3）后求得该时期内还原人类活动后的累计径流量值：

$$\sum_{i=1}^{t} Q_{sim}^i = c \sum_{i=1}^{t} P_{inf}^i + d, \ t = k+1, k+2,\cdots,n \tag{4-4}$$

式中，n 为整个研究期的长度。将式（4-4）中 $t=n$ 时得到的整个研究期的模拟径流量值之和减去 $t=k$ 时得到的基准期的径流量值之和的结果除以人类活动影响期的年份长度，得到人类活动影响期内还原人类活动影响后的平均径流量 $\bar{Q}_{sim}$（Tian et al.，2016）。

本书使用水文法和双累积曲线法来研究皇甫川流域的径流量和输沙量变化。以径流量变化为例，从基准期到人类活动影响期的变化量为 $\Delta Q = \bar{Q}_{\text{inf}} - \bar{Q}_{\text{ref}}$，可以拆分为气候变化影响部分 ΔQ_{clim} 和人类活动影响部分 ΔQ_{hum}，二者可分别通过式（4-5）和式（4-6）求得

$$\Delta Q_{\text{clim}} = \bar{Q}_{\text{sim}} - \bar{Q}_{\text{ref}} \tag{4-5}$$

$$\Delta Q_{\text{hum}} = \bar{Q}_{\text{inf}} - \bar{Q}_{\text{sim}} \tag{4-6}$$

则气候变化、人类活动对径流量变化的贡献率的计算公式分别为

$$C_{\text{clim}} = \Delta Q_{\text{clim}} / \Delta Q \tag{4-7}$$

$$C_{\text{hum}} = \Delta Q_{\text{hum}} / \Delta Q \tag{4-8}$$

4.1.2.3 水保法

（1）坡面措施减洪量和减沙量

坡面措施减洪量：

$$\Delta R = \Delta R_{\text{m}} \alpha k_{\text{x}} ; \quad \Delta W_1 = \Delta R F_{\text{s}} ; \quad W_1 = \sum \Delta W_1 \tag{4-9}$$

坡面措施减沙量：

$$\Delta R_{\text{s}} = \Delta R_{\text{s,m}} \alpha_{\text{s}} k_{\text{s,x}} ; \quad \Delta W_{\text{s,1}} = \Delta R_{\text{s}} F_{\text{s}} ; \quad W_{\text{s,1}} = \sum \Delta W_{\text{s,1}} \tag{4-10}$$

式中，ΔR 和 ΔR_{s} 分别为坡面水土保持单项措施减洪和减沙指标；ΔR_{m} 和 $\Delta R_{\text{s,m}}$ 分别为某一雨量级下的代表小区减洪和减沙指标；α 和 α_{s} 均为点面修正系数；k_{x} 和 $k_{\text{s,x}}$ 均为地区水平修正系数；W_1 和 $W_{\text{s,1}}$ 分别为坡面水土保持措施减洪和减沙量；ΔW_1 和 $\Delta W_{\text{s,1}}$ 分别为坡面水土保持单项措施减洪量和减沙量；F_{s} 为核实的坡面水土保持单项措施面积。

（2）淤地坝减洪量和减沙量

淤地坝减沙量：

$$\Delta W_{\text{s坝}} = F_{\text{c}} M_{\text{s}} (1 - \alpha_1)(1 - \alpha_2) ; \quad \Delta W_{\text{sj}} = F_{\text{i}} M_{\text{si}} K_1 K_2 ; \quad \Delta W_{\text{s总}} = \Delta W_{\text{s坝}} + \sum \Delta W_{\text{sj}} \tag{4-11}$$

式中，$W_{\text{s坝}}$ 为已淤成坝地的减沙量，万 t；F_{c} 为坝地的累计面积，hm^2；M_{s} 为减沙指标，即单位坝地面积的减沙量，万 t/hm^2；α_1 为人工填垫及坝地两岸坍塌所形成的坝地面积占坝地总面积的比例；α_2 为推移质系数，根据以往经验，分别取 $\alpha_1 = 0.15$、$\alpha_2 = 0.10$；ΔW_{sj} 为某年淤地坝减蚀量；F_{i} 为某年所有淤地坝的面积，包括已淤成及正在淤积但尚未淤满部分的水面面积；M_{si} 为流域某年的侵蚀模数；K_1 为沟谷侵蚀量与流域平均侵蚀量之比，参照山西省水土保持科学研究所在离石王家沟流域的多年观测资料，取 $K_1 = 1.75$；K_2 为坝地以上沟谷侵蚀的影响系数，根据观测资料率定。

正处于拦洪期的淤地坝减洪量：

$$\Delta W_1 = K \Delta W_{\text{s坝}} ; \quad \Delta W_2 = M_{\text{洪}} F_{\text{坝}} \eta ; \quad \Delta W_{\text{总}} = \Delta W_1 + \Delta W_2 \tag{4-12}$$

式中，ΔW_1 为淤地坝的减洪量，万 m^3；$\Delta W_{\text{s坝}}$ 为淤地坝的减沙量，万 m^3；K 为流域淤地坝减洪时的洪沙比，即减洪量与减沙量之比；ΔW_2 为淤平坝地减洪量；$M_{\text{洪}}$ 为流域天然状况下的产洪模数，$M_{\text{洪}} = W_{\text{洪}} / F_{\text{b}}$，其中 F_{b} 为流域面积，$W_{\text{洪}}$ 为流域天然产洪量；η 为减洪系数，按有埂梯田考虑，取 $\eta = 1.0$；$F_{\text{坝}}$ 为坝地面积。

（3）水库减洪量和减沙量

水库减洪量：

$$\Delta W_{\text{H}} = \Delta W_{\text{K}} + \Delta W_{\text{X}}; \quad \Delta W_{\text{K}} = 10^{-1} F_{\text{r}}(E - P - R); \quad \Delta W_{\text{X}} = V_{\text{b}} - V_{\text{a}} \tag{4-13}$$

式中，ΔW_{H} 为水库减水量，万 m^3；ΔW_{K} 为水库蒸发量，万 m^3；ΔW_{X} 为水库蓄水变量，万 m^3；F_{r} 为水库水面面积，km^2；E 为水库水面蒸发量，mm；P 为库区年平均降水量，mm；R 为库区实测年径流深，mm；V_{b} 为水库年终蓄水量，万 m^3；V_{a} 为年初蓄水量，万 m^3。

水库减沙量：

$$\Delta V_{\text{水库}} = V_{\text{水库}} \times P_{\text{汛}} / \sum P_{\text{汛}} \tag{4-14}$$

式中，$\Delta V_{\text{水库}}$ 为水库淤积量，万 t；$P_{\text{汛}}$ 为汛期降水量，mm；$V_{\text{水库}}$ 为实测时段淤积量，万 t；$\sum P_{\text{汛}}$ 为与水库实测淤积量相对应时段的汛期降水量之和，mm。此计算方法的假定条件是水库拦泥量与汛期降水量成正比，即认为汛期降水量越多，径流量也越多，进入水库的沙量就越多，那么水库淤积量也会越多。

无实测淤积资料时，根据典型调查按式（4-15）推算：

$$\Delta V_{\text{水库}} = V F_{\text{r}} M_{\text{K}} \Delta V_{\text{d}} / (V_{\text{d}} M_{\text{kd}} F_{\text{d}}) \tag{4-15}$$

式中，$\Delta V_{\text{水库}}$ 为水库淤积量；V 为水库库容；M_{K} 为水库集水区产沙模数；F_{r} 为水库水面面积；ΔV_{d} 为典型水库的淤积量；V_{d} 为典型水库库容；M_{kd} 为典型水库集水区产沙模数；F_{d} 为典型水库集水面积。

水库减沙量按式（4-16）计算：

$$\Delta W_{\text{SH}} = \gamma(1 - a)\Delta V_{\text{水库}} \tag{4-16}$$

式中，ΔW_{SH} 为水库减沙量；a 为水库中推移质所占比例，取 $a = 0.1 \sim 0.2$；γ 为水库淤积体的干容重，$\gamma = 1.35 \sim 1.40 \text{t/m}^3$。

（4）灌溉减洪量减沙量

灌溉减水量：

$$\Delta W_{\text{L}} = (1 - \zeta)/\varphi K_0 G_{\text{m}} F_{\text{实}} \tag{4-17}$$

式中，ΔW_{L} 为灌溉减洪量，万 m^3；ζ 为灌溉回归水系数；φ 为灌溉有效利用系数；G_{m} 为灌溉定额，m^3/hm^2；$F_{\text{实}}$ 为实际灌溉面积，hm^2；K_0 为灌溉引水量中河川径流量所占比例。

灌溉减沙量：

$$\Delta W_{\text{gs}} = \Delta W_{\text{L}} S / 1000 \tag{4-18}$$

式中，ΔW_{gs} 为灌溉减沙量，万 t；ΔW_{L} 为灌溉引水量，万 m^3；S 为灌溉引水含沙量，kg/m^3。

（5）"以洪算沙"模型

流域洪水泥沙关系是流域降水、地质地貌、植被和人类活动的综合反映。流域基准期（无治理的自然状况）的洪沙关系是流域处于相对原始状况下产洪产沙规律的综合反映。河龙区间各支流的洪水泥沙均集中于汛期且变幅较大，其洪沙关系在散点图上多呈幂函数分布：

$$W_{\text{s}} = K W^{\alpha} \tag{4-19}$$

据此确定的以洪算沙模型为

$$(W_s)_n = K[W' + (n-1)\sum \Delta W]^\alpha \qquad (4\text{-}20)$$

$$\Delta W_s = (W_s)_n - (W_s)_{n-1} \qquad (4\text{-}21)$$

式中，W_s 为洪水泥沙量；W' 为流域实测洪水径流量；ΔW 为流域洪水径流变化量；$\sum \Delta W$ 为各种水土保持措施减洪量之和；n 为迭代次数；$(W_s)_n$ 为第 n 次计算的水土保持措施减沙量（中间变量）；$(W_s)_{n-1}$ 为第 $n-1$ 次计算的水土保持措施减沙量（中间变量）；ΔW_s 为水土保持措施减沙量；K 和 α 分别为系数和指数。

迭代计算误差公式为

$$\delta = \{[(W_s)_n - (W_s)_{n-1}] - [(W_s)_{n-1} - (W_s)_{n-2}]\} / [(W_s)_n - (W_s)_{n-1}] \times 100\% \qquad (4\text{-}22)$$

迭代计算精度要求 $\delta \leqslant 2\%$。

由式（4-23）求出的减沙量 ΔW_s 包括淤地坝减沙量 $\Delta W_{s坝}$、坡面措施在其拦蓄能力以内的减沙量 $\Delta W'_{s坡}$ 和坡面措施因减洪而减少的沟道侵蚀量 $\Delta W'_s$，即

$$\Delta W_s = \Delta W'_{s坡} + \Delta W'_s + \Delta W_{s坝} \qquad (4\text{-}23)$$

因此坡面措施总减沙量 $\Delta W_{s坡}$ 由两部分构成，即

$$\Delta W_{s坡} = \Delta W'_{s坡} + \Delta W'_s \qquad (4\text{-}24)$$

式中，$\Delta W'_{s坡} = \dfrac{(\Delta W_{HT} + \Delta W_{HL} + \Delta W_{HC})}{\sum\limits_{i=1}^{n} \Delta W_H} \Delta W_s$，其中，$\sum\limits_{i=1}^{n} \Delta W_H$ 为各类水土保持措施减洪量，

ΔW_{HT}、ΔW_{HL}、ΔW_{HC} 分别为单项坡面措施梯田、林地、草地的减洪量，ΔW_s 同上；$\Delta W'_s$ 为因坡面措施减洪而减少的沟道侵蚀量。坡面单项措施减沙量根据流域洪沙线性关系分配确定。$\Delta W_{s坡} = \Delta W_s - \Delta W_{s坝}$，而 $\Delta W_{s坝}$ 可由淤地坝减沙量计算公式求出，则因坡面措施减洪而减少的沟道侵蚀量为

$$\Delta W'_s = \Delta W_{s坡} - \Delta W'_{s坡} \qquad (4\text{-}25)$$

水保法的主要优点包括：一是能直观了解在实施各项措施的土地上土壤侵蚀减轻的程度；二是能在一定范围内检验水文法计算结果的合理性；三是不但能分析计算现状治理措施的蓄水拦沙作用，而且能预测规划治理措施的蓄水拦沙效益。其不足之处为将小区观测资料移用到大、中流域时，存在人为指定性和各项水土保持措施分项计算逐项相加难以反映产流产沙过程中内在联系的问题。

4.1.3 弹性系数法

水文中的弹性系数定义为径流变化率对气候因子变化率的比值（Schaake，1990），该系数被广泛用来研究降水、蒸散发及人类活动和径流之间的关系（Xu et al.，2014），Sankarasubramanian 等（2001）提出了一种简单的非参数估计方法来计算弹性系数。Zheng 等（2009）认为 Sankarasubramanian 等（2001）的方法在处理小样本量数据时的统计可信度不高，运用最小二乘法对其进行了改进，并用改进后的方法分析了黄河源区 1960～2000 年的径流变化。

Budyko 假设是对流域水热平衡关系的一种描述（Budyko，1974）。基于该假设提出了多种形式的水热耦合平衡方程（Choudhury，1999），这类平衡方程在黄河流域上被广泛应用于分析径流变化规律（Gao et al.，2016a）。杨大文等（2015）选取了黄河 38 个典型支流为研究对象，基于水热耦合平衡方程计算了径流对气候因子和下垫面条件变化的弹性系数。Zhao 等（2014）运用基于 Budyko 假设的水热耦合平衡方程和线性回归两种方法，研究黄河流域 20 世纪 50 年代至 2010 年 12 条支流的径流变化特点，认为除了北洛河与延河受气候变化主导，其余支流的径流受人类活动的影响更为强烈。Wu 等（2017）运用 6 种基于 Budyko 假设的弹性系数法和经验模型法、SWAT 模型对比研究了气候变化和人类活动对延河流域径流变化的贡献率，研究显示弹性系数法和 SWAT 模型的结果较为一致，而经验模型法计算的人类活动贡献率偏高。

此外，Wang 等（2011）基于 Budyko 假设提出了一种 decomposition method 来划分人类活动和气候变化对径流的贡献率，并比较了该方法和其他方法在黄河流域上计算的贡献率值。Milly 和 Dunne（2002）提出了类似于弹性系数法的方法，分别计算出径流对降水和潜在蒸散发量的敏感系数，该方法也可以用于区分人类活动和气候变化的作用。Li 等（2007）使用该方法计算了无定河流域的径流变化，得出了人类活动对径流变化贡献率为84.3% 的结论。Wang 等（2015，2017）通过输沙量的计算公式，借鉴弹性系数法的原理，提出了输沙量对降水、径流系数、含沙率的弹性系数计算公式，可以定量表达上述三个因素对输沙量变化的贡献率。

4.1.3.1 弹性系数法原理

流域出水口的径流量和输沙量主要受该流域的降水量与下垫面条件控制，以径流量为例，流域的径流量关系式通常可以表述为以下形式：

$$Q = f(P, E_0, V) \tag{4-26}$$

式中，Q 为径流量；P 为降水量；E_0 为潜在蒸散发量；V 为流域下垫面条件的综合因子。P 和 E_0 为影响流域水文循环的主要气候因子，V 为影响流域水文循环的主要人类活动因子。对式（4-26）取全微分并用差分的形式表示，有

$$\Delta Q = \frac{\partial Q}{\partial P}\Delta P + \frac{\partial Q}{\partial E_0}\Delta E_0 + \frac{\partial Q}{\partial V}\Delta V \tag{4-27}$$

则气候变化和人类活动对径流量变化的贡献率分别为

$$\Delta Q_{\text{clim}} = \frac{\partial Q}{\partial P}\Delta P + \frac{\partial Q}{\partial E_0}\Delta E_0 \tag{4-28}$$

$$\Delta Q_{\text{hum}} = \frac{\partial Q}{\partial V}\Delta V \tag{4-29}$$

求出 ΔQ_{clim} 和 ΔQ_{hum} 后，可根据式（4-7）和式（4-8）分别求出气候变化和人类活动对径流量变化的贡献率。

为了表述单位降水量变化对径流量变化的影响作用，Schaake（1990）提出了径流量对降水量的弹性系数 ε_P，定义为径流量的变化率对降水量的变化率的比值：

$$\varepsilon_P = \frac{\partial Q/Q}{\partial P/P} \tag{4-30}$$

同理可定义径流量对潜在蒸散发量的弹性系数 $\varepsilon_{E_0} = \dfrac{\partial Q/Q}{\partial E_0/E_0}$ 和对下垫面条件的弹性系数 $\varepsilon_V = \dfrac{\partial Q/Q}{\partial V/V}$。则式（4-27）可表述为

$$\Delta Q = \varepsilon_P \frac{Q}{P}\Delta P + \varepsilon_{E_0}\frac{Q}{E_0}\Delta E_0 + \varepsilon_V \frac{Q}{V}\Delta V \tag{4-31}$$

则式（4-28）可重新表述为

$$\Delta Q_{\mathrm{clim}} = \varepsilon_P \frac{Q}{P}\Delta P + \varepsilon_{E_0}\frac{Q}{E_0}\Delta E_0 \tag{4-32}$$

而人类活动对径流量变化的影响可通过式（4-33）或式（4-34）计算，这两种方法计算的结果略有差异，在目前的研究中均被广泛采纳。Liang 等（2015）和 Gao 等（2016a）在研究中使用了前者计算人类活动的贡献率；而 Zhao 等（2014）和 Gao 等（2016b）在其研究中运用了后者。本书采用式（4-34）的形式，从而可确保人类活动和气候变化对径流量变化的贡献率之和为 1。

$$\Delta Q_{\mathrm{hum}} = \varepsilon_V \frac{Q}{V}\Delta V \tag{4-33}$$

$$\Delta Q_{\mathrm{hum}} = \Delta Q - \Delta Q_{\mathrm{hum}} \tag{4-34}$$

4.1.3.2 非参数式弹性系数法

利用式（4-35）计算 ε_P 时需要求出径流量对降水量的微分，但这两个变量之间的关系式通常不易求出。Sankarasubramanian 等（2001）在美国的 3 个流域运用蒙特–卡罗实验（Monte-Carlo experiments）提出了基于统计的方法来估算 ε_P 的值，其计算公式如下：

$$\varepsilon_P = \frac{\partial Q/Q}{\partial P/P} = \mathrm{median}\left(\frac{Q_i - \bar{Q}}{P_i - \bar{P}} \cdot \frac{\bar{P}}{\bar{Q}}\right) \tag{4-35}$$

式中，Q_i 和 P_i 分别为第 i 年的年径流深和年降水量，mm；$\bar{Q}$ 和 $\bar{P}$ 分别为多年平均径流深和多年平均降水量，mm；median（）函数为取括号内序列的中值。Zheng 等（2009）认为 Sankarasubramanian 等（2011）实验样本数目过少，得到的统计关系并不强，从而提出了另一种基于统计估算的方法，公式如下：

$$\varepsilon_P = \frac{\bar{P}}{\bar{Q}} \cdot \frac{\sum (P_i - \bar{P})(Q_i - \bar{Q})}{\sum (P_i - \bar{P})^2} \tag{4-36}$$

本书对上述两种非参数式弹性系数法均予以采纳，并将两种方法的计算结果进行比较。用这两种方法求出 ε_P 后，在计算气候变化的贡献率时只考虑降水的影响，即采用式（4-32）时只取等式右边的前一项。

4.1.3.3 基于 Budyko 假设的弹性系数法

（1）基于 Budyko 假设的水热耦合平衡方程

Budyko（1974）认为在流域的气候特点和下垫面条件保持相对稳定的条件下，流域的水文气候满足水分和能量平衡原理。该理论被称为 Budyko 假设，其内容可以表述为降水

量 P、潜在蒸散量 E_0 和实际蒸散发量 E 三者之间满足的关系：当 $E_0/P \to \infty$ 时，$E/P \to 1$；$E_0/P \to 0$ 时，$E/E_0 \to 1$。不同学者基于 Budyko 假设，提出了不同形式的流域水热耦合平衡方程。令 $\phi = E_0/P$，ϕ 为流域干旱指数，$E/P = F(\phi)$，则不同形式的水热耦合平衡方程 $[F(\phi)]$ 如表4-1所示。

表4-1 不同形式的水热耦合平衡方程

序号	方法提出者	水热耦合平衡方程
1	Schreiber（1904）	$F(\phi) = 1 - e^{-\phi}$
2	Ol'dekop（1911）	$F(\phi) = \phi \tan[h(1/\phi)]$
3	Turc（1954）和 Pike（1964）	$F(\phi) = 1/[1 + (\phi)^{-2}]^{0.5}$
4	Budyko（1974）	$F(\phi) = \{(1 - e^{-\phi}) \phi \tan[h(1/\phi)]\}^{0.5}$
5	Fu（1981）	$F(\phi) = 1 + \phi - (1 + \phi^m)^{1/m}$
6	Choudhury（1999）	$F(\phi) = \phi/(1 + \phi^n)^{1/n}$
7	Zhang 等（2001）	$F(\phi) = (1 + \omega\phi)/[1 + \omega\phi + 1/\phi]$

注：Fu（1981）的方程中的参数 m 和 Choudhury（1999）的方程中的 n 均为表示流域下垫面条件的综合参数，Zhang 等（2001）的方程中的 ω 为表示植被类型的参数。

（2）基于水热耦合平衡方程的弹性系数法

当流域水量得到的补给和输出可以忽略时，流域满足多年水量平衡方程，其形式如下所示：

$$Q = P - E \tag{4-37}$$

式（4-37）可以写作如下形式：

$$Q = P(1 - F(\phi)) \tag{4-38}$$

根据定义，径流量对降水量 P、潜在蒸散发量 E_0 和下垫面条件 V 的弹性系数计算公式分别为

$$\varepsilon_P = 1 + \frac{\varphi F'(\varphi)}{1 - F(\varphi)} \tag{4-39}$$

$$\varepsilon_{E_0} = \frac{-\varphi F'(\varphi)}{1 - F(\varphi)} \tag{4-40}$$

$$\varepsilon_V = \frac{-V F'(V)}{1 - F(\varphi)} \tag{4-41}$$

且有，ε_P 和 ε_{E_0} 满足下列关系：

$$\varepsilon_P + \varepsilon_{E_0} = 1 \tag{4-42}$$

以表4-1中的 Choudhury（1999）的方程为例，可分别求得 ε_P、ε_{E_0}、ε_n 的展开形式如下（Liang et al.，2015）：

$$\varepsilon_P = \frac{(1 + \phi^n)^{1/n+1} - \phi^{n+1}}{(1 + \phi^n)[(1 + \phi^n)^{1/n} - \phi]} \tag{4-43}$$

$$\varepsilon_{E_0} = \frac{1}{(1 + \phi^n)[1 - (1 + \phi^{-n})^{1/n}]} \tag{4-44}$$

$$\varepsilon_n = \frac{\ln(1+\phi^n) + \phi^n \ln(1+\phi^{-n})}{n\left[(1+\phi^n) - (1+\phi^n)^{1/n+1}/\phi\right]} \tag{4-45}$$

本书对表 4-1 中的 7 种基于 Budyko 假设的水热耦合平衡方程均予以采纳，计算过程如下：依据流域水量平衡方程 [式（2-20）]，代入多年平均降水量 P 和多年平均径流量 R 可求得实际蒸散发量 E；求出流域潜在蒸散发量 E_0；利用表 4-1 中的水热耦合平衡方程求出下垫面综合参数 V（若方程中没有该项，则忽略该步骤）；最后利用式（4-43）~ 式（4-45）求出基准期内的弹性系数 ε_P、ε_{E_0} 和 ε_n，计算出人类活动影响期内气候变化和人类活动对径流量变化的贡献率。

（3）潜在蒸散发量计算方法

流域潜在蒸散发量的计算采用的是联合国粮食及农业组织（Food and Agriculture Organization of the United Nations，FAO）推荐的修正彭曼-蒙特斯（Penman-Monteith）方法。该方法以 P-M 模型为基准，将潜在蒸散发量 E_0 定义为一种假想的作物的冠层腾发速率。其中，反射率固定为 0.23，作物的高度固定为 0.12m，表面阻力固定为 70 s/m。该方法适用于面积开阔、作物生长高度一致的草地的蒸散发量的计算，公式如下：

$$E_0 = \frac{0.408\Delta(R_n - G) + \gamma\dfrac{900}{T+273}u_2(e_s - e_a)}{\Delta + \gamma(1 + 0.34u_2)} \tag{4-46}$$

式中，E_0 为潜在蒸散发量，mm/d；Δ 为饱和水汽压-温度曲线的斜率，kPa/℃；γ 为湿度计常数，kPa/℃；T 为 2m 高度处的日平均气温，℃；R_n 为冠层表面净辐射，MJ/（m²·d）；G 为土壤热通量，MJ/（m²·d）；u_2 为地面 2m 高处风速，m/s；e_s 为饱和水汽压，kPa；e_a 为实际水汽压，kPa。式（4-46）的前半部分和后半部分分别为辐射项 ET_{rad}、空气动力学项 ET_{aero}。

大气压 P 计算公式：

$$P = 101.3\left(\frac{293 - 0.0065z}{293}\right)^{5.26} \tag{4-47}$$

式中，P 为大气压，kPa；z 为海拔，m。

湿度计常数 γ 计算公式：

$$\gamma = \frac{c_P P}{\varepsilon\lambda} = 6.65\times10^{-4}P \tag{4-48}$$

式中，γ 为湿度计常数，kPa/℃；P 为大气压，kPa；c_P 为恒压下的定压比热，等于 1.013 $\times10^{-3}$，MJ/（kg·℃）；ε 为水蒸气和干空气分子量的比值，等于 0.622；λ 为汽化潜热，等于 2.45，MJ/kg。

平均气温 T 计算公式：

日尺度的平均气温 T_{mean} 由日最高气温 T_{max} 和日最低气温 T_{min} 取平均值求得

$$T_{mean} = \frac{T_{max} + T_{min}}{2} \tag{4-49}$$

7d、10d、逐月的 T_{mean} 由对应时间段内的 T_{max} 和 T_{min} 求平均值所得。

饱和水汽压 e_s：

饱和水汽压和气温有关，其计算公式如下：

$$e^0(T) = 0.6108 \exp\left(\frac{17.27T}{T+237.3}\right) \tag{4-50}$$

式中，$e^0(T)$ 为气温 T 时的饱和水汽压；T 为大气温度，℃。则有，日均饱和水汽压的计算公式为

$$e_s = \frac{e^0(T_{max}) + e^0(T_{min})}{2} \tag{4-51}$$

饱和水汽压–温度曲线斜率 Δ 的计算公式：

$$\Delta = \frac{4098\left[0.6108 \exp\left(\frac{17.27T}{T+237.3}\right)\right]}{(T+237.3)^2} \tag{4-52}$$

实际在计算 Δ 时使用日平均气温 T_{mean}。

实际水汽压 e_a 的计算公式：

实际水汽压可由相对湿度计算（其他方法如通过结露点温度 T_{dew} 计算法、干湿球温度计计算法，由于数据获取较难，本书没有采用这些方法）。

$$e_a = \frac{e^0(T_{min})\frac{RH_{max}}{100} + e^0(T_{max})\frac{RH_{min}}{100}}{2} \tag{4-53}$$

式中，RH_{max} 和 RH_{min} 分别为最大相对湿度和最小相对湿度，如果两个数据都缺失时，可采用平均相对湿度 RH_{mean} 来计算［式（4-54）的效果不如式（4-53）好］：

$$e_a = \frac{RH_{mean}}{100}\left[\frac{e^0(T_{max}) + e^0(T_{min})}{2}\right] \tag{4-54}$$

天文辐射 R_a 定义为由太阳到达地球的辐射总量，其分解后的各部分如图4-1所示。

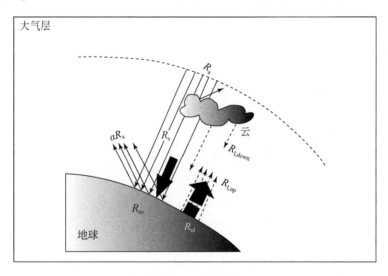

图 4-1　天文辐射示意图

天文辐射 R_a 计算公式：

$$R_{a}=\frac{24\times60}{\pi}G_{sc}d_{r}\left[\omega_{S}\sin\varphi\sin\delta+\cos\varphi\cos\delta\sin\omega_{S}\right] \tag{4-55}$$

式中，R_{a} 为天文辐射，MJ/（m²·d）；G_{sc} 为太阳常数，等于 0.0820 MJ/（m²·min）；d_{r} 为太阳–地球的相对距离；ω_{S} 为日落时角，°；φ 为纬度，°；δ 为太阳赤纬，°。d_{r} 和 δ 的计算公式为

$$d_{r}=1+0.033\cos\left(\frac{2\pi}{365}J\right) \tag{4-56}$$

$$\delta=0.409\sin\left(\frac{2\pi}{365}J-1.39\right) \tag{4-57}$$

其中，J 为当天在该年中的序号，取值为 1 ~ 365（闰年为 1 ~ 366）。日落时角 ω_{S} 的计算公式为

$$\omega_{S}=\arccos\left[-\tan\varphi\tan\delta\right] \tag{4-58}$$

由于在计算机上 arccos 函数不能实现，通常使用式（4-59）计算 ω_{S}：

$$\omega_{S}=\frac{\pi}{2}-\arctan\left[\frac{-\tan\varphi\tan\delta}{X^{0.5}}\right] \tag{4-59}$$

其中，$X=\begin{cases}0.00001, & 若\ X\leqslant0 \\ 1-(\tan\varphi)^{2}(\tan\delta)^{2}, & 其他\end{cases}$

日照时长 N 计算公式：

$$N=\frac{24}{\pi}\omega_{S} \tag{4-60}$$

太阳辐射（或短波辐射）R_{s} 计算公式：

$$R_{s}=\left(a_{s}+b_{s}\frac{n}{N}\right)R_{a} \tag{4-61}$$

式中，R_{s} 为太阳辐射或短波辐射，MJ/（m²·d）；n 为实际的日照时长，h；N 为最大可能日照时长，h；n/N 为相对日照时长；R_{a} 为天文辐射，MJ/（m²·d）；a_{s} 和 b_{s} 为回归常数，推荐取 $a_{s}=0.25$，$b_{s}=0.50$。

晴空太阳辐射 R_{so} 计算公式：

$$R_{so}=(0.75+2\times10^{-5}z)R_{a} \tag{4-62}$$

式中，z 为测站的海拔，m。

净太阳辐射（或净短波辐射）R_{ns} 计算公式：

$$R_{ns}=(1-\alpha)R_{s} \tag{4-63}$$

式中，R_{ns} 为净太阳辐射或净短波辐射，MJ/（m²·d）；R_{s} 为太阳辐射或短波辐射，MJ/（m²·d）；α 为冠层反射系数，推荐取 $\alpha=0.23$。

净长波辐射 R_{nl} 计算公式：

$$R_{nl}=\delta\left(\frac{T_{\max,K}^{4}+T_{\min,K}^{4}}{2}\right)(0.34-0.14\sqrt{e_{a}})\cdot\left(1.35\frac{R_{s}}{R_{so}}-0.35\right) \tag{4-64}$$

式中，R_{nl} 为净向外长波辐射，MJ/（m²·d）；δ 为 Stefan-Boltzmann 常数，等于 4.903×10^{-9} MJ/（K⁴·m²·d）；$T_{\max,K}$ 为 24h 绝对最高气温，$K=t(℃)+273.15$；$T_{\min,K}$ 为 24h 绝对最低气温；R_{s}/R_{so} 为相对短波辐射。

净辐射 R_n 计算公式：

$$R_n = R_{ns} - R_{nl} \tag{4-65}$$

土壤热通量 G 计算公式：

$$G = c_s \frac{T_i + T_{i-1}}{\Delta t} \Delta z \tag{4-66}$$

式中，G 为土壤热通量，$MJ/(m^2 \cdot d)$；c_s 为土壤热容量，$MJ/(m^3 \cdot \text{℃})$；T_i 为 i 时刻的气温，℃；T_{i-1} 为 $i-1$ 时刻的气温，℃；Δt 为时间间隔，d；Δz 为有效土壤深度，m。对于逐日、10d 的尺度，土壤热通量可以被忽略，即 $G \approx 0$，对于逐月或小时的土壤热通量，用其他公式计算。

风速 u_2 计算公式：

$$u_2 = u_z \frac{4.87}{\ln(67.8z - 5.42)} \tag{4-67}$$

式中，u_z 为地面 z 米高处的风速，m/s。

4.1.3.4　其他类似方法

有些学者提出了一些类似于弹性系数法的方法，用于衡量降水和潜在蒸散发的变化对径流的影响，如 Milly 和 Dunne（2002）提出的敏感性分析方法，气候变化对径流的影响可以用式（4-68）表述：

$$\Delta Q_{\text{clim}} = \beta \Delta P + \gamma \Delta E_0 \tag{4-68}$$

式中，β 和 γ 分别为径流对降水和潜在蒸散发的敏感系数，表达式如下：

$$\beta = \frac{1 + 2\phi + 3\omega\phi}{(1 + \phi + \omega\phi^2)^2} \tag{4-69}$$

$$\gamma = -\frac{1 + 2\omega\phi}{(1 + \phi + \omega\phi^2)^2} \tag{4-70}$$

其中，ϕ 为干旱指数；ω 为表示植被类型的参数，本书通过 Zhang 等（2001）提出的公式的计算结果，将 ω 的值设置为 0.45（Li et al.，2007）。

Wang 等（2011）依据 Budyko 曲线来分解径流变化量 ΔQ，提出了 decomposition method。该方法认为在没有人类活动影响时，$F(\phi)$ 值只在同一条 Budyko 曲线上随着干旱系数 ϕ 的变化而变化，而人类活动的影响作用使得 $F(\phi)$ 值在 Budyko 曲线上垂向移动。基于上述假设，由气候变化及人类活动导致的径流变化量可以分别被表示为

$$\Delta Q_{\text{hum}} = P_2(E_2'/P_2 - E_2/P_2) \tag{4-71}$$

$$\Delta Q_{\text{clim}} = \Delta Q - \Delta Q_{\text{hum}} \tag{4-72}$$

式中，P_2 和 E_2 分别为人类活动影响期的降水量和蒸散发量，mm；E_2' 为在人类活动影响期内，不考虑人类活动影响作用时的蒸散发量，mm。

4.1.4　物理过程模型

自 20 世纪 50 年代以来，随着人们对下渗理论、土壤水运动理论及河道水力学理论等方面认识的不断加深，概念性模型得以快速发展（金鑫等，2006）。这类模型多为集总式，

即模型的参数在全流域取平均值。但这种假设与流域的实际情况并不符，因而模拟的精度往往不能达到要求（芮孝芳等，2002）。在黄河流域，王国庆等（2006a，2006b）应用SIMHYD模型模拟了汾河、三川河径流减小的过程，认为人类活动对两个流域径流减小的贡献率分别为64.1%和70.1%。

分布式水文模型最早由Freeze和Harlan提出。分布式水文模型基本都是通过将具有物理意义的概念性水文模型的参数分布化来实现的（金鑫等，2006）。分布式水文模型将流域分为多个基本单元，参数具有明确的物理意义，可以更为准确地描述整个水文过程（Xu et al.，2009）。

杨大文等（2004）将分布式水文模型应用在黄河流域，用来评估流域的水资源量和土地利用变化对水资源量的影响。王光谦等（2006）针对黄土高原坡面产流特点提出的数字黄河流域模型（digital yellow river integrated model，DYRIM）能够较好地模拟天然状态下黄河流域的水沙运动过程，Shi等（2016）用该模型分别模拟了皇甫川流域有无淤地坝两种条件下的降雨-径流过程，认为淤地坝对流域径流减少的贡献率占39%。Jia等（2006）将黄河流域划分为8485个子流域后，运用WEP-L模型对1956~2000年的全流域的水资源进行了动态评价。Cong等（2009）运用GBHM模型模拟了黄河流域的径流变化趋势，认为自20世纪50年代以来人类活动对径流变化的直接影响在不断增强。

SWAT（Soil and Water Assessment Tool）模型作为一个具有很强物理基础、能适用于多种土壤类型的分布式水文模型（王中根等，2003），在黄河流域应用很广泛。Xu等（2009）在4种全球气候模式下，运用SWAT模型模拟了黄河流域源区未来的径流变化。郝振纯等（2013）使用SWAT模型模拟了皇甫川流域1990~2004年的月径流，率定期和验证期纳什效率系数（NSE）分别为0.80和0.66。Li等（2016）在皇甫川流域运用SWAT时耦合了20个骨干淤地坝，衡量了不同时期淤地坝对径流和输沙的作用。

4.2　既有方法预测结果不确定性来源的数学解析

4.2.1　既有水沙预测方法结构类型梳理

流域内降雨产流产沙过程是一个复杂的问题，历来备受水文学者的关注。目前已有诸多学者使用数学模型对地区降雨产流产沙关系进行模拟研究，已提出的水文模型有很多种，各模型在内在机理、输入数据、特征指标、分析模型与预测成果间的差异性、优劣性和认可度等方面均有差异。水沙经验公式呈多样性，本书主要统计了4种不同构成形式下的降雨产流产沙模型。

（1）倍比及线性函数类

诸多研究认为黄土高原地区产流产沙规律复杂，短历时暴雨的产流产沙规律更为复杂，需要更为深入系统的研究，而较长时段的研究变量更能简单精准地表示水沙关系。倍比函数公式将径流量、输沙量按降雨要素的倍数关系进行拟合，各经验公式中年降水量（P）是此类水沙公式中最常见的变量，另外使用频率较高的变量还包括多年平均降水量

（$\overline{P}$）、汛期降水量（$P_{汛}$）等。此类公式中主要变量多为大尺度的降水量，多为具有指标特征性强、数据较易获得、数据要求适中、流域适用性强等特点的通用性变量，被广泛应用于水沙统计模型中。但模型受变量单一及率定期选取影响，此类公式在不同研究时度的精度变化性较大。

降雨与水沙之间关系的线性函数同样是常用的经验公式，见表 4-2，此类公式基于降水量与径流量、输沙量的线性关系建立，构成变量大致分为单一变量及多变量量种，单一变量包括 P、$\overline{P}$、$P_{汛}$ 等，多用于固定流域中，多变量以 P、$\overline{P}$、$P_{汛}$ 为主并增加月尺度变量，多用于大范围多流域尺度的研究中。

表 4-2 倍比及线性函数类经验公式

主要构成变量	研究者及年份	应用地区	数据特征及要求	模拟结果
P	贾绍凤和梁季阳（1992）	泾河、汾河和无定河	10 年降水量和径流深数据	残差平方和 S：1219.6 相关系数：0.76 修正相关系数：0.72
P $\overline{P}$ $P_{汛}$	王宏和熊维新（1994）	渭河流域	1954～1970 年水沙资料	复相关系数：0.886
P、$P_{11\sim4}$	康玲玲等（2004）	泾洛渭区	率定期：1955～1985 年 验证期：1986～2002 年	复相关系数：0.90
P、$P_{9\sim12}$	王云璋等（2004）	黄河兰州站以上地区	率定期：1953～1969 年 验证期：1970～2002 年	平均相对误差：8.75%

注：$P_{11\sim4}$ 为 11 月～次年 4 月降水量；$P_{9\sim12}$ 为 9～12 月降水量。

（2）指数函数类

指数函数类的水沙经验公式也被广泛使用，见表 4-3。模型构成变量比较多，此类公式同样适用于具体流域内，数据要求相对较高，部分模型需要对数据进行相关处理后才能进行公式参数拟合。既有研究表明，数据要求较高的指数函数类公式相应地也具有较高的拟合精度，绝对误差、相关系数等精度评价指标下的模拟精度大致都达到 0.9 以上。指数函数类公式适用于数据完整性好的流域。有研究表明降水量与水沙关系呈指数关系，指数函数类的水沙经验公式的运用也得到了广泛认可。

表 4-3 指数函数类水沙统计模型

主要构成变量（X）	研究者及年份	应用地区	数据特征及要求	模拟结果
P	贾绍凤和梁季阳（1992）	泾河、汾河和无定河	10 年降水量和径流深数据	残差平方和 S：1 225.04 相关系数：0.76
	谢平等（2009）	无定河流域	1958～2000 年	绝对误差合格率：92.9%
I_{24}	冉大川（1998）	环江流域 >10 000km²	1970～1989 年水文站两个，雨量站 32 个，资料插补完整性要求高	相关系数：0.93

主要构成变量 (X)	研究者及年份	应用地区	数据特征及要求	模拟结果
$P_汛$	魏霞（2011）	大理河流域	1960~2002 年	相关系数：0.82、0.77
$P_{7~8}$	冉大川（1992）	环江流域	1954~1970 年	相关系数：0.93
P_e、I_e	赵文林（1990）	皇甫川流域	1960~1984 年	

注：I_{24} 为最大 24h 降水量；$P_{7~8}$ 为 7~8 月降水量；P_e 为有效降水量；I_e 为有效雨强。

（3）混合函数类

混合函数类经验模型具有形式多样、构成变量多样等特征，其构成变量包含多尺度下的降水量，此类公式对流域内水沙数据的完整性要求较高，避免影响数据的准确性进而造成拟合误差的增加。多变量的使用能够使此类公式从多角度提取水沙信息，模拟精度也较高。此类公式适用于资料完整性好，可进行多尺度数据处理的研究区，但构成变量多样化使得其通用性较差，在不同研究区中的适用性较其他公式差，可能存在需要进行构成变量更换的情况。其统计情况见表4-4。

表4-4　混合函数类水沙统计模型

模型形式	主要构成变量	研究者及年份	应用地区	数据特征及要求	模拟精度
$W=AP^B+C$ $S=AP_汛^B(P_{7~8}/P_{6~9})$	P、$P_汛$	汤立群和陈国祥（1999）	大理河流域黄土丘陵沟壑区	率定：1959~1964 年 验证：1959~1969 年	相关系数：>0.9
$W=AX^mY^n$	P、$P_汛$、 $P_{7~8}$、I_1、I_{30}	冉大川（1992）	环江流域	1954~1970 年	相关系数：0.79
$W=A \cdot P_汛^B \cdot (P_汛/P)^C$	P、$P_汛$	汪岗和范昭（2002a，2002b）			

注：W 为洪量；S 为输沙量；A、B、C、m、n 为模型参数；$P_{6~9}$ 为 6~9 月降水量；I_1 为流域最大 1 日平均雨强；I_{30} 为流域最大 30 日平均雨强。

以上既有降雨–水沙经验公式分析表明，降雨–水沙经验公式在形式、构成变量、数据要求、模拟精度等方面均具有多样性，并无固定的输入要求，由此导致水沙模拟的输出亦具有差异性，且以上各经验公式采用不同精度的评价指标拟合结果评价，这更加重水沙模拟的不确定性。本书收集整理了多篇既有研究在使用不同精度评价指标下的预测结果误差范围及可信度数据，通过绘制箱线图进行既有方法的精度分析，见图4-2。

由图4-2可得，纳什系数（Nash-Sutcliffe efficiency coefficient，NSE）、相关系数（R）、Re、决定性系数（R^2）、均方根误差（root mean square error，RMSE）、置信区间覆盖率（CR）等指标的数值较小，小于 1，而置信区间平均带宽（B）、置信区间平均偏移度（D）等指标的计算数值较大，从数十到几百不等；小数值指标均值除 Re 为 0.0~0.1 外，其他多为 0.7~0.8，大数值指标均值特性不宜判断；另外，NSE、R 和 R^2 相比 Re、RMSE、CR 具有更小的变化范围，表明以 NSE、R、R^2 等指标进行精度计算时的误差范围更小、可信度更高，而其他指标反之。

以上结果表明，用不同模型评价指标得到的模型精度准确性不同，因此建立多指标、

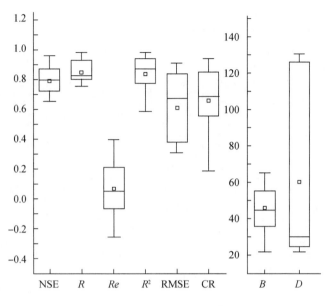

图4-2　既有方法的精度、可信度比较

系统性的模型精度评价体系是十分必要的。

4.2.2　水沙预测结果荟萃（meta）分析

大量学者认为，黄河中游的水土保持从 1950 年已经开始开展，但是规模较小，自 1980 年之后，水土保持工程及措施大面积实施，规模更大并且速度更快，所以将 1979 年之前（水土保持工程和人类活动较少）作为本书的对照组，将 1980 年之后作为本书的实验组，将对照组/实验组作为效应比。meta 分析将多个研究的效应值合并（只有同质的资料才能进行效应值的合并）得到结合效应值，通常采用卡方检验判断其异质性，异质性的结果 $p>0.05$ 时，可认为多个同类研究具有同质性，可选用固定效应模型计算结合效应值；当异质性的结果 $p<0.05$，可认为多个研究的结果具有异质性，可选择随机效应模型计算结合效应值。

人类活动对径流的影响因素很多，综合文献后发现，径流的影响因素主要是不同土地利用的变化，不同土地利用类型一般分为耕地、草地、林地与建设用地，建设用地一般多在城市中。综合黄土高原实际，本书选取林地、草地、坝地三种土地利用类型的面积数据与多年平均径流量数据来进行 meta 分析，共选择了 10 组数据，如表4-5 所示。

表4-5　不同土地利用面积与径流量的数据表

研究	参考文献	event. e	event. c	坝地		林地		草地	
				n. e	n. c	n. e	n. c	n. e	n. c
JX	Xu（2013）	15. 15	12. 84	726. 70	1 861. 80	741. 01	3 431. 66	46. 70	206. 83
ZGKY	Gao 等（2012）	7. 25	4. 26	34. 00	156. 00	34. 33	83. 05	612. 30	3 664. 50

研究	参考文献	event. e	event. c	坝地		林地		草地	
				n. e	n. c	n. e	n. c	n. e	n. c
ZGJL	Gao 等（2012）	0.94	0.45	48.70	146.00	32.90	122.70	47.30	141.50
ZGQQ	Gao 等（2012）	1.45	1.37	148.00	465.50	47.23	153.60	30.30	265.00
ZGY	Gao 等（2012）	2.20	2.08	163.70	397.50	49.60	224.95	71.70	202.50
ZGTW	Gao 等（2012）	4.29	2.98	30.00	133.00	14.37	56.00	78.70	331.00
ZGWS	Gao 等（2012）	0.83	0.58	5.30	13.50	20.07	66.45	17.30	116.50
ZGSW	Gao 等（2012）	0.35	0.32	18.70	43.50	14.56	69.85	8.00	383.50
WG	Wang 等（2008）	2.51	1.79	100.60	347.00	123.53	798.30	110.40	287.20
LJL	Li 等（2007）	43.49	32.01	597.50	1 872.50	1 963.85	9 712.04	350.50	868.75

注：event. e 为变更前径流量（亿 m^3），n. e 为变更前坝地（林地、草地）面积（$10^3 m^2$），event. c 为变更后径流量（亿 m^3），n. c 为变更后坝地（林地、草地）面积（$10^3 m^2$）。

JX：ZGKY、ZGJL、ZGQQ、ZGY、ZGTW、ZGWS、ZGSW、WG、LJL 分别对应河龙区间、窟野河、佳芦河、清涧河、延河、秃尾河、仕望川、云岩河、三川河、无定河流域。

不同土地利用与径流量的 meta 分析结果如图 4-3 所示。

异质性检验得到坝地面积指标的 p 值为 0.954（大于 0.05），同质性较好，故采用固定效应模型计算结合效应值，meta 分析结果比值比（OR）= 4.22，95% 置信区间（CI）为 [2.73，6.51]；草地面积指标的 p 值为 0.877（大于 0.05），同质性较好，也采用固定效应模型计算结合效应值，结果是 OR = 5.44，95% CI 为 [3.47，8.53]；林地面积指标的 p 值为 0.996（大于 0.05），同质性较好，也采用固定效应模型计算结合效应值，结果是 OR = 6.7，95% CI 为 [4.44，8.85]。坝地、草地和林地不同土地利用指标的 R 值分别为 4.22，5.44，6.27，均大于 1，说明土地利用类型的变化会对径流量产生负效应的影响，当土地利用面积增加时，径流量随之减少。对不同土地利用类型的面积与径流量之间的 meta 分析进行漏斗图（图 4-4）分析。

由不同土地利用类型的面积与径流量的漏斗图可以发现坝地、林地和草地的漏斗图左右对称，故认为不存在偏倚，meta 分析结果可信。相比三种地类土地利用面积与径流量的结合效应值，表现为林地>草地>坝地，表明从土地利用对径流量的影响程度上来说，林地最高，草地次之，坝地最低。

综上所述，在人类活动中，不同的土地利用类型的面积变化均对径流量产生负效应，即当土地利用面积增加时，径流量随之减少，其中从土地利用对径流量的影响程度上来说，林地最高，草地次之，坝地最低。

4.2.3 水沙变化趋势预测成果的差异辨析

黄河水沙变化预测成果直接关系到黄河治理开发方略制定，因此，各时段均有国家计划课题资助开展相关研究，这些研究取得了相应条件下的预测结果，如表 4-6 所示，各时段的预测方法与基准期的预测方法基本一致，但 2020 年前后及未来 50 年各时段的泥沙预

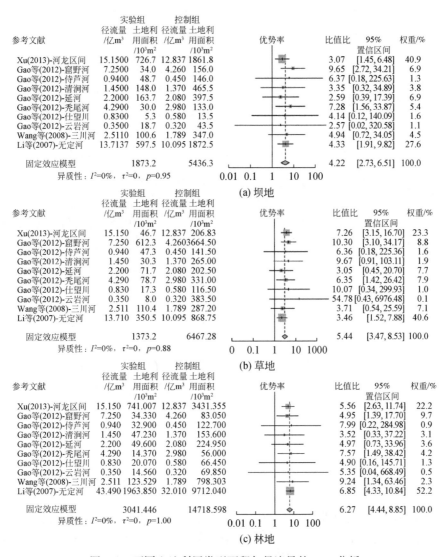

图 4-3 不同土地利用类型面积与径流量的 meta 分析

测值差异显著。20 世纪 80 年代后期至 90 年代末，两期"黄河水沙变化研究基金"和三期"水土保持科研基金"研究结果显示 1970~1979 年、1980~1989 年、1990~1996 年黄河中游水土保持（简称水保）、水利措施总减沙量分别是 4.89 亿 t、6.17 亿 t、6.13 亿 t（冉大川，2006）。"八五"国家重点科技项目（攻关）计划"黄河治理与水资源开发利用"预测表明 2020 年黄河流域多沙粗沙区在丰、平、枯三个水年下的输沙量分别为 20.52 亿 t、10.31 亿 t、5.44 亿 t。"十一五"国家科技支撑计划项目"黄河流域水沙变化情势分析与评价"预测 2030 年和 2050 年花园口站年来水量、输沙量可能分别为 236 亿~244 亿 m³、8.61 亿~9.56 亿 t 和 234 亿~241 亿 m³、7.94 亿~8.66 亿 t（姚文艺等，2013）。"十二五"国家科技支撑计划项目"黄河水沙调控技术研究及应用"预测在黄河古贤和泾河东庄水库拦沙期结束前，黄河中游潼关站来沙量在 2030~2050 年为 0.7 亿~1.0 亿 t；在古

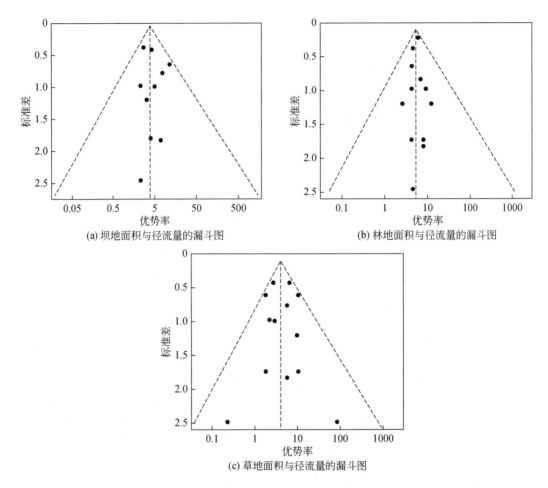

(a) 坝地面积与径流量的漏斗图　　　　　(b) 林地面积与径流量的漏斗图

(c) 草地面积与径流量的漏斗图

图 4-4　不同土地利用类型的面积与径流量的漏斗图

贤和泾河东庄水库在拦沙期结束，2060 年以后，潼关站年均来沙量将恢复并维持在 4.5 亿～5 亿 t；如果黄河主要产沙区普降高强度暴雨，且该降雨情景发生在"泾河流域连续干旱 11 年"之后，潼关站来沙量甚至可达到 16 亿 t（刘晓燕等，2016）。2013 年国务院批准的《黄河流域综合规划（2012—2030 年)》报告指出：相对于黄河 16 亿 t 泥沙和 426 亿 m³ 水量，2020 年和 2030 年入黄泥沙年平均减少量分别为 5 亿～5.5 亿 t 和 6 亿～6.5 亿 t，年平均减水量分别为 15 亿 m³ 和 20 亿 m³；即使经过长时期治理，2050 年前后入黄泥沙年平均减少量为 8 亿 t 左右[1]。2014 年，由水利部黄河水利委员会和中国水利水电科学研究院共同完成的"黄河水沙变化研究"表明在黄河古贤水库投入运用后，未来 2050～2070 年黄河潼关站年均径流量为 210 亿～220 亿 m³，年均输沙量为 3 亿～5 亿 t[2]。

---

[1]　见水利部黄河水利委员会，2013。
[2]　见水利部黄河水利委员会，2014。

表 4-6 不同时段黄河沙量预测结果对比

项目	基准期	预测沙量/亿 t			预测区域（控制站）	预测方法
		2020 年	未来 30～50 年	未来 50～100 年		
"八五"国家重点项目（攻关）计划	1919～1970 年	5.4～20.5	—	—	多沙粗沙区（龙门站）	水文法、水保法
"十一五"科技支撑课题	1919～1959 年	9.9	7.9～8.6	—	黄河上中游（花园口站）	SWAT 模型
		5.3	6.6～7.5	—		水保法
"十二五"国家科技支撑计划项目	1919～1959 年	2.6～4.6	0.7～1.0（古贤、泾河东庄水库拦沙期结束前）	4.5～5.5（古贤、泾河东庄水库拦沙期结束后）	黄河上中游（潼关站）	遥感水文模型
《黄河流域综合规划（2012～2030 年）》	1919～1959 年	10.5～11.0	9.5～10.0	8.0	黄河上中游（潼关站）	水文法、水保法
"黄河水沙变化研究"	1919～1959 年	—	3.0～5.0（古贤水库建成使用）	5.0～7.0	黄河上中游（潼关站）	水文法、水保法

由表 4-6 可见，2020 年及未来 50 年各时段的泥沙预测值差异都很显著。根据水文站实测数据可明晰近期黄河沙量的预测值在 1 亿 t 左右更贴近实际，而未来 50 年的三类（《黄河流域综合规划（2012—2030 年)》、"十二五"国家科技支撑计划项目、"黄河水沙变化研究"）预测结果分别为 8 亿 t/a、5 亿 t/a 和 3 亿 t/a，则仍需科学评估以确定最可能接近实际的值。表 4-6 可中各时段的预测方法与基准期的预测方法基本一致，那么预测结果差异为何如此之大？

首先，各阶段对流域生态–地貌–水文耦合系统的过程、机理及互馈机制等认知不一，且目前仍有许多仅局限于定性认识而难于定量表述，表现为越早期的预测越偏离实际。例如，随着流域下垫面覆被的变化，坡面微地形与土壤结构随之变化，坡面的产汇流和流域的水沙关系也可能发生变化，那么用传统的水文法预测水沙变化趋势必然出现偏差。其次，影响流域水沙变化的各措施在较为宽泛的时空尺度上协同演化与协同驱动，其群体效应难于定量表达与计算，而水保法中各措施的减蚀作用只是在小区单项措施监测结果的基础上，直接上推至流域尺度并通过分类计算后的线性叠加来测算各措施的减水减沙效应，无法通过线性计算定量表达措施的耦合作用，也忽略各措施间的群体效应。

另外，评价方法、技术本身存在天然缺陷，使水沙变化趋势预测失去可信的理论基础。以水文法为例，径流量受降水量和人类活动影响，其函数关系如下：

$$Q = f(P, H) \tag{4-73}$$

式中，Q 为径流量；P 为降水量；H 为人类活动影响。

对式（4-73）作泰勒展开得到式（4-74）：

$$Q = Q_0 + \frac{\partial Q_0}{\partial P_0}\Delta P + \frac{\partial Q_0}{\partial H_0}\Delta H + \frac{1}{2!}\left[\frac{\partial^2 Q_0}{\partial P_0^2}(\Delta P)^2 + 2\frac{\partial^2 Q_0}{\partial P_0 \partial H_0}\Delta P \Delta H + \frac{\partial^2 Q_0}{\partial H_0^2}(\Delta H)^2\right]$$
$$+ O\left[(\Delta P)^2 + (\Delta H)^2\right] \tag{4-74}$$

式中，$\frac{\partial^2 Q_0}{\partial P_0^2}(\Delta P)^2$ 和 $\frac{\partial^2 Q_0}{\partial H_0^2}(\Delta H)^2$ 分别为降水量变化 ΔP 和人类活动影响变化 ΔH 的非线性

项；$2\dfrac{\partial^2 Q_0}{\partial P_0 \partial H_0}\Delta P\Delta H$ 为降水量变化 ΔP 和人类活动影响变化 ΔH 的耦合作用项；$O[(\Delta P)^2 + (\Delta H)^2]$ 为高阶（二阶以上）偏导项。

忽略式（4-74）中二阶及二阶以上偏导项和混合偏导项后的评价措施效应的水文法表达式为

$$\Delta Q = Q - Q_0 \approx \frac{\partial Q_0}{\partial P_0}\Delta P + \frac{\partial Q_0}{\partial H_0}\Delta H \tag{4-75}$$

显然，所有水文法均为剔除非线性项的近似计算，其剔除非线性项（包括措施耦合作用）的影响。而水保法更是单因素线性函数在结果上的统计，其计算结果的不确定性和误差来源更为宽广。特别是，水文法和水保法都无法统筹考虑所有影响因素，且减水减沙指标的选择及其指标的统计来源和统计方法等存在差别，所以计算结果的差异就不可避免。水文过程模型虽较为细致地刻画生态水文过程，但同样因参数的概化表达、参数的尺度变异、参数统计来源等，模拟结果存在不确定性。

同时，影响因素在不同尺度的驱动作用存在变异性，黄土高原治理格局的调整与治黄策略的变化均影响预测条件，此时的驱动机制数学表达正确，而彼时因自然条件的改变而出现偏差；且气候和社会经济结构变化及水利水保工程的规划实施存在不确定性，直接影响预测时设定的情景条件是否合理，这都对结果产生深远影响。科学、合理的趋势预测，需在社会、经济、气候变化、宏观政策等综合分析基础上，借助新的理论与方法进行科学评估。

4.2.4 水沙变化归因分析的误差来源数学解析

4.2.4.1 水文法

如式（4-75）所示，所有水文法均为剔除非线性项的近似计算，水文法的误差来源于近似计算水沙变化量删减的耦合作用项和高阶项，表现是水沙函数的精度。如图4-5所示，水文法和物理过程模型模拟精度的差别表现为：①高阶项的处理，水文法将非线性项（包括措施耦合作用）等剔除，而物理过程模型是水沙运移各类过程概化成函数通过水文汇流单元严格嵌套；②时间精度的影响，水文法是过程函数在年尺度（或季节尺度）的平均，而物理过程模型可设计不同步长，既可刻画场次，又可刻画月、季、年等各尺度机理过程；③空间精度的影响，水文法描述的水沙过程是在流域尺度的一次线性函数，而物理过程模型是基于河网的子流域单元水沙函数多级嵌套。

4.2.4.2 水保法

采用水保法计算不同水保措施减水减沙量的数学表达及过程描述在过程上没有严格物理意义，其计算结果误差来源相对于水文法和物理过程模型更加广泛。如图4-6所示，水保法计算结果误差来源相对于物理过程模型更加分散，表现在：①各种坡面产沙函数的统计误差；②忽略沟谷冲刷和沟道淤积带来的误差；③淤地坝减沙量计算中淤地坝库容函

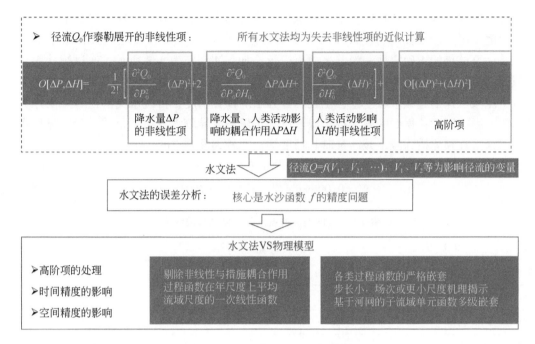

图 4-5 水文法误差来源解析示意图

数、溃坝概率、溃坝后泥沙输移量等没有数学表达及过程描述；④泥沙在流域河网中的冲淤被忽略；⑤直接累加坡面措施和沟道措施产生的减沙量，忽略措施耦合作用。

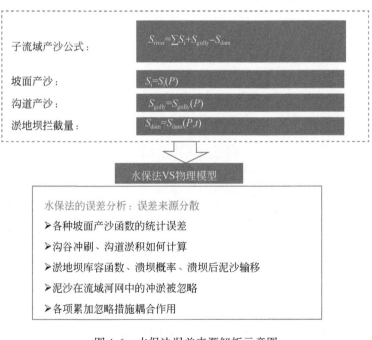

图 4-6 水保法误差来源解析示意图

S_{river} 为流域总产沙；S_i 为坡面产沙；i 为坡面序号；S_{gully} 为沟道产沙量；

S_{dam} 为淤地坝拦截沙量；P 为降水量；t 为时间

综上所述，水文法和物理模型都是对真实函数的模拟，差别在于输入参数数量、参数耦合程度及函数能表征的时空尺度大小不同，而水保法是单因素线性函数在结果上的统计，其计算结果的不确定性和误差来源更广泛。如表4-7与表4-8所示，通过统计大理河流域不同措施量，分别构建水文法计算公式［式（4-76）和式（4-77）］，并根据水保法计算了流域水保措施减水减沙量，比较两种方法的计算精度，传统水文法仅将降雨作为径流和泥沙影响因素，得到的减水量、减沙量与水保法差异较大，特别是减沙量。显然水文法和水保法在预测措施减水减沙量时其精度均存在较大改进空间。

$$W = 0.0054 P_1^{-0.7442} \cdot P_2^{-1.0033} \cdot P_a^{3.9847} \tag{4-76}$$

$$W_s = 0.0036 P_1^{0.1441} \cdot P_2^{-0.5429} \cdot P_a^{2.6959} \tag{4-77}$$

表 4-7　大理河流域各水保措施年均减水量　　　　（单位：万 m³）

时段	水保法					水文法
	水平梯田	林地	草地	淤地坝	总量	
20 世纪 60 年代	7	200	12	392	611	—
20 世纪 70 年代	21	355	29	1944	2349	121
20 世纪 80 年代	37	845	56	2568	3506	6446
20 世纪 90 年代	69	1376	62	2635	4142	1427
21 世纪前 10 年	130	1385	55	2032	3602	934
1970 ~ 2009 年	64	991	50	2295	3400	2232

表 4-8　大理河流域各水保措施年均减沙量　　　　（单位：万 t）

时段	水保法					水文法
	水平梯田	林地	草地	淤地坝	总量	
20 世纪 60 年代	17	52	5	162	236	—
20 世纪 70 年代	51	92	12	804	959	2506
20 世纪 80 年代	90	219	23	1061	1393	4433
20 世纪 90 年代	170	356	25	1089	1640	2714
21 世纪 00 年代	320	358	22	840	1540	2854
1970 ~ 2009 年	127	212	17	942	1298	3127

4.2.4.3　弹性系数法原理解析

黄河流域水沙变化趋势集合评估时运用经验类模型最多，这类方法通过选取流域内主要水文变量，基于统计方法建立回归模型，经验性较强。目前通过数学推导完成了对经验模型的统一性分析，证明了各类经验模型都是对降水-径流关系做不同近似处理所得。本书以皇甫川流域径流量预测为例，分析弹性系数法和水文法在原理上是否等价。

对于研究流域，令径流关系式为 $R=f(P,E_0,m,x,y,\cdots)$。式中，R 为径流深，mm；P 为降水量，mm；E_0 为潜在蒸散发量，mm；m 为下垫面条件参数，无量纲；$x,y,\cdots$ 均为其他影响因素。当检验出径流量具有显著变化的趋势和突变点时，通常把研究时段划分为基准期 T_1 和人类活动影响期 T_2，分别用多维空间中的点 $T_1=((P_1,E_{01},m_1,\cdots),R_1)$ 和点 $T_2=((P_2,E_{02},m_2,\cdots),R_2)$ 来表示这两个时段的流域特征，如图 4-7 所示，当流域径流量由点 T_1 移动到点 T_2，径流的实际变化量为

$$\Delta R = R_2 - R_1 \tag{4-78}$$

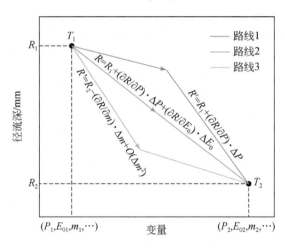

图 4-7　不同贡献率计算方法示意图

由径流关系式可知径流量的变化是由 P、E_0、m 等因素的变化引起的。常用的径流量变化归因分析方法有水文法、双累积曲线法、径流系数法、弹性系数法、decomposition method 等方法，图 4-7 对上述方法进行梳理分类。其中，R' 表示人类活动影响期的计算径流量。

路线 1 的移动方式：先由点 $T_1=((P_1,E_{01},m_1,\cdots),R_1)$ 移动到点 $((P_2,E_{01},m_1,\cdots),R')$，该过程中径流量变化由气候变化导致，并且只考虑降水的影响作用；再移动到点 $T_2=((P_2,E_{02},m_2,\cdots),R_2)$，该过程产生的径流量变化由人类活动导致。水文法、双累积曲线法、Sankarasubramanian 等（2001）提出的非参数估计法、Zheng 等（2009）提出的非参数估计法、径流系数法、SCRAQ 等均属于该类方法。

路线 2 的移动方式：先由点 $T_1=((P_1,E_{01},m_1,\cdots),R_1)$ 移动到点 $((P_2,E_{02},m_1,\cdots),R')$，该过程产生的径流量变化由气候变化导致，同时考虑降水和潜在蒸散发的影响作用，但只考虑一阶偏导项的影响；再移动到点 $T_2=((P_2,E_{02},m_2,\cdots),R_2)$，该过程产生的径流量变化由人类活动导致。基于物理过程的水文模型区分法，7 种基于 Budyko 假设的弹性系数法及 Milly 和 Dunne（2002）提出的敏感性分析方法均属于该类方法。

路线 3 的移动方式：先由点 $T_2=((P_2,E_{02},m_2,\cdots),R_2)$ 移动到点 $((P_2,E_{02},m_1,\cdots),R')$，该过程产生的径流量变化由人类活动导致；再移动到点 $T_1=((P_1,E_{01},m_1,\cdots),R_1)$，该过程产生的径流量变化由气候变化导致，同时考虑降水和潜在蒸散发的影响作用。基于

Budyko 假设的不同形式水热耦合平衡方程的 decomposition method（Wang et al.，2011）属于该类方法。

路线 1 类的方法未考虑蒸散发量的变化对径流量的影响，而皇甫川流域内蒸散发量在减小，对径流量减小的贡献率为负，因而路线 1 类的方法在皇甫川流域计算气候变化对径流量变化的贡献率结果偏大；路线 2 类的方法同时考虑降水和蒸散发两种气候因子的变化作用，但只考虑到一阶偏导项的影响；路线 3 类的方法在路线 2 的基础上考虑高阶偏导项的影响，结果的精度得到提高。

（1）归因分析方法中存在的问题

在基于 Budyko 假设的水热耦合平衡法中，假设径流量主要受降水量 P、潜在蒸散发量 E_0 和下垫面条件参数 m 三个独立变量影响，其中，基准期和人类活动影响期的多年平均径流深分别为 R_1 和 R_2。对径流量 R 方程进行全微分后，可以把径流的变化量 $\Delta R'$ 分解为式（4-79）中的三项。其中，前两项代表由气候变化导致的径流变化量 ΔR_{clim}，最后一项代表由人类活动作用导致的径流变化量 ΔR_{hum}。

$$\Delta R' = \frac{\partial R}{\partial P}\Delta P + \frac{\partial R}{\partial E_0}\Delta E_0 + \frac{\partial R}{\partial m}\Delta m \tag{4-79}$$

用 R_2 减去 R_1 后得到的结果 ΔR 表示径流深的实际变化量，与式（4-80）求得的 $\Delta R'$ 并不相等。究其原因，是式（4-80）的全微分形式只保留因变量对自变量的一阶偏导项，而忽略二阶和更高阶偏导项，从而造成误差。而泰勒展开的一大特点是展开式保留的偏导项阶数越高，展开式和原函数越接近。本书尝试对径流关系式的泰勒展开式保留更高阶偏导项，以减小展开式和原函数之间的误差，从而更为准确地区分出各项因素的贡献率。

现有的处理方法只求出降水 - 径流关系式对自变量的一阶偏导，从而求出弹性系数。事实上，该一阶偏导的数值形式已经比较复杂，鲜有学者对二阶甚至更高阶的偏导形式做研究。Yang 等（2014）对降水量的二阶偏导的研究表明当降水量 P 增加时，一阶偏导形式低估降水的贡献率；当降水量 P 减少时，一阶偏导形式高估降水的贡献率。在降水量变化率为 10% 的条件下，约有 3% 的平均误差和 20% 的最大误差。该研究假设潜在蒸散发量 E_0 恒定，并且径流量对降水量的一阶偏导和二阶偏导均为估计值，因而存在一定的局限性。

（2）对归因分析方法的改进

对径流关系式 $R = f(P, E_0, m)$ 进行泰勒展开，得到保留至一阶偏导项、二阶偏导项和三阶偏导项三种情况时计算径流变化量的公式。径流关系式的泰勒展开式如下：

$$f(P+\Delta P, E_0+\Delta E_0, m+\Delta m)$$

$$= f(P, E_0, m) + \left(\Delta P\frac{\partial}{\partial P} + \Delta E_0\frac{\partial}{\partial E_0} + \Delta m\frac{\partial}{\partial m}\right)f(P, E_0, m)$$

$$+ \frac{1}{2!}\left(\Delta P\frac{\partial}{\partial P} + \Delta E_0\frac{\partial}{\partial E_0} + \Delta m\frac{\partial}{\partial m}\right)^2 f(P, E_0, m) \tag{4-80}$$

$$+ \frac{1}{3!}\left(\Delta P\frac{\partial}{\partial P} + \Delta E_0\frac{\partial}{\partial E_0} + \Delta m\frac{\partial}{\partial m}\right)^3 f(P, E_0, m) + \cdots$$

保留至一阶偏导项后的径流变化量计算公式为式（4-79），保留至二阶偏导项后的径流变化量表示为

$$
\begin{aligned}
\Delta R'' = \Delta R' &+ \frac{\partial^2 R}{\partial P^2}\frac{(\Delta P)^2}{2!} + \frac{\partial^2 R}{\partial E_0^2}\frac{(\Delta E_0)^2}{2!} \\
&+ \frac{\partial^2 R}{\partial m^2}\frac{(\Delta m)^2}{2!} + \frac{\partial^2 R}{\partial P \partial E_0}\Delta P \Delta E_0 \\
&+ \frac{\partial^2 R}{\partial P \partial m}\Delta P \Delta m + \frac{\partial^2 R}{\partial E_0 \partial m}\Delta m \Delta E_0
\end{aligned}
\tag{4-81}
$$

由于自变量较多，径流关系式进行泰勒展开后的三阶偏导项较多，本书对数值低于 10^{-1} 的三阶偏导项予以忽略，从而进一步提高精度，将式（4-80）保留至部分三阶偏导项后，径流变化量可近似表示为

$$
\Delta R''' = \Delta R'' + \frac{\partial^3 R}{\partial m^3}\frac{(\Delta m)^3}{3!} + \frac{\partial^3 R}{\partial P \partial m^2}\frac{(\Delta P)(\Delta m)^2}{2} + O(10^{-1})
\tag{4-82}
$$

通过比较 ΔR、$\Delta R'$、$\Delta R''$、$\Delta R'''$ 的数值大小，判断该方法是否确实存在改进之处。

（3） 归因分析方法中高阶偏导项的影响——以皇甫川流域为例

本书中皇甫川流域在两个时段（突变年份 1989 年前后两个时段）的径流实际变化量 ΔR 为 $-32.45\,\text{mm}$，分别采用式（4-79）、式（4-81）和式（4-82）计算得到径流变化量，结果见表 4-9。

表 4-9　皇甫川流域归因分析数值试验结果

泰勒展开偏导项阶数	径流变化量的计算值 ΔR^n/mm			计算值 ΔR^n 和实际值 ΔR 的相对误差/%		
	Fu（1981）提出的公式	Choudhury（1999）提出的公式	Zhang 等（2001）提出的公式	Fu（1981）提出的公式	Choudhury（1999）提出的公式	Zhang 等（2001）提出的公式
$n=1$	−43.51	−43.3769	−61.325	50.2	49.7	111.7
$n=2$	−23.8874	−24.2284	7.0158	17.5	16.4	124.2
$n=3$	−30.3058	−30.1858	−69.0968	4.6	4.2	138.5

表 4-9 中相对误差和泰勒展开偏导项阶数的拟合关系如图 4-8 所示，随着泰勒展开偏导项阶数的提高，Fu（1981）和 Choudhury（1999）提出的公式计算的径流变化量的精度有显著的提升，而 Zhang 等（2001）提出的公式计算的径流变化量并没有收敛到实际径流变化量，猜测是因为该拟合关系式和实际径流变化量的关系式的形式有所差别，该拟合关系式只能保证函数值和低阶偏导数相等，而不能确保高阶偏导数的正确性；而 Fu（1981）和 Choudhury（1999）提出的拟合公式能保证各阶偏导数和实际径流变化量相近。

此外，对于不同计算人类活动对径流变化贡献率的方法，若对径流变化量的计算公式泰勒展开至高阶偏导项，其计算结果也将会保持一致。

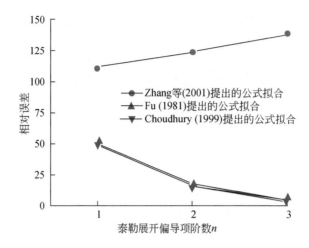

图4-8　皇甫川流域径流变化量计算的相对误差与泰勒展开偏导项阶数的拟合关系

4.3　典型流域水沙变化预测结果的不确定性解析

本书以皇甫川流域（图4-9）为典型流域，讨论不同分析方法带来的预测结果的不确定性。

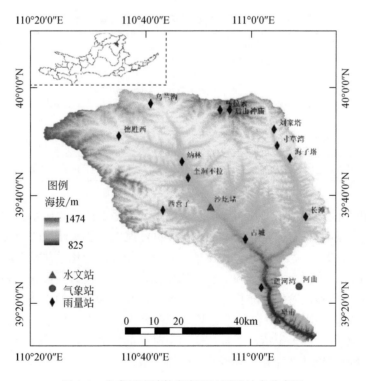

图4-9　皇甫川流域数字高程地图及站点分布图

本书收集了皇甫川流域内分布较为均匀的 15 个雨量站（其中，皇甫站和沙圪堵也是水文站）的降水量数据。流域内第一个雨量站皇甫站设立于 1954 年，雨量站在 1966 年增至 6 个，1976 年达到 10 个，流域内的雨量资料已经较为完整，各站点的详细信息见表 4-10。降水量观测数据来源于《黄河流域水文年鉴》，通过反距离权重法（inverse distance weight，IDW）计算流域 1954～2015 年的年均降水量。针对流域出水口皇甫站，本书从《黄河流域水文年鉴》中收集了该站点 1954～2015 年完整的日径流量数据和日输沙量数据。流域的年径流深序列、年输沙量序列和年均降水量序列如图 4-10 所示。从图 4-10 可以粗略地看出年输沙量和年径流深有减小的趋势，年降水量的趋势变化不明显。此外，年输沙量大的年份对应的年降水量通常也较大，但不是所有降水量大的年份对应的输沙量都较大，这表明还有除降水外的其他因素影响流域的输沙量。

表 4-10 皇甫川流域雨量站和水文站一览表

序号	站名	站点编号	经度/(°E)	纬度/(°N)	资料年份	缺测年份
1	乌兰沟	40623350	110.68	39.95	1973～2015	2005
2	乌拉素	40623400	110.9	39.93	1977～1990	—
3	后山神庙	40623450	110.93	39.93	1982～2015	1991～2005
4	德胜西	40623500	110.58	39.85	1976～2015	2005
5	纳林	40623550	110.78	39.77	1965～2012	1990、2005、2007
6	奎洞不拉	40623600	110.80	39.72	1978～2015	1991～2005
7	沙圪堵	40623650	110.87	39.63	1959～2015	1971～2005
8	西营子	40623700	110.72	39.62	1976～2015	2005
9	古城	40623750	110.98	39.53	1976～2015	—
10	刘家塔	40623800	111.07	39.87	1977～2015	—
11	寸草湾	40623850	111.08	39.82	1977～1978	—
12	海子塔	40623900	111.12	39.78	1966～2015	—
13	长滩	40623950	111.17	39.6	1966～2015	1977、2005
14	二道河湾	40624050	111.03	39.38	1960～2015	1962
15	皇甫	40624100	111.08	39.28	1954～2015	—

4.3.1 水文序列突变分析方法

4.3.1.1 数据插值方法

空间插值采用反距离权重法，该方法以两点之间距离的反比作为权重对整个空间进行插值，可以求出降水量等变量在全流域的分布，在水文气象领域应用较为广泛。月值时间序列缺失值的插值处理：当某一单独年份的年值存在而月值数据缺失时，首先将与之相邻两个年份的月值取平均值，得到该年份的初步月值序列；再用该年份的实测年值进行修正，

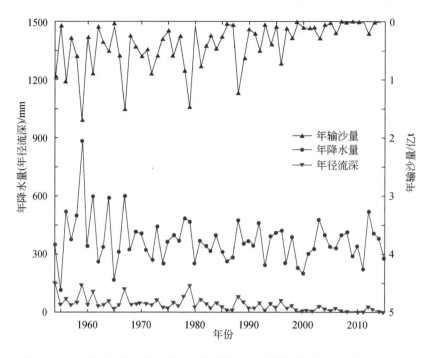

图 4-10　皇甫川流域年降水量、年径流深、年输沙量序列（1954～2015 年）

将上述得到的初步月值序列乘以一个系数，使得到的月值序列之和与实测年值保持一致。这种处理方法的依据是假设降水量分布在年值序列上具有连续性，并保证年值不变性。

当连续年份的月值序列缺失时（年值存在），选取研究期内与该缺失年份年值最接近的年份的月值序列，用该月值序列来代替缺失年份的月值序列，同时将其乘以一个系数确保该缺失年份的月值序列之和与实测年值保持一致。本书运用上述时间序列的插值方法补充降水量和输沙量的月值序列缺失的数据。

4.3.1.2　M-K 趋势检验法

M-K 趋势检验法是最早由 Mann（1945）提出，并由 Kendall（1975）进行改进的一种非参数式趋势检验方法，该方法被广泛应用于评估水文气象序列的变化趋势（Gao et al., 2016a）。

对于时间序列 $X = \{x_t, t = 1, 2, \cdots, n\}$，当序列满足独立同分布时，构造统计量 S 如下：

$$S = \sum_{i=1}^{n-1} \sum_{j=i+1}^{n} \text{sgn}(X_j - X_i) \tag{4-83}$$

其中，n 为时间序列 X 的长度；sgn 为符号函数，其定义如下：

$$\text{sgn}(\theta) = \begin{cases} 1, & \theta > 0 \\ 0, & \theta = 0 \\ -1, & \theta < 0 \end{cases} \tag{4-84}$$

当 $n \geq 8$ 时，近似认为统计量 S 服从正态分布，其均值 $E(S) = 0$，方差为

$$\text{Var}(S) = n(n-1)(2n+5)/18 \tag{4-85}$$

构造标准化统计量 Z，公式如下：

$$Z = \begin{cases} (S-1)/\sqrt{\mathrm{Var}(S)}, & S>0 \\ 0, & S=0 \\ (S+1)/\sqrt{\mathrm{Var}(S)}, & S<0 \end{cases} \tag{4-86}$$

式中，当 Z 为正值时，表示序列 X 有增大趋势；当 Z 为负值时，表示序列 X 有减小趋势。对统计量 Z 做正态检验，显著性检验水平 α 为 0.1、0.05、0.01 时的检验临界值 $Z_{1-\alpha/2}$ 分别为 1.28、1.96、2.32。

时间序列变化趋势的大小可以运用非参数式斜率的中值 β 来衡量，该方法由 Sen（1968）提出并由 Hirsch 等（1982）对其进行改进，β 值的计算如下：

$$\beta = \mathrm{median}\left(\frac{X_i - X_j}{i-j}\right) \tag{4-87}$$

式中，$1<j<i<n$。值为正 β 时，表示序列 X 有上升的趋势；β 为负值时，表示序列 X 有下降趋势。此外，β 的绝对值大小反映趋势变化的程度。

4.3.1.3　Pettitt 突变点检验法

Pettitt 突变点检验法是由 Pettitt（1979）提出的一种非参数式序列突变点的检验方法，对于时间序列 $X=\{x_t, t=1,2,\cdots,n\}$，构造秩序列 $U_{t,n}$ 如下：

$$U_{t,n} = U_{t-1,n} + \sum_{j=1}^{n} \mathrm{sgn}(X_t - X_j),\ t=2,3,\cdots,n \tag{4-88}$$

式中，sgn 为符号函数，其定义同式（4-84）。当统计量 U_t 大于 385.9 时，该统计量通过 0.05 的显著性水平检验；当 U_t 大于 462.4 时，该统计量通过 0.01 的显著性水平检验。

Pettitt 检验法的零假设认为序列没有突变点。如果时间序列在某一年出现突变，则统计量 $U_{t,n}$ 取到最大值 $K_{t,n}$。该方法 p 值的计算见式（4-90）。

$$K_{t,n} = \max_{1\leq t\leq n} |U_{t,n}| \tag{4-89}$$

$$p \cong 2\exp(-6K_{t,n}/n^3+n^2) \tag{4-90}$$

4.3.1.4　M-K 突变点检验法

M-K 突变点检验方法也可以用来检验时间序列的突变点的存在，对于时间序列 $X=\{x_t, t=1,2,\cdots,n\}$，构造秩序列 s_k 如下：

$$s_k = \sum_{i=1}^{k} r_i,\ k=2,3,\cdots,n \tag{4-91}$$

式中，

$$r_i = \begin{cases} 1, X_i>X_j \\ 0, \text{其他} \end{cases},\ j=1,2,\cdots,i \tag{4-92}$$

秩序列 s_k 代表前序数值 x_i 小于后序数值 x_j 情况的总次数。构造标准化统计量 UF_k 如下：

$$\mathrm{UF}_k = \frac{[s_k - E(s_k)]}{\sqrt{\mathrm{Var}(s_k)}},\ k=1,2,\cdots,n \tag{4-93}$$

式中，$UF_1 = 0$；$E(s_k)$ 和 $Var(s_k)$ 分别为 s_k 的均值和方差，可分别通过式（4-94）和式（4-95）计算：

$$E(s_k) = \frac{n(n+1)}{4}, \quad k = 2, \cdots, n \tag{4-94}$$

$$Var(s_k) = \frac{n(n-1)(2n+5)}{72}, \quad k = 2, \cdots, n \tag{4-95}$$

统计量 UF_k 服从标准正态分布，它是由时间序列 X 按顺序计算出来的一个序列。对于给定的显著性水平 α，通过比较 UF_k 和其检验临界值 $U_{\alpha/2}$、$U_{1-\alpha/2}$ 的大小，判断水文序列有无显著的变化趋势。

再对时间序列 X 的逆序列 $\{x_n, x_{n-1}, \cdots, x_1\}$ 重复上述计算过程，得到相应的统计量记为 $UB_k(k = n, n-1, \cdots, 1)$，且有 $UB_1 = 0$。将 UF_k 和 UB_k 两个统计量序列和显著性水平 $\alpha = 0.05$ 时的检验临界值 $U_{0.025} = -1.96$、$U_{0.975} = 1.96$ 两条直线绘在同一张图上。UF_k 和 UB_k 的值大于 0 则表示序列有上升趋势，小于 0 表示序列有下降趋势。当二者超过检验临界值时，则表示序列具有显著上升或下降的趋势，UF_k 和 UB_k 的绝对值大于检验临界值表明变化趋势显著。如果曲线 UF_k 和曲线 UB_k 存在临界线之间的交点，那么该交点为时间序列出现突变的时间。

4.3.1.5 距平累积法

对于时间序列 $X = \{x_t, t = 1, 2, \cdots, n\}$，距平累积法（Tian et al., 2016）先求出序列与其平均值的差值序列，然后构造该差值序列的累积序列 $S_{t,n}$ 如下：

$$S_{t,n} = S_{t-1,n} + (X_t - \overline{X}) \tag{4-96}$$

式中，$\overline{X}$ 为序列 X 的平均值；$S_{t,n}$ 和 $S_{t-1,n}$ 分别为第 t 年和 $t-1$ 年序列距平均值的累积值。

若累积序列 $S_{t,n}$ 有增大趋势，表明时间序列 X 大于其平均值；若累积序列 $S_{t,n}$ 有减小趋势则表明时间序列 X 小于其平均值。通过观察序列 $S_{t,n}$ 的趋势是否发生变化判断序列 X 是否存在突变点。

4.3.2 水文序列突变分析结果

针对皇甫川流域的降水量、径流量和输沙量，本书首先分析了其月值序列和年代变化特征，然后用 M-K 趋势检验法检验了其年值序列的趋势性，最后用 Pettitt 检验法检验了其年值序列的突变点。

4.3.2.1 降水序列分析

流域出水口皇甫站 1956~2015 年降水量的月降水分布特征如图 4-11 所示流域的降水主要分布在汛期（6~9 月），汛期的月平均降水量为 78mm。月降水量的最大值出现在1968 年 8 月，达到 354.7mm；其最小值为 0mm，多出现在 1 月。

用箱形图展示流域不同时段的年降水量变化特征，如图 4-12 所示。年降水量序列的10 年滑动平均结果显示在 20 世纪 80 年代之前降水量有减小的趋势，20 世纪 80 年代后降水量保持稳定。进一步对流域 1954~2015 年的年降水量序列做 M-K 趋势检验分析，得到

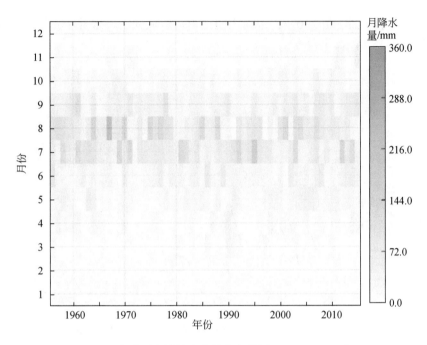

图 4-11 皇甫川流域月降水量分布热图（1956～2015 年）

1959 年月值数据缺失，由相邻年份数据插值所得

的 Z 值为 -0.98，高于显著性水平 $\alpha = 0.1$ 时的下侧检验值 $Z_{\alpha/2} = -1.28$，这表明年降水量序列没有显著变化的趋势。

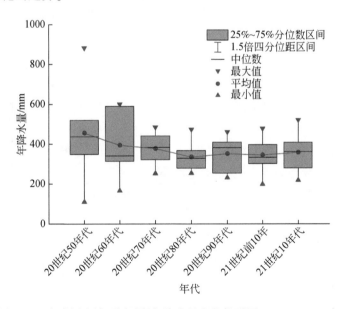

图 4-12 皇甫川流域不同时段年降水量变化箱形图（1954～2015 年）

采用 Pettitt 检验法研究皇甫川流域的年降水量序列，其中研究期（1954～2015 年）的长度为 62 年。结果显示统计检验量 U_t 的最大值为 206，小于临界值 385.8，未通过 0.05

的显著性水平检验，且 p 值为 0.7，因而表明皇甫川流域的年降水量序列不存在突变年份。检验结果如图 4-13 所示。

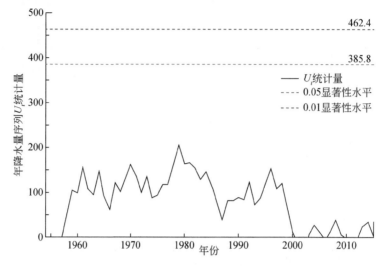

图 4-13　皇甫川流域年降水量序列突变点检验结果（1954～2015 年）

4.3.2.2　径流量序列分析

用热图展示皇甫川流域径流量序列的年内分布特征，结果如图 4-14 所示。从图 4-14 可以看出，皇甫川流域的径流量集中分布在 7 月和 8 月，在 6 月和 9 月也有较小的径流量，而在其他月份的径流量几乎为 0。其中，1979 年 8 月的径流量最大，达到 2.81 亿 m^3，汛期（6～9 月）的径流量之和有逐年减小的趋势。

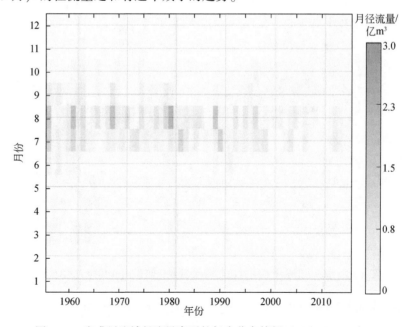

图 4-14　皇甫川流域径流量序列的年内分布特征（1954～2015 年）

对皇甫川流域的年均径流量进行 10 年滑动平均分析，比较不同时段的径流量的最大值、最小值和平均值，结果如表 4-11 所示。其中，极值比定义为最大年径流量和最小年径流量的比值，径流的极值比具有显著升高的趋势。

表 4-11　皇甫川流域不同时段径流量变化特征（1954～2015 年）

时段	最大年径流量/亿 m³	最小年径流量/亿 m³	平均年径流量/亿 m³	极值比
20 世纪 50 年代	5.078	1.171	2.654	4.34
20 世纪 60 年代	3.841	0.411	1.723	9.35
20 世纪 70 年代	4.370	0.646	1.758	6.76
20 世纪 80 年代	2.640	0.302	1.271	8.74
20 世纪 90 年代	1.856	0.147	0.903	12.63
21 世纪前 10 年	1.029	0.037	0.361	27.81
21 世纪 10 年代	1.013	0	0.286	—
1989 年前	5.078	0.302	1.762	16.81
1989 年后	1.856	0	0.552	—
研究期	5.078	0	1.255	—

用箱形图展示不同时段的年径流量变化特征，如图 4-15 所示。从图 4-15 可以看出，年径流量在不同时段具有明显减小的趋势。20 世纪 50 年代的年径流量达到最大，20 世纪 70 年代以后，年均径流量具有平稳减小的趋势。

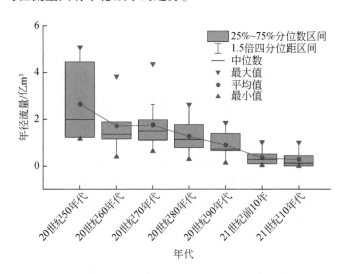

图 4-15　皇甫川流域不同时段年径流量变化箱形图（1954～2015 年）

对流域 1954～2015 年的年径流量序列做 M-K 趋势检验分析，得到的 Z 值为 -5.78，低于显著性水平 $\alpha = 0.01$ 时的下侧检验值 $Z_{\alpha/2} = -2.32$，这表明年径流量序列具有显著下降的趋势。同时计算 β 值的大小为 -0.029，β 为负值也表明年径流量序列具有显著下降的趋势。

用 Pettitt 检验法检验皇甫川流域的年径流量序列，其中研究期（1954～2015 年）的长度为 62 年。检验结果显示统计检验量 U_t 的值为 698，大于临界值 462.4，即认为通过 0.01 的显著性水平检验，p 值为 1.1448×10^{-5}，检验结果见图 4-16。图 4-16 最大点对应的年径流量序列突变点年份为 1989 年。以 1989 年作为分界点，将整个研究期划分为两个时段，其中，1954～1989 年为基准期（P1），1990～2015 年为人类活动影响期（P2）。

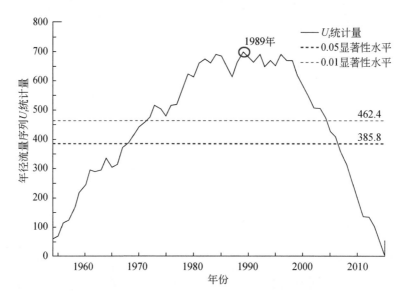

图 4-16　皇甫川流域年径流量序列突变点检验结果（1954～2015 年）

基准期内的多年平均降水量为 369.74mm，多年平均径流深为 49.89mm，多年平均潜在蒸散发量为 1042.35mm；人类活动影响期内的多年平均降水量为 351.57mm，多年平均径流深为 17.44mm，多年平均潜在蒸散发量为 987.81mm。两个时段相比较，多年平均降水量减少 4.9%，多年平均径流深减少 65%，多年平均潜在蒸散发量减少 5.2%。

4.3.2.3　输沙序列分析

皇甫川流域月输沙量分布热图（1956～2015 年）如图 4-17 所示（1961 年、1964 年、1991～1994 年、1996 年的月输沙量数据缺失，通过插值方法补全）。从图 4-17 可以看出，流域的输沙量集中分布在 7 月和 8 月，6 月和 9 月有少量的输沙量，而其他月份的输沙量几乎为 0。其中，1979 年 8 月的输沙量最大，达到 1.2 亿 t，与流域内最大月径流量所在的月份一致。

用箱形图展示不同时段的年输沙量的变化特征，如图 4-18 所示。从图 4-18 可以看出，年输沙量序列具有明显减小的趋势。20 世纪 50～70 年代年输沙量整体保持平稳；70 年代以后，年输沙量以较平稳的速率持续减少，并在 21 世纪 10 年代达到最低。

对皇甫川流域 1954～2015 年的年输沙量序列做 M-K 趋势检验分析，得到的 Z 值为 -5.34，低于显著性水平 $\alpha=0.01$ 时的下侧检验值 $Z_{\alpha/2} = -2.32$，这表明年输沙量序列具有显著下降的趋势。同时计算 β 值的大小为 -0.0093，β 为负值也表明年输沙量序列具有显

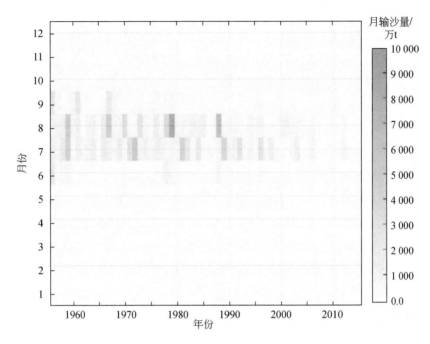

图 4-17　皇甫川流域月输沙量分布热图（1956～2015 年）

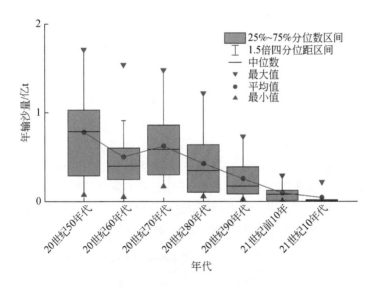

图 4-18　皇甫川流域不同时段年输沙量变化箱形图（1954～2015 年）

著下降的趋势，输沙量的减少程度没有径流量的减少程度高。

　　用 Pettitt 检验法研究皇甫川流域的年输沙量序列，其中研究期（1954～2015 年）的长度为 62 年。检验结果显示统计检验量 U_t 的值为 653，大于临界值 462.4，即通过 0.01 的显著性水平检验，p 值大小为 5.1627×10^{-5}，检验结果如图 4-19 所示。图 4-19 最大点对应的年输沙量序列突变点年份为 1989 年，与年径流量序列突变点的检验结果一致，因而研究时段划分相同。

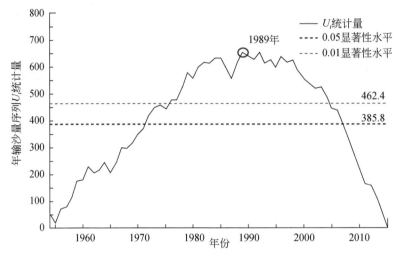

图 4-19　皇甫川流域年输沙量序列突变点检验结果（1954～2015 年）

4.3.3　水文序列分析中的不确定性解析

4.3.3.1　降水资料带来的不确定性

对于同一流域同一时段的研究，不同学者得到的水文气象等数据也存在着一定的差异。引起这种差异的原因主要有以下几方面：数据的来源不同，以降水量数据为例，通常研究采用的降水量数据多来源于雨量站、气象站、雷达测量、卫星观测等；数据资料的齐全性不同，早期的降水量数据通常只能通过雨量站和气象站获取，不同的研究者通常也只能获取部分水文资料；数据的处理方法不同，雨量站分布在流域不同位置，通常需要进行空间插值处理以获取该流域的面降水量数据，不同的插值方法会对面降水量的平均值有影响，常用的空间插值方法有泰森多边形法、克里金（Kriging）局部插值法、反距离权重法等。

本书从文献中收集了不同学者使用的皇甫川流域年降水量数据，运用 GetData 软件从文献图表中提取出年降水量，共获取 6 组不同的年降水量序列。通过比较同一时刻的各研究者使用的年降水量，检验 6 组序列的差异性（表 4-12）。

表 4-12　皇甫川流域年降水量序列收集文献来源

研究者及年份	研究时段	插值方法	捕获误差/mm
Zhou 等（2015）	1956～2009 年	Kriging 局部插值	±2
Tian 等（2016）	1965～2010 年	反距离权重法	±4
王随继等（2012）	1960～2008 年	Kriging 局部插值、线性外插	±1.4
Hu 等（2015）	1985～2006 年	—	±3.6
李二辉（2016）	1976～2012 年	—	±2
汪岗和范昭（2002a）	1960～1989 年	—	—

注：捕获误差指 GetData 软件识别图中数据时的误差。

将从文献中捕获的上述 6 组年降水量序列和本书中通过反距离权重法得到的年降水量序列进行比较，选取的时段为 1960~2009 年，保证在每个年份至少有 4 个不同的研究成果可以相互比较。7 组序列的比较结果如图 4-20 所示。从图 4-20 可以看出，在约 1/3 的研究时段里，皇甫川流域年均降水量的差异达到 100mm 以上，甚至在某些年份其差异将近 200mm。本书使用的降水量数据的差异主要是由不同研究者使用的原始数据资料不一致及选用不同的空间插值方法造成的。

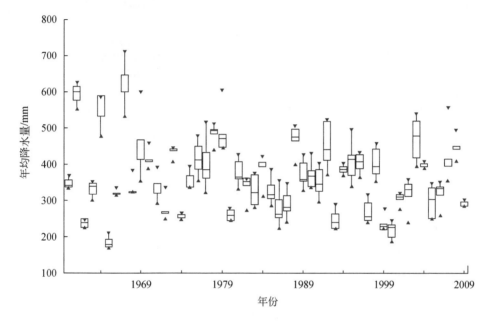

图 4-20　7 组皇甫川流域年降水量序列比较（1960~2009 年）

4.3.3.2　水文资料序列长度带来的不确定性

本书使用 Pettitt 检验法分析了皇甫川流域 1954~2015 年的年降水量序列、年径流量序列和年输沙量序列。现有的研究成果由于研究的年代不同，采用的水文序列的长短通常也不一样。本书尝试研究当水文序列的长度发生变化时，使用同种突变点检验方法产生的结果会不会发生改变，将皇甫川流域 1954~2010 年的水文序列作为对照组。

皇甫川流域 1954~2010 年的水文序列的时间长度为 57 年。当统计量 U_t 大于 340.4 时，统计量通过 0.05 的显著性水平检验；当 U_t 大于 407.9 时，统计量通过 0.01 的显著性水平检验。检验结果显示年径流量序列的突变点年份为 1984 年，p 值为 1.2672×10^{-5}；年输沙量序列的突变年份为 1984 年，p 值为 0.0011；年降水量序列没有通过 0.05 的显著性水平检验，p 值为 0.6，这表明此显著性水平下年降水量序列不存在突变年。Pettitt 检验法的结果如图 4-21 所示。

在 1954~2015 年和 1954~2010 年两种不同长度的水文序列下，运用 Pettitt 检验法，研究皇甫川流域年径流量序列、年输沙量序列和年降水量序列的突变点，结果如表 4-13 所示，从表 4-13 可以看出序列长度的变化对突变点检验的结果有较大的影响。

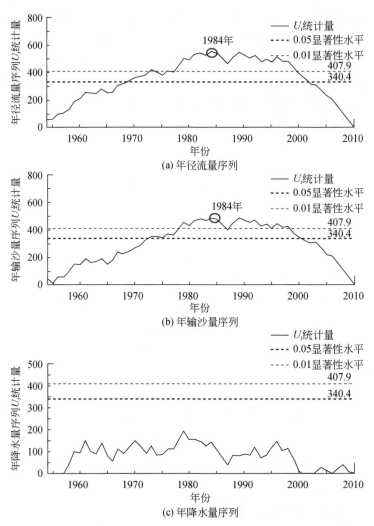

图 4-21 皇甫川流域年水文序列突变点检验结果（1954～2010 年）

表 4-13 Pettitt 检验法检验不同长度的水文序列突变点结果比较

检验结果	1954～2015 年			1954～2010 年		
	年径流量序列	年输沙量序列	年降水量序列	年径流量序列	年输沙量序列	年降水量序列
研究期长度/年	$N=62$			$N=57$		
趋势检验	下降	下降	无	下降	下降	无
突变点年份	1989	1989	无	1984	1984	无
p 值	1.1448×10^{-5}	5.1627×10^{-5}	0.7	1.2672×10^{-5}	0.0011	0.6
$K_{t,N}$	698	653	206	551	487	194
0.05 显著性水平	385.9			340.4		
0.01 显著性水平	462.4			407.9		

4.3.3.3 突变点检验方法的不确定性

对于同一流域相同时段的水文序列，选用不同的突变点检验方法也可能会产生不同的检验结果。将 M-K 趋势检验法和距平累积法作为对照组与 Pettitt 检验方法的结果进行比较，对照组的检验结果如图 4-22 和图 4-23 所示。

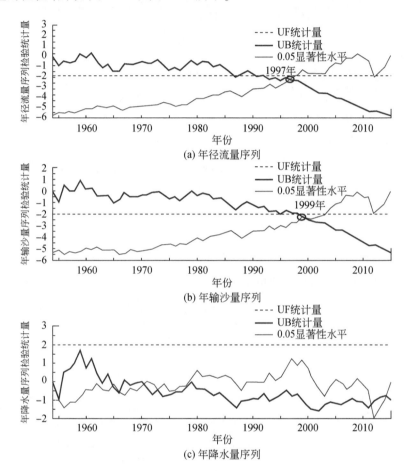

图 4-22　皇甫川流域年水文序列 M-K 趋势检验方法的突变点检验结果（1954～2015 年）

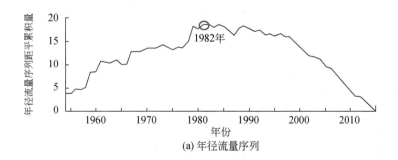

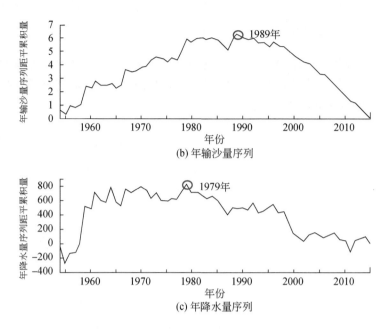

图 4-23 皇甫川流域年水文序列距平累积法的突变点检验结果（1954～2015 年）

本书采用 3 种不同的突变点检验方法检验皇甫川流域年径流量序列、年输沙量序列和年降水量序列是否存在突变点，所得结果如表 4-14 所示。

表 4-14 皇甫川流域水文序列多种突变点检验方法结果比较（1954～2015 年）

检验方法	Pettitt 检验法	M-K 趋势检验法	距平累积法
年径流量序列突变年份	1989	1997	1982
$\alpha=0.05$ 显著性水平检验	是	是	—
年输沙量序列突变年份	1989	1999	1989
$\alpha=0.05$ 显著性水平检验	是	是	—
年降水量序列突变年份	无突变点	无突变点	1979
$\alpha=0.05$ 显著性水平检验	否	否	—

注："是"和"否"表示序列是否通过显著性水平为 $\alpha=0.05$ 的假设检验。
—表示该检验方法不能做显著性水平检验。

从表 4-14 可以看出，对于同一流域同一时段的水文序列，应用不同的突变点检验方法得到的结果存在差异。对于年输沙量，Pettitt 检验法与距平累积法的突变检验结果均为 1989 年；对于年降水量，Pettitt 检验法和 M-K 趋势检验法均未检出显著突变点。这两组以外的检验结果均不一致。上述三种突变点检验方法均在实际中应用较多，从中可以看出突变点检验方法的选取会对研究时段的划分产生很大的影响。

4.3.3.4　皇甫川流域水文序列突变点研究

针对皇甫川流域的年降水量序列、年径流量序列和年输沙量序列是否存在突变点，现有的研究成果如表4-15所示。Pettiti 趋势检验方法在实际中比 M-K 趋势检验法应用更为广泛，并且比距平累积法具有更为明确的统计意义，因而针对皇甫川流域的水文序列突变点检验，均采用 Pettitt 检验方法，研究结果表明 1989 年是皇甫川流量域年径流量序列和年输沙量序列的突变年份，从表4-15 也可以看出 Gao 等（2016a）、李二辉（2016）与本书结果一致。

表4-15　皇甫川流域不同水文序列突变点研究比较

研究者及年份	研究方法	年降水量序列突变年份	年径流量序列突变年份	年输沙量序列突变年份
本研究	PTM	NSB	1989	1989
本研究	M-K	NSB	1997	1999
本研究	AAM	1979	1982	1989
王随继等（2012）	AAM	1979	1979，1998	—
赵广举等（2013）	AAM	—	1979	1979
Tian 等（2016）	AAM	—	1979，1996	1979，1996
Shi 等（2016）	PTM	NSB	1984，1998	—
Zhou 等（2015）	PTM	1961，1998	1979，1999	—
Gao 等（2016a）	PTM	—	1989	
李二辉（2016）	PTM	NSB	1984，1998	1989，1998
慕星和张晓明（2013）	DMC	—	1979，1988，2003	1979，1988，2003
邵广文等（2014）	SCM、TT	NSB	1983，1999	—
樊辉和杨晓阳（2010）	BCA	—	1979，1996	1979

注：NSB 为没有显著的突变点（no significant breakpoint）的缩写。AAM 为距平累积法（accumulative anomaly method）的缩写，PTM 为 Pettitt 检验法（Pettitt test method）的缩写，DMC 为双累积曲线法（double mass curve）的缩写，SCM 为有序聚类法（sequential cluster method）的缩写，TT 为 T 检验法（T test method）的缩写，BCA（Bayesian changepoint analysis）为贝叶斯变点分析法的缩写。

—表示没有研究。

5 | 黄河流域水沙变化归因与预测方法的适用性评价

5.1 流域水沙变化归因结果评价

5.1.1 现有研究结果

5.1.1.1 水文分析法

基于径流量序列和输沙量序列用 Pettitt 检验法得出的突变点检验结果，采用水文法拟合皇甫川流域基准期内的年降水量–年径流量和年降水量–年输沙量的线性关系，如图 5-1 所示。利用回归方程求出人类活动影响期内的还原人类活动后的平径径流量 $\overline{Q}_{sim}$，并分别求出气候变化和人类活动对水沙变化量的贡献率，结果如表 5-1 所示。可以看出人类活动是皇甫川流域水沙变化的主要影响因素，气候变化对径流量变化的贡献率为 15.5%，对输沙量变化的贡献率为 20.3%。此外，人类活动对径流量变化的影响和对输沙量变化的影响基本相同。

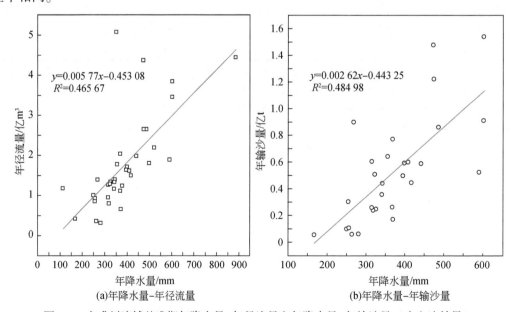

(a)年降水量–年径流量 (b)年降水量–年输沙量

图 5-1 皇甫川流域基准期年降水量–年径流量和年降水量–年输沙量（水文法结果）

表 5-1 皇甫川流域气候变化和人类活动对水沙变化贡献率的水文法结果

研究对象	基准期实测值	基准期回归方程	R^2	人类活动影响期实测值	人类活动影响期计算值	C_{clim}/%	C_{hum}/%
径流量/亿 m³	1.762	$y = 0.005\,77x - 0.453$	0.466	0.552	1.575	15.5	84.5
输沙量/亿 t	0.563	$y = 0.002\,62x - 0.443$	0.485	0.144\,5	0.478	20.3	79.7

注：C_{clim} 表示气候变化的贡献率；C_{hum} 表示人类活动的贡献率；基准期为 1954～1989 年，人类活动影响期为 1990～2015 年。

5.1.1.2 双累积曲线法

采用双累积曲线法拟合皇甫川流域基准期（1954～1989 年）的累计年降水量-累计年径流和累计年降水量-累计年输沙量关系（表 5-2），在基准期内，回归方程的相关系数均达到 0.99，基准期内的累计年降水量-累计年径流量、累计年降水量-累计年输沙量具有较好的线性相关关系。

表 5-2 皇甫川流域气候变化和人类活动对水沙变化的贡献率的双累积曲线法结果

研究对象	基准期实测值	基准期回归方程	R^2	人类活动影响期实测值	人类活动影响期计算值	C_{clim}/%	C_{hum}/%
径流量/亿 m³	1.762	$y = 0.004\,34x + 3.99$	0.99	0.552	1.526	19.5	80.5
输沙量/亿 t	0.563	$y = 0.001\,44x + 0.351$	0.99	0.144\,5	0.506	13.6	86.4

注：C_{clim} 表示气候变化的贡献率；C_{hum} 表示人类活动的贡献率；基准期为 1954～1989 年，人类活动影响期为 1990～2015 年。

用基准期求得的回归方程外插，求出人类活动影响期内还原人类活动后的径流量和输沙量，并计算出气候变化和人类活动对水沙变化的贡献率，所得的结果如表 5-2 所示。从表 5-2 可以看出，人类活动是水沙变化的主导因素，对径流变化量和输沙变化量的贡献率均超过 80%，与水文法得到的结果基本一致。

累计年降水量-累计年径流和累计年降水量-累计年输沙量曲线如图 5-2 所示。

5.1.1.3 非参数式弹性系数法研究结果

应用两种非参数式弹性系数法，研究皇甫川流域基准期内径流量对降水量的弹性系数，弹性系数法求得的气候变化因子为降水量，人类活动因子是除降水量外的其他所有因素。以 1954～1989 年为基准期，运用 Sankarasubramanian 等（2001）和 Zheng 等（2009）的方法，对皇甫川流域的径流变化量进行归因分析，研究结果如表 5-3 所示。

5.1.1.4 基于 Budyko 假设的弹性系数法研究结果

本书选取常用的 7 种基于 Budyko 假设的水热耦合平衡方程来研究皇甫川流域的水热通量变化。其中，Schreiber（1904）、Ol'dekop（1911）、Turc（1954）和 Pike（1964）、Budyko（1974）提出的 4 种方程中，自变量只有干旱系数 ϕ。而在 Fu（1981）、Choudhury（1999）、Zhang 等（2001）提出中的 3 种方程中，自变量既有干旱系数 ϕ，又有反映下垫

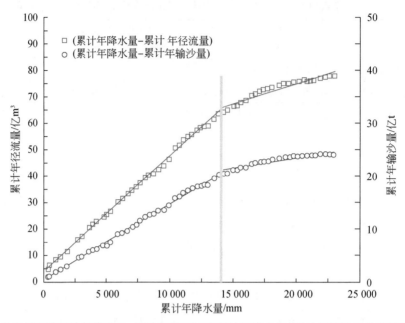

图 5-2　皇甫川流域累计年降水量–累计年径流量和累计年降水量–累计年输沙量的双累积曲线图

垂直的柱状线表示基准期和人类活动影响期的分割点

面条件因素的影响。

表 5-3　皇甫川流域径流非参数式弹性系数法研究结果

方法提出者	弹性系数 ε_P	气候变化 ΔQ_{clim}/亿 m³	人类活动 ΔQ_{hum}/亿 m³	C_{clim}/%	C_{hum}/%
Sankarasubramanian 等	1.4778	−3.62	−28.83	11.16	88.84
Zheng 等	1.7417	−4.27	−28.18	13.16	86.84

注：ΔQ_{clim} 表示气候变化导致的径流变化量；ΔQ_{hum} 表示人类活动导致的径流变化量；C_{clim} 表示气候变化的贡献率；C_{hum} 表示人类活动的贡献率。

　　由于获取的气象数据的起始年份为 1960 年，整个研究期为 1960～2015 年。为了方便比较，选取 1989 年作为突变年份。基准期为 1960～1989 年，人类活动影响期为 1990～2015 年，两个时段内各水文变量的年平均值如表 5-4 所示。从表 5-4 可以看出，皇甫川流域除实际蒸散发量外，其余几个主要水文变量都在减小，其中径流深的变化率最为突出。

表 5-4　皇甫川流域不同时段水文特征值

水文变量的 多年平均值	基准期 （1960～1989 年）	人类活动影响期 （1990～2015 年）	变化量	变化率/%
降水量/mm	369.74	351.57	−18.17	−4.91
径流深/mm	49.89	17.44	−32.45	−65.04
蒸散发量/mm	319.85	334.12	14.27	4.46

续表

水文变量的 多年平均值	基准期 （1960～1989 年）	人类活动影响期 （1990～2015 年）	变化量	变化率/%
潜在蒸散发量/mm	1042.35	987.81	−54.54	−5.23
干旱系数 Φ	2.8191	2.8097	−0.094	−3.33
$F(\Phi)$	0.8651	0.9504	0.0853	9.86

依据表 5-5 中的水热耦合平衡方程研究结果，画出基准期内 7 种不同形式的基于 Budyko 假设的水热耦合平衡方程的曲线如图 5-3 所示，图 5-3 中各曲线的趋势基本一致，都能满足 Budyko 假设。

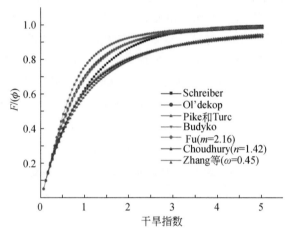

图 5-3　7 种不同形式的基于 Budyko 假设的水热耦合平衡方程的曲线比较
Fu 的公式中下垫面条件参数 m 设置为 2.16，Choudhury 的公式中下垫面条件参数 n 设置为 1.42，
Zhang 等的公式中下垫面条件参数 ω 设置为 0.45

依据表 5-4 中两个不同时段的水文数据，运用 7 种不同形式的水热耦合平衡方程求出径流变化量对降水量、潜在蒸散发量和下垫面条件的弹性系数，并以此求出气候变化和人类活动对径流变化量的贡献率，其结果如表 5-5 所示。从表 5-5 可以看出，7 种方法所求得的贡献率结果几乎完全一致，因而可以认为这些方法在皇甫川流域都具有同样的适用性。在皇甫川流域径流变化量的影响因素中，通过上述方法得到的结果均认为人类活动是影响流域径流变化量的主要因素，人类活动对径流变化量的贡献率达到 90% 以上，略高于经验性模型的结果。

表 5-5　基于 Budyko 假设的水热耦合平衡方程研究结果

方法提出者	弹性系数 ε_P	弹性系数 ε_{E_0}	弹性系数 ε_V	C_{clim}/%	C_{hum}/%
Schreiber	2.25	−1.25	—	6.95	93.05
Ol'dekop	1.56	−0.56	—	7.28	92.72
Pike 和 Turc	1.78	−0.78	—	7.17	92.83

方法提出者	弹性系数 ε_P	弹性系数 ε_{E_0}	弹性系数 ε_V	C_{clim}/%	C_{hum}/%
Budyko	1.91	−0.91	—	7.11	92.89
Fu	2.11	−1.11	−3.21	7.01	92.99
Choudhury	2.19	−1.19	−2.17	6.97	93.03
Zhang 等	2.35	−1.35	−0.48	6.90	93.10

5.1.1.5　其他方法研究结果

在皇甫川流域运用 Milly 和 Dunne（2002）提出的敏感性分析方法研究了 1960~1989 年的径流变化量，代入干旱指数 ϕ 和下垫面条件参数 $\omega = 0.45$，求得基准期内径流变化量对降水量的敏感系数 α 为 0.19，对潜在蒸散发量的敏感系数 β 为 0.065。

由表 5-6 可以看出，Milly 和 Dunne（2002）的研究结果表明人类活动是影响径流变化的绝对主导因素，但所求得的气候变化对径流的影响作用比前述方法要小。运用 decomposition method 求得的结果和其对应的基于 Budyko 假设的水热耦合平衡方程所得到的结果基本一致，这表明 decomposition method 和水热耦合平衡方程法在区分气候变化和人类活动的影响时，本质上属于同一类方法。

表 5-6　皇甫川流域径流其他类方法研究结果

研究方法或提出者	气候变化 ΔQ_{clim}/亿 m³	人类活动 ΔQ_{hum}/亿 m³	C_{clim}/%	C_{hum}/%
Milly 和 Dunne	0.06	−32.51	−0.18	100.18
decomposition method（Fu）	−2.29	−30.16	7.06	92.94
decomposition method（Choudhury）	−2.28	−30.20	7.03	92.97

5.1.2　各方法贡献率研究结果评价

5.1.2.1　径流变化量的贡献率分析

对于皇甫川流域径流变化量的归因分析，本书采用了多种方法分析，各方法得到的贡献率结果如图 5-4 所示，从图 5-4 可以看出经验模型法、弹性系数法和其他类方法所得到的研究结果都表明人类活动是皇甫川流域径流变化的主导因素，用上述所有方法求出的人类活动对径流变化量的平均贡献率为 90.55%。水文法、双累积曲线法和非参数式弹性系数法在计算气候变化的影响时，只考虑了降水量变化的影响，而没有考虑潜在蒸散发量变化的影响作用。而皇甫川流域的潜在蒸散发量在人类活动影响期减少 54.54mm，因而这 4 种方法在计算气候变化对径流变化量的影响作用时，其计算结果偏大；此外，基于 Budyko 假设的水热耦合平衡方程和 decomposition method 求得的结果并无明显差异，表明这两类方法是等价的。

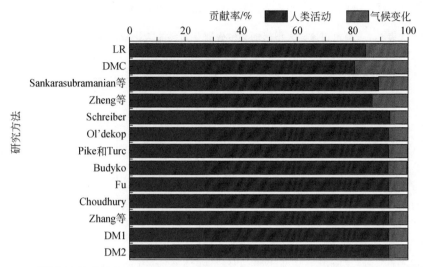

图 5-4　不同方法得到的皇甫川流域气候变化和人类活动对径流变化量贡献率的研究结果

LR 为水文法；DMC 为双累积曲线法；DM1 为基于 Fu 提出的基于水热耦合平衡方程的 decomposition method；
DM2 为基于 Choudhury 提出的基于水热平衡方程的 decomposition method

水文法和双累积曲线法求得的气候变化平均贡献率为 17.5%，非参数式弹性系数法求得的气候变化平均贡献率为 12.16%，基于 Budyko 假设的水热耦合平衡方程和 decomposition method 求得的气候变化平均贡献率为 7.05%，三类方法所求得的贡献率依次减小。

5.1.2.2　输沙量变化的贡献率分析

对皇甫川流域输沙变化量的归因分析，本书运用了水文法和双累积曲线法，其研究结果也同样表明人类活动是输沙变化的主导因素，对输沙变化量的平均贡献率为 83.05%。同时，人类活动对径流变化量的贡献率与对输沙变化量的贡献率也基本一致。所以可以认为皇甫川流域的径流变化和输沙变化在影响因素上是一致的。此外，水文法求得的气候变化贡献率略高于双累积曲线法求得的（图 5-5）。

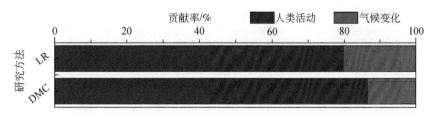

图 5-5　皇甫川流域气候变化和人类活动对输沙变化量贡献率的研究结果

5.1.2.3　径流变化贡献率评价

皇甫川流域作为黄河中游多沙粗沙区的一条典型支流，研究其水沙变化特点对黄土高原的水土流失治理具有很好的指导性。因此，对不同研究者在皇甫川流域的研究成果进行总结，人类活动和气候变化对径流变化量贡献率的研究成果如表5-7所示。

表5-7 皇甫川流域人类活动和气候变化对径流变化量贡献率的研究成果

研究者及年份	基准期	人类活动影响期	研究方法	C_{clim}	C_{hum}	方法编号
李二辉（2016）	1954～1984 年	1985～1998 年 1999～2012 年	非参数式 弹性系数法	36.6 17.0	63.4 83.0	NP-E1 NP-E2
赵广举等（2013）	1955～1979 年	1980～2010 年	水文法	25.8	74.2	LR-1
王小军等（2009）	1956～1967 年 1968～1978 年 1979～1995 年	1968～1978 年 1979～1995 年 1996～2005 年	双累积曲线法 双累积曲线法	35.7 6.9 10.9	64.3 93.1 89.1	DMC-1 DMC-2 DMC-3
姚文艺等（2011）	1950～1969 年	1997～2006 年	水文法	50.6	49.4	LR-2
汪岗和范昭 （2002a，2002b）	1970～1979 年	1980～1989 年 1990～1997 年	水文法	51.63 40.53	48.37 59.47	LR-3 LR-4
Tian 等（2016）	1955～1979 年	1980～1996 年 1997～2010 年	双累积曲线法	24.4 25.1	75.6 74.9	DMC-4 DMC-5
Gao 等（2016a）	1961～1989 年	1990～2009 年	Budyko-EM	2.3	97.7	B-E1
Liang 等（2015）	1961～1989 年	1990～2009 年	Budyko-EM DM	2 3	98 97	B-E2 DM-1
Zhang 等（2008）	1959～1982 年	1983～2000 年	非参数式 弹性系数法	21	79	NP-E3
Zhao 等（2014）	1954～1984 年	1985～2010 年	Budyko-EM 水文法	16.6 10.7	83.4 89.3	B-E3 LR-5
Hu 等（2015）	1985～1998 年	1999～2006 年	PB-PM	51.03	48.97	P-P1
Wang 和 Hejazi（2011）	1959～1982 年	1983～2000 年	DM	19.5	80.5	DM-2
王随继等（2012）	1960～1979 年	1980～1997 年 1998～2008 年	SCRAQ 法	36.43 16.81	63.57 83.19	SCR-1 SCR-2

注：Budyko-EM 表示基于 Budyko 假设的弹性系数法；DM 表示 decomposition method；PB-PM 表示基于过程的物理模型法。

将表5-7中人类活动和气候变化对径流变化量的贡献率作图如图5-6所示。绝大多数的研究都表明人类活动是皇甫川流域水沙变化的主导因素，人类活动的平均贡献率为75.95%，与本书结果基本一致。

对各类方法进行比较：经验模型（图5-6中的前12个）的研究结果变化区间较大，该类方法计算出的气候变化平均贡献率最高，为27.96%；非参数式弹性系数法得到的气候变化平均贡献率次之，为24.87%；基于 Budyko 假设的弹性系数法和 decomposition method 得到的气候变化平均贡献率最低，为8.68%。基于过程的物理模型法对贡献率的

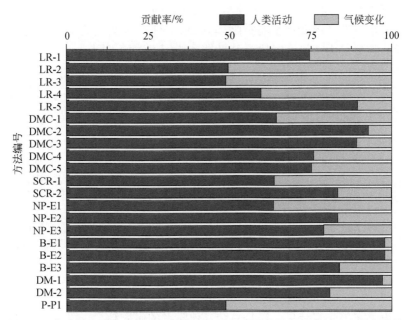

图 5-6　皇甫川流域人类活动和气候变化对径流变化量贡献率的已有研究结果

LR 表示水文法；DMC 表示双累积曲线法；SCR 表示 SCRAQ 法；NP-E 表示非参数式弹性系数法；

B-E 表示基于 Budyko 假设的弹性系数法；DM 表示 decomposition method；P-P 表示基于过程的物理模型法

研究较少，不具有代表性，因而暂不予考虑。

5.1.2.4　输沙变化贡献率评价

同理，针对皇甫川流域人类活动和气候变化对输沙变化量贡献率的现有研究成果，总结如表 5-8 所示，将表 5-8 中的贡献率作图如图 5-7 所示，从图 5-7 可以看出多数学者认为人类活动是皇甫川流域输沙量减少的主要原因，从表 5-8 中求得的人类活动对输沙变化

表 5-8　皇甫川流域人类活动和气候变化对输沙变化量贡献率的研究成果

研究者及年份	基准期	人类活动影响期	研究方法	C_{clim}	C_{hum}	方法编号
赵广举等（2013）	1955～1979 年	1980～2010 年	水文法	32.3	67.7	LR-1
Tian 等（2016）	1955～1979 年	1980～1996 年	双累积曲线法	43.5	56.5	DMC-1
		1997～2010 年		20.2	79.8	DMC-2
王小军等（2009）	1956～1967 年	1968～1978 年	双累积曲线法	68.6	31.4	DMC-3
	1968～1978 年	1979～1995 年		2.6	97.4	DMC-4
	1979～1995 年	1996～2005 年		10.4	89.6	DMC-5
姚文艺等（2011）	1950～1969 年	1997～2006 年	水文法	65	35	LR-2
汪岗和范昭（2002a, 2002b）	1970～1979 年	1980～1989 年	水文法	30.92	69.08	LR-3
		1990～1997 年		46.05	53.95	LR-4
李二辉，2016	1954～1984 年	1985～1998 年	水文法	25.1	74.9	LR-5
		1999～2012 年		12.7	87.3	LR-6

量的平均贡献率为 67.51%；此外，6 种水文法求得的气候变化平均贡献率为 35.35%，5 种双累积曲线法求得的气候变化平均贡献率为 29.06%，水文法的结果略高于双累积曲线法。结果的差异主要是由于研究时段、基准期和应用方法的不同。

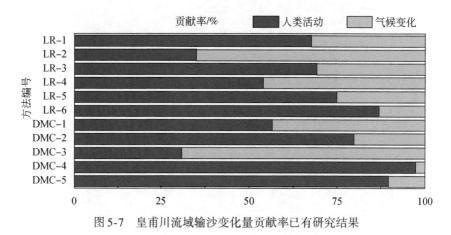

图 5-7 皇甫川流域输沙变化量贡献率已有研究结果

最后，无论是本书研究结果，还是总结其他学者的研究结果，都一定程度表明人类活动对径流减少的贡献率要高于对输沙量减少的贡献率。

5.2 基于 GAMLSS 模型的水沙变化归因评价

5.2.1 考虑水保措施面积变化的水沙变化响应函数构建

选取代表气候变化、人类活动的主要影响因素，采用主成分分析法、主成分回归分析法、分位数归因分析法对无定河、皇甫川流域水沙变化进行归因分析。具体计算采用开源软件 R-Studio，软件包有 psych、gamlss 等。

（1）主成分分析

为消除人类活动中不同措施及其耦合作用，采用主成分分析法对水保措施进行降维。具体计算如下：

$$F_{in} = \sum_{j=1}^{k} X'_{ij} Z_{ij} \tag{5-1}$$

式中，F_{in} 为第 i 年第 n 个主成分得分；k 为评价指标总数；Z_{ij}、X'_{ij} 为第 i 年第 j 项指标的系数、标准化值。

$$F_i = \sum F_{in} \omega_n \tag{5-2}$$

式中，F_i 为第 i 年主成分综合得分；ω_n 为第 n 个主成分对应的权重。

（2）主成分回归分析法

为改善传统回归对具有多重共线性的自变量较差的拟合效果，本书采用主成分回归分析法，具体计算如下：

$$Y=\beta_0^*+\beta_1^* Z_1^*+\beta_2^* Z_2^* \tag{5-3}$$

$$Z_i^*=a_{i1}X_1^*+a_{i2}X_2^*+\cdots+a_{i4}X_4^*=\frac{a_{i1}(X_1-\overline{x_1})}{\sqrt{s_{11}}}+\frac{a_{i2}(X_2-\overline{x_2})}{\sqrt{s_{22}}}+\cdots+\frac{a_{i4}(X_4-\overline{x_4})}{\sqrt{s_{44}}} \tag{5-4}$$

$$Y=\beta_0+\beta_1 X_1+\cdots+\beta_4 X_4 \tag{5-5}$$

$$\beta_0=\beta_0^*-\beta_1^*\left(\frac{a_{11}\overline{x_1}}{\sqrt{s_{11}}}+\cdots+\frac{a_{14}\overline{x_4}}{\sqrt{s_{44}}}\right)+\beta_2^*\left(\frac{a_{21}\overline{x_1}}{\sqrt{s_{11}}}+\cdots+\frac{a_{24}\overline{x_4}}{\sqrt{s_{44}}}\right) \tag{5-6}$$

$$\beta_i=\frac{(\beta_1^* a_{1i}+\beta_2^* a_{2i})}{\sqrt{s_{ii}}} \tag{5-7}$$

式中，a_{ij}、Y 分别为单位特征向量、响应变量；Z_i^*、β_i^* 分别为主成分分析获取的新因变量、对应系数；X_i、β_i 分别为原始因变量、对应系数；s_{ii} 为原始因变量标准差。

（3）分位数归因分析法

采用分位数归因分析法计算各影响因素对水沙变化的贡献率，具体计算如下：

基于 GAMLSS 模型的年径流量分位数 y_p：

$$y_p=qF(p\,|\,\mu(X_1\,|\,\hat{\beta}_1),\sigma(X_2\,|\,\hat{\beta}_2)) \tag{5-8}$$

式中，p 为不及概率；$qF(\ )$ 为序列所服从分布的分位数函数；$\hat{\beta}_1$、$\hat{\beta}_2$ 为模型参数（向量）；X_1、X_2 为协变量（向量）。

由于水文序列的非一致性变化，采用滑动平均法，则第 i 个滑动窗口内的分位数 y_p^i 为

$$y_p^i=qF(p\,|\,\mu(\overline{X_1^i}\,|\,\hat{\beta}_1),\sigma(\overline{X_2^i}\,|\,\hat{\beta}_2)) \tag{5-9}$$

式中，$\overline{X_1^i}$、$\overline{X_2^i}$ 为滑动窗口内各年份影响因素的平均值（向量）。

取基准期作为初始滑动窗口，基准期不及概率 p 对应的分位数为 y_p^i，则分位数变化值为

$$\Delta y_p^i=y_p^i-y_p^0 \tag{5-10}$$

假设协变量为 x_1，x_2，$\cdots$，x_{n-1}，x_n，Δx_1^i，Δx_2^i，$\cdots$，Δx_{n-1}^i，Δx_n^i 对 Δy_p^i 的贡献，则滑动窗口与基准窗口的协变量平均值变化对 Δy_p^i 的贡献率按式（5-11）计算：

$$\begin{cases}\Delta y_{p1}^i=y_p^i(x_1^i,x_2^0,\cdots,x_{n-1}^0,x_n^0)-y_p^0(x_1^0,x_2^0,\cdots,x_{n-1}^0,x_n^0)\\ \Delta y_{p2}^i=y_p^i(x_1^i,x_2^i,\cdots,x_{n-1}^0,x_n^0)-y_p^i(x_1^i,x_2^0\cdots,x_{n-1}^0,x_n^0)\\ \qquad\qquad\qquad\cdots\\ \Delta y_{pn-1}^i=y_p^i(x_1^i,x_2^i,\cdots,x_{n-1}^i,x_n^0)-y_p^i(x_1^i,x_2^i,\cdots,x_{n-1}^0,x_n^0)\\ \Delta y_{pn}^i=y_p^i(x_1^i,x_2^i,\cdots,x_{n-1}^i,x_n^i)-y_p^i(x_1^i,x_2^i,\cdots,x_{n-1}^i,x_n^0)\\ \Delta y_p^i=\Delta y_{p1}^i+\Delta y_{p2}^i+\cdots+\Delta y_{pn-1}^i+\Delta y_{pn}^i\end{cases} \tag{5-11}$$

通过调换计算次序消除计算先后的影响，共需计算 n！次，取所有计算次序下的平均值作为最终结果。

（4）分布函数

本书的 GAMLSS 模型选取伽马（Gamma）函数、韦伯函数（Weber function）、对数正态（lognormal）函数作为分布函数。

Gamma 分布函数：

$$f_r(x \mid \alpha,\beta) = x^{\alpha-1} \times \frac{1}{\beta^{\alpha} \times \Gamma(\alpha)} \times \mathrm{e}^{-\frac{x}{\beta}} \tag{5-12}$$

式中，$\Gamma(\alpha)$ 为 Gamma 公式；α 为形状参数；β 为尺度参数。

Weber 分布函数：

$$f_r(x) = \left[\frac{\alpha}{\beta}\right] \times \left[\frac{x}{\beta}\right]^{\alpha-1} \exp\left[-(x/\beta)^{\alpha}\right] \tag{5-13}$$

式中，α 为形状参数；β 为尺度参数。

Lognormal 分布函数：

本书选取的是两参数对数正态分布函数，对数正态分布的密度表达式如式（5-14）所示：

$$f(x;\sigma) = \frac{1}{x\sqrt{2\pi\sigma^2}} \exp\left\{-\frac{[\ln(x)-\mu]^2}{2\sigma^2}\right\} \tag{5-14}$$

式中，x 和 σ 均大于 0；μ 和 σ 分别为 Lognormal 分布固数在 x 轴对数情况下的均值和标准差。

5.2.2 基于 GAMLSS 模型的典型流域水沙变化归因分析

选取无定河流域出口站百家川站和皇甫川流域出口站皇甫站自 20 世纪 50 年代至今的水沙资料进行分析，选取年降水量 P、蒸散发量 E、年累计水平梯田面积 A_t、年累计淤地坝面积 A_d、年累计林地面积 A_f、年累计草地面积 A_g 六个指标作为影响年径流量（R）和年输沙量（S）的主要因素，基于 GAMLSS 模型和主成分分析法构建流域径流量、输沙量与气象因子及下垫面因子的响应函数。无定河流域和皇甫川流域年径流量和年输沙量统计特征与气象因子及下垫面因子的响应函数如表 5-9 和表 5-10 所示。

表 5-9　流域年径流量模型

流域	拟合方程
无定河	$\log R = 12.63 + 0.0016 \cdot P - 2.45 \times 10^{-5} \cdot E_0 - 1.84 \times 10^{-4} \cdot A_d - 1.75 \times 10^{-4} \cdot A_t - 3.76 \times 10^{-4} \cdot A_f - 1.87 \times 10^{-4} \cdot A_g$
皇甫川	$\log R = 11.28 + 0.0025 \cdot P - 1.96 \times 10^{-5} \cdot E_0 - 9.13 \times 10^{-4} \cdot A_d - 6.45 \times 10^{-4} \cdot A_t - 1.16 \times 10^{-4} \cdot A_f - 7.71 \times 10^{-4} \cdot A_g$

表 5-10　流域年输沙量模型

流域	拟合方程
无定河	$\log S = 12.11 + 0.0064 \cdot P + 0.0019 \cdot E_0 - 0.0004 \cdot A_d - 0.0003 \cdot A_t - 0.0009 \cdot A_f - 0.0014 \cdot A_g$
皇甫川	$\log S = 7.82 + 0.0059 \cdot P + 0.0014 \cdot E_0 - 0.0005 \cdot A_d - 0.00013 \cdot A_t - 0.0079 \cdot A_f - 0.0027 \cdot A_g$

由表 5-9 和表 5-10 可知，皇甫川流域年径流量、年输沙量的均值和方差均随着年降水量的增加而增加，且随着年潜在蒸散发量、年累计淤地坝面积、年累计水平梯田面积、年

累计林地面积及年累计草地面积的增加而减少，这与以往的研究成果一致。根据年径流量模型和年输沙量模型计算得到无定河流域和皇甫川流域各时段年径流量、年输沙量模拟序列均值，与实测序列结果对比如图 5-8 和图 5-9 所示。

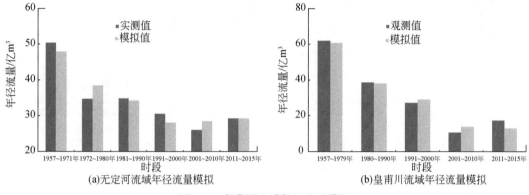

(a)无定河流域年径流量模拟　　(b)皇甫川流域年径流量模拟

图 5-8　皇甫川流域年径流量模拟

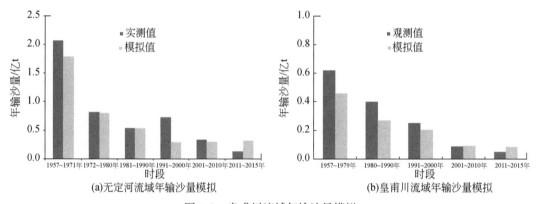

(a)无定河流域年输沙量模拟　　(b)皇甫川流域年输沙量模拟

图 5-9　皇甫川流域年输沙量模拟

由图 5-10 和图 5-11 可知，无定河流域和皇甫川流域年径流量、年输沙量模拟序列均值与实测序列均值在不同时段均比较接近，无定河流域和皇甫川流域年径流量的相对误差分别为 12% 和 25%，其年输沙量的相对误差分别为 51% 和 43%。两个流域年径流量和年输沙量的分位数图如图 5-10 和图 5-11 所示，拟合优度评价指标如表 5-11 和表 5-12 所示。

由表 5-11 和表 5-12 可知，年径流量模拟值和实测值的相关系数均大于 0.85，85% 以上的实测值落入 90% 的不确定区间范围内，且 90% 的不确定区间平均宽度均小于年径流量实测序列标准差的两倍。年输沙量的模拟精度略低于年径流量，无定河流域年输沙量模拟值和实测值的相关系数仅为 0.70，80% 以上的实测值落入了 90% 的不确定区间范围内，90% 的不确定区间平均宽度为年输沙量实测序列标准差的 3 倍。

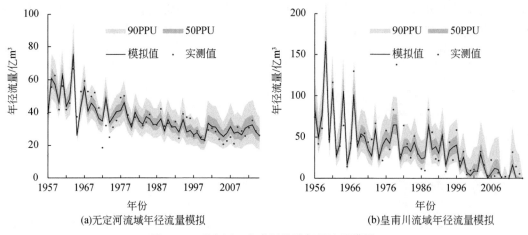

(a)无定河流域年径流量模拟   (b)皇甫川流域年径流量模拟

图 5-10 无定河、皇甫川流域年径流量模拟

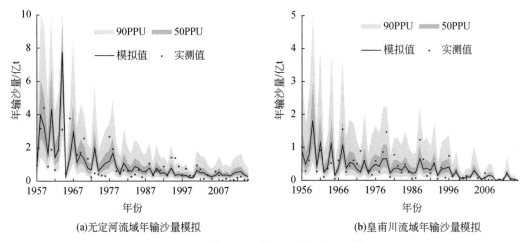

(a)无定河流域年输沙量模拟   (b)皇甫川流域年输沙量模拟

图 5-11 无定河、皇甫川流域年输沙量模拟

表 5-11 年径流量拟合方程的拟合优度评价指标汇总表

流域	相关系数	$CR_{0.9}$	$BP_{0.9}$	$CR_{0.5}$	$BP_{0.5}$
无定河	0.86	0.92	1.81	0.59	0.74
皇甫川	0.89	0.88	1.35	0.51	0.52

表 5-12 年输沙量拟合方程的拟合优度评价指标汇总表

流域	相关系数	$CR_{0.9}$	$BP_{0.9}$	$CR_{0.5}$	$BP_{0.5}$
无定河	0.70	0.83	2.66	0.39	0.94
皇甫川	0.82	0.83	3.03	0.50	1.02

注：CR 为不确定区间覆盖率；BP 为不确定区间带宽百分比。

    分析结果表明所构建的年径流量与气候因子和下垫面因子的响应函数、年输沙量与气候因子和下垫面因子的响应函数能够准确地反映年径流量和年输沙量的年际变化。进一步对响应函数求解弹性系数,量化气候因子变化、下垫面因子变化及其耦合作用对年径流变化量和年输沙变化量的贡献率。计算结果如图 5-12 和图 5-13 所示。

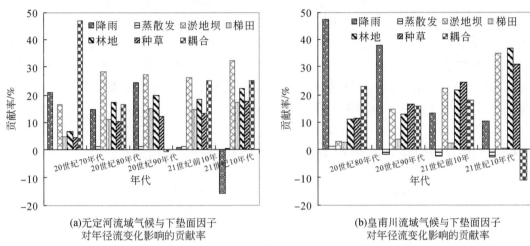

(a)无定河流域气候与下垫面因子
对年径流变化影响的贡献率

(b)皇甫川流域气候与下垫面因子
对年径流变化影响的贡献率

图 5-12　气候因子变化、下垫面因子变化及其耦合作用对年径流变化影响的贡献率

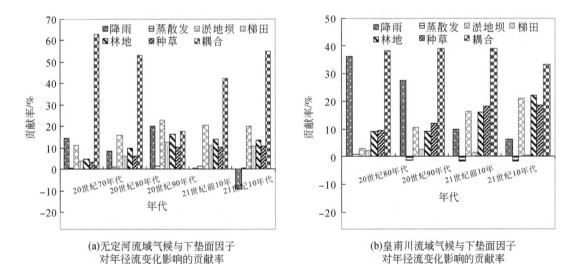

(a)无定河流域气候与下垫面因子
对年径流变化影响的贡献率

(b)皇甫川流域气候与下垫面因子
对年径流变化影响的贡献率

图 5-13　气候与下垫面因子变化及其耦合作用对年输沙变化影响的贡献率

    由图 5-12 和图 5-13 可知,随着水土保持措施的开展,无定河和皇甫川两个流域降雨对泥沙变化的贡献率逐渐减少,而水保措施对泥沙变化的贡献率逐渐增加。对于无定河流域,建淤地坝是影响年径流量和年输沙量变化的主要措施,林地作用次之。对于皇甫川流域,种草是影响年径流量和年输沙量变化的主要措施,林地和淤地坝作用相当,水平梯田作用最小。对不同水保措施的耦合作用分析表明,在水土保持措施开展初期(20 世纪 70 年代),不同水保措施对年径流变化量和年输沙变化量的耦合作用均大于其他时段,且耦

合作用存在阈值（2011~2015 年皇甫川流域径流的耦合作用呈现负值，流域水土保持覆盖率超过 90%）。总的来说，无定河流域不同措施的耦合作用大于皇甫川流域，耦合作用对无定河流域年径流变化量的贡献率为 15% 左右，耦合作用对无定河流域年输沙变化量的贡献率为 40% 左右。

2000 年以后，无定河流域气候变化与淤地坝、水平梯田、林地、草地及其耦合作用对年径流变化量的贡献率分别为 -2.9%、28.2%、15.3%、19.4%、14.6%、25.4%；对年输沙变化量的贡献率分别为 -2%、20.2%、11%、13.9%、10.4%、46.6%。皇甫川流域气候变化与淤地坝、水平梯田、林地、草地及其耦合作用对年径流变化量的贡献率分别为 10%、25.7%、1.7%、26%、26.1%、10.4%；对年输沙变化量的贡献率分别为 7.1%、18.1%、1.2%、18.3%、18.4%、37%。

5.2.3 基于其他水文法的典型流域水沙变化归因分析

搜集、整理无定河流域年降水量、年径流量、年输沙量序列资料，采用弹性系数法、双累积曲线法、水保法和水文法，计算气候变化和人类活动对水沙变化的贡献率。

5.2.3.1 基于弹性系数法的典型流域水沙归因分析

主要根据长时段水量平衡原理、数学推理和其他方法，最终得出弹性系数法的推理公式，然后计算出气候变化和人类活动对年径流变化量和年输沙变化量的贡献率。本书采用 Zhang 等（2001）的公式，下垫面条件参数 ω 取 2.0，突变年份为 1971 年，计算结果见表 5-13 与表 5-14。

表 5-13　基于弹性系数法的无定河流域年径流变化量、年输沙变化量归因分析

时段	R/亿 m³	P/mm	E_0/mm	ε_p	ε_e	气候变化贡献率/%	人类活动贡献率/%
1957~1971 年	50.4	410.8	1267.2	0.886	0.114	13.2	86.8
1972~2010 年	31.4	386.7	1121.8				

表 5-14　基于弹性系数法的无定河流域各时段年径流变化量、年输沙变化量归因分析

水文要素	时段	R/亿 m³	P/mm	E_0/mm	ε_p	ε_e	气候变化贡献率/%		人类活动贡献率/%
							降雨	蒸散发	
年径流量	1957~1971 年	50.4	410.8	1267.2	0.886	0.114			
	1972~1979 年	34.9	380.2	1236.8			16.3	0.7	83.0
	1980~1989 年	34.8	361.6	1135.6			26.0	3.0	71.0
	1990~1999 年	31.5	368.1	1113.0			18.6	2.9	78.4
	2000~2010 年	25.7	431.2	1033.6			-6.8	3.4	103.4

归因分析结果显示，人类活动对无定河流域内年径流变化的影响占据主导地位，对年径流减少量的贡献率为 86.8%。各时段分析结果表明，人类活动在 2000 年之前对流域内

年径流变化量的贡献率在80%左右，在21世纪初（2000～2010年）其贡献率超过100%，即人类活动程度在21世纪初期（2000～2010年）更加强烈。

5.2.3.2　基于双累积曲线法的典型流域水沙归因分析

基于双累积曲线法对研究流域内1957～2010年年累计降水量–年累计径流量、年累计降水量–年累计输沙量关系进行分析，结果表明突变年份与之前研究结果相符，为1971年，双累积曲线见图5-14和图5-15。

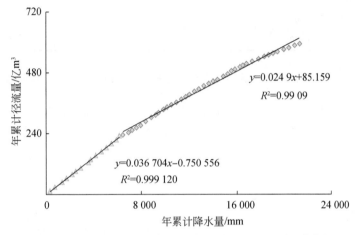

图5-14　研究流域年累计降水量–年累计径流量双累积曲线图

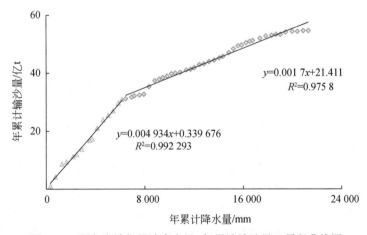

图5-15　研究流域年累计降水量–年累计输沙量双累积曲线图

将变点前的时段（1957～1971年）作为研究流域的基准期，即认为此时段人类活动可忽略；突变年份之后的1972～2010年作为研究期，即认为此时段的年累计径流量、年累计输沙量实测值受到气候变化和人类活动的共同干扰。通过基准期建立的年累计降水量–年累计径流量、年累计降水量–年累计输沙量关系，输入研究期降水量数据，获得研究期无人类活动干扰条件下的年累计径流量、年累计输沙量模拟值，其与研究期实测值差值作为人类活动对水沙变化的贡献率。计算结果如表 5-15、表 5-16 所示。

表 5-15　基于双累积曲线法的无定河流域年径流变化量、年输沙变化量归因分析

水文要素	时段	实测值	模拟值	实际减少		气候变化		人类活动	
				减少量	减少比例/%	减少量	减少比例/%	减少量	减少比例/%
年径流量/亿 m³	1957~1971 年	15.23	14.12	5.91	38.8	1.11	18.8	4.80	81.2
	1972~2010 年	9.32							
年输沙量/亿 t	1957~1971 年	2.067	1.901	1.466	70.9	0.165	11.3	1.301	88.7
	1972~2010 年	0.601							

表 5-16　基于双累积曲线法的无定河流域各时段年径流变化量、年输沙变化量归因分析

水文要素	时段	实测值	模拟值	实际减少		气候变化		人类活动	
				减少量	减少比例/%	减少量	减少比例/%	减少量	减少比例/%
年径流量/亿 m³	1957~1971 年	15.23							
	1972~1979 年	10.40	13.58	4.83	31.7	1.65	34.2	3.18	65.8
	1980~1989 年	10.32	13.27	4.91	32.3	1.95	39.7	2.96	60.3
	1990~1999 年	9.34	13.51	5.89	38.7	1.72	29.2	4.17	70.8
	2000~2010 年	7.62	15.83	7.61	50.0	−0.60	−7.9	8.21	107.9
年输沙量/亿 t	1957~1971 年	2.067							
	1972~1979 年	0.867	1.843	1.20	58.1	0.22	18.6	0.98	81.4
	1980~1989 年	0.522	1.784	1.54	74.5	0.28	18.2	1.26	81.8
	1990~1999 年	0.763	1.816	1.30	63.1	0.25	19.2	1.05	80.8
	2000~2010 年	0.332	2.128	1.74	84.0	−0.06	−3.4	1.80	103.4

由表 5-15 可知，无定河流域内年输沙量减少比例 70.9% 明显大于年径流量减少比例 38.8%。人类活动是流域内年径流量、年输沙量减少的主导因素，且对年输沙量的减少作用更显著。由表 5-16 可知，在各时段，年径流减少量占比均不大于 50%，而年输沙减少量占比均大于 50%，即年输沙变化量明显大于年径流变化量。无定河流域内人类活动对水沙变化的影响占主导地位，其对流域年径流、年输沙减少量的平均贡献率在 20 世纪 70~90 年代间分别为 66%、81% 左右；在 2000~2010 年变为 107.9%、103.5%。在 21 世纪初期（2000~2010 年)，人类活动对研究流域年径流减少量和年输沙减少量的贡献率均超过 100%。

5.2.3.3　基于水保法的典型流域水沙归因分析

通过分析水土保持科学试验站的径流小区观测资料，研究确定不同地貌类型区不同条件下各项水土保持措施减沙指标，再将各单项水土保持措施蓄水减沙指标与单项措施面积相乘，即可得到单项水土保持措施减水减沙量，逐项相加，即可得到流域面上水利水保措施等人类活动的减沙量。对于水利水保措施减水减沙效益的分析计算，由于其影响因素复杂，各主要因素在不同条件下的作用又千差万别，因此，为了正确地反映各因子在不同环境条件下的内在关系，本书按不同地貌类型区进行了单项水保措施的减水减沙效益分析。搜集获取研究流域无定河流域水平梯田、林地、种草、淤地坝及封禁治理面积，见图5-16。

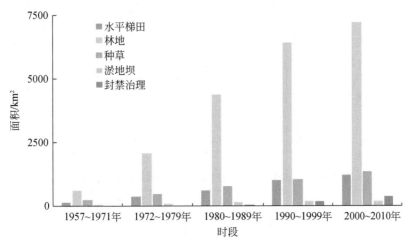

图5-16 研究流域不同时段实施水利水保措施面积

由图5-16可知，流域内最大的措施面积是林地面积，而淤地坝面积在各时段均小于水平梯田、林地、草地的面积，特别是在2000年之后，林地面积达到了淤地坝面积的38倍，封禁治理面积也比淤地坝面积多出90%，即除淤地坝面积无大变化外，其余措施面积稳中有升（表5-17）。

表5-17 无定河流域各时段淤地坝建坝数量 （单位：座）

时段	骨干坝	中型坝	小型坝
1950~1959年	39	199	5890
1960~1969年	152	861	
1970~1979年	525	1998	
1980~1989年	100	255	
1990~1999年	86	109	810
2000~2009年	218	283	
2010~2017年	35	42	
合计	1155	3747	6700

无定河流域淤地坝建设集中在20世纪70年代和21世纪前10年两个时段，前一时段淤地坝建设追求数量，众多中小型淤地坝在此时段建设完成，后一时段淤地坝建设更关注淤地坝等级、坝系的完善。

考虑到研究流域实际情况较为复杂，将流域划分为黄土丘陵区和风沙区。水平梯田、淤地坝主要分布在黄土丘陵区；林地和草地主要分布在风沙区。结合流域内措施分布及水利水保措施减水减沙的相关研究，确定各水利水保措施面积不同时段保存率、有效率、同一措施各质量等级比例、减水减沙效益、地下径流补给系数等，逐项分析计算，结果如表 5-18、表 5-19 所示。

表 5-18　无定河流域水利水保措施在突变年份（1971 年）前后年均减水减沙量

| 水文要素 | 时段 | 实测值 | 水利水保措施年均减水减沙量 | | | | | | 人类活动贡献率% | 气候变化贡献率% |
			水平梯田	林地	草地	淤地坝	封禁治理	合计		
年径流量/亿 m³	1957 ~ 1971 年	15.23	0.03	0.03	0.03	0.003	0	0.09		
	1972 ~ 2010 年	9.32	0.20	0.62	0.14	0.04	0.04	1.04	17.8	82.2
年输沙量/亿 t	1957 ~ 1971 年	2.067	0.014	0.018	0.012	0.002	0	0.046		
	1972 ~ 2010 年	0.601	0.094	0.306	0.069	0.075	0.007	0.551	37.6	62.4

表 5-19　无定河流域各时段水利水保措施年均减水减沙量

| 水文要素 | 时段 | 实测值 | 水利水保措施年均减水减沙量 | | | | | | 人类活动贡献率% | 气候变化贡献率% |
			水平梯田	林地	草地	淤地坝	封禁治理	合计		
年径流量/亿 m³	1957 ~ 1971 年	15.23	0.03	0.03	0.03	0.003	0	0.09		
	1972 ~ 1979 年	10.40	0.08	0.13	0.04	0.01	0	0.26	5.4	94.6
	1980 ~ 1989 年	10.32	0.14	0.27	0.06	0.03	0.01	0.51	10.3	89.7
	1990 ~ 1999 年	9.34	0.23	0.82	0.16	0.04	0.04	1.29	21.9	78.1
	2000 ~ 2010 年	7.62	0.33	1.13	0.28	0.06	0.10	1.90	25.0	75.0
年输沙量/亿 t	1957 ~ 1971 年	2.067	0.014	0.018	0.012	0.002	0	0.05		
	1972 ~ 1979 年	0.867	0.037	0.064	0.019	0.008	0	0.13	10.6	89.4
	1980 ~ 1989 年	0.522	0.063	0.132	0.030	0.017	0.001	0.24	15.8	84.2
	1990 ~ 1999 年	0.763	0.106	0.402	0.078	0.026	0.007	0.62	47.5	52.5
	2000 ~ 2010 年	0.332	0.153	0.551	0.133	0.221	0.015	1.07	61.9	38.1

由表 5-19 可知，无定河流域水利水保措施中的林地面积增加带来的减水减沙量最大。其中淤地坝虽减水量较林地、梯田、草地小，但其拦沙减蚀带来的减沙量却仅次于流域内面积最大的林地减沙量。在 2000 ~ 2010 年，面积仅为林地面积的 1/38 的淤地坝减沙量却达到林地的 2/5，这说明淤地坝在流域内起着重要且有效拦蓄泥沙的作用。总体来看，各水利水保措施减水减沙量逐年增加，其中减沙幅度大于减水幅度。同时，对各项水利水保措施单独计算其减水减沙量，计算结果较实际情况偏小，原因可能是未考虑措施的耦合作用、各措施作用发挥存在滞后性或作用失效、流域内措施面积非均匀分布造成单位措施面积减水减沙效益指标偏小、措施统计面积与实际面积存在出入等。

5.2.3.4　基于水文法的典型流域水沙归因分析

通过对研究流域基准期的年累计降水量-年累计径流量、年累计降水量-年累计输沙量对应关系进行回归分析优选、参数率定，获取经验模型，进而计算出流域大规模开展水利水保措施时段的年径流变化量、年输沙变化量模拟值，扣除实测值，获得水利水保措施的减水减沙量，进而计算出人类活动和气候变化对流域水沙变化的贡献率。无定河流域水沙变化研究的水文法模型公式及参数率定如表 5-20 所示。

表 5-20　无定河流域水沙变化研究的水文法模型公式及参数率定

水文要素	模型公式	研究流域参数率定		
		A	B	C
年径流量	① $\sum W = A \cdot \sum P_a$	0.035 818 00		
	② $W = A \cdot P_a + B$	0.016 387 00	8.677	
	③ $W = A \cdot P_f^B \cdot (P_f / P_a)^C$	1.564 552 75	0.385	−0.329
	④ $W = A \cdot P_f^B \cdot (P_{7+8} / P_{6+9})^C$	1.993 496 24	0.355	0.104
年输沙量	① $\sum S = A \cdot \sum P_a$	0.004 781 80		
	② $S = A \cdot P_a + B$	0.005 702 00	−0.402	
	③ $S = A \cdot P_f^B \cdot (P_f / P_a)^C$	0.000 151 28	1.573	−1.347
	④ $S = A \cdot P_f^B \cdot (P_{7+8} / P_{6+9})^C$	0.000 345 09	1.456	0.562

注：W 为径流模拟值；S 为输沙模拟值；P_a 为年降水量；P_f 为汛期（6~9月）降水量；P_{7+8} 为 7~8 月降水量；P_{6+9} 为 6 月和 9 月降水量；A、B、C 为模型参数。

由表 5-20 可知，不同水文法经验模型的区别在于是否考虑降雨年内分配以及如何考虑降雨年内分配。在黄土高原，并非所有的降雨事件均会有相应的径流输沙，只有降雨事件达到侵蚀性降雨时才可能有侵蚀发生。通过对比分析，发现模型公式④效果最好，本书采用模型公式④对无定河流域水沙变化进行归因分析，研究结果如表 5-21、表 5-22 所示。

表 5-21　基于水文法的无定河流域年径流变化量、年输沙变化量归因分析

水文要素	时段	实测值	模拟值	实际减少		气候变化		人类活动	
				减少量	减少比例/%	减少量	减少比例/%	减少量	减少比例/%
年径流量/亿 m³	1957~1971 年	15.40							
	1972~2010 年	9.76	14.59	5.64	36.6	0.81	14.4	4.83	85.6
年输沙量/亿 t	1957~1971 年	1.876							
	1972~2010 年	0.601	1.538	1.28	68.0	0.34	26.6	0.94	73.4

由表 5-21 可知，无定河流域年径流量、年输沙量在突变年份（1971 年）之后时段平均减少 36.6%、68.0%，其中人类活动对其影响占据主导作用。对各时段具体分析时（表5-22）发现，20 世纪 80 年代人类活动对水沙变化的贡献率锐减，对年径流变化量、年输沙变化量的贡献率分别为 62.2%、31.8%。这可能与水文法率定参数的资料序列有关，因降雨资料来自于流域把口站（白家川站），考虑到黄土高原降水分布的局部性，其降雨资料或难以对整个无定河流域进行有效的反映。

表 5-22 基于水文法的无定河流域各时段年径流变化量、年输沙变化量归因分析

水文要素	时段	实测值	模拟值	实际减少		气候变化		人类活动	
				减少量	减少比例/%	减少量	减少比例/%	减少量	减少比例/%
年径流量/亿 m³	1957～1971 年	15.23							
	1972～1979 年	10.40	15.443	4.83	31.7	-0.21	-4.3	5.04	104.3
	1980～1989 年	10.32	13.370	4.91	32.3	1.86	37.9	3.05	62.1
	1990～1999 年	9.34	14.491	5.89	38.7	0.74	12.6	5.15	87.4
	2000～2010 年	7.62	15.157	7.61	50.0	0.07	0.9	7.54	99.1
年输沙量/亿 t	1957～1971 年	2.067							
	1972～1979 年	0.867	1.898	1.20	58.1	0.17	14.2	1.03	85.8
	1980～1989 年	0.522	1.014	1.54	74.7	1.05	68.2	0.49	31.8
	1990～1999 年	0.763	1.554	1.30	63.1	0.51	39.3	0.79	60.7
	2000～2010 年	0.332	1.736	1.74	84.0	0.34	19.5	1.40	80.5

5.2.4 典型流域水沙变化归因结果对比评价

表 5-23 和表 5-24 汇总不同方法计算得到的无定河流域 1972～2010 年径流变化量和年输沙变化量归因分析计算结果，其中均以 1957～1971 年为基准期。

表 5-23 基于不同方法计算的无定河流域年径流变化量的归因分析汇总（单位:%）

方法	降雨	蒸散发	淤地坝	水平梯田	林地	草地	封禁治理	耦合作用
GAMLSS 模型	7.4	-8.5	22.5	19.8	20.8	20.4	—	17.6
水保法	81.0	—	1.9	3.5	10.5	2.4	0.7	—
水文法	14.4	—	85.6					
双累积曲线法	18.8	—	81.2					
弹性系数法	10.5	2.8	86.7					

表 5-24 基于不同方法计算的无定河流域年输沙变化量的归因分析汇总（单位:%）

方法	降雨	蒸散发	淤地坝	水平梯田	林地	草地	封禁治理	耦合作用
GAMLSS 模型	3.7	-4.7	20.3	11.3	14.2	11.6	—	43.6
水保法	60.6	—	7.1	6.4	20.8	4.7	0.4	—
水文法	26.5	—	73.5					
双累计曲线法	11.3	—	88.7					
弹性系数法	—	—	—					

由表 5-23 和表 5-24 可知，在对研究流域年径流变化量、年输沙变化量归因分析计算结果中，除水保法外，其余计算结果均表明流域内水沙变化的主导因素来自人类活动。本书水保法采用的是确定措施减水减沙指标，逐项计算措施减水减沙效益，尚未考虑不同措施的耦合作用、淤地坝淤积比等情况，这些可能造成水保法计算结果较实际情况各水利水

保措施的减水减沙效益偏小。水文法、双累积曲线法将流域内水沙变化研究分为两个时段展开研究，认为前一个时段为无人类活动或人类活动可忽略的天然条件下的基准期，后一个时段是在人类活动和气候变化综合作用下的研究期。虽然本书采用的水文法已尽可能考虑了降雨的年内分配，但黄土高原地区近年来的场次暴雨频率的变化、对水利水保措施的减水减沙效益随其开展时间的增长是否始终如一尚未考虑，造成人类活动对水沙变化贡献率计算结果可能偏大。总体来看，本书所用的基于 GAMLSS 模型的贡献率识别方法得到的人类活动贡献率与水文法结果较为接近，GAMLSS 模型能够量化不同措施的贡献率，且考虑了不同措施的耦合作用，是水沙变化归因分析的有效计算工具。

对研究流域不同时段不同贡献率计算方法的结果进行对比分析，见图 5-17。由图 5-17 可知，人类活动对水沙变化的贡献率在 20 世纪 90 年代出现低谷，这可能是因为流域内 20 世纪 70 年代修建淤地坝高峰时段留下来的大部分淤地坝已淤满或已失效，而下一次淤地坝修建高峰时段则在 2000 年之后，始于 1999 年的退耕还林还草尚未有效开展等。流域内年输沙量减少幅度较年径流量减少幅度大，水利水保措施对下垫面的改变有效减缓或阻止产汇流的形成，因此下渗的径流又保证林草措施的作用发挥。

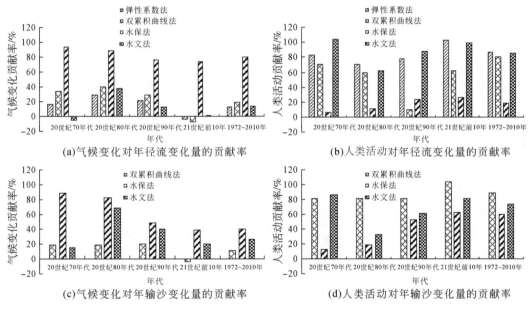

图 5-17　不同方法计算得到的无定河流域水沙变化归因对比分析

5.3　基于 Copula 函数的日均含沙量不确定性评价

选取黄河中游 6 个区域 [佳芦河流域（申家湾）、孤山川流域（高石崖）、皇甫川流域（皇甫）、秃尾河流域（高家川）、窟野河流域（温家川、王道恒塔）、无定河流域（李家河、绥德、赵石窑、丁家沟）] 为典型区域，水文数据是黄河中游 10 个水文站雨季（5~10 月）的日均流量和日均含沙量，水文站资料如表 5-25 所示，研究区位于黄土高原,是黄河流域主要产沙区,主要气候类型是半干旱半湿润性气候。在旱季(11~4月)含沙量较小,大部分年份旱季含沙量数据缺测,因此本书仅采用5~10月雨季的水文数据,时间序列从1955~2010年,水文站控制面积为807~23 422km²。

表 5-25 研究流域日均流量和日均含沙量 M-K 趋势检验结果

水文站	面积 /km²	时段	流量 (m³/s) Z 值	含沙量 (kg/m³) Z 值	时段	流量 (m³/s) Z 值	含沙量 (kg/m³) Z 值
李家河	807	1959~2005 年	0.31	0.28	1959~2005 年	0.31	0.28
申家湾	1 121	1957~2005 年	0.00*	0.00*	1957~1985 年	0.00*	0.00*
高石崖	1 263	1958~2010 年	0.00*	0.00*	1958~1985 年	0.29	0.06
皇甫	3 175	1977~2005 年	0.00*	0.00*	1977~1985 年	0.63	0.11
高家川	3 253	1956~2010 年	0.00*	0.00*	1956~1985 年	0.00*	0.01*
王道恒塔	3 839	1961~2010 年	0.00*	0.00*	1961~1985 年	0.91	0.67
绥德	3 893	1960~2005 年	0.51	0.96	1960~2005 年	0.51	0.96
温家川	8 645	1955~2010 年	0.00*	0.00*	1955~1985 年	0.32	0.00*
赵石窑	15 325	1956~2005 年	0.00*	0.00*	1956~1985 年	0.00*	0.00*
丁家沟	23 422	1959~2010 年	0.00*	0.00*	1959~1985 年	0.10	0.21

* 原假设在 5% 的显著性水平下存在非一致性。

传统频率分析的假设是水文序列满足一致性,因此首先需要对水文序列的一致性进行检验。M-K趋势检验表明,10个水文站大部分流量和含沙量序列在5%显著性水平下存在非一致性(表5-25),仅李家河和绥德两个水文站的流量与含沙量序列满足一致性。1985年以后大面积的水土保持工程在黄土高原展开,这些水土保持措施改变下垫面条件,对流域径流和泥沙产生很大的影响,因此以1985年为界限,对除李家河和绥德外的8个水文站的流量和泥沙数据进行分析,分析结果表明截至1985年高石崖、皇甫、王道恒塔和丁家沟水文站的流量和含沙量序列在5%的显著性水平下满足一致性。因此本研究所用的水文时间序列李家河和绥德两个水文站截至2005年,高石崖、皇甫、王道恒塔和丁家沟水文站截至1985年。

5.3.1 日均含沙量不确定区间分析

当日均降水量、日均流量和日均含沙量联合分布 $f(P, Q, S)$ 已知时,可以推出日均含沙量三维条件概率分布 $F^{-1}(S \mid P_0, Q_0)$,根据 $F^{-1}(S \mid P_0, Q_0)$ 可以得到不同日均降水量、日均流量和概率组合条件下对应的日均含沙量的估计值。本书分别给出李家河、绥德、高石崖、皇甫、王道恒塔和丁家沟6个水文站在给定实测日均降水量和日均流量时,

5%、25%、50%、75%和95%概率条件下日均含沙量的模拟值，其中5%~95%概率对应90%的不确定区间，25%~75%概率对应50%的不确定区间（图5-18）。

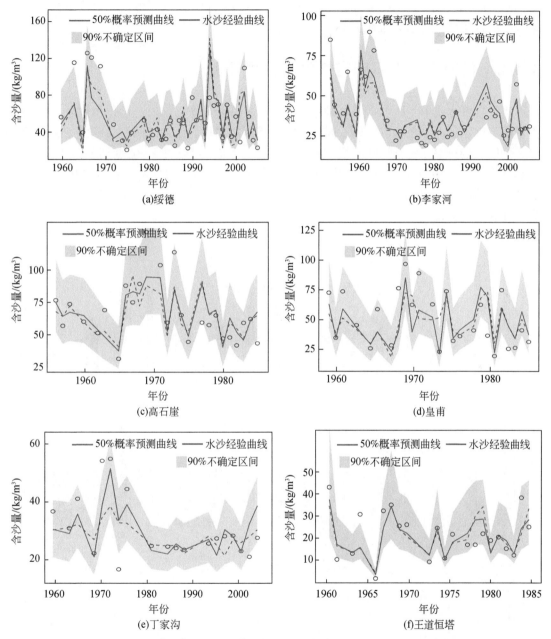

图5-18　基于$F^{-1}(S\,|\,P_0\,,\,Q_0)$估计得到的日均含沙量50%和90%不确定区间

图5-18给出在给定日均降水量和日流量时基于$F^{-1}(S\,|\,P_0\,,\,Q_0)$估计得到的日均含沙量50%和90%的不确定区间。6个水文站的大部分实测日均含沙量的点距均落在90%不确定区间内，50%概率预测曲线与实测日均含沙量变化较为一致，与传统日均含沙量预测曲线相比，50%概率预测曲线与经验点距的分布更为一致。为了精确地评价不确定区间

的精度，采用 P-因子和 R-因子对其加以量化，P-因子是落入不确定区间的经验点距的比例，R-因子是不确定区间的宽度除以目标变量的标准差。当经验点距都落入狭窄的不确定区间时，P-因子趋向 1，R-因子趋向 0。在 90% 不确定区间 P-因子的估计值分布在 $0.84 \sim 0.97$，R-因子的估计值分布在 $1.78 \sim 2.17$。

5.3.2 日均含沙量不确定性区间情景预测

当日均降水量 P、日均流量 Q 和日均含沙量 S 联合分布已知时，不仅可以估计日均含沙量的不确定区间，还可以估计不同日均降水量区间和日均流量区间组合条件下，含沙量在某一区间的概率。将日均降水量、日均流量和日均含沙量根据分位点划分为 4 个区间，计算结果如图 5-19 所示。图 5-19 中变量后面的数字代表对应的分位点值，如 $P_{0\sim25}$、$Q_{0\sim25}$ 和 $S_{0\sim25}$ 分别代表日均降水量 P 在 $0\sim25$ 分位点、日均流量 Q 在 $0\sim25$ 分位点、日均含沙量 S 在 $0\sim25$ 分位点。

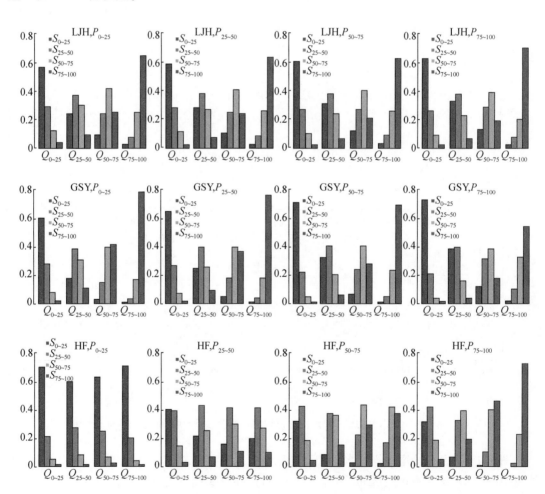

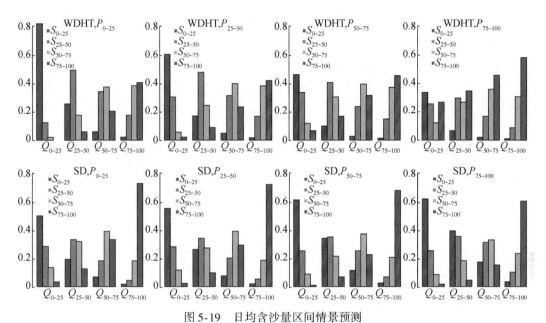

图 5-19　日均含沙量区间情景预测

图中变量后面的数字代表对应的分位点值，如 $P_{0\sim25}$、$Q_{0\sim25}$ 和 $S_{0\sim25}$ 分别代表

日均降水量 P 在 $0\sim25$ 分位点、日均流量 Q 在 $0\sim25$ 分位点、日均含沙量 S 在 $0\sim25$ 分位点

由图 5-19 可知，李家河站、绥德站和高石崖站三个水文站对应的含沙量区间情景预测结果较为一致。这三个水文站日均流量和日均含沙量的关系受降雨的影响较小，当日均流量位于 $Q_{0\sim25}$ 时，日均含沙量位于 $S_{0\sim25}$ 的概率较大，当日均流量位于 $Q_{75\sim100}$ 时，日均含沙量位于 $S_{75\sim100}$ 的概率也大于其他条件对应的概率。结果说明当流量的量级较小（$S_{0\sim25}$）时，日均含沙量量级也较小的概率很大，当日均流量的量级较大（$S_{75\sim100}$）时，出现较大量级的日均含沙量的概率也很大。但是，当日均流量的量级处于中间水平（$S_{25\sim50}$、$S_{50\sim75}$）时，日均含沙量的量级分布范围较广。赵力毅等（2006）和汪丽娜等（2008）分析结果表明这三个水文站水沙异源，径流主要来源于坡面，水沙异源说明这三个流域坡面不是产沙的主要来源，而降雨主要影响坡面产沙，因此这三个流域降雨对日均流量和日均含沙量的关系影响较小。对于皇甫站来说，当日均降水量位于 $P_{0\sim25}$ 时，日均含沙量也位于 $S_{0\sim25}$ 区间的概率最大，与日均流量的量级无关，当日均降水量和日均流量的量级均较大时，皇甫站出现大量级的日均含沙量概率较大，说明日均降水量的量级较小时，坡面侵蚀是皇甫站控制流域侵蚀产沙的主要来源，随着坡面产沙量和流量增加，沟道侵蚀会加剧，皇甫川流域出现较大量级的含沙量。对于丁家沟站来说，当日均降水量位于 $P_{75\sim100}$ 时，日均含沙量也位于 $S_{75\sim100}$ 区间的概率最大，与皇甫站相比，日均降水量量级较大时，日均含沙量有很大概率处于同一量级，说明日均降水量量级较大时，坡面侵蚀是丁家沟站控制流域侵蚀产沙的主要来源。王道恒塔站日均流量与日均含沙量的关系主要是在日均降水量量级较大时发生改变，当降水量位于 $P_{75\sim100}$ 时，日均含沙量也位于 $S_{75\sim100}$ 区间的概率较大（图 5-20）。

对于皇甫站来说，在低量级降水量 $P_{0\sim25}$ 条件下，水沙关系相关性较低。这是由于皇甫川流域内近年来水土保持措施的实施，土地覆被类型变化和坝库工程修建已经成为影响

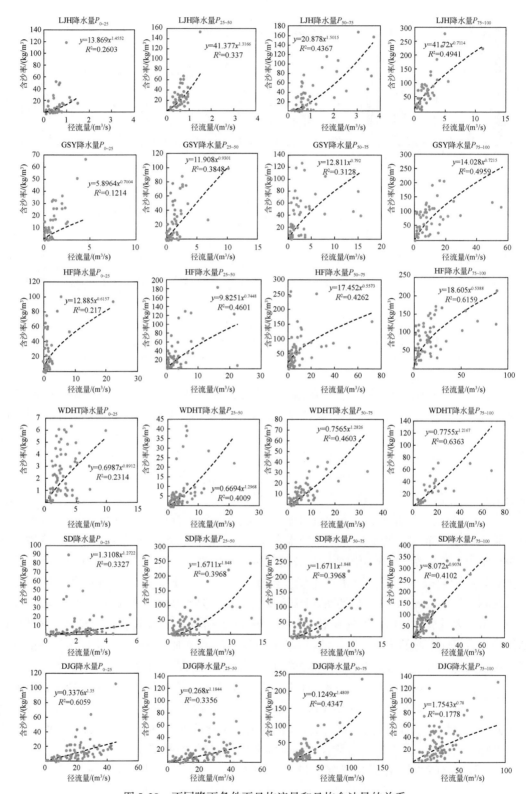

图5-20　不同降雨条件下日均流量和日均含沙量的关系

流域日均流量与日均含沙量关系的相关因素，随着森林和草地面积的增加，在降水量量级较小的情况下，增大的植被截留量削弱了日均流量对日均含沙量的影响，坝库工程通过直接拦蓄上游的径流泥沙改变流域径流泥沙的输移过程，致使流域产沙量减少。但遇到大量级降水量（$P_{75 \sim 100}$）时，治理工程对洪水含沙量的影响较高，在遇大暴雨时仍会出现高量级含沙量（$S_{75 \sim 100}$）。

与皇甫站相比，通过不同日均降水量量级下的水沙拟合分析，在大量级日均降水量情形下，丁家沟站径流与输沙量相关系数小，相关性劣于其他降雨情形，结果与区间情景预测相一致。这可能是无定河各支流的单位面积产沙量有显著差异而导致的，大量级降水量有时集中在一个较小的区域，且暴雨中心不同，因此在大量级降水量情形下，易出现水沙过程线不匹配的情况，日均流量与日均含沙量关系并不密切。

对于王道恒塔站，当降雨位于 $P_{0 \sim 25}$ 时，水沙间相关性最低，这可能与低量级日均降水量条件下的下垫面条件有关。随着地表松散土粒的减少、表层结皮的形成和土壤入渗率的稳定，坡面土壤侵蚀量较少，下垫面的减沙作用较阻碍坡面径流作用更为明显；且随着日均降水量量级的增大，其产沙径流强度也随之增大，表现出良好相关性。

在中高量级降水量情形下，李家河站、绥德站及高石崖站日均流量与日均含沙量均表现出良好相关性，与情景预测结果相一致。但李家河和高石崖两站在日均降水量位于 $P_{0 \sim 25}$ 时，水沙关系并不密切。这可能是由于低量级降水量时坡面细沟发育不如大量级时充分，当日均降水量位于 $P_{0 \sim 25}$ 时也很容易达到形成细沟的动力临界值，产沙强度迅速增加，而这一时间，低量级降水量产流才刚刚开始，出现沙峰与洪峰不协调的情况，故相关性较低。

5.4 基于机器学习法的水沙变化预测评价

黄河流域水沙关系的研究成果众多，这些研究的差异主要体现在研究对象及数据处理、研究模型的选取、研究结果的评估等方面。本节集合了几种常用的机器学习方法，选取不同的输入变量组合和时间尺度，对皇甫川流域的径流变化和输沙变化给出不同模型的研究结果。

5.4.1 机器学习法基本模型构建

5.4.1.1 经验模型法的缺点

经验模型法的第一个缺点是输入数据的解释性不够。为了计算简便，经验模型通常只选取与输出数据（径流量或输沙量）相关性最大的降水量 P 或降水量的其他形式作为输入数据，而忽略了其他因子（如气温，归一化植被指数，土地利用等）对产流产沙的影响作用。尤其是在黄河中游，植树造林等人类活动对流域的水沙输移产生了很大的影响作用。因而，本书的改进之一是考虑多种输入因子，增强输入变量对因变量的解释性，同时兼顾了多个因子在量纲上的一致性。

经验模型法的第二个缺点是把研究期划分为基准期和人类活动影响期。这种处理方法假设了在基准期内流域未受人类活动影响，而在人类活动影响期，流域每年均受同等程度的人类活动影响作用。人类活动主要包括水土保持措施和水利工程措施，根据皇甫川流域各项水土保持措施面积在不同年份的变化曲线，流域内实施的水土保持措施是连续变化的。因而在不同年份流域的径流量或输沙量受人类活动影响程度也不一样。

经验模型法在划分时段时，可选择的突变点检测方法较多（Mann-Kendall 方法，Pettitt 检验，双累积曲线法等方法），即便在同一流域，不同学者得到的突变点结果也是差别较大。以皇甫川流域径流量序列为例，其突变点研究结果有 1979 年（王随继等，2012；赵广举等，2013；Zhou et al.，2015），1984 年（Shi et al.，2016；李二辉，2016），1996 年（樊辉和杨晓阳，2010；Tian et al.，2016）等年份。2.4 节中也用案例说明了该流域划分时段存在较大的不确定性。本章所使用的机器学习方法模型，在输入因子中考虑了人类活动因子项，因而不需要将研究期划分为基准期和人类活动影响期，避免了这种不确定性。

经验模型法的第三个缺点是：得到基准期内的水沙关系模型后，利用归纳和演绎的原理，求出人类活动影响期内径流量或输沙量的计算值，并将计算值和实际值的差值解释为人类活动造成的误差。

然而，这个差值不仅包含由于人类活动影响造成的变化，实际上还包含了模型结构引起的误差，因而通过经验模型计算出来的人类活动贡献率并不准确。本书尝试把人类活动对径流量或输沙量的影响量化为一个时间序列，人类活动的影响直接作为模型的输入因子。使得模型具有更可信的物理意义。

5.4.1.2 物理过程模型的局限性

以黄河中游流域为研究对象的模型，需要在模型中考虑到人类活动的影响作用。而水土保持措施的数据通常在时间尺度上比较大（如各项水土保持措施只有年保存面积值），或者在空间上分辨率较低（如流域内淤地坝由于自身尺度较小而很难在地形数据中体现其作用）。因而，基于过程的物理模型在输入中难以准确地衡量人类活动的影响作用（以 SWAT 模型为例，模型通常不能考虑 NDVI 变化的影响，在减水减沙上发挥重要作用的淤地坝通常被视作常规地形来处理）。基于过程的物理模型和经验模型相比，该模型虽然在时间和空间上分辨率得到了提高，但由于数据资料的缺陷，未能很好地量化人类活动的影响。本章使用的机器学习方法采用水土保持措施面积数据和 NDVI 来反映人类活动对水沙的影响，能有效地避免这种数据缺陷。

此外，经验模型和基于过程的物理模型具有的一个共同特点是：模型通常选择特定的时段作为率定期。选择固定的率定期可能会造成过拟合的问题。率定的模型参数是在率定期内最优的参数，但不能保证也是模拟期最优的参数。因而在使用率定期得到的参数来模拟未来的情况时，可能造成较大的误差。本章在选择模型的率定期时，将整个研究期的数据置乱后，再随机选择一定比例的数据作为率定期样本。

5.4.1.3 基于水量平衡方程的自变量选取

以径流量为例，选取自变量时以流域水量平衡公式为依据。径流量 R 主要受到降水量 P、蒸散发量 E 和其他因素 ΔW 的影响，如式（5-15）所示：

$$R = P - E + \Delta W \tag{5-15}$$

降水量作为流域径流量的主要来源，在水文法中常被当作唯一的输入变量。黄河中游的降水多以历时短的暴雨为主，在不同流域中降水量对径流量的影响有不同的形式。通常降水变量可以选取年降水量 P，汛期（6～10 月）降水量 P_f，7～8 月降水量 $P_{7\sim8}$，年有效降水量 P_e（年内大于 9mm 的日降水量之和），降水综合指标 $\sum P = P_a + aP_{a-1} + bP_{a-2}$（$P_{a-1}$、$P_{a-2}$ 分别代表前一年、前两年的年降水量，a、b 为大于 0 小于 1 的系数，需要人为确定）等不同的形式。

选取 P 作为自变量，意味着全年所有的降水量都对径流或产沙做贡献；选取 P_f 或 $P_{7\sim8}$ 或 P_e 作为自变量，意味着只有满足特定条件的降水才产生径流或输沙；选取 P_{a-1} 或 P_{a-2} 或 $\sum P$ 作为自变量，意味着产流产沙对降水具有滞后效应。以输沙量为例，黄河中游各支流的产沙高度集中在汛期（6～9 月），汛期的输沙量占全年的 95% 以上（汪岗和范昭，2002b），因而选取 P_f 作为输入变量来研究年输沙量的变化特征，模型拟合表现可能会优于使用年降水量。

蒸散发作用对流域水循环的影响主要通过植物的蒸腾作用和土壤、水体的蒸发实现。本章用潜在蒸散发量来表示实际蒸散发量，即假设两者存在简单的线性关系，通过修正的 Penman-Monteith 公式计算潜在蒸散发量。与潜在蒸散发量相关的主要气候因子有年均气温 T、相对湿度 RH，地面风速 u，日照时长 n，实际水汽压 e_a 等因素。

皇甫川流域蒸散发量的研究采用的是河曲气象站数据。如图 5-21 所示，潜在蒸散发量主要和年均气温 T、相对湿度 RH 两个因子存在显著的相关关系（$p = 0.01$ 时的 R^2 为 0.336）。由图 5-21 可以看出，相对湿度和潜在蒸散发量相关关系的显著性更强，因而本章主要用相对湿度来表征蒸散发对径流的影响作用。

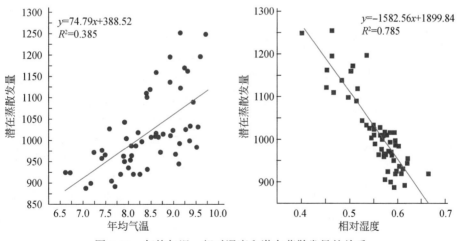

图 5-21　年均气温、相对湿度和潜在蒸散发量的关系

人类活动的影响项 ΔW 项主要包括坡面措施和沟道措施的作用，两种措施对径流的影响的计算在水保法的基础上做出改进。在考虑水保法作用时，可以选择水土保持措施面积与降水量面积之积作为因子。从水量平衡方程量纲一致性的角度上看，水土保持措施面积乘以年降水量表示的是当年降落在水保措施面积上总水量，水土保持的减水减沙作用与这

个量成正比更为合理。

　　流域的 NDVI 反映了流域内植被覆盖度的变化特点，本章也尝试使用 NDVI 来体现流域内各年份的水土保持措施保存面积之和。在年尺度上，本书使用水土保持措施面积来表征人类活动的影响作用；而在月尺度上，则使用 NDVI 来表征人类活动的影响作用。

　　因此，输入变量主要包括降水因素项，与蒸散发量有关的气候因子项和人类活动作用项。选取因子的原则是依据于水量平衡方程，具有明确的物理意义，避免造成同种类型的因子在模型中重复出现。

5.4.2　输入数据来源及标准

5.4.2.1　数据来源

　　收集的皇甫川流域的主要研究数据如表 5-26 所示，包含流域内 15 个雨量站的降水量数据，流域出水口的径流量、输沙量，河曲气象站的气象数据，流域内各时段的水土保持措施数据和 NDVI 数据。

表5-26　研究数据一览表

数据类型	数据时段	数据来源	备注说明
降水量	1954～2015 年	水文年鉴	15 个站点反距离权重空间插值
径流量	1954～2015 年	水文年鉴	皇甫站
输沙量	1954～2015 年	水文年鉴	皇甫站
潜在蒸散发量	1960～2015 年	气象数据共享网	河曲站，修正的 Penman～Monteith 法
相对湿度	1960～2015 年	气象数据共享网	河曲站
年均气温	1960～2015 年	气象数据共享网	河曲站
水平梯田面积	1959～2006 年	冉大川等（2000），姚文艺等（2011）	各年代末（1959 年、1969 年、1979 年、1989 年、1999 年、2006 年）的 6 个数据线性插值
林地面积	1959～2006 年	冉大川等（2000），姚文艺等（2011）	各年代末（1959 年、1969 年、1979 年、1989 年、1999 年、2006 年）的 6 个数据线性插值
草地面积	1959～2006 年	冉大川等（2000），姚文艺等（2011）	各年代末（1959 年、1969 年、1979 年、1989 年、1999 年、2006 年）的 6 个数据线性插值
淤地坝面积	1959～2006 年	冉大川等（2000），姚文艺等（2011）	各年代末（1959 年、1969 年、1979 年、1989 年、1999 年、2006 年）的 6 个数据线性插值
NDVI	1982～2015 年	GIMMS NDVI_3g. v1	归一化植被指数

5.4.2.2　水土保持数据和 NDVI 数据

　　收集到的水土保持措施主要有两个来源。其中，冉大川等（2000）统计的皇甫川流域份水土保持措施值较为可信，包含 1959 年、1969 年、1979 年、1989 年和 1999 年 5 组数据。姚文艺等（2011）研究了皇甫川流域 1997～2006 年的水土保持措施值，与冉大川等的数据出入较小。通过对姚文艺等专著中的水土保持措施值序列乘以相应的折减系数，得到该10年的水土保持措施值，约束条件为1999年二者的数值一致，通过该约束条件确定折减系数。其他缺失年份的数值通过对时间序列进行线性插值求得，从而得到较为可靠的皇甫川流域各年份单项水土保持措施数据。

常用的计算各项水土保持措施的减水减沙量的方法为水保法，其本质是认为各水土保持措施的减水减沙量与其保存面积之间存在着简单的线性相关关系。以水平梯田、林地和草地为主的坡面措施的减水或减沙量 $\Delta \overline{W}_i$ 的计算公式为

$$\Delta \overline{W}_i = \sum \alpha_i \cdot A_i \tag{5-16}$$

式中，α_i 为各类措施的减洪或减沙模数，单位分别为 m^3/km^2、万 t/km^2；A_i 为措施保存面积。此外，提出的"以洪算沙"法也是基于单项坡面措施的减洪量和单项坡面措施面积成正比这一假设。且坡面措施的总有效面积为

$$A_{\text{slope}} = \alpha_g A_{\text{grass}} + \alpha_f A_{\text{forest}} + \alpha_t A_{\text{terrace}} \tag{5-17}$$

减洪模数之比 $\alpha_g : \alpha_f : \alpha_t = 0.6 : 0.7 : 0.9$ 或 $0.7 : 0.8 : 1.0$；减沙模数之比 $\alpha_g : \alpha_f : \alpha_t \approx 0.9 : 0.9 : 1.0$（汪岗和范昭，2002a，2002b）。姚文艺等（2011）提出的 1997~2006 年各年份的修正减洪指标比例均不一样，但综合而言，$\alpha_g \leq \alpha_f \leq \alpha_t$。则总的水土保持措施有效面积计算公式为

$$A_{\text{total}} = \alpha_g A_{\text{grass}} + \alpha_f A_{\text{forest}} + \alpha_t A_{\text{terrace}} + \alpha_d A_{\text{dam}} \tag{5-18}$$

本章采用的 GIMMS NDVI_3g. v1 数据来源于美国航空航天局（NASA'S Goddard Space Flight Center）15d 的合成数据，其空间分辨率为 $0.083° \times 0.083°$，包含全球范围内 1982~2015 年的 NDVI，是当前研究 NDVI 变化的最长时间序列数据集。数据集以 .ncd 格式存储，每年包含 2 个 .nc4 文件，每个文件包含 6 个月（共 12 个时段）的 NDVI 数据（每半个月收集一次）。通过对原始数据进行格式转换、投影变换等处理，获取了皇甫川流域 1982~2015 年 NDVI 数据集（时间分辨率为半个月）。

5.4.2.3　数据集初步处理

给定的数据集，在各特征上的取值范围差别较大，而本章采用的回归方法需要计算样本点之间的距离，因而需要对所有样本进行归一化处理。本章采用均值方差归一化的方法，对于任意样本向量 x_i，归一化后的值 x_i' 为

$$x_i' = \frac{x_i - x_{\text{mean}}}{S} \tag{5-19}$$

其中，向量 x_{mean} 为所有样本的平均值；向量 S 为所有样本在各个维度上的方差向量。

对于数据集，本章先进行了随机置乱处理而后再切分处理。先将所有的样本顺序随机打乱，然后把样本随机切分为训练集和测试集，使用样本总数的 20% 作为测试集。对样本集进行了 100 次切分，从而避免模型的过拟合。为了保证实验结果的可重复性，本书的随机置乱切分都使用相同的随机种子。

对训练集使用 k 折交叉验证的方法，将训练集随机平均划分为 k 份。任选 $k-1$ 份作为训练集，另外 1 份作为验证集，共有 k 种训练集和验证集组合。训练模型时，选择在这 k

个组合下平均得分最好的模型参数。本书选取的 k 值为 5，即进行了 100 次 5 折交叉验证。

5.4.3 机器学习法选择与评价

本书主要采用了机器学习方法中的监督学习方法，以基于 python 语言的机器学习包 sklearn 为工具，选用的方法有多元线性回归法，K 近邻回归法和支持向量回归预测法。对于各模型需要人为确定的参数，使用基于网格的搜索方法来确定最优的参数。

5.4.3.1 多元线性回归法

当研究流域的径流量或输沙量受多个自变量共同影响时，可以采用多元线性回归法（multiple linear regression，MLR）来拟合二者之间的函数关系，多元线性回归函数的一般形式为

$$f(x) = w^T x + b \tag{5-20}$$

式中，x 为输入向量；w 和 b 为回归系数，通过最小二乘法求解。

5.4.3.2 K 近邻回归法

K 近邻回归法（K nearest neighbors regression，$KNNR$），简称 KNN 回归法，是一种常见的非参数监督学习方法。其基本原理为：对于训练集中的任意测试样本，采用基于某种距离度量的标准，找到和该测试样本距离最近的 k 个样本，然后基于这 k 个近邻的输出标记值进行"投票"。既可以将它们的输出标记的平均值作为预测值，又可以基于这 k 个样本距离的远近进行加权平均，样本的距离越近，权值越大。设测试样本 x 到任意样本 x_i 的距离为 d_i，则有

$$d_i(x) = \left(\sum_{t=1}^{m} (x^t - x_i^t)^p \right)^{1/p}, i = 1, 2, \cdots, n \tag{5-21}$$

式中，m 为样本输入空间的维度，p 为距离空间的度量值。则测试样本预测值的计算公式为

$$f(x) = \sum_{j=1}^{k} w_j d_j(x) \tag{5-22}$$

式中，$d_j(x)$，$j=1, 2, \cdots, k$ 为式（5-7）计算得到的 n 个距离中，由小到大的前 k 个距离；w_j 为对应的权值。KNN 回归法中的 k 值、p 值和 w_j 均需要人为确定。模型训练结束后，并不会得到类似于多元线性回归中的系数这样的参数，因此 KNN 回归法是一种非参数学习法，或者说它的参数就是所有的训练集数据。

5.4.3.3 支持向量回归法

支持向量回归（support vector regression，SVR）最初是由作为解决分类问题的支持向量机（support vector machine，SVM）推广而来，用于处理函数的拟合问题。考查用线性回归函数［式（5-6）］来拟合训练集 $\{(x_i, y_i), i=1, 2, \cdots, n\}$，其中 x_i 为输入向量；y_i 为 x_i 对应的样本标记值；n 为训练集样本总数。

假设所有的训练集用式（4-6）拟合的函数值的误差均在 ε 误差限度以内，即有

$$\begin{cases} y_i - w \cdot x_i - b \leqslant \varepsilon \\ w \cdot x_i + b - y_i \leqslant \varepsilon \end{cases}, \quad i = 1, 2, \cdots, n \tag{5-23}$$

支持向量回归的目标函数是最小化 $\dfrac{1}{2} \parallel w \parallel^2$，对应的物理意义是使得回归函数最平坦，则支持向量回归模型变成下列优化问题：

$$\min \frac{1}{2} \parallel w \parallel^2 \tag{5-24}$$

$$\text{s. t. } \begin{cases} y_i - w \cdot x_i - b \leqslant \varepsilon \\ w \cdot x_i + b - y_i \leqslant \varepsilon \end{cases}, \quad i = 1, 2, \cdots, n \tag{5-25}$$

如果允许一些样本的拟合误差超过 ε，则需要在约束条件中引入松弛因子，同时在目标函数中加入惩罚因子 C。支持向量回归模型变为下面的形式：

$$\min \frac{1}{2} \parallel w \parallel^2 + C \sum_{i=1}^{n} (\xi_i + \xi_i^*) \tag{5-26}$$

$$\text{s. t. } \begin{cases} y_i - w \cdot x_i - b \leqslant \varepsilon + \xi_i \\ w \cdot x_i + b - y_i \leqslant \varepsilon + \xi_i^*, \quad i = 1, 2, \cdots, n \\ \xi_i \geqslant 0, \xi_i^* \geqslant 0 \end{cases} \tag{5-27}$$

式中，ξ_i 和 ξ_i^* 为松弛因子；超参数 C 需要人为确定，反映对函数平坦性的要求和对超过误差上限 ε 的惩罚之间的折中。对于目标函数中增加的惩罚项，可以这样理解：当 $f(x_i)$ 和 y_i 之间的偏差在 ε 以内时，不计算损失；当 $f(x_i)$ 和 y_i 之间的偏差超过 ε 时，才考虑损失，其形式为 ε-不敏感函数：

$$\mid y_i - f(x_i) \mid = \begin{cases} 0, & \mid y_i - f(x_i) \mid \leqslant \varepsilon \\ \xi_i \text{ 或 } \xi_i^*, & \text{其他} \end{cases} \tag{5-28}$$

此时支持向量回归的形式如图 5-22 所示。

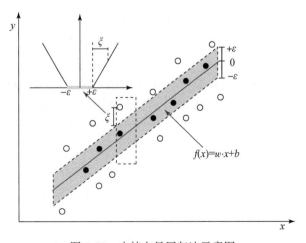

图 5-22　支持向量回归法示意图

引入拉格朗日乘子 $\alpha_i \geqslant 0$，$\alpha_i^* \geqslant 0$，$\mu_i \geqslant 0$，$\sum_{i=1}^{n} \mu_i \xi_i \geqslant 0$ 后，此时得到目标函数的拉格朗日函数 L 为

$$
\begin{aligned}
& L(w, b, \xi, \xi^*, \alpha, \alpha^*, \mu, \mu^*) \\
& = \frac{1}{2} \| w \|^2 + C \sum_{i=1}^{n} (\xi_i + \xi_i^*) + \sum_{i=1}^{n} \alpha_i (y_i - f(x_i) - \varepsilon - \xi_i) \\
& \quad + \sum_{i=1}^{n} \alpha_i^* (f(x_i) - y_i - \varepsilon - \xi_i^*) - \sum_{i=1}^{n} \mu_i \xi_i - \sum_{i=1}^{n} \mu_i^* \xi_i^*
\end{aligned}
\tag{5-29}
$$

式中，μ 为拉格朗日乘子。

令拉格朗日函数对变量 w、b、ξ_i、ξ_i^* 的偏导数为 0，将所得到的等式代入拉格朗日函数后，得到原问题的对偶问题：

$$
\begin{aligned}
\max & \sum_{i=1}^{n} \left[y_i (\alpha_i^* - \alpha_i) - \varepsilon (\alpha_i^* + \alpha_i) \right] \\
& - \frac{1}{2} \sum_{i=1}^{n} \sum_{j=1}^{n} (\alpha_i^* - \alpha_i)(\alpha_j^* - \alpha_j) x_i^{\mathrm{T}} x_j
\end{aligned}
\tag{5-30}
$$

$$
\mathrm{s.\,t.} \quad \sum_{i=1}^{n} (\alpha_i^* - \alpha_i) = 0, \tag{5-31}
$$

$$
0 \leqslant \alpha_i^* - \alpha_i \leqslant C, \quad i = 1, 2, \cdots, n \tag{5-32}
$$

求解得到的回归函数为

$$
f(x) = \sum_{i=1}^{n} (\alpha_i^* - \alpha_i) x_i^{\mathrm{T}} x + b \tag{5-33}
$$

式中，多数的 α_i 和 α_i^* 都为 0，这类点落在"ε-管道"内；非零的 α_i 或 α_i^* 落在"ε-管道"上或者管道外，这类样本属于支持向量。

5.4.3.4 核函数方法

当样本数据的自变量和因变量之间具有非线性关系时，对于任意类型的非线性函数关系，通过泰勒展开后可以用多项式函数进行逼近。而多项式函数可以转换为一个广义的线性函数，该广义的线性函数的自变量为高阶多项式，但这样的转换会造成输入空间的"维数灾难"，不但计算量会变大，而且高阶函数会造成过拟合。应用核函数方法不直接对原空间做非线性变换，而是利用核函数将原特征空间映射到一个合适的高维的特征空间，在新的空间中做线性拟合。

常用的核函数有线性核函数、多项式核函数、S 型（sigmoid）核函数和径向基核函数。当支持向量回归模型采用线性核函数时，即线性支持向量回归模型。

对于支持向量回归，可以通过核函数进行非线性变换，间接实现非线性的支持向量机，此时的回归函数的形式为

$$
f(x) = \sum_{i=1}^{n} (\alpha_i^* - \alpha_i) K(x, x_i) + b \tag{5-34}
$$

式中，$K(\cdot, \cdot)$ 为核函数。原优化问题变为如下形式：

$$\max \sum_{i=1}^{n} \left[y_i(\alpha_i^* - \alpha_i) - \varepsilon(\alpha_i^* + \alpha_i) \right]$$

$$-\frac{1}{2} \sum_{i=1}^{n} \sum_{j=1}^{n} (\alpha_i^* - \alpha_i)(\alpha_j^* - \alpha_j) K(x_i, x_j) \tag{5-35}$$

$$\text{s. t.} \quad \sum_{i=1}^{n} (\alpha_i^* - \alpha_i) = 0 \tag{5-36}$$

$$0 \leqslant \alpha_i^* - \alpha_i \leqslant C, \quad i = 1, 2, \cdots, n \tag{5-37}$$

通过求解上述优化问题计算出 α_i 和 α_i^*，从而得到支持向量回归模型。本章运用的支持向量回归模型，在选择核函数时使用基于网格的参数搜索的方法，搜索出使模型达到最优的核函数。

5.4.3.5 基于网格的参数搜索与 k 折交叉验证

在机器学习模型中需要确定的参数分为两类。第一类参数是由模型从数据中学习得来的，如线性回归模型中的各个自变量的系数；第二类参数称为超参数，需要人为确定，如 K 近邻回归法中的近邻个数、支持向量回归模型中的核函数等。本章使用基于网格的参数搜索的方法确定各个模型中的超参数。

对于 K 近邻回归法，需要搜索的超参数有 3 个：近邻个数 n_neighbors，设定搜索范围为 [2, 13] 的整数；近邻样本的权重 weights，选择'uniform'表示各近邻的权重一样，选择'distance'表示各近邻的权重与距离成反比；距离度量参数 p，设定搜索范围为 [1, 8] 的整数，其中，2 表示欧式距离空间。

对于支持向量回归法，需要搜索的超参数有 4 个：惩罚因子 C，搜索的范围为 {1, 10, 100, 1000}；拟合误差上限 ε，搜索的范围为 {0.05, 0.1, 0.2}；核函数 kernel，可以选择线性核函数'linear'、多项式核函数'poly'、径向基核函数'rbf'和 sigmoid 核函数'sigmoid'；核函数的相关系数 γ，该参数适用于多项式核函数、径向基核函数和 sigmiod 核函数，搜索的范围为 {0.01, 0.001}。

以支持向量回归模型为例，在进行基于网格的参数搜索过程中每选择一组超参数，会生成一个与该组超参数对应的支持向量回归模型，通过模型在验证集上的评分来选择该模型最优的超参数。此外，本章使用了并行计算来加速基于网格的参数搜索的过程。

在进行基于网格的参数搜索的过程中，本章使用 k 折交叉验证的方法。将原始的训练集随机平均划分为 k 份，每次选取其中 $k-1$ 份作为训练集，另外 1 份作为验证集。最优的超参数组合是在 k 个验证集下平均得分最高的模型对应的超参数。

5.4.3.6 模型的评价与选取原则

度量最优模型时，可以选择不同的评价标准，本章使用相关系数的平方值 R^2 来评价模型的好坏。

基于每种机器学习方法，对数据集进行了 100 次的随机切分后分别训练，因而得到了 100 个模型。将训练集用来训练模型得到参数，验证集用来选择最优的超参数，测试集则用来评估模型泛化能力的大小。因而验证集上的得分体现的是模型经验风险的大小，测试集上的得分体现的是模型泛化能力的大小。本章模型选取的原则：模型应当具有较小的经验风险和较大的预测能力。具体的选择方法：将每个模型训练集上的 R^2 和测试集上的 R^2 之和从大到小排序，选择最大值对应的模型。

5.4.4 多模型预测结果

以皇甫川流域为研究对象，输出变量为径流项或输沙项，输入变量为降水项、蒸散发项和人类活动影响项三类变量。时间尺度为年尺度和月尺度。运用不同的机器学习方法得到最优的拟合结果。

5.4.4.1 多元线性回归法结果示例

以皇甫川流域 1982～2015 年的月径流量为研究对象，共 408 个样本。选择输入特征为月尺度的降水量 P、相对湿度 RH 和归一化植被指数 NDVI。对样本进行 100 次随机划分，每次划分选取 20% 的样本作为测试集。选择在训练集和测试集上表现均较好的模型作为最终的模型。模型计算的年径流量和月径流量结果如图 5-23 所示。

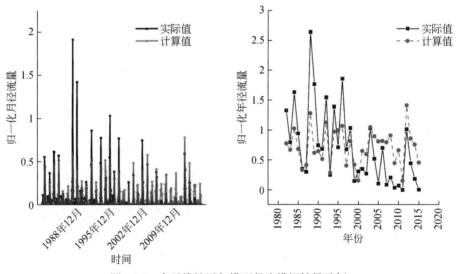

图 5-23 多元线性回归模型径流模拟结果示例

该模型在训练集上的 R^2 值为 0.49，在测试集上的 R^2 值为 0.77，模型在测试上的表现优于训练集。而从图 5-23 可以看出，和实际值相比，模型在 2000 年前年径流量的计算值偏小，在 2000 年以后年径流量的计算值偏大；整体的计算值表现出向中心回归的特征。

5.4.4.2 K 近邻回归法结果示例

以皇甫川流域 1982～2015 年的月径流量为研究对象，共 408 个样本。选择输入特征为月尺度的降水量 P、相对湿度 RH 和归一化植被指数 NDVI。对样本进行 100 次随机划分，每次划分选取 20% 的样本作为测试集。选择在训练集和测试集上均表现较好的模型作为最终的模型。模型计算的年径流量和月径流量结果如图 5-24 所示。

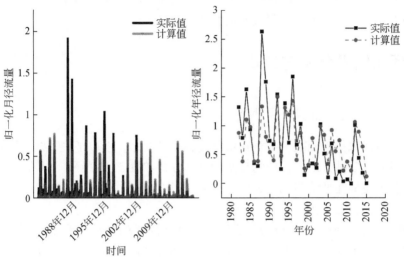

图 5-24 *K* 近邻回归模型径流模拟结果示例

该模型在训练集上的 R^2 值为 0.61，在测试集上的 R^2 值为 0.88。可以看出：无论径流量实际值是增大还是减小，*K*NN 回归模型计算结果的变化趋势都基本和实际的变化趋势吻合。*K*NN 回归模型在训练集和测试集上的表现均优于多元线性回归模型。

5.4.4.3 支持向量回归法结果示例

以皇甫川流域 1982～2015 年的月径流量为研究对象，共 408 个样本。选择输入特征为月尺度的降水量 *P*、相对湿度 RH 和归一化植被指数 NDVI。对样本进行 100 次随机划分，每次划分选取 20% 的样本作为测试集。选择在训练集和测试集上均表现较好的模型作为最终的模型。模型计算的年径流量和月径流量结果如图 5-25 所示。

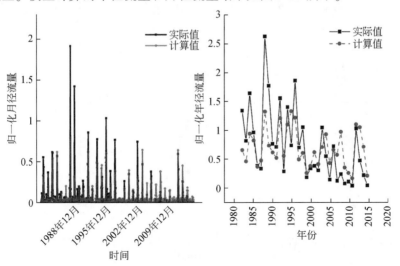

图 5-25 支持向量回归模型径流模拟结果

该模型在训练集上的 R^2 值为 0.62，在测试集上的 R^2 值为 0.81。可以看出，模型的计算值整体上表现出向中心回归的特点，即对径流量极大的数据预测偏小，对径流量极小的数据预测偏大，对径流量平均值附近的数据预测的结果较好。

5.4.5 预测结果分析与评价

5.4.5.1 径流变化模型研究结果

针对皇甫川流域径流变化，本章在年尺度和月尺度上，选取了多元线性回归、KNN 回归和支持向量回归三种方法，选择的自变量组合方式如表 5-27 所示。共训练了 12 个径流模型，寻找各个模型在训练集和测试集上的 R^2 平均值最大的情况，并将此时的训练集 R^2 和测试集 R^2 列于表 5-28 中。

对于 12 个径流模型，每个模型均进行了 100 次随机的训练集测试集划分，将每个模型 100 次划分所得到的训练集 R^2 和测试集 R^2 的关系分别作图如图 5-26 所示，在 12 个子图中，选取模型训练集 R^2 和测试集 R^2 之和最大的模型，结果如表 5-28 所示。

从图 5-26 可以看出，多元线性回归模型在训练集上表现较差，而在测试集上表现较优，呈现两极分化的特点；KNN 回归模型和支持向量回归模型在训练集与测试集上的表现较为一致；且两种模型在训练集上的表现优于多元线性回归模型，而在测试集上比多元线性回归模型表现差。即多元线性回归模型的经验误差较大但模型的泛化能力强，KNN 回归模型和支持向量回归模型在训练集与测试集上表现较为一致。

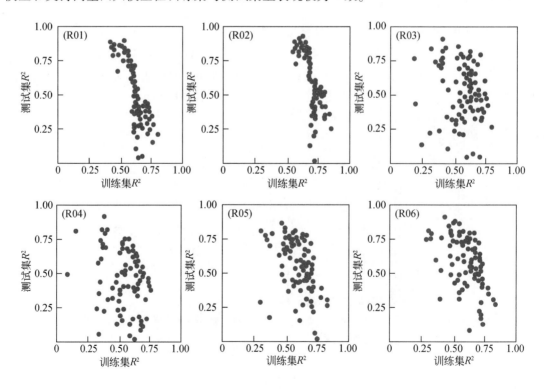

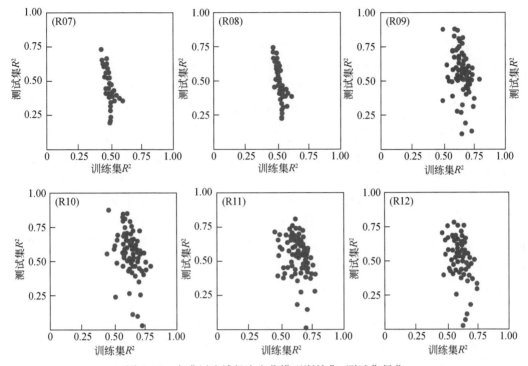

图 5-26 皇甫川流域径流变化模型训练集–测试集得分

表 5-27 皇甫川流域水沙变化关系变量选择

变量选择	可选择项	数目/个
时间尺度	年尺度，月尺度	2
因变量	径流量，输沙量	2
降水因子项	P_a，P_f，$P_{7\sim8}$，P_7 大，P_e	5
气候因子项	T，RH	2
人类活动影响项	A_{slope}，A_{total}，$P*A_{total}$，NDVI	4
模型选取	MLR，KNNR，SVR	3

表 5-28 皇甫川流域径流变化的多角度集合研究

编号	时间尺度	研究时期	自变量	研究模型	训练集 R^2	测试集 R^2
R01	年尺度	1960~2006 年	P，RH	MLR	0.53	0.89
R02	年尺度	1960~2006 年	P，RH，A_{total}	MLR	0.63	0.92
R03	年尺度	1960~2006 年	P，RH，A_{total}	KNNR	0.70	0.79
R04	年尺度	1960~2006 年	P，RH，A_{slope}，A_{dam}	KNNR	0.61	0.70
R05	年尺度	1960~2006 年	P，RH，A_{total}	SVR	0.66	0.78
R06	年尺度	1960~2006 年	P，RH，$P*A_{total}$	SVR	0.67	0.79

编号	时间尺度	研究时期	自变量	研究模型	训练集 R^2	测试集 R^2
R07	月尺度	1982～2015 年	P, RH	MLR	0.43	0.74
R08	月尺度	1982～2015 年	P, RH, NDVI	MLR	0.46	0.74
R09	月尺度	1982～2015 年	P, RH, NDVI	KNNR	0.61	0.88
R10	月尺度	1982～2015 年	P, RH, NDVI $* P$	KNNR	0.60	0.86
R11	月尺度	1982～2015 年	P, RH, NDVI	SVR	0.62	0.81
R12	月尺度	1982～2015 年	P, RH	SVR	0.64	0.76

注：RH 为相对湿度。

年尺度的模型由于输入数据量小于月尺度模型，当使用同种模型和同样多的参数数目时，年尺度模型在训练集上的表现均优于月尺度模型；在测试集上，年尺度的多元线性回归模型依然优于月尺度，但月尺度的 KNN 回归模型和支持向量回归模型优于年尺度。此外，使用不同的自变量组合时，也会对模型的表现产生影响，但这种影响并不明显。

5.4.5.2 输沙变化模型研究结果

针对皇甫川流域的输沙量变化，在年尺度和月尺度上，选取了多元线性回归、KNN 回归和支持向量回归三种模型，同时选择了不同类型的自变量组合方式，如表 5-29 所示。共训练了 12 个输沙模型，寻找各个模型在训练集和测试集上的 R^2 平均值最大的情况，并将此时的训练集 R^2 和测试集 R^2 列于表 5-29 中。

表 5-29 皇甫川流域输沙变化的多角度集合研究

编号	时间尺度	研究时段	自变量	研究模型	训练集 R^2	测试集 R^2
S01	年尺度	1960～2006 年	P, RH	MLR	0.34	0.78
S02	年尺度	1960～2006 年	P, RH, A_{total}	MLR	0.41	0.79
S03	年尺度	1960～2006 年	P, RH, A_{total}	KNNR	0.50	0.64
S04	年尺度	1960～2006 年	P, RH, A_{slope}, A_{dam}	KNNR	0.42	0.56
S05	年尺度	1960～2006 年	P, RH, A_{total}	SVR	0.51	0.63
S06	年尺度	1960～2006 年	P, RH, $P * A_{total}$	SVR	0.34	0.75
S07	月尺度	1982～2015 年	P, RH	MLR	0.28	0.48
S08	月尺度	1982～2015 年	P, RH, NDVI	MLR	0.29	0.46
S09	月尺度	1982～2015 年	P, RH, NDVI	KNNR	0.44	0.84
S10	月尺度	1982～2015 年	P, T, NDVI	KNNR	0.45	0.79
S11	月尺度	1982～2015 年	P, RH, NDVI	SVR	0.08	0.49
S12	月尺度	1982～2015 年	P, RH	SVR	0.08	0.48

注：1991～1994 年的月输沙量数据缺失。

对于 12 个输沙模型，每个模型均进行了 100 次随机训练集测试集划分，将每个模型 100 次划分所得到的训练集 R^2 和测试集 R^2 作图如图 5-27 所示。在 12 个子图中，选取模型

训练集 R^2 和测试集 R^2 之和最大的模型，结果如表 5-29 所示。

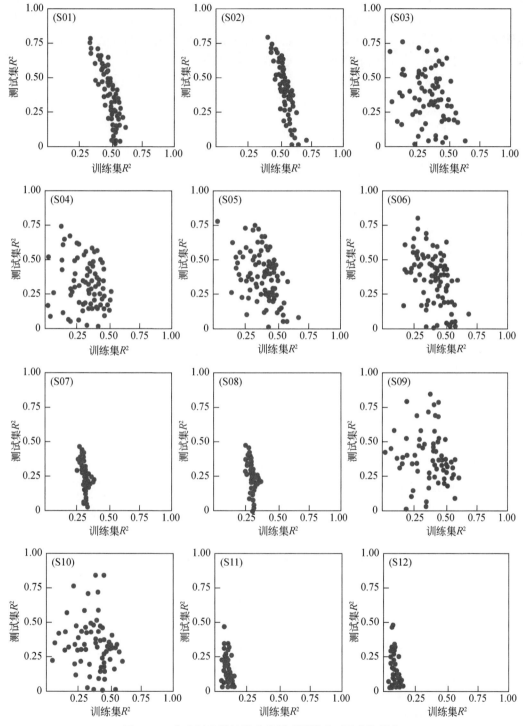

图 5-27　皇甫川流域输沙变化模型训练集–测试集得分

　　从图 5-27 可以看出，在年尺度上，三种模型在训练集上表现均较差，测试集上多元线性回归模型的表现要优于其余两种模型；在月尺度上，KNN 回归模型的表现要优于多元线性回归模型，且两种模型均是在测试集上的 R^2 高于训练集上的 R^2；支持向量回归模型则明显不适用于研究月尺度的输沙量。此外，对比表 5-28 与表 5-29 的结果，可以看出三种回归方法运用在输沙时的表现比在径流上的表现要差。

6 | 流域水沙变化预测集合评估技术构建

由上述分析可知，现有水沙模型种类繁多，并且同类模型的输出结果也会受到输入数据、研究期划分等多因素的影响。从简单的水文法到数字流域模型，面对千差万别的模型，有必要构建一个系统完善的评估体系。从研究对象的确立，到研究模型的选取，再到模型的评估，将水沙变化研究过程涉及的各个步骤综合考虑，在此基础上选择更优的模型，获得更为可靠与准确的预测结果，以更好地服务于河流的管理决策。

6.1　集合评估技术框架与指标体系建立

6.1.1　集合评估内涵

对流域水沙变化的研究有很多评价方法，但由于基础数据来源、参考指标选择、特征值计算、评价方法的内在机理及研究者自身的学术倾向等差异，导致流域水沙锐减的主要影响因子的辨析及贡献率的确定等一直存在较大差异。因此，在已有水沙变化模拟模型的基础上，补充或者延伸至基于时空尺度一致的有实测数据可供验证的各类方法（包括水保法、水文法、CLSE 模型、SWAT 模型等）对流域水沙变化的模拟。并基于模型不确定性传递的评价，筛选影响模拟结果的可表征输入、参数和模型结构等的不确定性指标与精度指标，构建综合评价矩阵，基于 TOPSIS 模型或模糊决策理论等分析不同评估指标的敏感性，并确定各类方法模拟精度与不确定性指标权重。然后，分别构建水沙变化模拟结果与评价指标的函数关系，搭建多元耦合的非线性水沙变化评价模型，通过模型输入、内部解译消化、结果输出的模式，构建流域水沙变化趋势的集合评估技术。

基于构建的集合评估技术体系与影响水沙变化代表性因子的敏感性，设置不同措施对位配置情景与气候变化情景，围绕年尺度、不同降雨水平年，多评价指标、多评估方法的多维度集合评估，提出有实测验证数据时段既有方法模拟精度的概率函数与不确定性区间的分布；基于极大似然法思想对各类方法加权平均，利用 BMA 模型中反距离加权与贝叶斯加权，并根据既有方法模拟精度和不确定性区间的权重分布，集合预报典型流域的未来水沙变化，并针对水沙变化预测置信度识别体系，确定预测结果的置信度及置信区间。具体集合评估技术体系与路线如图 6-1 所示。

针对黄河流域水沙变化进行的研究众多，本书尝试构建一套水沙变化的集合评估框架，从研究对象的确立，到研究模型的选取，再到模型的评估，将水沙变化研究过程涉及的各个步骤综合考虑，用程序模块化处理。给定必要的输入数据和需要人为确定的变量后，便可以由该集合评估框架给出该条件下最优的模型。

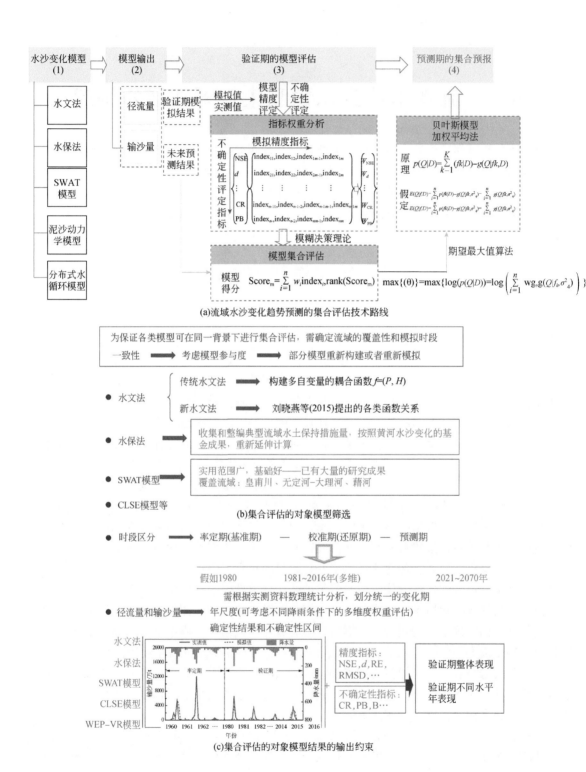

(a)流域水沙变化趋势预测的集合评估技术路线

(b)集合评估的对象模型筛选

(c)集合评估的对象模型结果的输出约束

实测序列,检验验证期*M*个模型输出,*N*维评估指标(index)

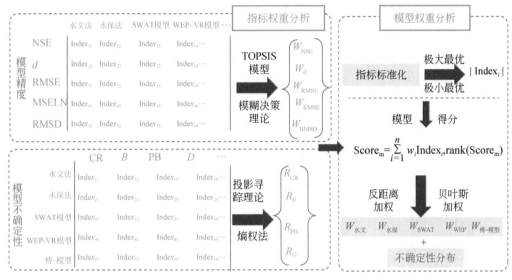

(d)水沙变化模拟的集合评估

预测期没有对模型结果的验证过程,需根据验证期对模型集合评估的
结果,即模型综合权重或者模型在不同时段的权重,开展集合预报

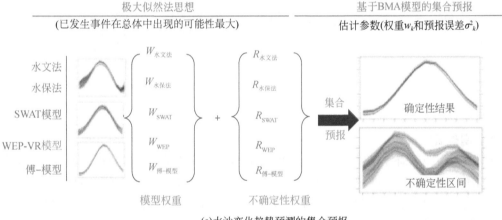

(e)水沙变化趋势预测的集合预报

图6-1 流域水沙变化集合评估技术体系

本书从多角度评估模型在已有数据集上预测结果的表现,认为表现最优的模型得到的未来预测结果实际发生的概率更大。需要特别指出的是,现有数据时间系列多始于 20 世纪 70 年代左右,而气候条件、人类活动因素在不断变化,部分模型在过去的数据集中表现不佳,但有可能在未来的气候与人类活动条件下适用性较好。这是模型评价无法避免的问题。因此,在流程化的集合评估体系开始之前,对各个模型机制进行各方面的剖析,明确各个模型的优势与局限性,对输出结果进行细致的不确定性分析是不可或缺的一个环节。因此,流程化的集合评估技术实施之前需要先在模型总体的不确定性分析的基础上,梳理模型整体的特征,在驱动条件一直可比的情况下对比各个模型的表现,进而进行模型

的综合评估。

6.1.2 集合评估框架

集合评估的全过程主要包括四个阶段，依次为明确研究目标、选择适用模型、模型的集合评估及模型的集合预测，流程如图 6-2 所示。

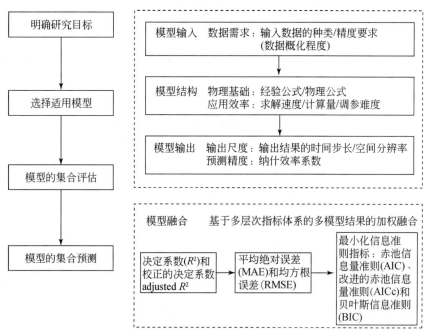

图 6-2 集合评估框架示意图

(1) 明确研究目标

第一阶段为明确研究目标。没有绝对的最优模型，通过集合评估获得的最优模型是针对明确的研究流域和研究问题的，每个模型都有其优势与劣势，最合适即最优。因此在模型选择之前，必须有清晰的研究问题和研究目标。根据研究目标确定模型的输出结果类别、最低精度要求及需要考虑的重点因素（因变量）。

(2) 选择适用模型

第二阶段为确定适用模型，在数据库中寻找能够输出目标结果且能考虑重点要素的所有模型。

(3) 模型集合评估

第三阶段是集合评估的核心，从模型输入、模型结构及输出结果三方面比对模型，通过多个指标量化特征，模型输入的指标为数据需求，模型结构为物理基础和应用效率，输出结果为输出尺度和预测精度。通过上述多个指标进行模型的多维度比对，对模型进行进一步筛选。

在该集合评估体系下，需要量化模型的特征。为此，制定模型集合评估中五项指标的具体判定准则，五项指标的得分区间为 [1, 5]，数值越大表示模型在该方面的优势越显著。

A. 数据需求

数据需求主要由模型输入所需的数据种类和数据精度的要求决定，数据需求量越少，该项指标得分越高。具体量化方式：需要的站点数据计作 1，面上数据计作 2，累加所有类别的数据，得到数据量的特征值。划定模型库中输入数据最少的模型该项指标得分为 5 分，而数据需求量最大的该项指标得分为 1 分，中间模型通过数据量的特征值对比转化为 [1~5] 的得分。认定经验方法中仅需要降水量和水文数据的模型中该项指标得分最高，为 5 分，由于水沙动力学的数字流域模型需要数据量最大，其得分为 1 分。

B. 物理基础

模型结构主要从物理基础和应用效率两方面来评价。纯经验模型如基于水文法、双累积曲线方法等模型的比例为 0，数字流域模型等运用大量物理公式的水沙动力学模型的比例接近 100%。有扎实物理基础支撑的模型适用性更广，在复杂环境中表现更佳，因此，物理模型在该项指标中得分更高。纯经验模型得分为 1 分，纯物理模型得分为 5 分。

C. 应用效率

模型结构的另一项评价指标为应用效率，该指标旨在衡量模型的易用性，是反映模型复杂度、调参难度、计算效率等因素的综合指标。本书在模型选择中往往倾向于选择更易于应用的模型，在预测能力相近的情况下，结构更为简单、更容易使用的模型更优。模型的应用效率与使用者有较强的联系，在量化时很难完全剔除主观性，因此模型应用效率的衡量主要采用两两比对的方式。划定模型库中最简易的模型与最复杂的模型，分别赋予 5 分与 1 分，其余模型排序后再赋予分数。对于两个模型的应用效率对比，首先对比获得同尺度预测结果所需的计算时间，计算时间越短的模型应用效率越高。若是在计算时间上无法很明确地评判高低，则从需要率定的参数数目和总计算量来确定，所需参数数目越多，计算量越大，应用效率指标得分相对较低。

D. 输出尺度

模型输出上同样分为两项评价指标，一项为输出尺度，能够输出更小尺度的模型在该项得分更高。该项赋分主要依据输出结果的时间步长和空间分辨率，模型库里能够得到最精细结果的模型赋予 5 分，反之结果最为粗略的模型赋予 1 分，其他模型依据相对关系插值赋予得分。

E. 预测精度

模型输出的另一项指标为预测精度，其评判模型预测的准确性。该项指标依据水文模型中常用的 NSE 来判定。为了突出模型间的差异性，与其余四项指标相似，赋予 NSE 最大的模型 5 分，NSE 最小的模型 1 分，其他模型依据 NSE 的大小次序赋分。

根据研究目的和研究条件确定模型集合评估中五项指标的优先级，对候选模型进行进一步的筛选。

6.1.3　模型评价指标体系

本书在选取模型评价指标时，分别从下面三个角度给出相应的指标体系。首先，选取两个无量纲的衡量标准：决定系数（R^2）和校正的决定系数（adjusted R^2），这两个值均能直接反映模型模拟结果的好坏程度。其次，选取带有和实际值相同量纲的两个标准，即平均绝对误差（MAE）和均方根误差（RMSE），通过比较不同模型的两个标准值的大小判断模型的优劣。最后，基于最小化信息准则，选取 3 个不同的指标，这些指标能够平衡模型拟合结果的优良性和模型的复杂度。

6.1.3.1 决定系数和校正的决定系数

决定系数的意义：在回归模型中，由自变量变异而导致因变量变异的比例。其计算公式为 1 减去残差平方和（SSE）与总离差平方和（SST）之比。其值越大，代表模型的拟合程度越高。

$$R^2 = 1 - \frac{\text{SSE}}{\text{SST}} = 1 - \frac{\sum\limits_{i=1}^{n}(y_i - \hat{y}_i)^2}{\sum\limits_{i=1}^{n}(y_i - \bar{y})^2} \tag{6-1}$$

式中，y_i 为样本的观测值（实际值）；$\hat{y}_i$ 为模型的预测值（计算值）；$\bar{y}$ 为 y_i 的平均值；n 为样本总数。

水文领域中常用的 NSE 的意义：实际的序列和模型计算的序列之间的相似程度。其公式定义完全等价于决定系数。本章采用式（6-1）计算的 R^2 代表 NSE，并在后续的图表中统一写作 R^2。

在训练集上（率定期内），R^2 的取值范围通常为 [0, 1]；而测试集上（验证期内）R^2 的取值通常小于 1。

当自变量的数目增加时，决定系数将不断增大，但这种增加的显著性没有在计算公式里得到体现。校正的决定系数在决定系数定义的基础上考虑自变量数目的影响，增加一个对自变量数目的惩罚因子，其取值范围为 [0, 1]，其值通常小于 R^2。当增加的自变量对因变量的影响不显著时，校正的决定系数下降；反之则校正的决定系数上升。使用校正的决定系数在多元回归分析中更具有参考意义，其计算公式（Wang et al., 2007）为

$$\text{adjusted } R^2 = 1 - \frac{(1 - R^2)(n - 1)}{n - 1 - p} \tag{6-2}$$

式中，n 为样本数目；p 为自变量数目；R^2 为决定系数。

6.1.3.2 平均绝对误差和均方根误差

MAE 表示的是计算值和实际值之间的绝对误差之和与样本数目 n 的比值。MAE 越低，表明模型的计算值越接近实际值，模型模拟的结果越好，其计算公式（Wang et al., 2015a）如下：

$$\text{MAE} = \left(\sum\limits_{i=1}^{n}|y_i - \hat{y}_i|\right)/n \tag{6-3}$$

RMSE 表示的是计算值与实际值之间的误差平方和与样本数目 n 的比值的平方根。同理，RMSE 越低，表明模型的计算值越接近实际值，其计算公式（Wu and Chen, 2012）为

$$\text{RMSE} = \sqrt{\sum_{i=1}^{n} (y_i - \hat{y}_i)^2 / n} \tag{6-4}$$

MAE 和 RMSE 的取值均为正，并带有和实际值一样的量纲。其越接近 0，则表示模型模拟的效果越好。区别在于前者采用的是 L1 范数（向量中各个元素绝对值之和），后者采用的是 L2 范数（向量各元素的平方和的平方根）。对于 L2 范数，当计算值和实际值的误差较小时，容易忽略误差；当计算值和实际值的误差较大时，高次多项式会将误差放大。因此，RMSE 对误差较大的值比 MAE 更敏感。

6.1.3.3 基于最小信息准则的评价指标

对于机器学习模型，增加模型参数通常可以提高模拟的拟合精度，但同时也提高模型本身的复杂度，可能会造成模型的过拟合（郝春沣等，2012）。为了在模型的拟合精度和模型复杂度之间找到一种平衡，本章在模型评价准则中引入最小化信息准则，即通过添加模型复杂度的惩罚项降低过拟合的风险。

常见的模型评价准则有赤池信息量准则（AIC），AIC 是由日本统计学家赤池弘次基于熵的概念提出的一种衡量模型优良的标准。AIC 的定义（Rodriguez et al., 1999）如下：

$$\text{AIC} = 2k - 2\ln(L) \tag{6-5}$$

式中，k 为模型的参数数目；L 为似然函数。当 k 增加时，似然函数值 L 也会相应地增加，从而使得 AIC 的值减小；当 k 继续增加时，似然函数值增长缓慢，使得 AIC 的值增长较快，此时模型很可能产生过拟合现象。因而，将 AIC 值最小作目标函数，能够使模型精度和模型复杂度达到平衡。

当样本数目 n 较小时，Sugiura（1978）在 AIC 指标的理论基础上，提出了改进的赤池信息准则 AICc。Burnham 和 Anderson（2002）的研究表明：当 n 增加时，AICc 值将会收敛到 AIC 值，因此 AICc 指标可以适用于任何大小的样本数目，比 AIC 指标具有更好的适用性，其计算公式如下：

$$\text{AICc} = \text{AIC} + \frac{2k(k+1)}{n-k-1} \tag{6-6}$$

当样本数目 n 很大时，AIC 中似然函数提供的信息量会随之增大，但参数数目的惩罚因子恒为 2，与样本数目 n 无关。因而当 n 较大时，运用 AIC 选取的模型没有收敛到最优的模型，模型的参数数目 k 会大于最优的模型。Schwartz（1978）基于贝叶斯理论提出的贝叶斯信息准则 BIC（Bayesian information criterion，也称作施瓦兹准则 Schwartz criterion）弥补了 AIC 的上述缺点，其计算公式为

$$\text{BIC} = k\ln(n) - 2\ln(L) \tag{6-7}$$

采用最小化信息准则时，采用 AIC、AICc 和 BIC 三种指标来综合评价模型，三个指标的值越低，表明模型的模拟效果越好，其取值范围均没有限制。区别在于 AICc 和 BIC 均考虑样本数目 n 的影响，而 AIC 的定义中则没有考虑 n。三种指标的计算均需要用到对数似然值 $\ln(L)$，其计算公式见式（6-8）。将式（6-8）代入式（6-5）～式（6-7）中便可求得 AIC 值、AICc 值和 BIC 值。其中，SSE 为残差平方和。

$$\ln(L) = -\frac{n}{2}\left[1 + \ln(2\pi) + \ln(\text{SSE}/n)\right] \tag{6-8}$$

6.1.4　集合评估指标体系

目前水文模型评价指标往往是基于残差平方和（模型模拟结果与实测数据的离差平方和）的整体性评价指标，无法提供评价模拟结果与实测资料在各种水文特性上的一致程度的有效信息，即模拟结果哪一方面好或哪一方面坏，且模型评价指标不同，评价结果的差异较大。为了对模型进行全面的诊断评估，需要对反映不同模型精度的评价指标进行评价。本书用评价指标综合得分对水文模型进行评价，公式（贾仰文等，2005）如下：

$$\text{Score}_m = \sum_{i=1}^{n} w_i \, \text{index}_{i,m}$$

式中，Score_m 为水文模型综合得分；w_i 为第 i 项模型精度评价指标的权重；$\text{index}_{i,m}$ 为第 i 项模型精度评价指标的隶属度。因此水文模型综合得分评估主要分为评价指标体系的选取、评价指标的权重分析和评价指标的隶属度计算三部分。

6.1.4.1　模型精度评价指标体系

本书选择的模型精度评价指标中，确定性的模型精度评价指标有 8 个，其指标计算公式（许继军，2007）如下，模型精度评价指标的最优类型见表6-1。

表 6-1　模型精度评价指标的最优类型

目标层	准则层	评价指标	类型
模型精度评价指标	确定性评价指标	C1 纳什效率系数 NSE	适中 1 最优（接近 1）
		C2 相对误差 RE	极小最优
		C3 一致性指数 d	极大最优
		C4 相对均方根误差 RMSE	极小最优
		C5 相对平方均方误差 MSESQ	极小最优
		C6 相对对数均方误差 MSELN	极小最优
		C7 校正的决定性系数 adjusted R^2	极小最优
	不确定性评价指标	C8 覆盖率 CR	极大最优
		C9 平均带宽 B	极小最优
		C10 平均偏移度 D	极小最优
		C11 带宽百分比 BP	极小最优

1）纳什效率系数 NSE：

$$\text{NSE} = 1 - \sum_{i=1}^{N} (\text{Obs}_i - \text{Sim}_i)^2 \Big/ \sum_{i=1}^{N} (\text{Obs}_i - \overline{\text{Obs}})^2$$

式中，Obs_i 为出口流量的观测值，m^3/s；Sim_i 为出口流量的模拟值，m^3/s。

2）决定性系数 R^2：

$$R^2 = \sum_{i=1}^{N} (\text{Obs}_i - \overline{\text{Obs}})(\text{Sim}_i - \overline{\text{Sim}})^2 \Big/ \sum_{i=1}^{N} (\text{Obs}_i - \overline{\text{Obs}})^2 \sum_{i=1}^{N} (\text{Sim}_i - \overline{\text{Sim}})^2$$

3）校正的决定性系数 adjusted R^2：

$$\text{adjusted } R^2 = \sum \left[\text{Sim}_i - \overline{\text{Obs}} \right]^2 \Big/ \overline{\text{Obs}^2}$$

4）相对误差：

$$\text{RE} = \sum_{i=1}^{N} \left| \text{Sim}_i - \text{Obs}_i \right| \Big/ \sum_{i=1}^{N} \text{Obs}_i$$

5）一致性指数：

$$d = 1 - \sum_{i=1}^{N} (\text{Obs}_i - \text{Sim}_i)^2 \Big/ \sum_{i=1}^{N} (\left| \text{Sim}_i - \overline{\text{Obs}} \right| + \left| \text{Obs}_i - \overline{\text{Obs}} \right|)^2$$

6）相对均方根误差：

$$\text{RMSE} = \sqrt{\sum_{i=1}^{N} (\text{Obs}_i - \text{Sim}_i)^2 \Big/ N \overline{\text{Obs}^2}}$$

7）相对平方均方误差：

$$\text{MSESQ} = \sqrt{\sum_{i=1}^{N} (\text{Obs}_i^2 - \text{Sim}_i^2)^2 \Big/ N \overline{\text{Obs}^2}}$$

8）相对对数均方误差：

$$\text{MSELN} = \sqrt{\sum_{i=1}^{N} (\ln\text{Obs}_i - \ln\text{Sim}_i)^2 \Big/ N\ln\overline{\text{Obs}}}$$

6.1.4.2　不确定性指标

1）覆盖率：

$$\text{CR} = \frac{\sum_{i=1}^{N} \sin_i}{N}, \sin = \begin{cases} 1, & \text{Sim}_l^i \leqslant \text{Obs}_i \leqslant \text{Sim}_u^i \\ 0, & \text{其他} \end{cases}$$

式中，Sim_l^i 为所测区间的下界；Sim_u^i 为所测区间的上界，下同。

2）平均带宽：

$$B = \frac{\sum_{i=1}^{N} (\text{Sim}_u^i - \text{Sim}_l^i)}{N \overline{\text{Obs}}}$$

3）平均偏移度：

$$D = n \frac{1}{\overline{\text{Obs}}} \sum_{i=1}^{n} \left| \frac{1}{2} (\text{Sim}_u^i + \text{Sim}_l^i) - Q_{\text{Obs}}^t \right|$$

4）带宽百分比：

$$\text{BP} = \frac{\sum_{i=1}^{n} (\text{Sim}_u^i - \text{Sim}_l^i) \Big/ n}{\sqrt{\sum_{i=1}^{n} (\text{Obs}_i - \overline{\text{Obs}})^2 \Big/ n}}$$

6.1.4.3　模型精度评价指标的隶属度

在所建立的评价指标体系中，由于定量指标的量纲不统一，很难直接应用于评价模型，必须首先将它的实际量值转化为 $[0，1]$ 区间上的无量纲数，这一过程称为指标的无量纲化。表6-2 的模型精度评价指标无量纲化的计算公式（杨大文等，2004）如下。

1）极小最优型：

$$x_i' = \frac{|x_i - x_{max}|}{x_{max} - x_{min}}$$

2）极大最优型：

$$x_i' = \frac{|x_i - x_{max}|}{x_{max} - x_{min}}$$

3）适中最优型：当其接近 1 时，取

$$x_i' = 1 - \frac{|x_i - 1|}{|x_{max} - 1|}$$

表 6-2　模型精度评价指标的最优类型

确定性评价指标	类型
C1 纳什效率系数 NSE	适中最优（接近1）
C2 决定性系数 R^2	适中最优（接近1）
C3 校正的决定性系数 adjusted R^2	极小最优
C4 相对误差 RE	极小最优
C5 一致性指数 d	极大最优
C6 相对均方根误差 RMSE	极小最优
C7 相对平方均方误差 MSESQ	极小最优
C8 相对对数均方误差 MSELN	极小最优

6.1.4.4　模型精度评价指标的权重分析

评价模型中，指标权重的合理与否在很大程度上影响综合评价的科学性和合理性。然而，现有评价受众多因素影响，要准确地确定各个因素对模型整体的贡献程度存在一定的困难。近年来，用层次分析法确定权重越来越受到研究人员的重视并在许多方面得到应用。尤其是对多目标、多准则、多因素、多层次的复杂问题进行决策分析时，这种多层次分别赋权可避免大量指标同时赋权带来的混乱和误差，从而提高评价的准确性和简便性。然而，传统的层次分析法采用专家打分法计算模型权重，具有一定的主观性，因此本书首先采用主成分分析对各站点径流量的统计评价指标进行敏感性分析。根据模型评价指标矩阵提取评价指标的主成分，进而根据特征向量矩阵计算各指标的综合得分，根据综合得分评价指标的敏感性，从而得到指标敏感性排名。在此基础上将径流量模拟模型精度评价指标的敏感性分析结果进行排序，应用层次分析法计算评价指标权重。

主成分分析法中，设 $X = (X_1, X_2, \cdots, X_n)^T$，取容量为 p 的随机样本 $x_i (i = 1, 2, \cdots, p)$，求得 x_i 的特征值对应的单位正交向量为 $e_1, e_2, \cdots, e_p$，则第 i 个样本的主成分 y_i 可表示为

$$y_i = e_i^{\mathrm{T}} x = e_{i1} x_1 + e_{i2} x_2 + \cdots + e_{ip} x_p, \quad i = 1, 2, \cdots, p$$

对于水沙数据，依次代入 n 个样本观测值即可得到第 i 个样本主成分的 n 个观测值 y_{ki} （$k = 1, 2, \cdots, n$），将其称为第 i 个主成分的得分。定义第 i 个样本主成分的贡献率为第 i 个特征值与各特征值之和的比值，则选取累计贡献率达到一定要求的前 m 个样本主成分的得分代替原始数据进行后续分析。本书选取累计贡献率大于 80% 的样本主成分进行研究。

层次分析法是一种将定性分析与定量分析相结合的系统分析方法，能够将较为复杂的系统的决策方式进行简化。

本书中精度评价体系的层次分析法包括以下步骤。

（1）构建层次结构

根据已选定的目标、准则及变量建立 3 层结构，各层之间具有相关关系，各层内部相互独立。

（2）构造判断矩阵

使用 Satty 提出的标度法，通过对比同层元素之间的相对重要程度进行打分，如表 6-3 所示。

表 6-3　Satty 标度法

标度 a_{ij}	定义
1	因素 B_i 与因素 B_j 同等重要
3	因素 B_i 比因素 B_j 略重要
5	因素 B_i 比因素 B_j 较重要
7	因素 B_i 比因素 B_j 非常重要
9	因素 B_i 比因素 B_j 极端重要
2, 4, 6, 8	以上两个判断之间的中间状态对应的标度值
[1, 9] 的倒数	因素 B_j 与因素 B_i 比较 $a_{ji} = 1/a_{ij}$

影响因素的判断矩阵为比较结果 $A = (a_{ij})_{n \cdot n}$ 构成的矩阵。

（3）层次单排序

取 A 的最大特征值 $\lambda_{\max}$ 对应的特征向量为 $W = (W_1, W_2, \cdots, W_n)^{\mathrm{T}}$，则

$$a_{ij} = \frac{w_i}{w_j}, \quad \forall i, j = 1, 2, \cdots, n$$

即

$$A = \begin{bmatrix} \dfrac{w_1}{w_1} & \cdots & \dfrac{w_1}{w_n} \\ \vdots & & \vdots \\ \dfrac{w_n}{w_1} & \cdots & \dfrac{w_n}{w_n} \end{bmatrix}$$

对判断矩阵的一致性检验的步骤如下。

（1）计算一致性指数 CI

其计算公式为

$$CI = \frac{\lambda_{max} - n}{n - 1}$$

（2）计算平均随机一致性指标 RI

根据 Saaty 标度法，平均随机一致性指标 RI 值如表 6-4 所示。

表 6-4　平均随机一致性指标 RI

n	1	2	3	4	5	6	7	8	9	10
RI	0	0	0.58	0.9	1.12	1.24	1.32	1.41	1.45	1.49

随机地从 [1，9] 及其倒数中抽取数字构造正互反矩阵，求得最大特征根的平均值 λ'_{max}，并定义：

$$RI = \frac{\lambda'_{max} - n}{n - 1}$$

（3）计算一致性比例 CR

其计算公式为

$$CR = \frac{CI}{RI}$$

如果比较结果是前后完全一致的，则矩阵 A 的元素还应当满足：

$$a_{ij} \cdot a_{jk} = a_{ik}, \quad i, j, k = 1, 2, \cdots, n$$

（4）层次总排序

各级都经过单级一致性检验，两两对比判断矩阵是否具有良好的一致性。然而，在进行全面调查时，仍会积累不同层次的不一致性，这将导致最终分析结果严重不一致。层次总排序是根据各层中所有元素对总目标的相对重要性来确定总权重的过程。

从最高层到最低层逐层进行。设上一层次（A 层）包含 $A_1, A_2, \cdots, A_m$ 共 m 个因素，它们的层次总排序权重分别为 $a_1, a_2, \cdots, a_m$。又设其后的下一层次（B 层）包含 n 个因素：$B_1, B_2, \cdots, B_n$，其关于 A_j 的层次单排序权重分别为 $b_{1j}, b_{2j}, \cdots, b_{nj}$（当 B_i 与 A_j 无关联时，$b_{ij} = 0, i = 1, \cdots, n; j = 1, 2, \cdots, m$）。

B 层第 i 个因素对总目标的权值为

$$b_i = \sum_{j=1}^{m} a_j \cdot b_{ij}$$

对 B 层中与 A_j 相关的因素的成对比较进行一致性检验，求得单排序一致性指标为 $CI(j), (j = 1, \cdots, m)$，相应的平均随机一致性指标为 $RI(j)$ [$CI(j)$、$RI(j)$ 已在层次单排序时求得]，则 B 层总排序的随机一致性比例为

$$CR = \frac{\sum\limits_{j=1}^{m} CI(j) \cdot a_j}{\sum\limits_{j=1}^{m} RI(j) \cdot a_j}$$

当 CR<0.10 时，表明该系统的层次总排序结果达到预想，其分析结果是可接受的。

6.2 皇甫川流域水沙变化预测集合评估

以皇甫川流域的径流量和输沙量为研究对象,将图 6-1 的流程应用至皇甫川流域。首先通过收集模型构建简易模型库,其次选择适用模型,然后对模型进行集合评估,最后融合多模型的模拟结果给出最终结果。

6.2.1 模型适用性集合评估

目前,应用于皇甫川流域水沙变化预测的众多方法之间有着巨大的差异,因此,模型集合评估必须深入把握参与评估的各模型的特征及优缺点,这是模型选择时的重要参考依据,也是保证预测结果准确性的前提。表 6-5 列举并对比分析了八种具有代表性的黄河水沙预测模型。

表 6-5 模型对比

模型		特征	优势	不足
经验模型	水文法	降雨-径流(输沙)关系,通过基准期划分区分人类活动与气候变化对水文过程的影响	直观,计算简单;所需数据少,在数据精度受限下是大尺度流域水沙变化计算的有效方法	物理意义缺失;基准期划分不明确;不适用于未来预测
	双累积曲线法	降雨同径流量(输沙量)累计值的关系,用于水文气象要素长期演变趋势及一致性的检验分析	不需划分基准期;能区分不同人类活动的影响;数据精度要求低;模型拟合能力强,可用于未来预测	黑箱模型;流域特征概化
	机器学习模型	考虑多因子和径流量、输沙量的关系		
弹性系数法		基于 Budyko 假设的水热耦合平衡方程	能实现不同影响因素的定量分析;相较于经验模型其物理机制更强	不能处理各输入项之间的潜在联系;流域特征概化
基于过程的物理模型	SWAT 模型	分布式流域水文模型,描述流域降水径流的水文过程和侵蚀产沙过程;应用 MUSLE 估计产沙量	长时间连续计算,计算效率高,成本低;适用于多种土壤类型,模型应用广泛	模型计算方程多为经验公式,通过历史序列获得的参数对未来预测的适用性受限,且具有区域局限性
	GeoWEPP 模型	半分布式水力侵蚀预报模型;包括气象模型、土壤模块、植被生长模块、水分利用模块、水力模块和侵蚀模块	计算单元比 SWAT 模型小,泥沙计算使用稳态连续方程,相较于 SWAT 模型 MUSLE 物理基础更强;植被生长模块相对完善,在区分植被措施的减水减沙效益时有较突出的优势	不适用于中大型流域;计算量大;降水量输入非分布式;对植被措施的细致模拟提高数据收集成本

模型		特征	优势	不足
基于过程的物理模型	数字流域模型	流域动力学模型，由降雨产流模型、坡面产沙模型、沟坡重力侵蚀模型及沟道水沙演进与冲淤模型四个基础模型组成	在流域单元的基础上结合河网水系（横断面、纵剖面）；动力学机理完善；双层率定技术解决多参数率定计算效率低的问题	模型复杂度高；参数率定困难；计算量大；数据获取难度大
	GBHM	流域下垫面条件与流域水文过程的耦合；基本框架由概化的山坡单元（计算垂向水文通量）和连接山坡单元的虚拟沟道（计算汇流过程）构成，基于地形建立汇流过程的网格拓扑关系	流域地形概化处理方法能够提高产汇流过程模拟精度	不能模拟产沙过程；输入数据精度要求高

注：GBHM 为基于地貌的分布式水文模型。

黄河水沙变化预测的方法大致可分为三类：经验模型、弹性系数法及基于过程的物理模型。

以经典的水文法和双累积曲线法为代表的经验方法直观且计算简单，对数据需求量少，在数据精度受限情况下是计算大面积水沙变化的有效方法，然而其缺陷也非常明显，包括物理意义缺失、基准期的划分不明确、不适用于未来预测。特别地，随着信息技术的发展，机器学习成为挖掘不同特征之间复杂关系的有力方式。与水文法和双累积曲线法仅考虑降水一个特征不同，机器学习能够挖掘多因子同径流量、输沙量的关系。此外，机器学习不需要划分基准期，能够区分不同人类活动的影响，模型拟合能力强，可用于未来预测。然而，尽管应用机器学习模型时能够在特征选择上结合物理过程考虑，该模型仍然是一种经验模型、黑箱模型。

弹性系数法也是研究流域水文变化的重要方法。弹性系数定义为径流量/输沙量变化率与气候因子变化率的比值，以基于 Budyko 假设的水热耦合平衡方程为核心，能实现不同影响因素的定量分析，相较于经验模型其物理机制更强，但该方法不能解决各输入项之间潜在联系的问题，且流域特征概化，无法实现精细化的模拟和预测。

基于过程的物理模型有坚实的理论支持，以分布式和精细化为发展方向。物理模型普遍对数据有较高的要求，数据类别多，获取难度大，模型参数难以率定，计算量也远远高于其他两类模型。不同的物理模型之间也有着显著的差异。SWAT 模型作为分布式物理模型，其参数是依据历史序列确定的，经验公式的运用大大减少计算量，但也提高模型的局限性。GeoWEPP 模型的计算单元比 SWAT 模型小，泥沙计算使用稳态连续方程而不是依据经验率定参数的 MUSLE，所以 GeoWEPP 模型的物理基础相比于使用 MUSLE 的 SWAT 模型更强，但该模型降水量输入非分布式，这限制模型在大尺度流域的应用。数字流域模型是流域动力学模型，动力学机理完善，但模型复杂度高，有较大的应用难度。GBHM 有精妙的地形概化方法，产汇流模型精度提高，但是尚不能模拟产沙过程。

本书根据目前收集到的研究结果，制定模型集合评估准则，选择数据需求、物理基础、应用效率、输出尺度和预测精度五项指标，从模型的输入、结构构建及输出三方面对其进行评价。模型多维评分结果见表6-6。

表6-6　模型多维评分结果　　　　　　　　　　　　（单位：分）

评价指标	数据需求	物理基础	应用效率	输出尺度	预测精度
水文法	5	1	5	1	1
双累积曲线法	5	1	5	1	1.5
机器学习模型	4.5	1.5	4.5	2	4
弹性系数法	4	4.5	4	3	3
GeoWEPP 模型	2	4	2	3	3.5
数字流域模型	1	5	1	5	4.5
SWAT 模型	3	3	3	3	3.5
GBHM	3	3.5	4	4	5

对8种模型评分结果作雷达图（图6-3），其可清楚地呈现各模型特征，模型间各有优劣。

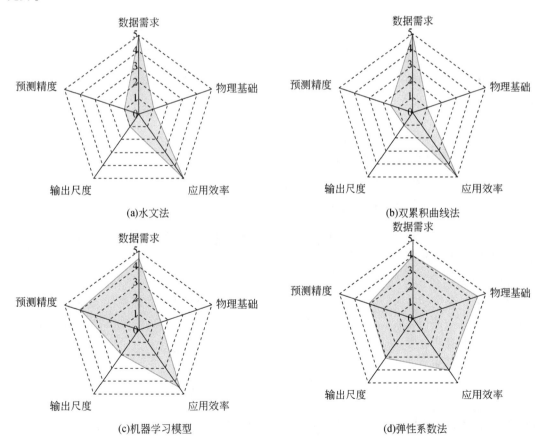

(a)水文法　　　　　　　　　(b)双累积曲线法

(c)机器学习模型　　　　　　(d)弹性系数法

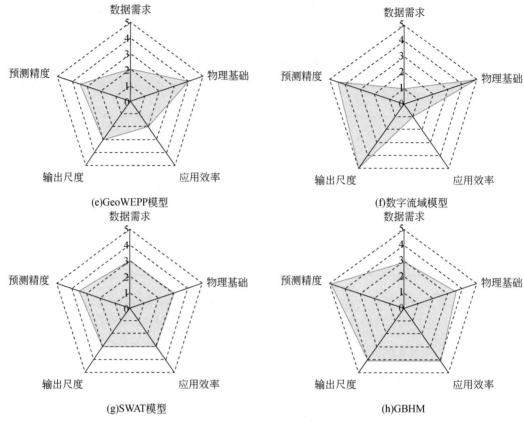

图 6-3　模型评分雷达图

6.2.2　流域水沙变化集合预测

6.2.2.1　径流变化预测模型选择

针对皇甫川流域径流变化的研究，选择 7 种模型进入最后的模型集合预测阶段，模型基本信息如表 6-7 所示。

（1）水文法

水文法属于经验方法，本书采用 1954～2015 年（共 62 年）的样本作为数据集，其中 1954～1989 年（共 36 年）为率定期，1990～2015 年（共 26 年）为验证期。自变量只有降水量，模型有两个参数，缩写为 LR。

（2）双累积曲线法

双累积曲线法也属于经验方法，与水文法一致，采用 1954～2015 年（共 62 年）的样本作为数据集，其中 1954～1989 年（共 36 年）为率定期，1990～2015 年（共 26 年）为验证期。自变量只有降水量，模型有两个参数，缩写为 DMC。

表 6-7　皇甫川流域径流变化预测选用的 7 种模型

模型名称	编号	类别	时间尺度	研究时段	参数数目/个
水文法	LR	经验模型	年尺度	1954~2015 年	2
双累积曲线法	DMC	经验模型	年尺度	1954~2015 年	2
集成学习模型	EL	经验模型	年尺度	1960~2015 年	8
GeoWEPP 模型	GW	基于过程的物理模型	年尺度	1965~2015 年	16
数字流域模型	DWM	基于过程的物理模型	6min	1976~1986 年，2007~2012 年	16
SWAT 模型	SWAT	基于过程的物理模型	月尺度	1978~2012 年	16
GBHM	GBHM	基于过程的物理模型	日尺度	1976~2014 年	16

（3）集成学习模型

集成学习（ensemble learning，EL）属于经验方法。本书应用的集成学习模型融合 9 种机器学习模式。融合的机器学习模式包括线性回归（linear regression）、kNNR）、岭回归（ridge）、支持向量回归（SVR）、梯度提升（gradient boosting）、随机森林（random forest）、分布式梯度提升（xgboost）、轻量梯度提升（lightgbm），以及使用分布式梯度提升算法（xgBoost）堆叠法元回归器（StackingCVRegressor）对前 8 种基础模型进行堆叠（Stacking）集成得到的新模型。根据 12 折交叉验证进行模型性能评价得到的各个基础模型得分，对 9 种模型进行加权融合得到最终的融合模型。模型测试集为随机抽取的 20% 的样本数据，训练集为剩余数据。

融合多种机器学习能够有效地削弱过拟合的问题。采用 1960~2015 年的 47 个样本，考虑参数共 8 个，为降水、气温、蒸发量、相对湿度、梯田面积、淤地坝面积、森林面积及草地面积。该方法简写为 EL。

（4）GeoWEPP 模型

水力侵蚀预报 WEPP（water erosion prediction project）模型的植被生长模块相对完善，在区分植被措施的减水减沙效益时有较突出的优势。GeoWEPP（The Geo-spatial interface for WEPP）模型是基于 WEPP 模型开发的流域尺度的半分布式水力侵蚀预报模型。模型对流域水沙变化的物理过程的描述概述为 6 个模块：气象模型、土壤模块、植被生长模块、水分利用模块、水力模块和侵蚀模块。其中，水力模块计算流域的径流量和水量平衡，是模型的核心部分之一。该模块假设降水产流过程为蓄满产流，即当雨强超过土壤入渗时形成的超量降水会优先满足土壤蓄水和地表填注，之后才会形成径流。植被生长模块使用水力模块的土壤含水量等信息模拟植被生物量的变化，该模块基于侵蚀-生产力评价（EPIC）模型，以积温为基础，模拟作物生物量和植被叶面积指数（leaf area index，LAI）的变化。侵蚀模块使用水力模块的超量降水、雨强、径流量和植被生长模块的冠层覆盖度等结果计算流域侵蚀量，该模块基于稳态连续方程描述侵蚀物的运动，该方程将坡面侵蚀分为细沟侵蚀和细沟间侵蚀两部分。

本书评估的 GeoWEPP 模型的输入数据有数字高程模型（DEM）、土地利用类型、土壤类型、降水的相关数据，以及包括最高温度、最低温度、太阳辐射、风速、风向、露点温度在内的气象数据。评估 1965～2015 年共 51 个样本的输出结果。1965～1987 年（共13 年）为率定期，1988～2015 年（共 28 年）为验证期。该方法简写为 GW。

（5）数字流域模型

数字流域模型为流域动力学模型，模型由降雨产流模型、坡面产沙模型、沟坡重力侵蚀模型及沟道水沙演进与冲淤模型四个基础模型组成，计算的基本时间步长为 6min。参与评估的模型应用了基于消息传递函数库的标准规范（massage passing interface，MPI）和高性能计算平台（highper formance computing，HPC）的双层并行参数率定方法，以 MPI 标准为下层并行技术，以 HPC 作业调度系统为上层并行技术。首先拟合径流量变化率为目标，对 11 个关键水文参数进行率定和分析；再拟合输沙量变化率为目标，对 5 个关键泥沙参数进行率定和分析。

输入参数是依坡面-沟道单元空间分布的。其中，地形几何参数在单元提取的过程中由 DEM 数据获得，植被覆盖、土壤类型、土地利用类型和蒸发能力等下垫面参数则由遥感数据或其他来源的栅格数据提取。集合评估通过 1979 年和 2012 年两个典型年率定，分别在自然状态期（1976～1986 年）和受扰状态期（2007～2012 年）进行验证。参与评估的样本共 15 个，缩写为 DWM。

（6）SWAT 模型

SWAT 模型基于 GIS 技术，描述流域降水径流的水文过程和侵蚀产沙过程。通过子流域单元划分，考虑气候、地形地貌、土壤植被等的空间差异性；通过模拟河网水沙演进与河道冲淤，重现流域内任意河道断面和流域出口的水沙过程。与本书相关的模块主要有降水产流模块、坡面产沙模块、沟道水沙演进与冲淤模块。

参与评估的模型为月尺度，率定期为 1978～1980 年，验证期为 1981～2012 年。模型的自变量为 DEM 数据、气象水文数据、土壤数据、土地利用数据等，模型的参数一共有16 个，输出月尺度的数据共 420 组，本研究集合评估转为 35 组年尺度的样本进行评价。

（7）GBHM

GBHM 是一种流域分布式水文模型，核心为流域的下垫面条件（地形地貌、植被条件等）与流域水文过程的耦合。该模型的基本计算单元为概化的山坡单元，单元之间由沟道连接，构成整个模型的基本框架。模型通过基于流域水文学原理的数理方程描述水文过程，主要的水文过程包括产流过程和汇流过程，而产流过程可细分为降水、截流、蒸散发及下渗过程，汇流过程则包括坡面汇流（涉及坡面流、壤中流的运动）和沟道汇流、河水与地下水交换等过程。模型输出为流域的土壤水、蒸散发和径流的空间分布和随时间的变化过程。

模型输入为气象数据与地理空间信息数据两部分。气象数据包括降雨、温度、湿度、日照和风速等信息；地理空间信息数据包括地形数据、土地利用数据、植被数据、土壤数据、河道参数等。输出结果为 1976～2014 年逐日的模拟径流量，共 14 245 组数据，转化为 39 组年尺度样本参与集合评估。

6.2.2.2　输沙变化预测模型选择

针对皇甫川流域输沙变化选取的模型共 6 种，相较于径流变化少了分布式水文模型

GBHM, 6 个模型的基本信息见表 6-8。

表 6-8 皇甫川流域输沙变化预测选用的 6 种模型

模型名称	编号	类别	评估尺度	研究时段	参数数目/个
水文法	LR	经验模型	年尺度	1954~2015 年	2
双累积曲线法	DMC	经验模型	年尺度	1954~2015 年	2
集成学习	EL	经验模型	年尺度	1960~2015 年	8
GeoWEPP	GW	基于过程的物理模型	年尺度	1965~2015 年	16
数字流域模型	DWM	基于过程的物理模型	6min	1976~2012 年	16
SWAT	SWAT	基于过程的物理模型	月尺度	1978~2012 年	16

6.2.2.3 径流变化预测结果评价

对于选定的 7 种模型，采用建立的模型评价指标体系进行指标评分，不同模型对应的指标得分结果如表 6-9 所示。其中，R^2 和 adjusted R^2 越大，表明模型越优；MAE 和 RMSE 越小，表明模型的平均误差越小，模型越优；AIC、AICc 和 BIC 的值越小，表明模型越优。

表 6-9 皇甫川流域多种模型径流模拟训练集（率定期）指标评分

评价指标	LR	DMC	EL	GW	SWAT	GBHM
R^2	0.64	0.61	0.85	0.51	0.69	0.84
adjusted R^2	0.63	0.60	0.77	−0.80	1.044	1.68
MAE	0.45	0.46	0.10	0.43	0.63	0.32
RMSE	0.61	0.64	0.13	0.51	0.75	0.41
AIC 值	83.81	88.45	−53.72	70.88	40.48	47.22
AICc 值	84.18	88.82	−35.45	161.55	1.63	−134.11
BIC 值	90.15	94.79	−8.24	111.26	33.84	76.14

注：MAE 和 RMSE 指标的单位为亿 m^3。

数字流域模型（DWM）对自然阶段和人类活动影响阶段分别进行率定及验证，因为模型时间步长小，率定期仅为 1 年，不便进行年尺度上的精度评价，故在率定期指标评价上不加 DWM，而在验证期评估中将 DWM 分为自然阶段和人类活动影响阶段独立参与评估。

（1）率定期

从表 6-9 可以看出，在率定期的径流变化模型研究中 R^2 由大到小前三名为 EL、GBHM、SWAT，adjusted R^2 由大到小前三名为 GBHM、SWAT、EL；MAE 和 RMSE 由小到大前三名为 EL、GBHM、GW。在基于最小化信息准则的三个评价指标上，GBHM、EL 表现较好。综合三个层次的评价指标，经验模型中 EL 表现较好，基于过程的物理模型中 GBHM 模拟表现较好（图 6-4）。

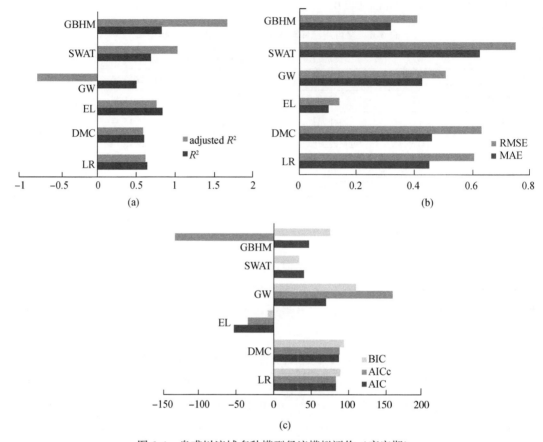

图 6-4 皇甫川流域多种模型径流模拟评价（率定期）

（2）验证期

验证期的模拟结果表现的是模型的预测能力（泛化能力）的好坏，在率定期结果的基础上，本章选取 R^2、MAE 和 RMSE 来衡量模型在验证期的表现。对于皇甫川流域，4 种模型在验证期的表现如表 6-10 所示。

表 6-10 皇甫川流域多种模型径流模拟测试集（验证期）指标评分

评价指标	LR	DMC	EL	GW	SWAT	GBHM	DWM（自然阶段）	DWM（人类活动影响阶段）
R^2	-3.90	-3.41	0.79	0.67	-0.60	0.84	0.67	0.72
MAE	1.03	0.98	0.17	0.29	0.65	0.14	0.37	0.14
RMSE	1.12	1.06	0.20	0.36	0.81	0.20	0.59	0.21

比对 R^2，可以明显看出两个经验模型（水文法 LR 和双累积曲线法 DMC）表现与其他模型相差较大，基于过程的物理模型中 SWAT 模型表现较差，而 GBHM 和 EL 两个模型表现较好，R^2 分别为 0.84 和 0.79，DWM 和 GW 模型表现一般，均在 0.7 左右。关于

RMSE 和 MSE，LR、DMC 和 SWAT 三个模型的 R^2 相对于其他模型明显偏高，同样说明误差偏大；GBHM 误差最小，DWM 的 R^2 在人类活动影响阶段的表现其次，EL 模型同样误差较小。综合三个指标，GBHM 在验证期对径流的模拟最好，EL 模型表现弱于 GBHM，但同样较优，值得注意的是，DWM 虽然在自然阶段表现一般，但在人类活动影响阶段表现突出。

综合率定期和验证期的结果，GBHM 对皇甫川流域径流的模拟表现最优，而经验模型中，EL 模型表现显著优于 LR 和 DMC，甚至与基于物理机制的 GBHM 接近，表现较好（图 6-5）。

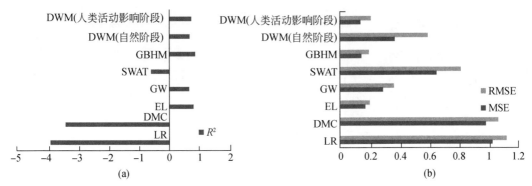

图 6-5 皇甫川流域多种模型径流模拟测试集（验证期）各指标得分

6.2.2.4 输沙变化预测结果评价

同样依据上述评价指标体系，对皇甫川流域输沙变化研究选用的 6 种模型进行指标评分。

（1）率定期

同样因为 DWM 率定期为 1 年，在年尺度评价下仅 1 个数值，无法计算指标，所以不参与率定期评估。率定期计算结果如表 6-11 所示。

表 6-11 皇甫川流域多种模型输沙模拟训练集（率定期）指标评分

评价指标	LR	DMC	EL	GW	SWAT
R^2	0.60	0.51	0.81	0.50	0.87
adjusted R^2	0.59	0.49	0.70	−0.85	1.02
MAE	0.21	0.24	0.08	0.17	0.17
RMSE	0.27	0.30	0.10	0.21	0.20
AIC 值	−0.39	10.41	−85.10	11.05	29.12
AICc 值	−0.02	10.77	−66.83	101.72	−9.73
BIC 值	5.95	16.75	−39.62	51.43	22.48

注：MAE 和 RMSE 指标的单位为亿 t。

从表 6-11 可以看出，在率定期的输沙变化模型研究中 SWAT 模型的 R^2 和 adjusted R^2

最优，其次为 EL 模型。关于 RMSE 和 MAE，EL 模型表现突出，明显优于其他模型，基于过程的物理模型中 SWAT 模型最佳。关于 AIC 值、AICc 值、BIC 值，EL 模型和 SWAT 模型依旧表现较好（图6-6）。

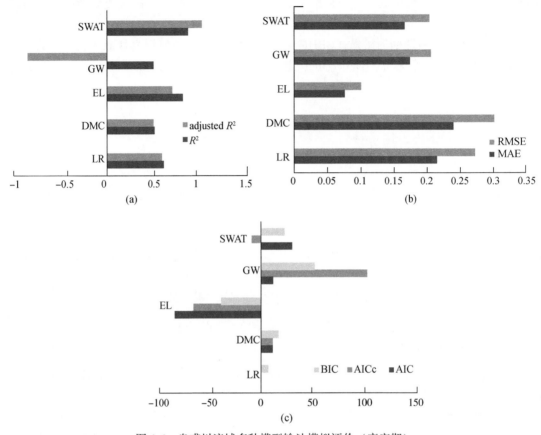

图6-6　皇甫川流域多种模型输沙模拟评价（率定期）

（2）验证期

验证期与径流一致，同样选取 R^2、MAE 和 RMSE 来衡量模型在验证期的表现，并对 DWM 在自然阶段和人类活动影响阶段的模拟结果分别评估。对于皇甫川流域，选取的模型在验证期的表现如表6-12所示。

表6-12　皇甫川流域多种模型输沙模拟测试集（验证期）指标评分

评价指标	LR	DMC	EL	GW	SWAT	DWM（自然阶段）	DWM（人类活动影响阶段）
R^2	−3.90	−3.41	0.79	0.67	−0.27	0.52	0.94
MAE	1.03	0.98	0.17	0.29	0.20	0.19	0.01
RMSE	1.12	1.06	0.20	0.36	0.31	0.27	0.02

从表6-12可看出在验证期DWM在人类活动影响阶段的表现极为突出，R^2达到0.94，MAE和RMSE分别为0.01与0.02。两个经验模型（LR和DMC）表现较差。与径流相近，EL模型在R^2和MAE、RMSE的表现较为稳定（图6-7）。

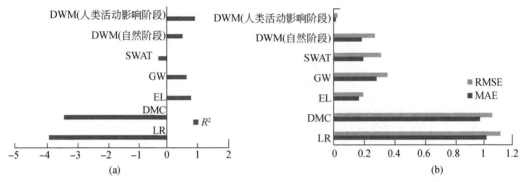

图6-7　皇甫川流域多种模型输沙模拟测试集（验证期）各指标得分

6.2.2.5　加权融合

多模型结果的集合能够提高模型稳定性，减少由于模型结构问题出现的个别显著偏离值。在上述模型输出结果评价的基础上，本书赋予各模型权重，融合各模型的模拟结果，由于模拟结果来自不同的研究组，时间跨度不一，无法在全时段赋予模型统一的权重，本书根据模拟结果，将1960~2015年进行划分，对划分的各个阶段分别赋予模型权重。权重确定的准则：评分高的模型权重更大，低评分的模型权重较小甚至不赋予权重；在基于过程的物理模型和经验模型评分相近的条件下，优先考虑更为精细的基于过程的物理模型。

由图6-8、图6-9可知，集合各模型结果能够有效提高模拟值的稳定性，但对极端值的

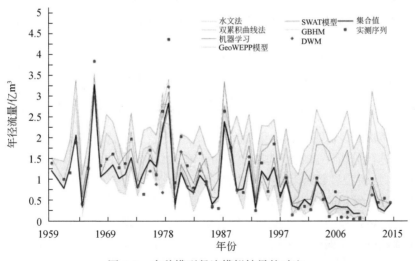

图6-8　多种模型径流模拟结果的对比

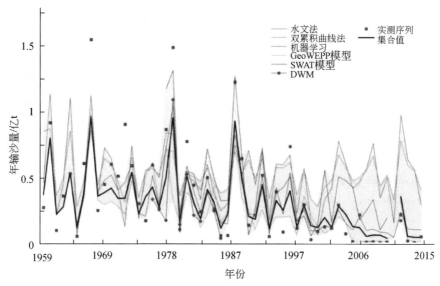

图 6-9　多种模型输沙模拟结果的对比

模拟能力减弱。因此，在未来预测时，可以通过对多种模型进行加权融合获得稳健的总体趋势与变化区间结果。

6.3　无定河流域水沙变化预测集合评估

6.3.1　水文模型精度评价

研究流域选取无定河、大理河、韭园沟、王茂沟 4 个流域；研究数据为各站点年实测降水量、径流量和输沙量，各流域研究区的数据资料见表 6-13。

表 6-13　研究区的数据资料

项目	无定河（WDH）	大理河（DLH）	韭园沟（JYG）	王茂沟（WMG）
数据年限	1960~2015 年	1960~2015 年	1974~2010 年	1980~2010 年

由于突变年份后径流量和输沙量受人类活动影响较大，选取各站点径流量突变年份之前的水文序列进行分析。在模型选取中，由于在大流域、长尺度上，SWAT 模型、SWIM 等大型降水-水沙模型参数繁多，步骤复杂，较难进行，而经验类的统计水文模型能够容易实现，因此选取常用的简单降雨、产流、产沙经验模型，进行精度评价的探究。研究选择的模型包括：倍比模型、线性模型、指数模型以及两个既有水沙模型中的混合模型，另外参考技术成熟的基于偏相关系数（PCIS）、基于偏互信息（PMIS）指标输入选择法构建两个混合模型，7 种模型进行各站点径流量、输沙量拟合，各模型的模拟公式如表 6-14、表 6-15 所示，模型参数拟合结果如表 6-16~表 6-18 所示。

表6-14　既有水沙模型的模拟公式

模型类型	模型序号	模拟公式	主要构成变量
倍比模型	1	$\mathrm{I}: W(S)=A\cdot P$	P、P
线性模型	2	$\mathrm{II}: W(S)=A\cdot P+B$	
指数模型	3	$\mathrm{III}: W(S)=A\cdot P^B$	
混合模型	4	$\mathrm{IV}: W(S)=A\cdot P_{汛}^B\cdot(P_{汛}/P)^C$	P、$P_{汛}$
	5	$\mathrm{V}: W(S)=A\cdot P_{汛}^B\cdot(P_{78}/P_{69})^C$	$P_{汛}$、P_{78}、P_{69}

注：W 为洪量；S 为输沙量；A、B、C 为模型参数；P 为年降水量；$P_{汛}$ 为汛期降水量；P_{69} 为 6 月和 9 月降水量；P_{78} 为 7 月和 8 月降水量。

表6-15　基于优选变量的混合函数型的降雨–水沙经验模型

研究区	PCIS（模型6）	PMIS（模型7）
WDH	$W=A\cdot P_{汛}^B(P_{69}/P_9)^C$ $S=A\cdot P_{69}^B\cdot P_9^C$	$W=A\cdot P_{69}^B\cdot P_{汛}^C$ $S=A\cdot P_{69}^B\cdot P_9^C$
DLH	$W=A\cdot(P_{汛}/P)^B\cdot P_{mx}^C$ $S=A\cdot P_{69}^B\cdot P_{汛}^C$	$W=A\cdot(P_{汛}/P)^B$ $S=A\cdot P_{69}^B\cdot P_{汛}^C$
JYG	$W=A\cdot(P_{mx}/P_{mfx})^B$ $S=A\cdot(P_9/P_8)^B$	$W=A\cdot(P_{mx}/P_{mfx})^B$ $S=A\cdot(P_8/P_9)^B$
WMG	$W=A\cdot P_{汛}^B\cdot P_{m78}^C$ $S=A\cdot(P_8/P)^B$	$W=A\cdot P_{汛}^B\cdot P_{m78}^C$ $S=A\cdot(P_8/P)^B$

注：P_{mx} 为汛期平均降水量；P_{mfx} 为非汛期平均降水量；P_8 为 8 月降水量；P_9 为 9 月降水量。

表6-16　既有水沙模型的参数率定结果（径流模拟）

径流模拟		基准期				变化期			
		WDH	DLH	JYG	WMG	WDH	DLH	JYG	WMG
W1	A	0.035	0.004	0.627	1.131	0.023	0.003	0.320	0.688
W2	A	0.019	0.003	0.526	1.773	0.009	0.001	0.249	0.391
	B	7.475	0.503	37.233	−223.020	5.813	0.679	20.450	91.256
W3	A	0.455	0.848	0.696	1.622	0.009	0.448	0.913	1.621
	B	−0.013	−4.691	1.287	−3.652	5.813	−2.548	−0.701	−6.481
W4	A	−0.039	−4.322	−0.259	−3.265	0.070	−2.222	−6.875	4.947
	B	0.458	0.805	0.933	1.584	0.369	0.414	1.893	0.503
	C	−0.474	−0.481	−0.533	0.250	−0.146	0.107	−1.739	3.756
W5	A	0.523	−5.840	0.782	−4.055	0.371	−2.448	−0.525	2.175
	B	0.376	1.053	0.792	1.698	0.321	0.451	0.874	0.533
	C	0.082	0.516	−0.082	−0.093	0.021	−0.020	0.118	0.195

表6-17　既有水沙模型的参数率定结果（输沙模拟）

输沙模拟		基准期				变化期			
		WDH	DLH	JYG	WMG	WDH	DLH	JYG	WMG
S1	A	0.005	0.003	0.438	0.122	0.001	0.001	0.183	0.058
S2	A	0.005	0.002	0.075	0.209	0.001	0.003	0.068	0.023
	B	−0.269	0.386	174.157	−59.705	0.038	0.351	47.112	21.096
S3	A	1.532	0.735	0.240	0.584	0.236	0.111	0.498	0.428
	B	−8.680	5.014	3.819	1.951	−2.359	7.709	1.310	0.681
S4	A	−7.372	4.480	3.398	−6.949	−1.502	7.995	1.736	3.149
	B	1.356	0.797	0.291	1.509	0.149	0.080	0.438	0.511
	C	−0.553	−1.283	−0.610	−3.256	1.131	0.347	−0.264	3.914
S5	A	−8.366	4.372	5.916	−2.248	−1.912	8.072	2.754	−0.066
	B	1.497	0.845	−0.123	1.083	0.116	0.038	0.272	0.617
	C	0.568	0.492	0.122	−0.080	0.591	0.167	0.054	−0.081

表6-18　混合函数的参数率定结果

径流模拟		基准期				变化期			
		WDH	DLH	JYG	WMG	WDH	DLH	JYG	WMG
PCIS	A	0.681	−3.219	4.988	−3.797	−4.530	−1.648	4.060	2.644
	B	0.343	−0.485	0.173	1.679	3.012	0.107	0.236	0.213
	C	0.194	0.808		−0.041	−2.103	0.414		0.320
PMIS	A	0.404	−4.530	4.988	5.179	0.355	2.061	4.060	4.295
	B	−0.137	3.012	0.173	0.170	−0.045	−0.208	0.236	−0.059
	C	0.517	−2.103			0.363	−0.518		

　　根据模型模拟结果及各评价指标的计算公式，分别计算4个模型下各站点的评价指标值。计算中引入惩罚因子$e^{\frac{2k}{N-K-1}}$，其中k为评价指标的个数，N为水文序列的长度，惩罚因子用来避免参数太多出现过度拟合。

　　根据各指标的隶属度类型，计算各站点径流量模型精度评价指标的隶属度，不同模型下各站点的隶属度见图6-10及图6-11。

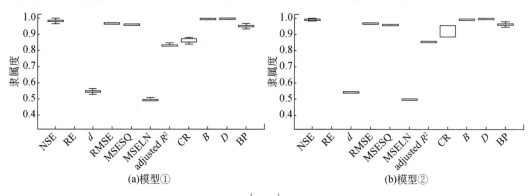

(a)模型①　　　　　　　　　　　　　(b)模型②

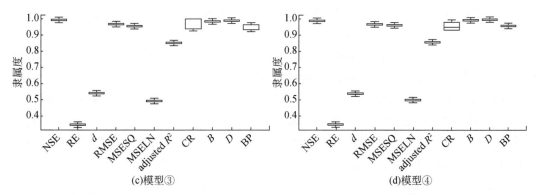

(c)模型③　　　　　　　　　　　　　　(d)模型④

图6-10　不同流域下 〔（a）WDH、（b）DLH、（c）JYG、（d）WMG〕径流量模拟指标隶属度的统计图

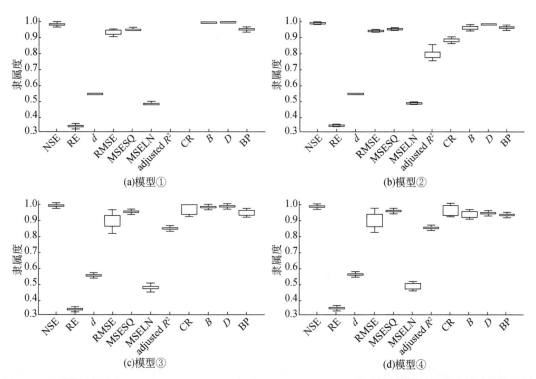

(a)模型①　　　　　　　　　　　　　　(b)模型②

(c)模型③　　　　　　　　　　　　　　(d)模型④

图6-11　不同流域下 〔（a）WDH、（b）DLH、（c）JYG、（d）WMG〕输沙量模拟指标隶属度的统计图

　　由图6-10与图6-11的结果可以看出，各模型在不同精度评价指标下表现出不同的拟合效果，且不同指标的评价结果差异较大；各模型对径流量、输沙量的模拟也表现出较大的差异性，可见进行模型指标体系化评价是十分必要的。

　　根据计算所得的隶属度矩阵，分别综合7种水文模型的确定性模型精度评价指标及不确定性评价指标进行主成分提取以达到降维的目的。根据评价指标主成分特征值的累计方差百分比，选取累计方差贡献率大于80%的前 n 个指标为主成分，得到主成分载荷矩阵；根据各主成分的方差贡献率与载荷矩阵系数的加权平均可得到不同评价指标的综合得分，指标的综合得分排名为指标的敏感性排名，用于进行层次单排序时各指标重要程度的依据。研究表明确定性指标的敏感性排名为 $NSE > $ adjusted $R^2 > MSELN > MSESQ > d > RE >$ RMSE；不确定性评价指标的敏感性排名为 BP>B>D>CR 。

在模型精度评价指标敏感性排名的基础上，应用层次分析法计算评价指标的权重。以模型精度评价体系为目标层（A），以确定性指标及不确定性指标为准则层（B），以 11 个评价指标为变量层（C）进行各指标权重计算。在层次单排序中，各模型下确定性指标及不确定性指标的 B-C_i 判断矩阵应满足一致性指数 CI 大于 0、一致性比例 CR 小于 0.1，则说明各模型的判断矩阵均具有满意的一致性，由此得到模型确定性、不确定性指标 B-C_i 的层次单排序的权值（W）以进行后续计算。

根据层次单排序结果，进行层次总排序计算。研究中分别给定准则层确定性评价体系及不确定评价体系 0.6 和 0.4 的层次权重进行综合权重计算，则各评价指标的综合权重计算结果如表 6-19 所示。

表 6-19　模型评价体系的综合权重

B-C	B1	B2	CW	位次	代表指标
Bi 权重	0.6	0.4			
C1	0.298		0.179	1	NSE
C2	0.057		0.034	10	RE
C3	0.081		0.048	9	d
C4	0.049		0.029	11	RMSE
C5	0.122		0.073	7	MSESQ
C6	0.167		0.100	5	MSELN
C7	0.226		0.136	3	adjusted R^2
C8		0.150	0.060	8	CR
C9		0.270	0.108	4	B
C10		0.201	0.080	6	D
C11		0.380	0.152	2	BP
CI = 0.027		RI = 1.52		CR = 0.018<0.1	

计算得到评价指标的权重后，结合评价指标的隶属度，根据式（5-1）可求得各水文站在 7 个水文模型下的综合得分 N，并将综合得分由高到低进行排名。各站点径流量、输沙量在基准期、变化期内指标综合得分的计算结果如表 6-20、表 6-21 所示。

综合得分越高，则认为模型的模拟精度越高。由表 6-20 及表 6-21 可以看出，7 个模型对各流域基准期的径流量、输沙量的模拟得分大致相当，总体上呈现出基准期得分略高于变化期的现象，且水沙模拟平均综合得分均大于 0.6，其中面积最大的无定河流域在两个时段的平均得分最高，研究区内大致表现出从无定河流域向王茂沟流域逐渐递减的趋势，即呈现出从大尺度至小尺度模拟精度逐渐降低的现象，这可能是由降雨资料引起的，本书中大尺度流域的资料更加齐全，时间序列的长度更长，因此更有利于表达降雨与水沙之间的关系，模型精度也就越高。

表 6-20　各流域径流量指标综合得分的计算结果

模型		WDH		DLH		JYG		WMG	
		N1	精度等级	N2	精度等级	N3	精度等级	N4	精度等级
基准期	W1	0.655	中	0.689	中	0.741	良	0.712	良
	W2	0.817	良	0.713	良	0.747	良	0.728	良
	W3	0.819	良	0.684	中	0.749	良	0.737	良
	W4	0.827	良	0.689	中	0.743	良	0.728	良
	W5	0.816	良	0.710	良	0.747	良	0.728	良
	W6	0.823	良	0.694	中	0.753	良	0.772	良
	W7	0.826	良	0.747	良	0.771	良	0.743	良
	平均分	0.798	良	0.704	良	0.750	良	0.735	良
变化期	W1	0.614	中	0.637	中	0.703	良	0.673	中
	W2	0.714	良	0.733	良	0.666	中	0.712	良
	W3	0.724	良	0.724	良	0.712	良	0.705	良
	W4	0.716	良	0.703	良	0.619	中	0.695	中
	W5	0.712	良	0.699	中	0.658	中	0.702	良
	W6	0.726	良	0.712	良	0.686	中	0.715	良
	W7	0.718	良	0.722	良	0.718	良	0.705	良
	平均分	0.703	良	0.704	良	0.680	中	0.701	良

表 6-21　各流域输沙量指标综合得分的计算结果

模型		WDH		DLH		JYG		WMG	
		N1	精度等级	N2	精度等级	N3	精度等级	N4	精度等级
基准期	S1	0.654	中	0.641	中	0.635	中	0.702	良
	S2	0.691	中	0.677	中	0.632	中	0.706	良
	S3	0.715	良	0.698	中	0.719	良	0.649	中
	S4	0.672	中	0.701	良	0.703	良	0.723	良
	S5	0.705	良	0.675	中	0.759	良	0.705	良
	S6	0.714	良	0.705	良	0.753	良	0.747	良
	S7	0.793	良	0.763	良	0.721	良	0.778	良
	平均分	0.706	良	0.694	中	0.703	良	0.716	良

模型		WDH		DLH		JYG		WMG	
		N1	精度等级	N2	精度等级	N3	精度等级	N4	精度等级
变化期	S1	0.628	中	0.690	中	0.511	差	0.656	中
	S2	0.636	中	0.540	差	0.624	中	0.745	良
	S3	0.675	中	0.691	中	0.544	差	0.650	中
	S4	0.623	中	0.529	差	0.660	中	0.304	差
	S5	0.624	中	0.663	中	0.725	良	0.666	中
	S6	0.741	良	0.693	中	0.629	中	0.753	良
	S7	0.758	良	0.692	中	0.710	良	0.671	中
	平均分	0.669	中	0.643	中	0.629	中	0.635	中

通过对每个模型在不同时段及不同流域的得分分析发现，对径流量而言，基准期各模型中 W6 或 W7 模型得分高于其他模型，由本书优选提出的径流量模拟公式，变化期时模型精度均有所下降，但 W6 和 W7 降低程度不大且还能在两个流域中取得精度较高；输沙量拟合与径流量结果相似，在基准期 S7 有 75% 的概率为得分最高的模型，变化期同样各模型得分均有所下降，但 S6 和 S7 依旧表现着良好的精度。从流域尺度方向分析发现，相较于其他模型，随着流域尺度的减小，S6 和 S7 的精度变化不大，表明这两种模型在流域尺度研究上具有良好的稳定性。

以上研究表明本书提出的基于 PCIS、PMIS 指标输入选择法的模型构建方法是可行的，通过优选模型构成变量进行降水-水沙拟合能够提供比其他模型更为精确、稳定的拟合结果。对于 PCIS、PMIS 两种构建方法，其构成模型在构成变量、模型精度及尺度稳定性上不相上下，但值得注意的是，在相似优势下，PMIS 选择法相比 PCIS 具有更少的构成变量，主要表现在大尺度流域的水沙拟合过程中。这表明在类似的研究中 PCIS 相比于 PMIS 存在一定的冗余性，而 PMIS 法对数据资料要求低，更加经济实惠，有利于在数据稀缺区进行研究。

6.3.2 水沙模型的综合评价

选取黄河中游无定河流域出口站白家川站为代表站，采用 3 种集合预报方法对不同水沙模型的模拟结果进行综合预报，对比分析集合预报模型与单个水沙模型及 SWAT 模型、GAMLSS 模型预报的异同。3 种集合预报方法分别为模型简单平均（MA）方法、贝叶斯模型加权平均（BMA）方法、模型得分加权平均（SMA）方法。MA 方法中每个模型取相同的权重，BMA 方法基于贝叶斯理论得到不同模型的权重和预报误差，SMA 方法根据各模型在不同时期的综合得分，使用反距离加权平均法计算得到各模型的精度权重。

所有的模型采用相同的时段（1976~2010 年），分为下垫面变化较小的时段（1976~2000 年）和下垫面变化较大的时段（2001~2010 年）。1976~2000 年和 2001~2010 年的集合预报权重与1976～2010年相同，根据以上模型精度的评价过程给出4个水沙模型的确定性指标权重及综合得分，如表6-22和表6-23所示。其中模型4为既有水沙模型中的混合模型；模型7为参考技术成熟的PMIS指标输入选择法构建的混合模型。

表6-22　单个水沙模型的指标计算

指标值		NSE	RMSE	MSESQ	MSELN	adjusted R^2	RE	d
径流量	SWAT 模型	−1.584	0.348	27.018	0.168	3.464	0.236	0.500
	GAMLSS 模型	0.667	0.127	8.488	0.069	0.882	0.102	0.884
	模型 4	−0.082	0.228	15.558	0.120	0.494	0.187	0.444
	模型 7	−0.053	0.225	15.336	0.118	0.495	0.186	0.448
输沙量	SWAT 模型	−3.175	1.725	4.320	1.578	61.498	1.384	0.475
	GAMLSS 模型	0.213	0.749	1.484	0.898	4.859	0.508	0.634
	模型 4	−0.170	0.954	1.803	1.066	3.378	0.583	0.356
	模型 7	−0.132	0.939	1.777	1.036	3.423	0.577	0.370

表6-23　单个水沙模型的指标综合得分计算

指标		NSE	RMSE	MSESQ	MSELN	adjusted R^2	RE	d	综合得分	精度等级
权重 ω		0.230	0.060	0.078	0.047	0.169	0.124	0.294		
径流量	SWAT 模型	0.208	0.051	0.037	0.043	0.160	0.120	0.118	0.737	良
	GAMLSS 模型	0.227	0.059	0.011	0.046	0.167	0.124	0.293	0.927	优
	模型 4	0.220	0.055	0.024	0.044	0.168	0.121	0.118	0.749	良
	模型 7	0.220	0.055	0.023	0.044	0.168	0.121	0.120	0.751	良
输沙量	SWAT 模型	0.194	0.000	0.005	0.000	0.000	0.088	0.107	0.394	差
	GAMLSS 模型	0.223	0.036	0.001	0.021	0.156	0.112	0.180	0.729	良
	模型 4	0.219	0.024	0.002	0.012	0.159	0.108	0.073	0.597	差
	模型 7	0.220	0.025	0.002	0.013	0.159	0.108	0.080	0.606	中

　　分析可得，水沙模拟中，各模型综合得分较为接近，总体表现为径流量得分高于输沙量。其中GAMLSS模型在径流量和输沙量模拟中均表现出最高的模拟精度，径流量和输沙量模拟精度等级分别是优和良；模型7的精度次于GAMLSS模型，径流量和输沙量模拟精度等级分别是良和中，模型4和SWAT模型径流量的模拟结果均为良，但是输沙量模拟结果均不达标。

　　MA法下，各单个水沙模型的权重相同，均为0.25。根据以上单个水沙模型的综合得分，计算SMA方法及BMA方法下的各模型权重如图6-12所示。

　　由图6-12可知，在采用SMA方法进行水沙模拟时，选取各模型综合得分进行加权平均，因此各模型权重与其模拟精度成正比关系。BMA方法下，各模型权重与模型综合得

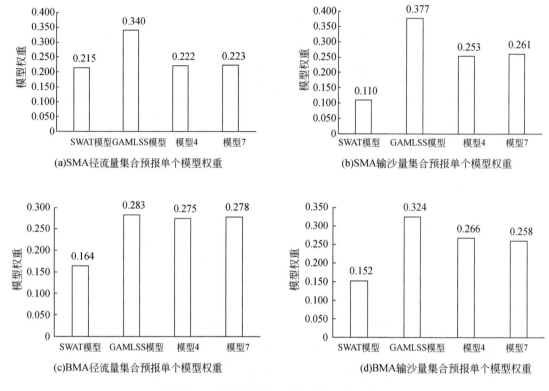

图6-12 集合预报模型中单个水沙模型权重

分排名趋势基本一致，模拟精度最高的 GAMLSS 模型依旧表现为权重最大，SWAT 模型在水沙集合预报中权重均为最小，但在输沙量模拟时，模型 4 的权重超过得分较高的模型 7，位居权重第二位。BMA 方法下单个模型的权重不一定跟模拟效果成正比，这与单个模型的不确定性区间的特性也有关系。根据以上 4 种水沙模型进行白家川站实测径流量和输沙量与预估计算值之间的对比分析，各模型的水沙模拟预测值与实测值的对比如图 6-13 及图 6-14 所示。

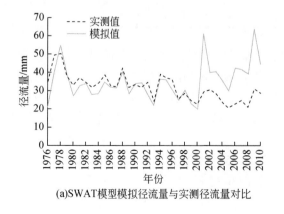

(a)SWAT模型模拟径流量与实测径流量对比

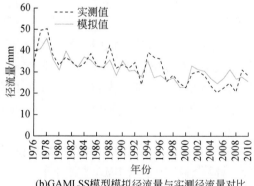

(b)GAMLSS模型模拟径流量与实测径流量对比

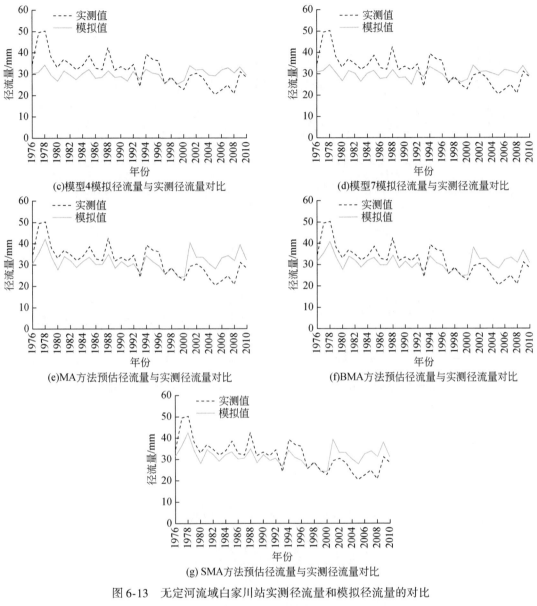

(c)模型4模拟径流量与实测径流量对比

(d)模型7模拟径流量与实测径流量对比

(e)MA方法预估径流量与实测径流量对比

(f)BMA方法预估径流量与实测径流量对比

(g) SMA方法预估径流量与实测径流量对比

图 6-13　无定河流域白家川站实测径流量和模拟径流量的对比

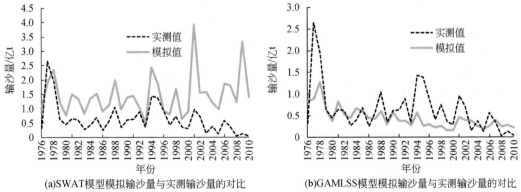

(a)SWAT模型模拟输沙量与实测输沙量的对比

(b)GAMLSS模型模拟输沙量与实测输沙量的对比

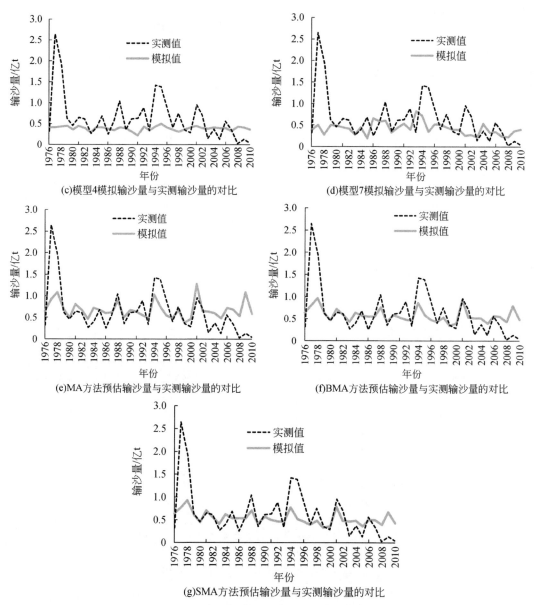

图 6-14　无定河流域白家川站实测输沙量和模拟输沙量的对比

　　由图 6-13 及图 6-14 可知，单个水沙模型与集合预报模型均表现出径流量模拟效果较输沙量模拟效果好，无论是径流量模拟还是输沙量模拟，各集合预估模型之间差异较小且模拟结果较好，单个水沙模型之间差异较大，表现为 GAMLSS 模型模拟结果最好，SWAT模型模拟结果较差，但总体上集合预报模型模拟结果与单个水沙模型的综合得分高低相一致。为了定量对比评价不同模型的精度，表 6-24 给出基于单个水沙模型和 BMA 方法、MA 方法、SMA 方法下径流量和输沙量预报值精度评价指标的统计结果。

表 6-24　集合预报模型的指标计算结果

模型		指标值						
		NSE	MSELN	adjusted R^2	RMSE	MSESQ	RE	d
径流量	MA	0.264	0.188	12.547	0.102	0.521	0.157	0.656
	BMA	0.331	0.179	12.087	0.097	0.411	0.151	0.666
	SMA	0.353	0.176	11.768	0.096	0.496	0.146	0.699
输沙量	MA	0.278	0.717	1.459	1.032	2.196	0.483	0.578
	BMA	0.277	0.718	1.510	0.957	1.335	0.446	0.531
	SMA	0.254	0.729	1.533	0.926	1.474	0.460	0.516

表 6-25 分别列出 MA 方法、BMA 方法、SMA 方法及组成它们的单个水沙模型计算的径流量和输沙量预报值的精度评价指标结果。三个集合预报模型的各指标得分与单个水沙模型指标得分相近，但总体上集合预报模型各指标均向着最优的方向发展，各集合预报模型在不同时段对水沙模拟具有不同的模拟精度。

表 6-25　集合预报模型精度的统计结果

模型		指标得分						
		NSE	MSELN	adjusted R^2	RMSE	MSESQ	RE	d
径流量	MA	0.223	0.057	0.017	0.045	0.168	0.122	0.190
	BMA	0.224	0.057	0.016	0.046	0.168	0.122	0.194
	SMA	0.224	0.058	0.016	0.046	0.168	0.122	0.209
输沙量	MA	0.223	0.037	0.001	0.017	0.163	0.113	0.154
	BMA	0.223	0.037	0.001	0.019	0.165	0.114	0.133
	SMA	0.223	0.037	0.001	0.020	0.165	0.114	0.126

为了综合对比不同模型的模拟精度，表 6-26 给出各模型的综合得分。分析综合得分的结果可得，单个水沙模型在 1976～2000 年的综合得分略高于 2001～2010 年，1976～2010 年综合得分居于两时段之间，这与人类活动等因素对地区影响日益增加的事实也相符合；在各时段总体上均表现为 GAMLSS 模型的综合得分最高，模型 7 与模型 4 水沙模拟的综合得分较为相近，综合得分次于 GAMLSS 模型，SWAT 模型在 1976～2000 年水沙模拟精度较好，而在 2001～2010 年模拟精度较差。

表 6-26　各模型的综合得分结果

时段	综合得分	SWAT 模型	GAMLSS 模型	模型 4	模型 7	MA 模型	BMA 模型	SMA 模型
1976～2010 年	径流量	0.737	0.927 *	0.749	0.751	0.822	0.827	0.842 *
	输沙量	0.394	0.729 *	0.597	0.606	0.709 *	0.693	0.686
1976～2000 年	径流量	0.925	0.928 *	0.803	0.803	0.894	0.882	0.901 *
	输沙量	0.707	0.710 *	0.623	0.601	0.749 *	0.704	0.687

续表

时段	综合得分	SWAT 模型	GAMLSS 模型	模型 4	模型 7	MA 模型	BMA 模型	SMA 模型
2001～2010 年	径流量	0.449	0.803*	0.752	0.758	0.720	0.742*	0.735
	输沙量	0.327	0.718*	0.589	0.529	0.628	0.706	0.721*

* 模拟最优的模型，前面 4 个单模型有一个最优模型，后面 3 个集合预报模型有一个最优模型。

3 个集合预报模型在得分上同样表现出 1976～2000 年的综合得分略高于 2001～2010 年，在 1976～2010 年及 1976～2000 年 SMA 模型在径流量模拟中表现出最优的模拟精度，MA 模型则在输沙量模拟中表现最优，在 1976～2000 年三个集合预报模型中 BMA 模型和 SMA 模型分别在径流量和输沙量模拟中表现最优。

对比单个水沙模型和集合预报模型，在不同时段径流量集合预报模型的最优模型相比单个水沙模型的综合得分均略低但明显高于其他非最优单个水沙模型，输沙量在 1976～2010 年同样如此，而在两个时段输沙量最优预报模型的综合得分高于单个水沙模型，由此表明在径流量模拟中，总体上集合预报模型能够给出高于多数单个水沙模型模拟精度的预估结果，对于输沙量预报，集合预报模型更能集合单个水沙模型的优势，给出高于所有单个水沙模型模拟精度的预估结果。综上，集合预报模型在不同时段的水沙模拟中占据优势，能够较好地完成水沙集合预报工作。

6.4 典型流域水沙变化预测模型集合评估

针对皇甫川流域和无定河流域不同模型水沙模拟精度进行综合评价，其中皇甫川流域选取水文法（LR）、双累积曲线法（DMC）、集成学习（EL）、GeoWEPP（GW）模型、数字流域（DWM）模型、SWAT 模型、GAMLSS 模型七个模型，无定河流域选取 SWAT 模型、GAMLSS 模型、既有水沙模型中的水文法（LR）、参考技术成熟的 PMIS 指标输入选择法构建的混合模型（PMIS）、MA 模型、SMA 模型、BMA 模型七个模型。选取皇甫川流域 1954～2016 年及无定河流域 1976～2010 年的降雨、径流量、输沙量的数据，分别进行以上不同模型下的水沙拟合。其中，面降水量数据通过 15 个站点反距离权重空间插值进行计算。各模型的水沙模拟时间序列见图 6-15。

根据计算结果，皇甫川流域和无定河流域水沙序列的突变年份分别为 1996 年和 1985 年，以此划分序列的基准期和变化期，根据各个模型进行皇甫川及无定河流域的水沙拟合，得到各降雨-径流量/输沙量的拟合序列，使用既有研究中常用的 7 个确定性评价指标进行拟合结果的精度评价。评价过程中，使用各指标无量纲化后的数值作为指标的隶属度，根据主成分分析及层次分析法下的指标权重，得到各模型的综合得分以进行各模型模拟结果的评价。

由图 6-16 和图 6-17 可看出，各模型在不同精度评价指标下表现出不同的拟合效果，总体表现出基准期各流域模型的拟合结果较为接近，变化期拟合结果差异较大，且径流量的指标拟合结果较输沙量更为接近；各评价指标表现出 NSE、RE、adjusted R^2、MSESQ 的稳定性较好，D、MSELN、RMSE 的稳定性较差。由此可见，各模型在不同精度评价指标

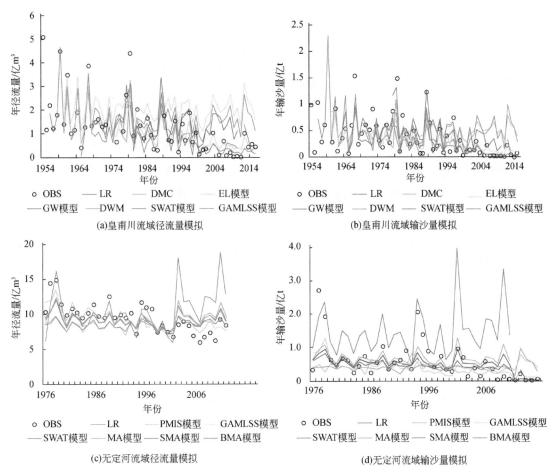

图 6-15　各模型水沙模拟时间序列

OBS 为观测值

下表现出不同的拟合效果，不同指标的评价结果差异较大；各模型对径流量、输沙量的模拟在基准期及变化期也表现出较大的差异性。

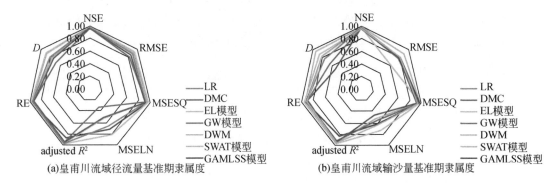

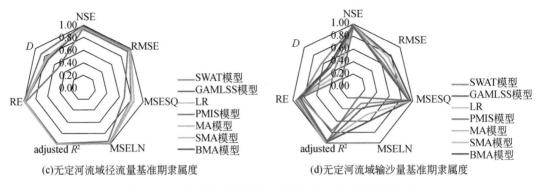

(c)无定河流域径流量基准期隶属度　　　　(d)无定河流域输沙量基准期隶属度

图6-16　各模型基准期模拟评价指标的隶属度计算统计图

　　参照公式无量纲化及各指标的隶属度类型对得到的各时段的模型评价指标进行无量纲化处理，计算各流域径流量、输沙量的指标隶属度结果如图6-16与图6-17所示。根据以上隶属度，按照表6-23中计算所得典型流域评价指标的权重，计算各模型在不同时段的综合得分如图6-18所示。

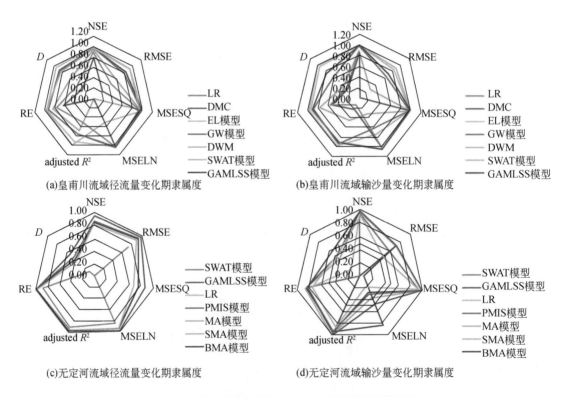

(a)皇甫川流域径流量变化期隶属度　　　　(b)皇甫川流域输沙量变化期隶属度

(c)无定河流域径流量变化期隶属度　　　　(d)无定河流域输沙量变化期隶属度

图6-17　各模型变化期模拟评价指标的隶属度计算统计图

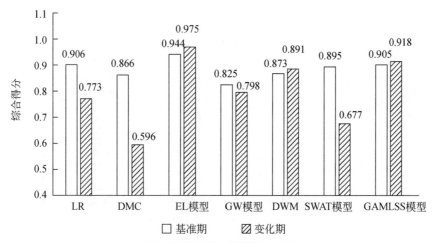

(a)皇甫川流域径流量模拟综合得分

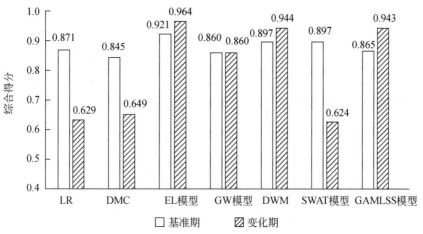

(b)皇甫川流域输沙量模拟综合得分

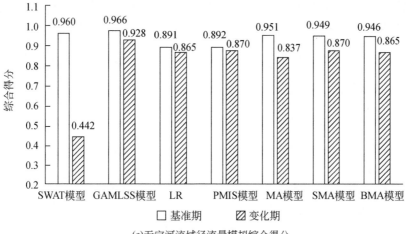

(c)无定河流域径流量模拟综合得分

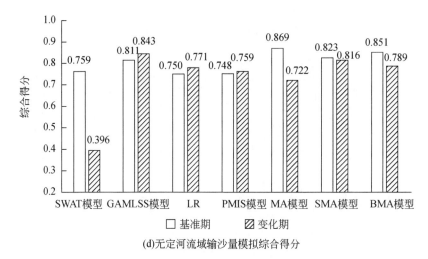

(d)无定河流域输沙量模拟综合得分

图 6-18　典型流域各模型水沙模拟综合得分

由图 6-18 可知，综合得分越高，则认为模型的模拟精度越高。由此可得，各模型对流域径流量、输沙量的模拟综合得分大致相当，除无定河流域的 SWAT 模型和皇甫川流域的 PMC 模型外，总体上综合得分均在 0.6 以上，呈现出基准期得分略高于变化期的现象。

皇甫川流域水沙模拟中，LR、DMC 模型及 SWAT 模型在不同时段精度变化较大，其他模型精度变化较小，且 EL 模型、DWM、GAMLSS 模型在变化期的拟合精度与基准期相当，表现出更好的预测模拟特点，其中 EL 模型在各时段的水沙模拟中均表现出最高的拟合精度。

无定河流域水沙模拟中，除无定河流域的 SWAT 模型外，各模型综合得分结果较为接近，不同时段下 GAMLSS 模型的径流量模拟精度最高，在输沙量模拟中，基准期 MA 模型表现出最高的模拟精度，变化期 GAMLSS 模型则同样保持高精度的模拟结果。GAMLSS 模型在变化期的输沙量模拟精度与基准期相当，表现出更好的预测模拟特点。

两个流域模型对比表明，考虑水土保持措施的 EL 模型和 GAMLSS 模型适用性最强，在基准期和变化期均能较好地模拟年径流量和年输沙量；未考虑水保措施的传统统计模型在变化期的模拟值远大于预测值，而参数过度拟合的问题导致 SWAT 模型在基准期的模拟精度远优于变化期。

7 黄河未来30～50年的水沙变化趋势集合评估

7.1 未来气候与下垫面变化预测

7.1.1 降水预测

降水数据是水沙模型中的重要输入参数之一。准确预测2021～2070年的降雨对提高模型精度具有重要的意义。本书采用国家级气象站观测数据、再分析气象数据集CN05.1CMORPH卫星融合数据和气候模式数据。

1）国家级气象站观测数据为黄河流域中、上游内部及附近的193个国家级气象站的降水数据产品，其时间跨度为1988～2017年（共30年），时间尺度为日，这193个气象站点的分布位置见图7-1。

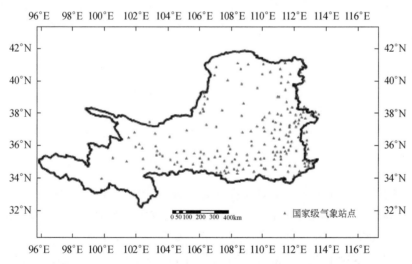

图7-1 黄河流域中、上游内部及附近的193个国家级气象站点的分布位置

2）再分析气象数据集CN05.1是采用薄盘样条函数法和角距权重法，对我国气象信息中心国家级气象站分别插值后叠加得到的格点化观测数据，在黄河中、上游流域内部有1258个网格点，时间范围为1961～2017年，时间分辨率为日，空间分辨率为0.25°×0.25°，来源于中国气象数据网（http://data.cma.cn/），数据集的名称为中国再分析气象数据集CN05.1。

3）CMORPH 卫星融合数据为我国地面观测的降水资料和美国国家海洋与大气管理局发布的 CMORPH 降水产品的融合数据，其时间范围为 2008 年 1 月 1 日至 2016 年 12 月 31 日，时间分辨率为 1 h，空间分辨率为 0.1°×0.1°，来源于中国气象数据网，数据集的名称为中国自动站与 CMORPH 融合的逐时降水量网格数据集（1.0 版）。

4）气候模式数据：全球气候模式（global climate model，GCM）数据使用耦合模式比较计划第五阶段（coupled model intercomparison project phase 5，CMIP5）模式中的九个不同的模型（CMCC-CMS、GFDL-ESM2M、IPSL-CM5A-LR、CNRM-CM5、CSIRO-Mk3-6-0、EC-EARTH_QM、EC-EARTH_RCM、MIROC-ESM-CHEM 和 NorESM1-M），获取 2021～2070 年的日降水量、月气温和月蒸发数据。

以 193 个国家级气象站的观测数据为基准，对 GCM 中的三种气候模式（CMCC、GFDL 和 IPSL）数据进行空间降尺度和数据修正，得到黄河流域这 193 个气象站点处 2021～2070 年日降水量序列，为将其应用到各类模型中，再以 CMORPH 卫星融合数据为基准，对其日降水量序列进行时间降尺度，得到 2021～2070 年小时降水序列。另外，六种气候模式的数据以中国再分析气象数据集 CN05.1 的网格数据为基础，进行同样的修正及降尺度处理。

从年降水量、年内降水量分布来看（图 7-2），经过逐季度同频率修正的降水数据在年内分布及空间分布上与真实值较为接近，年内分布上降水集中在 7～8 月，5～10 月降水量占全年降水量的 70%~95%，空间分布上均表现为由南向北逐渐减少的趋势。

从图 7-2 可看出，黄河中、上游流域内，气候模式预测的未来 50 年年降水量在南部有所增加，不同的气候模式变化的范围相似，但幅度有所不同。1988～2017 年和 2021～2070 年的年均降水量及其变化趋势如图 7-2 所示，1988～2017 年，年均降水量为 434.31mm，在 2021～2070 年不同的气候模式模拟结果有所不同，范围为 448～488mm，相较于 1988～2017 年，年降水量呈现不同程度的增加，增加的降水量为 14～54mm，增幅为 3.15%~12.46%。九种气候模式下的年降水量每 10 年的线性变化率为 -0.71%~2.83%，无显著增长的趋势。

7.1.2 蒸发预测

使用与降雨数据匹配的七个未来气候模型：CMCC-CMS、GFDL-ESM2M、IPSL-CM5A-LR、CNRM-CM5、CSIRO-Mk3-6-0、MIROC-ESM-CHEM 和 NorESM1-M，并相应地选取了 RCP4.5 模式下 2006～2080 年月尺度的蒸发量数据和历史解释模式下 1971～2005 年的月蒸发量数据。实测数据来源于国家级地面气象站 1988～2017 年日蒸发量。实际使用过程中，发现 2014～2017 年蒸发量缺失严重，因此只提取 1988～2012 年（共 25 年）的蒸发数据作为校正基准。

黄河流域在 2021～2070 年蒸发量的校正方法与降雨的校正方法相同，空间上采用反距离权重法；时间上采用分位数增量映射（quantile delta mapping）方法（具体参见降水时空降尺度方法）。最终得到时间分辨率为月尺度、空间分辨率为 0.1° 的黄河流域 2021～2070 年蒸发量数据。在时间和空间上，同降水数据，空间上采用克里金空间插值法将各气

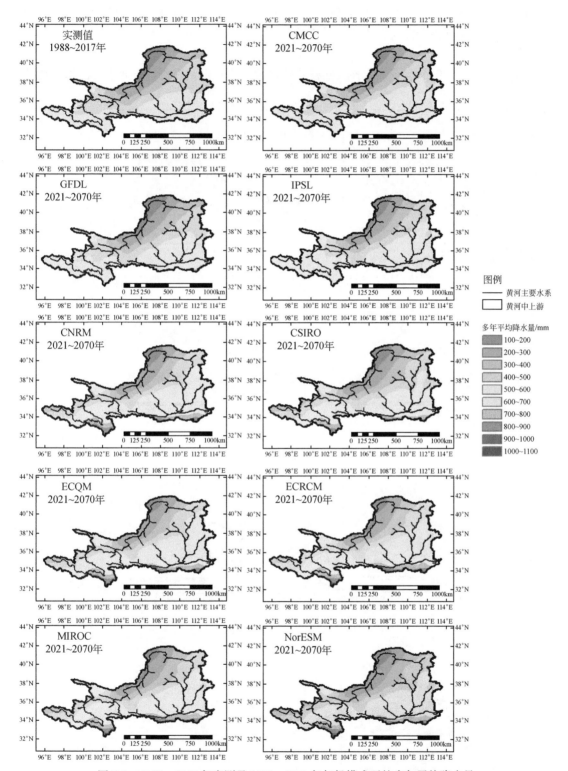

图 7-2　1988～2017 年实测及 2021～2070 年气候模式下的多年平均降水量

象站点的年蒸发量相关特征值插值到流域，得到全流域的蒸发变化趋势；时间上采用最小二乘法对年蒸发量相关特征值逐年进行线性拟合，得到每 10 年的相对变化率以定量衡量变化的幅度。

年蒸发量如图 7-3 所示，七种气候模式获取的年均蒸发量在空间分布上与实测年均蒸

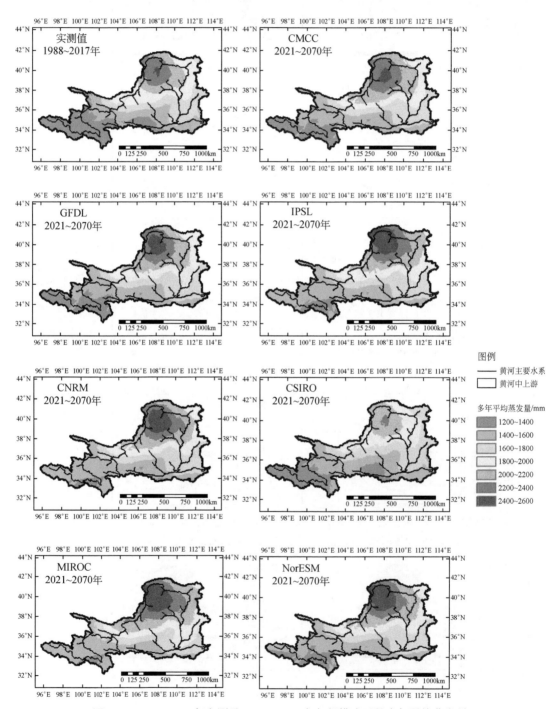

图 7-3 1988～2017 年实测及 2021～2070 年气候模式下的多年平均蒸发量

发量一致，均表现为由西北向东南减少，说明西北部的蒸发能力更强，年均蒸发量在
1200～2600mm 范围。相较于 1988～2017 年的流域年均蒸发量（1702.81mm），除了
CSIRO 模式（1647.49mm），另外六种气候模式的多年平均蒸发量有明显增加，增加的范
围主要集中在西北部，增量为 71～150mm，增幅为 4.17%～8.76%，且在这七种气候模式
中，除了 IPSL 模式，另外六种模式下流域每 10 年的年均蒸发量相对增长幅度在 2% 左右，
呈现出较为明显的增长趋势。

7.1.3　气温预测

使用与降雨数据匹配的九个未来气候模型：CMCC-CMS、GFDL-ESM2M、IPSL-CM5A-
LR、CNRM-CM5、CSIRO-Mk3-6-0、EC-EARTH_QM、EC-EARTH_RCM、MIROC-ESM-
CHEM 和 NorESM1-M，并相应地选取了 RCP4.5 模式下 2006～2080 年的月尺度蒸发量数
据，和历史气候模式下的 1971～2005 年的月蒸发量数据。实测数据来源于国家级地面气
象站 1988～2017 年的日蒸发量。实际使用过程中，发现 2010～2017 年的蒸发量缺失严
重，因此只提取 1988～2009 年（共 22 年）的蒸发数据作为校正基准。

黄河流域 2021～2070 年气温的校正方法与降雨的校正方法相同，空间上采用反距离
权重法；时间上采用 quantile delta mapping 方法。最终得到时间分辨率为月尺度，空间分
辨率为 0.1°的黄河流域 2021～2070 年的气温数据。在时间和空间上同降水数据，空间上，
采用克里金空间插值法将各气象站点的年均气温相关特征值插值到流域，得到全流域气温
变化趋势；时间上，采用最小二乘法对气温相关特征值逐年进行线性拟合，得到每 10 年
的相对变化率以定量衡量变化的幅度。

从年均气温的空间分布来看（图 7-4），2021～2070 年和 1988～2017 年的年均气温在
空间上的分布相似，西部的黄河源头区年均气温最低，年均气温为负值，越往东南方向，
年均气温越高。相较于 1988～2017 年，2021～2070 年的年均气温明显增加，尤其是在东
南部。九种气候模式获取的年均气温为 8.44～9.87℃，相较于 1988～2017 年，年均气温
增加了 1.24～2.66℃。2021～2070 年的年均气温的逐年变化幅度小于 1988～2017 年，每
10 年的相对变化率为 1.95%～5.73%，每 10 年的年均气温增加 0.2～0.6℃。

7.1.4　未来植被变化预测

基于 2000～2018 年 MODIS NDVI 的数据，其时间分辨率为 16d，空间分辨率为 500m，
采取最大值合成法逐年获得 NDVI，以 2016～2018 年的平均 NDVI 为基准，根据计算的泰
尔森（Theil Sen）斜率值，后续预测中假定增长率不变，每 5 年预测一次年均 NDVI 及年
内各个月份的 NDVI。

对未来植被进行预测时，需要先确定每个像元的 NDVI 上限值，即植被恢复潜力，当
植被恢复潜力达到该上限值后，NDVI 不再增加。植被恢复潜力计算的原则是生境越相似
的区域，植被恢复潜力越接近。基于此原则，采用的分析方法如下。将整个黄土高原分为
黄土区、土石山区、平原区及风沙区 4 个大区，各区内土壤条件基本相似。在此基础上，

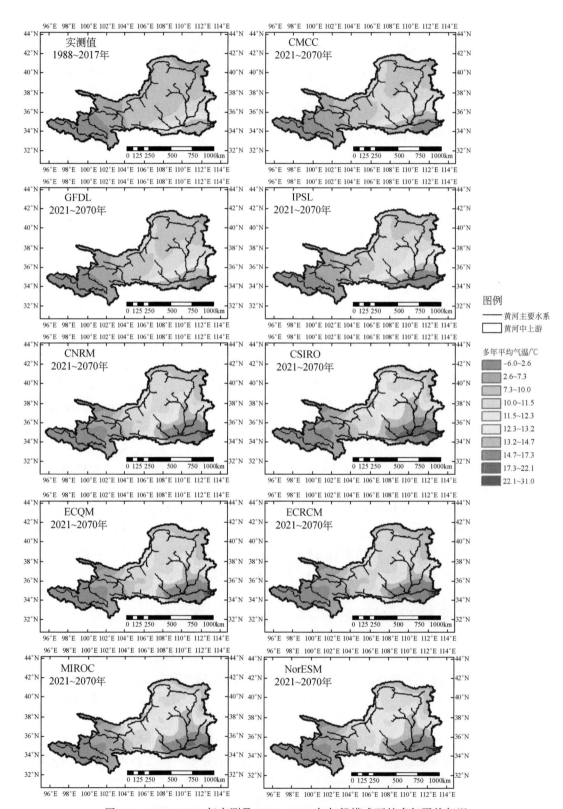

图 7-4　1988~2017 年实测及 2021~2070 年气候模式下的多年平均气温

叠加黄土高原地形特征图的 4 个地形分类（①坡度小于 15°，阴坡；②坡度小于 15°，阳坡；③坡度大于 15°，阴坡；④坡度大于 15°，阳坡），将整个黄土高原分为 16 类。将干旱指数区间 [1.2，13.5] 分为 30 类，与上述 16 类进行叠加，共形成 480 个计算分区，采用每个分区现状值的 95% 分位数作为该区的植被恢复潜力，整个黄土高原的植被恢复潜力如图 7-5、图 7-6 所示，从图 7-5（b）可以看出，植被恢复潜力从西北至东南递增，土石山区的植被恢复潜力较大。

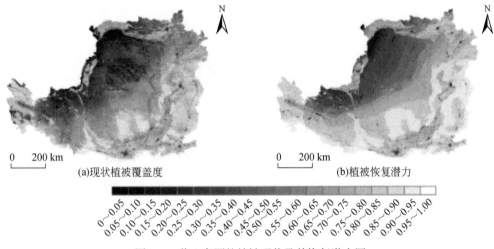

(a)现状植被覆盖度　　　　　　　　　(b)植被恢复潜力

图 7-5　黄土高原的植被现状及其恢复潜力图

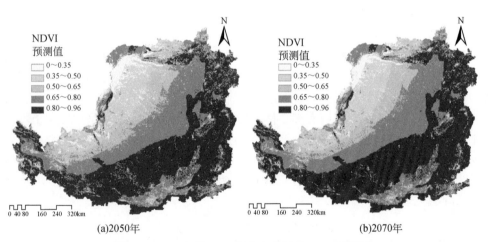

(a)2050年　　　　　　　　　　　　(b)2070年

图 7-6　2050 年及 2070 年黄土高原的 NDVI 预测值

7.1.5　未来淤地坝布局预测

截至 2014 年底，黄河中游共有大型坝 5161 座，总控制面积为 2.61 万 km²，平均控制面积为 5km²，总库容为 53.16 亿 m³，布设密度为 15 座/1000km²。2018 年黄土高原淤地坝骨干坝和中型坝的空间分布如图 7-7 所示，其中河龙区间大型坝数量为 3769 座，比例为 73%，主要分布在无定河、皇甫川、窟野河、清涧河及延河等流域。龙潼区间大型坝有 1164 座，比例为 23%，主要分布在泾河上游及渭河上游等地。潼关站至花园口站区间大型坝有 189 座，比例为 4%，主要分布在伊洛河下游及黄河干流两侧。

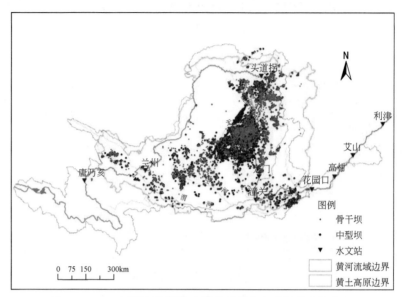

图 7-7　2018 年黄土高原淤地坝骨干坝和中型坝的空间分布

淤地坝建设的影响因素可以概括为两大类：一类为限制性因素，其决定一个地区能不能建坝，即满足限制性条件的地区可以修建淤地坝，不满足限制性条件的地区不能修建淤地坝；另一类为规模性因素，其决定可以修建多少坝的问题，淤地坝的建设规模会受到其限制。根据黄土高原淤地坝建设的长期经验，限制性因素有地形条件和物质条件两个。规模性因素为土壤侵蚀模数。具体来说，地形条件限制就是淤地坝不能修建于平缓地带，主要是河谷平原区、河流阶地及塬面等。物质条件限制就是由于淤地坝是均质黄土坝，风沙区和土石山区缺少筑坝材料，修建淤地坝受到限制。根据上述条件进行空间分析得到，整个黄河中游淤地坝适宜区的面积为 12.26 万 km²，比例为 35.78%。其中，河龙区间适宜区面积为 5.47 万 km²，龙潼区间适宜区面积为 5.58 万 km²，潼花区间适宜区面积为 1.21 万 km²，见表 7-1。

表 7-1　黄河中游区淤地坝适宜区和限制区的面积统计

区间	适宜区		限制区	
	面积/万 km²	比例/%	面积/万 km²	比例/%
河龙区间	5.47	49.19	5.65	50.81
龙潼区间	5.58	30.30	12.83	69.70
潼花区间	1.21	25.58	3.52	74.42
中游区	12.26	35.79	22.00	64.22

根据黄土高原淤地坝建设潜力分析，大型淤地坝建设潜力为 3.5 万座，中小型淤地坝建设潜力为 17.5 万～55.3 万座。适宜区在黄土高原多沙区范围内，以多沙粗沙为重点，在沟壑发育活跃、重力侵蚀严重、水土流失剧烈的黄土丘陵沟壑区、黄土高塬沟壑区及风水蚀交错区。

淤地坝未来淤积库容：

$$V_{\text{future}} = V_{\text{now}} + W_s \times t \tag{7-1}$$

式中，W_s 为多年平均输沙量，万 m³；t 为预测年与 2011 年相隔的年份；V_{future} 为淤地坝未来淤积库容；V_{now} 为淤地坝 2011 年淤积库容。

根据高云飞等（2014），当骨干坝实际淤积比例（实际淤积库容与总库容的比值）达到 0.8 时，骨干坝更新换代直接拦沙作用。根据水利普查数据及未来淤积库容的计算公式，计算得到 2011～2070 年有效与失效淤地坝数量。由图 7-8 可知，2050 年左右，绝大部分现存淤地坝失去直接拦沙作用。

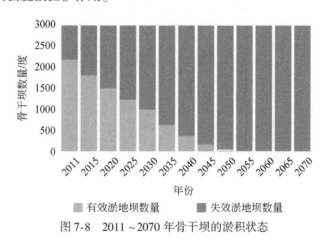

图 7-8　2011～2070 年骨干坝的淤积状态

7.1.6　未来梯田分布预测

黄土高原的梯田建设已有 500 年以上的历史，1960～1970 年出现了第一次梯田建设高潮，这一时段的梯田主要为人工修筑，1980～1990 年出现了第二次梯田建设高潮，主要为机械修筑。截至 2018 年底，黄土高原建有梯田 369 万 hm²，见图 7-9。

梯田的布设位置及断面尺寸主要受地形特征和土层厚度控制。黄土丘陵沟壑区和黄土高塬沟壑区土层深厚，因此，地形特征是主要的影响因素。而土石山区，土层厚度成为主要的控制因素。因此，根据地面坡度和分区条件，共划分为五类梯田布设潜力区，分别是：一级潜力区，黄土丘陵沟壑区和黄土高塬沟壑区，地面坡度为 0°～5°，土地利用类型为旱地；二级潜力区，黄土丘陵沟壑区和黄土高塬沟壑区，地面坡度为 5°～10°，土地利用类型为旱地；三级潜力区，黄土丘陵沟壑区和黄土高塬沟壑区，地面坡度为 10°～15°，土地利用类型为旱地；四级潜力区，土石山区，地面坡度为 0°～5°，土地利用类型为旱地；五级潜力区，黄土丘陵沟壑区和黄土高塬沟壑区，地面坡度为 15°～25°，土地利用类型为旱地。根据黄土高原的梯田布设潜力，梯田建设总潜力为 1225 万 hm²，见图 7-10。

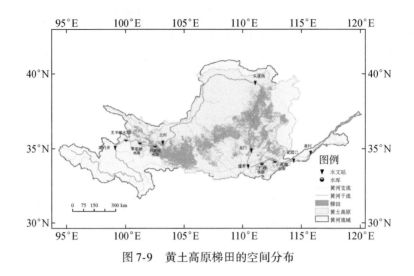

图 7-9 黄土高原梯田的空间分布

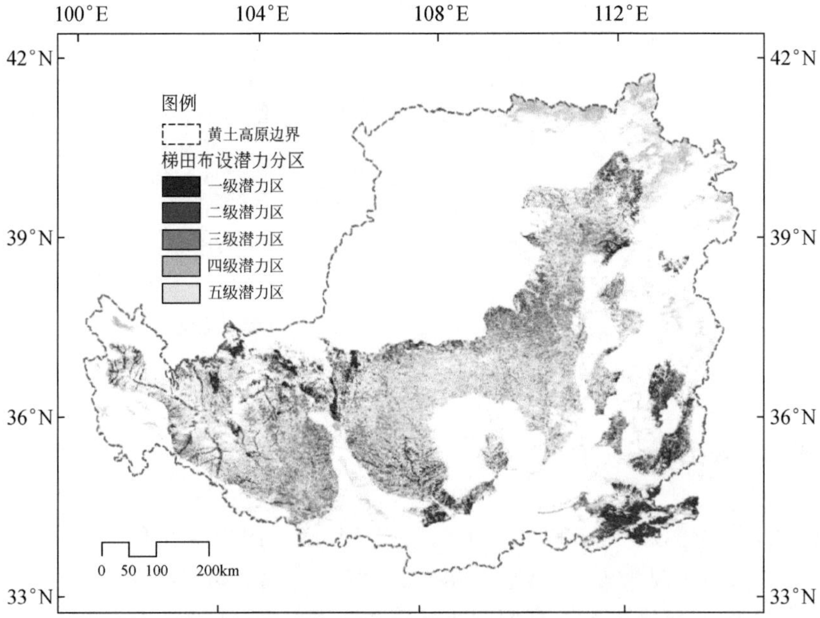

图 7-10 黄土高原梯田建设潜力等级分布图

根据《黄河流域生态保护和高质量发展规划纲要》的新要求，统筹各侵蚀分区的水土流失类型、地形、降雨等因素，为满足黄土高原的农业人口发展、耕地需求、建设潜力和相关规划要求，在现有 369 万 hm² 的基础上，到 2025 年，新建梯田 55 万 hm²，低标准梯田升级改造约 4 万 hm²。到 2035 年，新建梯田约 145 万 hm²，低标准梯田升级改造约 10 万 hm²。

7.2 基于机器学习的黄河水沙变化趋势预测

7.2.1 输入数据

（1）气象数据

训练集气象数据为国家气象站历史观测数据，来源于中国气象数据网发布的中国地面气候资料日值数据集（V3.0）。流域内有多个站点的情况下通过泰森多边形平均方法取平均值。皇甫川流域内没有设置国家气象站，本书选取距离流域出水口最近的河曲站1960～2015 年的日气象数据作为皇甫川流域的气象数据源，该站点的高程为 861.5m，与出水口皇甫站的高程（865m）相近，具有一定的代表性。气象数据主要包括站点经纬度、海拔、日最高气温、日最低气温、相对湿度、气压、风速、日照时长等，依据相关性分析和未来预测数据限制，仅选择流域的年均降水量与年平均气温作为模型输入。

降水数据是水沙预测模型的重要输入参数之一。对 2021～2070 年降水的准确预测是确保模型可靠的关键因素。为此，本书采用了 CMIP5（耦合模式比较计划第五阶段）全球气候模式模拟数据，选取 RCP4.5 模式下地球物理流体动力学实验室模型（GFDL-ESM2M）、皮埃尔-西蒙拉普拉斯研究所地球系统模型（IPSL-CM5A-LR）、欧洲-地中海气候变化中心气候模型（CMCC-CMS）三个气候变化模型进行未来降雨的预测，经过时间和空间两方面的尺度转化，最终得到 2021～2070 年的皇甫川流域、延河流域和无定河流域的年平均降水数据。

三个模型属于 CMIP5 模式，均由全球著名实验室模拟生成，数据详细，广泛应用于未来降水的预测工作。为了对 GCM 数据做修正，以国家级地面气象站 1988～2017 年日降水数据为修正基准。

目前难以实现未来气温逐年年均气温的高精度预测，但是气温与径流量、输沙量的相关性明显弱于降水，可以通过大致估计气温变化来反映气温在未来水沙中的作用。Zhou 和 Chen（2015）认为未来气温比现在高 2℃是大概率事件，据此将 2070 年流域平均气温定为流域历史平均气温增加 2℃的值，对中间年份的年均气温进行线性插值，以此来体现未来气温的变化趋势。

（2）水文数据

训练集的水沙数据为皇甫川流域（皇甫站）、延河流域（甘谷驿站）、无定河流域（白家川站）1960～2015 年逐年平均径流量和输沙量，这部分数据来源于黄河水利委员会及各年的《黄河泥沙公报》。

（3）水土保持措施

水土保持措施资料包括皇甫川流域、无定河流域及延河流域 1960～2015 年的梯（条）田、淤地坝坝地、造林、种草和封禁治理面积。水土保持措施数量由小流域野外调查勘测、水土保持措施报表统计、遥感影像解译、典型样区核查分析、数理统计和专家咨询等多种方法结合确定。

特别地，由于数据获取问题，皇甫川流域淤地坝数据来源于 2011 年水利普查，见表 7-2，不同于由多源数据综合确定的延河流域和无定河流域淤地坝数据。假定皇甫川流域 2012～2015 年淤地坝坝控面积和累计库容与 2011 年相同。淤地坝建设的相关数据包含自 1978～2011 年以来在皇甫川流域建造的大小淤地坝，具体包括骨干坝和普通坝的所属行政区划、所属支流（支沟）、建坝时间、地理坐标位置、2011 年留存库容估计、控制面积等信息。

表 7-2　研究数据一览表

数据类型	数据年限	数据来源	备注说明
降水量	1954～2015 年	水文年鉴	流域内站点插值平均
年均气温	1960～2015 年	中国气象数据网	河曲站、延长站、榆林站
径流量	1954～2015 年	水文年鉴	皇甫站、甘谷驿站、白家川站
输沙量	1954～2015 年	水文年鉴	皇甫站、甘谷驿站、白家川站
淤地坝	1960～2011 年	黄河水利委员会	2011 年水利普查结果
水保措施	1959～2015 年	黄河水利委员会	包括坝地面积
未来降水	2021～2070 年	CMIP5	RCP4.5，GFDL、IPSL、CMCC

融合模型根据多种机器学习模型的评分结果对模型进行加权融合来获得最终模拟结果，能够有效减弱机器学习模型过拟合的问题，提高模拟精度与稳定性。根据黄河水沙变化模拟–预测集合评估技术在皇甫川流域中的应用结果，融合模型作为一种经验模型，模拟精度较高且数据量需求低，计算量远小于基于过程的物理模型。受本书收集的未来数据限制，选择在皇甫川、无定河及延河三个流域应用集成学习模型（融合模型）以预测黄河 2021～2070 年的水沙变化。利用皇甫川、无定河及延河三个代表支流流域（图 7-11）的 1960～2015 年历史观测数据进行模型的训练，预测 2020～2070 年这三个流域的水沙变化。根据潼关站年径流量、年输沙量与三个流域年径流量、年输沙量总和的历史数据拟合相关关系，以此粗略推算 2021～2070 年黄河潼关站的年径流量与年输沙量。

7.2.2　支流水沙量模拟与预测

在完成数据处理之后，在训练集（1960～2015 年数据序列）上应用 9 个监督学习模型，分别为线性回归（linear regression）、K 近邻回归（KNNR）、岭回归（ridge）、支持向量回归（SVR）、梯度提升（gradient boosting）、随机森林（random forest）、分布式梯度提升（xgboost）、轻量梯度提升（lightgbm），以及使用分布式梯度提升算法（xgBoost）堆叠法元回归器（StackingCVRegressor）对前 8 种基础模型进行堆叠（stacking）集成得到的新模型。应用网格搜索方法寻找最优参数，确定 9 个模型后在训练集上进行模型 12 折交叉验证，对模型进行评分。模型评分选择均方根误差（RMSE）。融合机器学习模型框架见图 7-12。

RMSE 量化模型模拟值与实际值的平均误差大小，RMSE 越小，模型表现越好。根据 9 个模型交叉验证得到的评分结果赋予模型权重，对模型结果进行加权平均得到集合结

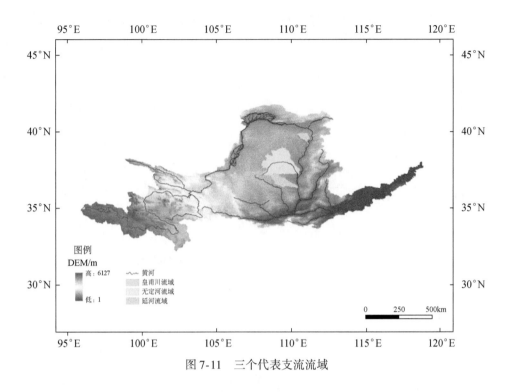

图 7-11　三个代表支流流域

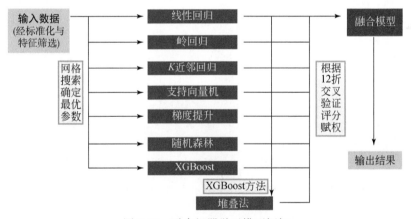

图 7-12　融合机器学习模型框架

果，计算集合值同实际值的误差，调整模型权重以降低误差，得到应用于预测的最终融合模型。

将调整好权重的融合模型分别应用于各流域未来预测的数据集，得到预测的 2021~2070 年皇甫川流域、延河流域和无定河流域的年径流量与年输沙量。

7.2.2.1　皇甫川流域

皇甫川流域年径流量和年输沙量的模拟与预测结果见图 7-13。由图 7-13（a）、（b）可知，通过在训练集上进行 12 折交叉验证，最终确定的模型能够较好地拟合 1960~2015

年皇甫川流域的历史年径流量和年输沙量（皇甫川流域模拟 $R^2=0.91$，年输沙量模拟 $R^2=0.88$）。同时，融合模型表现出模拟极端值能力较弱的问题，预测值的变化幅度小于实际值的变化幅度。

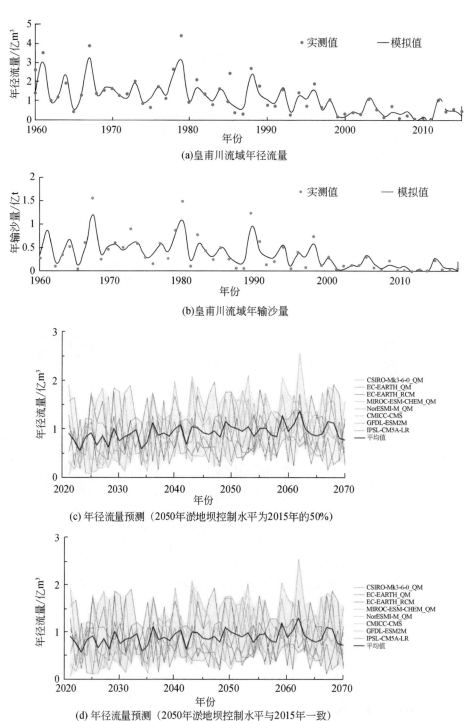

(a)皇甫川流域年径流量

(b)皇甫川流域年输沙量

(c) 年径流量预测（2050年淤地坝控制水平为2015年的50%）

(d) 年径流量预测（2050年淤地坝控制水平与2015年一致）

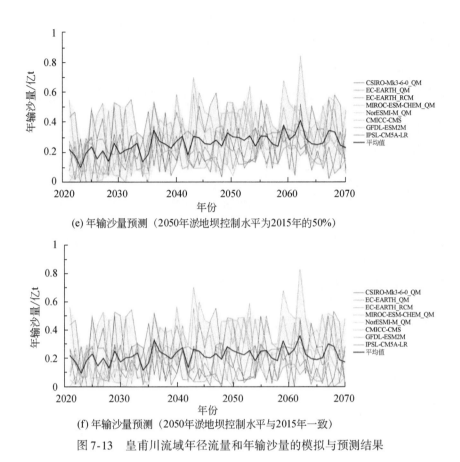

(e) 年输沙量预测（2050年淤地坝控制水平为2015年的50%）

(f) 年输沙量预测（2050年淤地坝控制水平与2015年一致）

图 7-13　皇甫川流域年径流量和年输沙量的模拟与预测结果

　　根据模型预测的 2021～2070 年皇甫川流域水沙变化与降水有很强的相关性。假定淤地坝控制水平减弱，在 2021～2050 年皇甫川流域年径流量与年输沙量随淤地坝控制水平的减弱均呈现增大趋势，在 2050 年后稳定。淤地坝控制水平不变的情景下，皇甫川流域年径流量与年输沙量主要随各气候模式给出的降雨条件波动。在淤地坝控制水平为 2015 年 50% 的条件下，模型预测皇甫川流域在 2050～2070 年的年径流量均值约为 0.91 亿 m³，年输沙量均值约为 0.26 亿 t，在淤地坝控制水平与 2015 年一致的情况下，模型预测皇甫川流域在 2050～2070 年的年径流量均值约为 0.88 亿 m³，年输沙量均值约为 0.22 亿 t。

7.2.2.2　无定河流域

　　上述模型在无定河流域的模拟与预测结果见图 7-14。历史数据模拟上表现较好（无定河流域年径流量模拟 $R^2 = 0.95$，年输沙量模拟 $R^2 = 0.88$），预测结果趋势与在皇甫川流域上的应用结果极为相近。在淤地坝作用减弱的情景中，无定河流域年径流量与年输沙量在 2021～2050 年先是随着淤地坝作用的减弱而逐渐增加，在 2050 年以后，人为因素不变，年径流量和年输沙量主要随气候条件波动。在淤地坝作用保持不变的情景下，年径流量和年输沙量主要随降雨为主的气候条件变化。在淤地坝控制水平为 2015 年 50% 的条件下，模型预测无定河流域在 2050～2070 年的年径流量均值约为 8.76 亿 m³，年输沙量均值约为

0.28 亿 t，在淤地坝控制水平与 2015 年一致的情况下，模型预测无定河流域在 2050 ~ 2070 年的年径流量均值约为 7.92 亿 m³，年输沙量均值约为 0.10 亿 t。

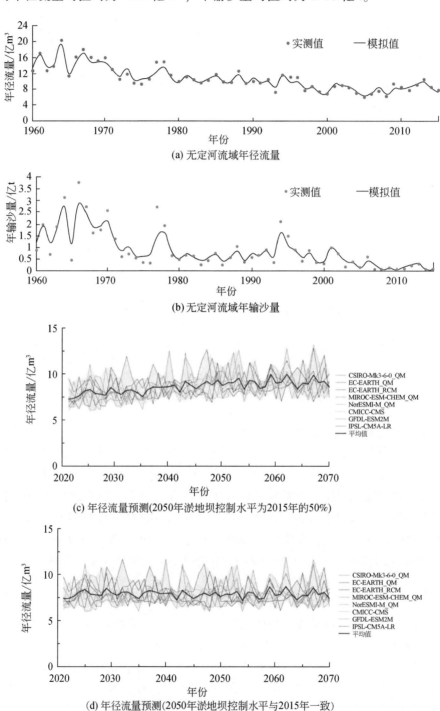

(a) 无定河流域年径流量

(b) 无定河流域年输沙量

(c) 年径流量预测(2050年淤地坝控制水平为2015年的50%)

(d) 年径流量预测(2050年淤地坝控制水平与2015年一致)

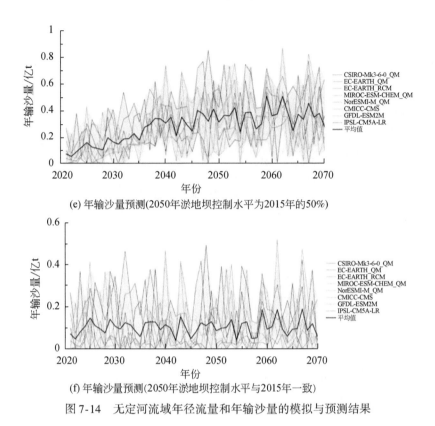

(e) 年输沙量预测(2050年淤地坝控制水平为2015年的50%)

(f) 年输沙量预测(2050年淤地坝控制水平与2015年一致)

图 7-14　无定河流域年径流量和年输沙量的模拟与预测结果

7.2.2.3　延河流域

上述模型在延河流域上的应用结果见图 7-15，由图 7-15 可知该模型在该流域的表现与皇甫川流域和无定河流域相比有显著差距（延河流域年径流量模拟 $R^2 = 0.84$，年输沙量模拟 $R^2 = 0.59$），尤其是在年输沙量上，模型几乎没有拟合训练集中高值的能力，这主要受数据集的质量限制。在淤地坝影响上，模型给出的结果与前两个流域不同，随着淤地坝影响的逐渐减弱，延河流域 2021～2070 年的年输沙量呈减小趋势，与实际相悖。此外，模型在延河流域上的预测出现明显偏离的极大值，表明模型在延河流域的数据集表现要弱于皇甫川流域与无定河流域，超出一定阈值模型即失稳。在淤地坝控制水平为 2015 年50%的条件下，模型预测延河流域在 2050～2070 年的年径流量均值约为 1.37 亿 m³，年输

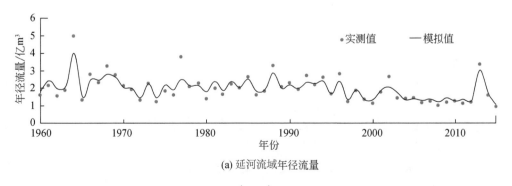

(a) 延河流域年径流量

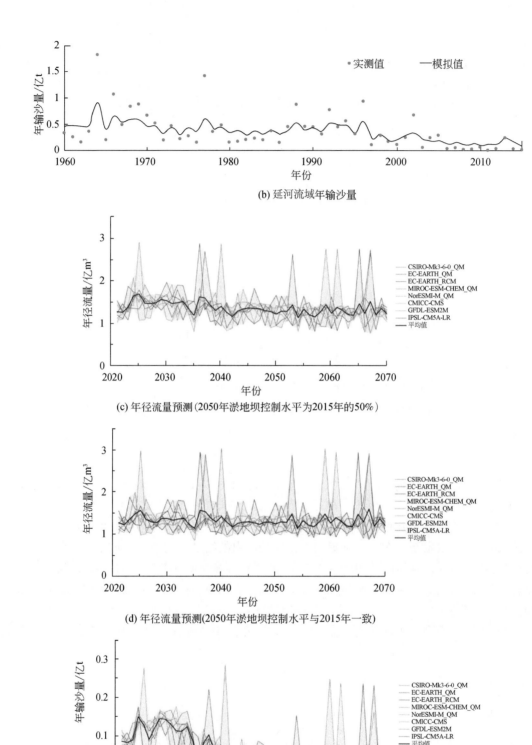

(b) 延河流域年输沙量

(c) 年径流量预测(2050年淤地坝控制水平为2015年的50%)

(d) 年径流量预测(2050年淤地坝控制水平与2015年一致)

(e) 年输沙量预测(2050年淤地坝控制水平为2015年的50%)

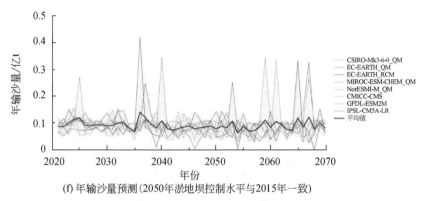

(f) 年输沙量预测 (2050年淤地坝控制水平与2015年一致)

图 7-15   延河流域年径流量和年输沙量的模拟与预测结果

沙量均值约为 0.06 亿 t，在淤地坝控制水平与 2015 年一致的情况下，模型预测延河流域在 2050~2070 年的年径流量均值约为 1.33 亿 m³，年输沙量均值约为 0.09 亿 t。尽管延河流域预测结果的可靠性要低于皇甫川流域与无定河流域，但由于延河流域年径流量和年输沙量相对较小，误差对潼关站的预测结果影响较小。

7.2.3   潼关站 2021~2070 年的水沙量预测

由于数据限制，本书仅能够单独模拟皇甫川流域、延河流域及无定河流域的历史年径流量与年输沙量并给出预测。对于黄河全流域推算，假定潼关站的年径流量、年输沙量与上述三个流域的年径流量、年输沙量之和存在一定的相关关系。选择幂函数来建立这一关系。

通过非线性拟合可建立 1960~2015 年潼关站年径流量与三个流域的年径流量之和的幂函数关系 [图 7-16 （a）] 为

$$W_r = 39.4332\, W_{r总}^{0.7985} \qquad (7\text{-}2)$$

式中，W_r 为潼关站年径流量；$W_{r总}$ 为三个流域年径流量之和。

1960~2015 年潼关站年输沙量与三个流域年输沙量之和的幂函数关系 [图 7-16 （b）] 为

$$W_s = 6.5138\, W_{s总}^{0.7441} \qquad (7\text{-}3)$$

式中，W_s 为潼关站年输沙量；$W_{s总}$ 为三个流域年输沙量之和。

由于黄河流域有水沙异源的特点，黄河上游为主要产流区，黄河中游为主要产沙区，本书选择的皇甫川、延河和无定河三个支流流域均属于黄河中游主要产沙区，故三个流域的年输沙量之和与潼关站年输沙量的相关性显著，而其年径流量的相关关系则相对较弱，进而使得推算的年径流量的准确性低于输沙量预测值。

根据模型分别在三个流域上的模拟与预测结果，通过模拟与推测，该模型在 1960~2015 年潼关站年径流量模拟的决定系数 R^2 为 0.53，潼关输沙量模拟的 R^2 为 0.77，年径流量模拟与年输沙量模拟的差距主要是由于幂函数的推算过程，与历史数据幂函数拟合得到的结论一致，该方法对年输沙量的模拟要优于年径流量。

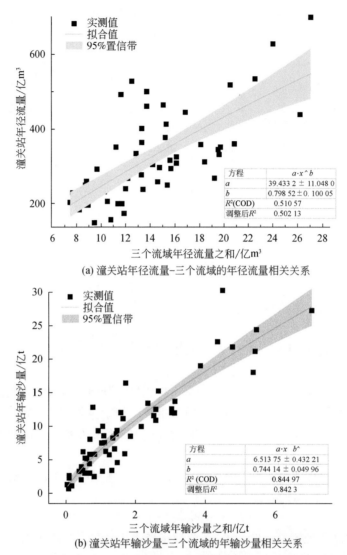

图 7-16　潼关站年径流量、年输沙量与三个流域年径流量、年输沙量的相关关系

在假定气温 2021~2070 年上升 2℃，除淤地坝外水保措施保持 2015 年水平，淤地坝降低与不变的两种情景下，潼关站年径流量和年输沙量变化趋势（图 7-16）与皇甫川流域和无定河流域相近，随淤地坝作用减弱年径流量和年输沙量均增加，淤地坝作用不变时主要随降雨波动。在 2050 年淤地坝控制水平为 2015 年 50% 的条件下，模型预测潼关站在 2050~2070 年的年径流量均值约为 269.91 亿 m³，年输沙量均值约为 4.80 亿 t，在 2050 年淤地坝控制水平与 2015 年一致的情况下，模型预测潼关站在 2050~2070 年的年径流量均值约为 244.93 亿 m³，年输沙量均值约为 3.46 亿 t。具体地，8 个气候模式预测结果见图 7-17。

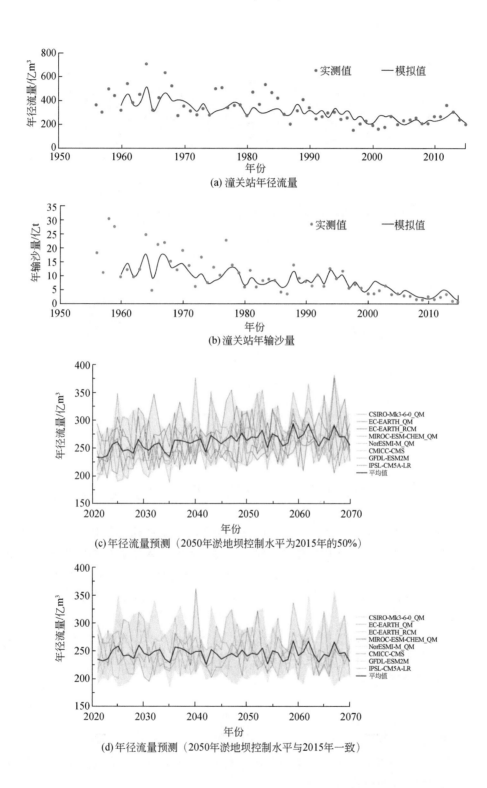

(a) 潼关站年径流量

(b) 潼关站年输沙量

(c) 年径流量预测（2050年淤地坝控制水平为2015年的50%）

(d) 年径流量预测（2050年淤地坝控制水平与2015年一致）

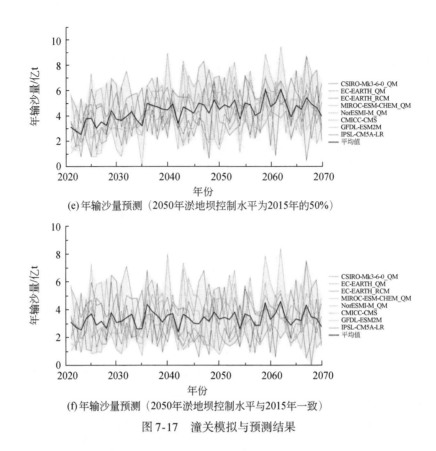

(e)年输沙量预测（2050年淤地坝控制水平为2015年的50%）

(f)年输沙量预测（2050年淤地坝控制水平与2015年一致）

图 7-17　潼关模拟与预测结果

7.3　基于 SWAT 模型的黄河水沙变化趋势预测

SWAT 模型描述坡面上的降水产流、径流产沙和沟道水沙输移等物理过程，在黄土高原典型流域的水沙过程模拟运用比较广。SWAT 模型需要输入流域内的气象数据、土壤类型、地形地貌、植被及耕作措施等详细信息，其用于模拟流域产汇流过程及其附带的泥沙、营养物质输移，而非使用回归方程来拟合各变量之间的关系，因此具有很强的物理基础，其运行流程见图 7-18。

本书对 SWAT 模型物理过程关键参数及物理量做了进一步封闭，改进了模型的模拟精度和效率，由此来预测皇甫川、无定河和延河等流域未来水沙变化，SWAT 模型是集合评估中的一种对象模型。

（1）降水产流关系

SWAT 模型中，径流曲线数（CN）是反映降水产流的综合性参数，其取值与土地利用/覆盖类型、土壤类型、坡度大小等有密切关系，通常 CN 的确定通过径流小区的降水径流资料来推算，或者通过查美国土壤保持局提供的 CN 查算表。本书通过模型的参数率定确定不同植被覆盖度情况下该参数的范围。

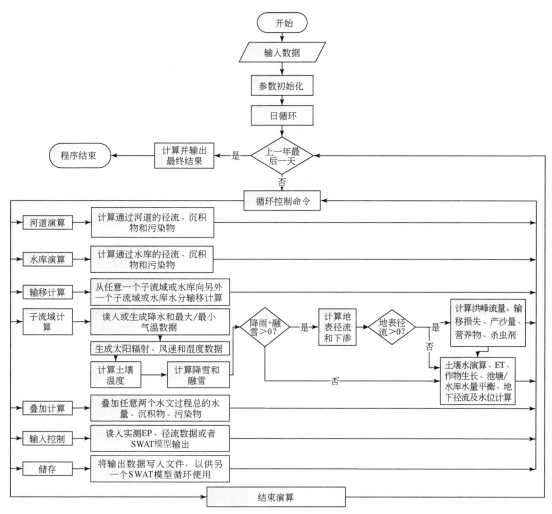

图 7-18　SWAT 模型运行流程图

（2）降水产沙关系

与坡面产沙相关的因子中，土壤侵蚀性因子（K）与土壤本身性质相关，坡长和坡度因子（LS）与地形相关，粗碎屑因子（$CFRG$）与土壤颗粒组成相关，这些参数理论上根据土壤条件确定，其值应该保持不变。而作物覆盖因子 C 和耕作因子 P 与土地利用/覆盖类型有关，随流域土地利用/覆盖类型的改变而改变。前人研究已经给出了不同土地利用/覆盖类型下的 C 和 P。江忠善等（1996）根据径流小区观测资料，分别建立了草地和林地与植被覆盖因子之间的关系。

草地覆盖因子 $C_草$ 与植被覆盖度的关系：

$$C_草 = e^{-0.0418(\text{veg}-5)} \tag{7-4}$$

林地覆盖因子 $C_林$ 与植被覆盖百分率的关系：

$$C_林 = e^{-0.0085(\text{veg}-5)^{1.5}} \tag{7-5}$$

基于上述关系可计算得到不同植被覆盖度的条件下覆盖因子取值。对于 P 的取值，本书采用李斌兵等（2009）关于黄土高原不同土地利用类型的 P 的取值。

（3）阻力关系

曼宁糙率系数 n 是与河道径流演算相关的关键参数。其确定根据王士强（1990）的公式［式（7-6）和式（7-7）］，确定了不同河段曼宁糙率系数的初始取值。

$$n_t = \frac{n_b}{0.82 q_*^{-0.15} S^{-0.13}} = (1.22 q_*^{0.15} S^{0.13}) n_b \tag{7-6}$$

$$q_* = \frac{q}{\sqrt{gD^3}} \tag{7-7}$$

式中，n_b 为未考虑形状阻力的裸土的曼宁糙率系数；n_t 为考虑形状阻力的总的曼宁糙率系数；S 为能坡；q 为单宽流量；D 为床沙代表粒径。

（4）输沙率-流量关系

SWAT 模型用于逐日的水沙过程计算，需要日尺度的输沙率-流量关系曲线（$C_s = aQ^b$）。为实现巴格诺尔德（Bagnold）方程中的系数和指数按不同河段分别赋值，需研究系数和指数与流域特性的关系。Zhang 等（2018）的研究指出不同地貌类型区的输沙率-流量关系的幂函数方程中系数取值随流域面积的变化而变化，而指数与流域面积的相关性不大。因此，本书选择流域面积作为影响因子，建立系数和指数与流域面积的关系。

选择位于黄河中游砒砂岩地区的 9 个水文站的实测逐日悬移质输沙率-流量资料，通过幂函数拟合确定了输沙率-流量关系的系数 a 和指数 b，拟合的幂函数方程决定系数 R^2 的变化范围为 0.53 ~ 0.86，说明拟合结果可以接受。在此基础上，建立了水文站控制的流域面积和系数 a 之间的回归方程，如图 7-19（a）所示，表明系数 a 的取值与空间尺度有关。据此，可以采用系数 a 与流域面积的回归方程，结合流域内不同河段出口的流域面积，计算不同河段出口处的系数 a。图 7-19（b）为指数 b 与水文站控制的流域面积之间的相关关系，由图 7-19（b）可知，指数 b 与流域面积之间无显著相关性，因此，本研究中指数 b 取平均值 2.22。以此作为皇甫川流域输沙率-流量关系幂函数系数和指数取值的依据。

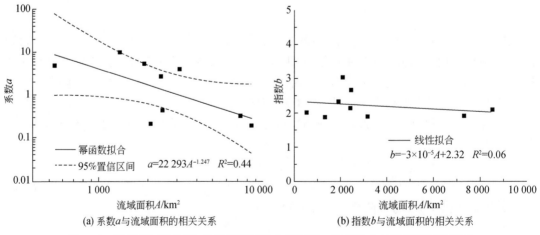

图 7-19　砒砂岩区输沙率-流量的幂函数方程系数 a 和指数 b 与流域面积的关系

以上确定的系数 a 和指数 b 是基于输沙率–流量 $C_s = aQ^b$ 关系得到的，而 SWAT 模型中需要的是含沙量与流速的关系，即 $\mathrm{conc_{sed,ch,mx}} = \alpha \cdot v_{ch,pk}^{\beta}$，因此，需要将输沙率–流量关系转换为含沙量–流速关系。利用断面河相关系式的流速与流量关系 $v = kQ_m$ 及输沙率–流量关系 $C_s = aQ^b$ 的系数和指数可得出含沙量–流速关系的系数和指数，即系数 $\alpha = a \cdot k^{-(b-1)/m}$，指数 $\beta = (b-1)/m$。对于断面河相关系式流速–流量关系中的系数 k 和指数 m 的计算，根据数字高程模型计算的不同河段的几何参数确定。通过以上过程，可确定不同河段的系数值。

（5）淤地坝模拟方法

淤地坝模拟方法类似于水库模拟方法，SWAT 模型模拟的水库结构见图 7-20，水库的水量平衡方程包括入流量、下泄流量、水库水面降水量、水库水面蒸发量、底部渗漏量及水库调水量。

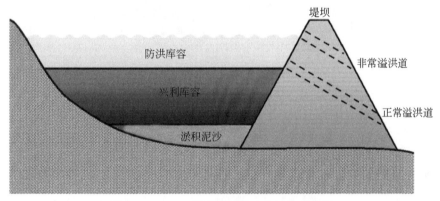

图 7-20　SWAT 模型模拟的水库结构示意图

水库出流量的计算方法有四种：实测日出流量、实测月出流量、无控制水库的年均泄流量、控制水库的目标泄流量（Neitsch，et al.，2005）。其中，无控制水库指水位高于正常溢洪道就会向下游泄流的水库（李二辉，2016），当水位位于正常溢洪道与非常溢洪道之间时，水库出流量为

$$V_{\text{flowout}} = V - V_{\text{pr}} \quad V - V_{\text{pr}} < q_{\text{rel}} \cdot 86\,400 \tag{7-8}$$

$$V_{\text{flowout}} = q_{\text{rel}} \cdot 86\,400 \quad V - V_{\text{pr}} > q_{\text{rel}} \cdot 86\,400 \tag{7-9}$$

$$V_{\text{flowout}} = q_{\text{rel}} \cdot 86\,400 \quad V - V_{\text{pr}} > q_{\text{rel}} \cdot 86\,400 \tag{7-10}$$

当水位高于非常溢洪道时，水库出流量为

$$V_{\text{flowout}} = (V - V_{\text{em}}) + (V - V_{\text{pr}}) \quad V_{\text{em}} - V_{\text{pr}} < q_{\text{rel}} \cdot 86\,400 \tag{7-11}$$

$$V_{\text{flowout}} = (V - V_{\text{em}}) + q_{\text{rel}} \cdot 86\,400 \quad V_{\text{em}} - V_{\text{pr}} > q_{\text{rel}} \cdot 86\,400 \tag{7-12}$$

式中，V_{flowout} 为某日水库出流量，m^3；V 为水库蓄水量，m^3；V_{pr} 为正常溢洪道水位时水库库容，m^3；V_{em} 为正常溢洪道水位时水库库容，m^3；q_{rel} 为正常溢洪道日均下泄流量，m^3/s。

7.3.1　皇甫川流域水沙预测

用 SWAT 模型仅对皇甫川流域进行了 2021～2070 年泥沙预测。自 1970～2011 年以来，皇甫川流域共建有 368 座淤地坝，较早建的淤地坝有些已经淤满，失去拦沙功能。综合考虑模拟预测年份和模型模拟效率，选择了 18 座 2010 年和 2011 年建成的淤地坝进行模拟（图 7-21）。

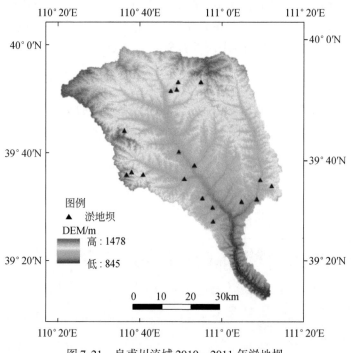

图 7-21　皇甫川流域 2010～2011 年淤地坝

由于下垫面状况的改变，率定期（1978～1984 年）模型参数不再适用于 2000 年之后。因此，需要根据下垫面情况变化选择合适的参数集合，以满足模拟精度的要求。根据流域植被覆盖度取值由小到大，选择典型年份，分别对模型进行率定验证，得到不同典型年份的参数集合，为预测 2021～2070 年泥沙过程提供基础。

根据不同植被覆盖状况下的典型年模拟，得到模型关键参数与植被覆盖度的关系，如图 7-22 所示。可以看出，模型参数随植被覆盖度改变而变化。整体来看，CN 随植被覆盖度的增加而减小。流域植被覆盖度增加，从而增加对降水的截留和坡面糙率，减缓坡面流速，增加入渗量，减少地表径流。这与产流相关的参数 CN 随植被覆盖度增加而减小一致。曼宁糙率系数 n 随植被覆盖度的增加而增加。根据 CN 和曼宁糙率系数 n 与植被覆盖度的关系，进行线性回归，结合 2020 年、2030 年和 2050 年的植被覆盖度，对未来泥沙过程进行模拟计算。

图 7-23 为皇甫川流域 2021～2070 年水沙预测结果。由图 7-23 可知，2021～2070 年流域泥沙过程并未表现出显著变化的趋势。低覆盖情景下多年平均输沙量为 0.102 亿 t，变差系数 C_v 为 0.84；中覆盖情景下多年平均输沙量为 0.035 亿 t，C_v 为 0.82；高覆盖情景下多年平均输沙量则为 0.002 亿 t，C_v 为 0.79。随着植被覆盖百分率的提高，流域输沙量均值和 C_v 减小，减沙幅度较大。由 5 年滑动平均过程线可以看出，2021～2070 年流域泥沙过程具有明显的阶段性，以低覆盖情景为例，2021～2030 年为丰水年段，年均输沙量为 0.127 亿 t；

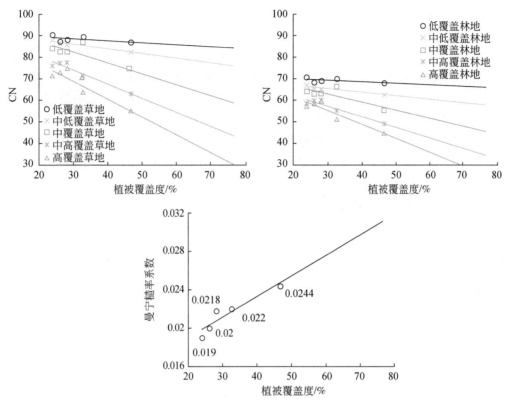

图 7-22　模型参数与植被覆盖度的关系

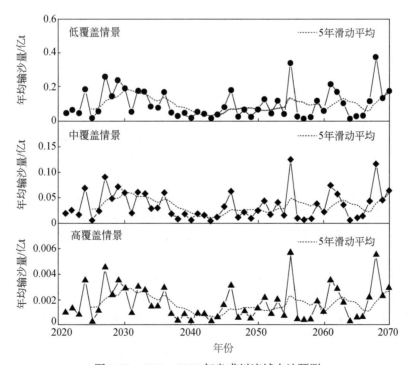

图 7-23　2021～2070 年皇甫川流域水沙预测

2031~2044 年为枯水年段，年均输沙量为 0.074 亿 t；2045~2060 年为平水年段，年均输沙量为 0.087 亿 t；2061~2070 年为丰水年段，年均输沙量为 0.138 亿 t。

2000~2015 年皇甫川流域实测年均输沙量为 0.076 亿 t，C_v 为 1.2，从预测结果来看，中覆盖情景下年均输沙量为 0.035 亿 t，比 2000~2015 年低 53.9%，2021~2070 年年均输沙量可能会进一步减小，但不排除由于降水的不确定性个别年份年均输沙量很大的可能性。就年均径流量而言，高覆盖情景的年均径流量为 0.389 亿 m³，比 2000~2015 年的 0.332 亿 m³ 高 17.2%，该情景的流域植被恢复潜力已达到最高，在不考虑人类取用水的情况下，推断 2021~2070 年年均径流量可能不会低于 2000~2015 年的平均值。

7.3.2 无定河流域水沙预测

无定河流域横跨陕西与内蒙古两省（区），位于毛乌素沙地和千沟万壑的黄土高原过渡带（图 7-24），区内地势高低起伏，整体呈现由西北向东南倾斜的趋势，海拔最高点位于西南部的白于山。

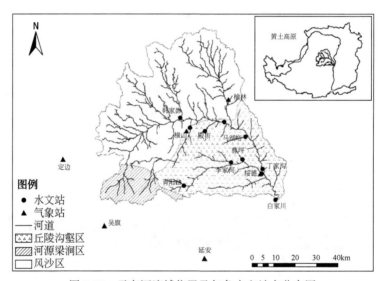

图 7-24 无定河流域位置及气象水文站点分布图

（1）数据库构建

本书使用的空间数据包括：来自地理空间数据云（http://www.gscloud.cn/）的 GDEMV2-30M 分辨率数字高程数据（图 7-25）；通过中国科学院遥感解译的 1980 年、1990 年、1995 年、2000 年、2005 年、2010 年共 6 期土地利用/覆盖类型图（图 7-26），解析度为 1:100 000；从世界土壤数据库（HWSD）中截取的流域土壤类型图（图 7-27），精度为 1:100 000。库坝数据来自黄河水利委员会。

土地利用类型共分为耕地、林地、草地、水域、居民用地与未利用地 6 大类。

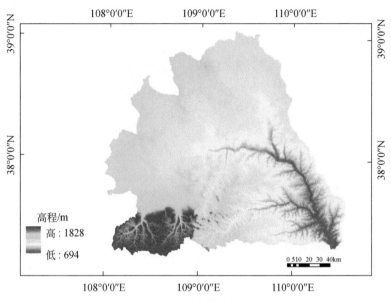

图 7-25　无定河流域数字高程数据

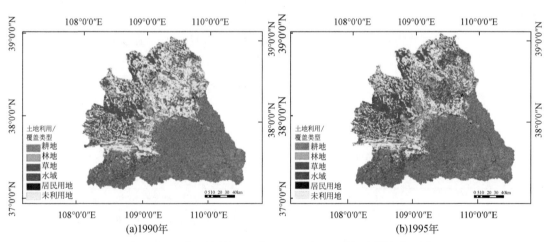

图 7-26　无定河流域 1990 年、1995 年土地利用/覆盖类型图

　　SWAT 模型需求的土壤数据库包括土壤类型的空间分布数据与各类型土壤的物理化学参数两部分。本书使用的土壤类型图的分辨率为 1km，来自世界土壤数据库，其可从联合国粮食及农业组织网站（https://www.fao.org/statistics/databases/zh/）下载。使用 HWSD 对无定河流域边界土壤类型图进行裁剪，得到无定河流域的土壤类型图，该图具有 40 个土壤子类型，然后根据世界土壤数据库中的土壤理化参数将完全相同的土壤子类型进行合并，最终得到 23 个土壤子类型，其空间分布见图 7-27。

　　SWAT 模型所需土壤物理化学参数见表 7-3，这些参数影响着水分在土壤中的运动及地表水与地下水之间的交换，同时影响着流域蒸散发等过程。首先在世界土壤数据库中，土壤均分为上、下两层，总厚度为 1m，其中上层 70cm，下层 30cm；其次阴离子交换孔隙

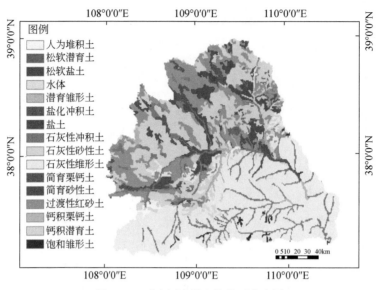

图 7-27 无定河流域土壤类型分布图

度默认为 0.5，土壤最大可压缩量默认为 1，地表反照率默认为 0.01；土壤粒级组成、土壤有机碳含量及土壤电导率均可直接在世界土壤数据库中查询得到；土壤湿密度、土壤层可利用水量、饱和有效传导系数均在 SPAW 软件中进行计算；最后通过上述参数计算得到土壤可蚀性因子 K。这样，SWAT 模型所需的土壤数据库全部建立。

表 7-3 SWAT 模型所需土壤物理化学参数

序号	土壤物理化学参数	参数定义
1	SNAM	土壤名称
2	NLAYERS	土壤分层数
3	HYDGPR	土壤水文分组（A、B、C、D）
4	SOL_ZMX	土壤剖面最大根系深度（mm）
5	ANION_EXCL	阴离子交换孔隙度，默认值 0.5
6	SOL_CRK	土壤最大可压缩量
7	TEXTURE	土壤层机构
8	SOL_Z	土壤深度（mm）
9	SOL_BD	土壤湿密度（g/m³）
10	SOL_AWC	土壤层可利用水量（mm/mm）
11	SOL_K	饱和有效传导系数（mm/h）
12	SOL_CBN	土壤有机碳含量
13	CLAY	黏粒所占百分比（%）
14	SILT	粉粒所占百分比（%）
15	SAND	沙粒所占百分比（%）

序号	土壤物理化学参数	参数定义
16	ROCK	石砾所占百分比（%）
17	SOL_ALB	地表反照率
18	USLE_K	通用土壤流失方程中的土壤可蚀性因子
19	SOL_EC	土壤电导率（dS/m）

淤地坝数量众多、管理简单，不具备获得实测出流数据的条件，因此模拟淤地坝的拦水拦沙作用需选用无控制水库的年均下泄流量，即把淤地坝作为无控制水库加入 SWAT 模型。选用无控制水库的年均下泄流量方法，必需的参数有 RES_EVOL（非常溢洪道水位处的水库库容）、RES_ESA（非常溢洪道水位处的水库水面面积）、RES_PVOL（正常溢洪道水位处的水库库容）、RES_PSA（正常溢洪道水位处的水库水面面积）（Tian et al., 2013）。

淤地坝只进行过库容统计而缺乏水面面积资料，且一般无面积-库容曲线，为了获得相关参数，使用 Tian 等（2013）建立的黄土高原地区淤地坝水面面积与库容的经验关系：

$$V = 39.306 A^{0.712} \tag{7-13}$$

式中，V 为淤地坝库容，万 m^3；A 为淤地坝水面面积，hm^2。

为了研究式（7-13）在无定河流域的适用性，选取了该流域 2000 年以后建设的部分骨干坝，因为其建成时间较短，泥沙淤积少，有明显的蓄水面积，使用 Google Earth 软件的陆地卫星图像测量出水面面积 A_{Sat}，与经验公式［式（7-13）］计算出的水面面积 A_{Eq} 对比，经验公式［式（7-13）］误差汇总列于表 7-4。从表 7-4 可以看出，经验公式［式（7-13）］计算结果与测量值之间的相对误差均在 20% 以内，表明其在无定河流域较为适用。

表 7-4　经验公式［式（7-13）］误差汇总

骨干坝名称	纬度/(°N)	经度/(°E)	库容/万 m^3	水面面积 A_{Sat}/hm^2	水面面积 A_{Eq}/hm^2	相对误差/%
崔井	37.311	108.162	263	12.90	14.45	12.0
响水石畔	37.821	109.281	82	3.10	2.82	-9.1
寺好茆	37.791	109.241	88	2.93	3.10	5.9
背咀茆	37.775	109.339	121	4.53	4.86	7.2
三皇庙	37.784	109.311	125	5.15	5.10	-1.1
沙茆	37.817	109.361	180	10.30	8.49	-17.6
南沟	37.81	109.308	82	2.92	2.81	-3.8
沙背洼	37.747	109.266	73	2.13	2.37	11.1
大湾梁	37.761	109.334	79	2.28	2.68	17.7
梁家沟	37.644	109.877	98	3.35	3.62	8.2

将淤地坝的总库容作为 RES_EVOL 代入式（7-13）得到的水面面积作为 RES_ESA；将淤地坝的拦沙库容作为 RES_PVOL 代入得到的水面面积作为 RES_ PSA（Li et al.,2016）。水利部标准 SL 289—2003 规定建设淤地坝时拦沙库容的计算标准：

$$V_L = \frac{\overline{W}_{sb}(1-\eta_s)N}{\gamma_d} \qquad (7\text{-}14)$$

式中，$\overline{W}_{sb}$ 为多年平均总输沙量，万 t/a；η_s 为坝库排沙比，无溢洪道时取为 0，有溢洪道时可稍大；N 为设计淤积年限，年；γ_d 为淤积泥沙干容重，可取 1.35t/m³。

截至 1996 年，无定河流域修成淤地坝 11 710 座，累计可淤积库容为 21.80 亿 m³；累计治理面积为 8364km²，占全流域水土流失面积的 36.4%。由于区内淤地坝众多，且侵蚀产沙量巨大，很多库容较小的淤地坝在修成数年内就会淤满，失去库坝的功能，如果全部加入模型将极大地增大研究的工作量，降低模型运行效率，因此，综合考虑模拟时段等因素后，选取区内 1990 年前建成的库容大于 300 万 m³ 的 10 座淤地坝加入 SWAT 模型，使用式（7-14）计算拦沙库容，使用式（7-13）计算 RES_ESA 与 RES_PSA，结果列于表 7-5。

表 7-5　无定河流域主要淤地坝信息表

治沟骨干工程	地区	建设年份	总库容/万 m³	拦沙库容/万 m³	RES_ESA /hm²	RES_ PSA /hm²
王家砭	清涧县	1975	480	336	33.6	23.5
王岔	子洲县	1956	480	336	33.6	23.5
高镇榆树茆	横山区	1972	739	517	61.6	43.1
张王家圪崂	绥德县	1956	480	336	33.6	23.5
前沟骨干坝	横山区	1975	305	214	17.8	12.4
新建骨干坝	横山区	1990	951	665	87.7	61.4
西庄	子洲县	1985	302	211	17.5	12.2
石窑沟乡红崖茆	横山区	1975	645	452	50.9	35.6
李家沟村王庄沟	榆阳区	1977	300	210	17.4	12.2
色草湾村龙眼沟	榆阳区	1973	500	350	35.6	24.9

（2）水沙模拟结果

考虑到无定河流域在 20 世纪 70~80 年代进行了大规模的流域治理工作，选取 1975~2010 年作为模拟时段。选取 16 个径流敏感参数和 8 个泥沙敏感参数进行率定，参数率定工具是专门为 SWAT 模型研发的率定软件 SWAT-CUP（SWAT Calibration and Uncertainty Programs），参数的率定结果见表 7-6。

表 7-6　无定河流域敏感参数率定结果

参数名称	参数定义	参数范围	调参方法	最佳校准值
CN2	径流曲线数	-0.5～0.5	R	0.253 5
GWQMN	浅层地下水径流系数(mm)	100～5 000	V	3 507.5
SOL_BD	表层土壤容重(g/cm³)	-0.5～0.5	R	-0.375 5
ESCO	土壤蒸发补偿系数	0.1～0.8	V	0.250 5
HRU_SLP	平均坡度(m/m)	-0.2～0.9	R	0.52
SOL_K	土壤饱和导水率(mm/h)	-0.5～0.5	R	-0.246 5
SOL_AWC	表层土壤有效含水率	-0.6～0.6	R	0.519 5
SLSUBBSN	平均坡长(m)	-0.2～0.9	R	0.64
ALPHA_BNK	主河道调蓄系数	0～0.9	V	0.030 5
EPCO	植物蒸腾补偿系数	0.1～0.8	V	0.646 5
REVAPMN	地下水再蒸发深度(mm)	10～500	V	62.25
ALPHA_BF	基流消退系数	0.1～0.9	V	0.786 5
CH_K2	主河道水利传导系数(mm/hr)	10～500	V	27.75
GW_REVAP	地下水再蒸发系数	0.02～0.2	V	0.153 67
GW_DELAY	地下水延迟系数	10～500	V	202.75
CH_N2	主河道曼宁系数	0.05～0.3	V	0.096 75
USLE_K	通用土壤流失方程中土壤可蚀性因子	0～0.65	V	0.585
USLE_P	通用土壤流失方程中治理措施因子	0～1	V	0.9
CH_COV1	沟道可蚀性因子	-0.05～0.6	V	0.405
CH_COV2	沟道覆盖因子	-0.001～1	V	0.099 1
CH_L2	主河道河长(km)	-0.5～0.5	R	-0.4
CH_S2	主河道沿河长平均比降(m/m)	-0.5～0.5	R	-0.4
SPEXP	河道泥沙演算中计算新增的 最大泥沙量的指数参数	1～1.5	V	1.45
SPCON	河道泥沙演算中计算新增的 最大泥沙量的线性参数	-0.000 1～0.01	V	0.000 91

注：调参方法中的 R 表示参数初始值乘以（1+率定值）；V 表示参数使用率定值替换。

　　经过参数的率定与验证后，SWAT 模型在无定河流域的精度显著提高，对流域年尺度水沙的模拟结果较好，见图 7-28。模拟值与实测值的变化趋势基本一致，且峰值基本重合，表明 SWAT 模型在无定河流域适用性较好，可以较好地反映流域的真实水沙情势。上述结果表明，SWAT 模型对无定河流域的水沙模拟结果满足一般精度要求，其结果可以用来反映该区域的水沙情势。

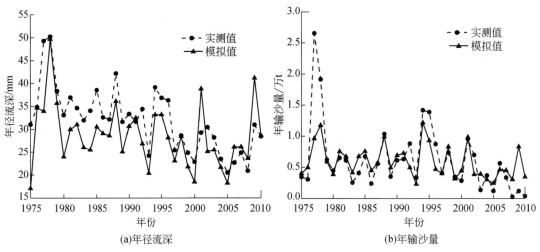

图 7-28　白家川站年径流深、年输沙量的模拟值与实测值对比图

（3）2021～2070 年水沙预测

根据率定的 SWAT 模型，且保持模型参数不变，将 CMCC、GFDL、IPSL 气候模式模拟的未来逐日气象数据输入模型，模拟流域未来变化情景下的水沙变化过程。从图 7-29（a）可以看出，在三种不同的气候模式下，2021～2070 年无定河流域年平均流量均呈现波动变化。在 CMCC 和 GFDL 两种气候模式下，年平均流量呈显著增加趋势（$p<0.05$），其中 CMCC 气候模式下标准化检验统计量 Z 为 0.198，GFDL 气候模式下 Z 为 0.381。然而在 IPSL 气候模式下，年平均流量呈不显著增加趋势（$p>0.05$），对应的 Z 为 0.140。与年平均流量不同，在 CMCC 和 IPSL 两种气候模式下，2021～2070 年无定河流域年输沙量呈不显著增加趋势［图 7-29（b）］，在 GFDL 气候模式下，年输沙量呈显著增加趋势，其 Z 为 0.218。

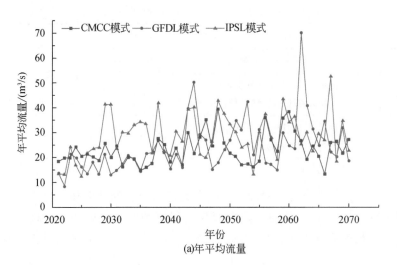

(a)年平均流量

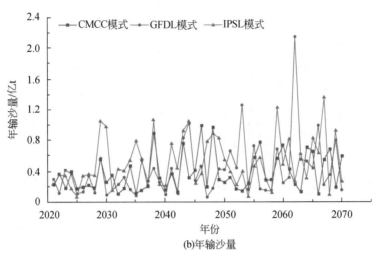

(b)年输沙量

图 7-29 不同气候模式下无定河流域 2021~2070 年的年平均流量及年输沙量变化预估

从时段变化来看（表 7-7），GFDL 气候模式下，多年平均径流量和多年平均输沙量均呈直线增长趋势，其中多年平均径流量 2021~2070 年增长了 5.13 亿 m³，多年平均输沙量增长了 0.38 亿 t。CMCC 和 IPSL 气候模式下，输沙量变化趋势一致，21 世纪 20~40 年代，无定河流域输沙量呈逐渐增加趋势，在 50 年代出现减少趋势，之后又有一定的回升。相较于其他两种模式，在 CMCC 气候模式下，多年平均径流量和输沙量的增加值最小，多年平均径流量仅增加 1.21 亿 m³，多年平均输沙量增加 0.16 亿 t（图 7-30）。

表 7-7 无定河流域 2021~2070 各时段代多年平均径流量、输沙量统计表

项目	气候模式	21 世纪 20 年代	21 世纪 30 年代	21 世纪 40 年代	21 世纪 50 年代	21 世纪 60 年代
多年平均径流量 /亿 m³	CMCC	6.63	6.38	8.35	7.38	7.84
	GFDL	5.14	6.08	8.08	8.46	10.27
	IPSL	6.71	9.87	9.62	8.98	9.83
多年平均输 沙量/亿 t	CMCC	0.28	0.30	0.46	0.36	0.44
	GFDL	0.28	0.26	0.39	0.49	0.66
	IPSL	0.36	0.54	0.65	0.43	0.64

7.3.3 延河流域水沙预测

延河是位于黄河中游区间的一级支流，全长 286.9km，流域面积为 7725km²。延河发源于靖边县，流经志丹县、安塞区、延安市、延长县，在延长县南河沟汇入黄河（图 7-31）。延河流域坐标范围是 36°21′N~37°19′N、108°38′E~110°29′E，平均海拔为 1218m，年降水量为 500mm 左右，年平均气温为 9.0℃。

在使用 DEM 提取河网数据时，综合各因素后选择设置最小子流域面积为 5000hm²，

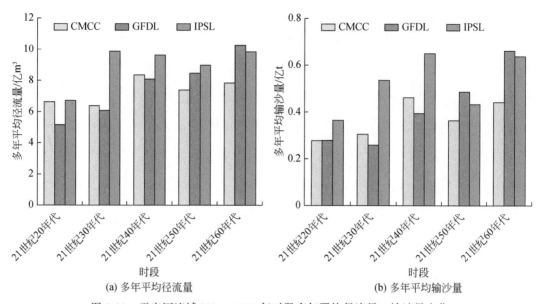

(a) 多年平均径流量   (b) 多年平均输沙量

图 7-30 无定河流域 2021～2070 年时段多年平均径流量、输沙量变化

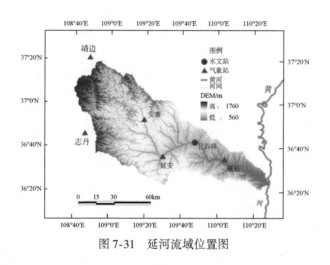

图 7-31 延河流域位置图

把延河流域划分为 81 个子流域。将流域内坡度划分为五级：（0%，9%]、（9%，27%]、（27%，47%]、（47%，70%]、（70%，99%）后，使用优势地面覆盖/优势土壤类型方法，生成水文响应单元（HRU），阈值设置为 5%、30%，81 个子流域被进一步划分为 885 个 HRUs。最后把建立好的自定义土壤数据库、气象数据库、天气发生器等属性数据导入模型，方可进行 SWAT 模型模拟。

模型运行后，需对模拟结果进行校准，同时验证其可靠性。本书选用流域出口控制站甘谷驿站 1988～1996 年月径流数据进行模型的校准与验证。为了提高模型精度、减少误差，使用 SWAT-CUP 软件的 SUFI-2 算法在率定期进行调参。经过参数率定，得到相关参数的最佳校准值后，将其代入验证期进行验证。使用相关系数 R^2 和纳什效率系数 NSE 对模型在延河流域的适用性进行评价，当 $R^2 > 0.6$ 且 $NSE > 0.5$ 时，模拟结果较好且可信。在率定期与验证期模拟结果均较好的时候，认为参数的最佳校准值适用于模拟区域。

使用甘谷驿站 1988~1996 年月径流数据作为观测值，进行 LH-OAT 敏感性分析后，选取 14 个敏感性强的参数进行率定，结果如表 7-8 所示。率定期（1988~1992 年）和验证期（1993~1996 年）甘谷驿站月平均流量的实测值和模拟值见图 7-32，在模拟过程中，模型对汛期洪水峰值的模拟结果较好，对枯水期径流的模拟值较实测值普遍偏小，原因是径流曲线数法一般应用在蓄满产流的地区，干旱的黄土高原地区一般为超渗产流，径流曲线数法应用在此地区有一定的误差。在率定期，$R^2 = 0.75$、NSE = 0.66；在验证期，$R^2 = 0.81$、NSE = 0.71。说明模型在延河流域适用性较强，可以较好地反映流域的真实水文情势。

表 7-8 延河流域甘谷驿站径流敏感参数表

参数名称	参数定义	敏感性排名	调参方法	参数范围	最佳校准值
SOL_BD	表层土壤容重	1	R	-0.3~0.4	-0.096 91
CN2	径流曲线数	2	R	-0.5~0.5	-0.480 92
SOL_K	土壤饱和导水率	3	R	-0.5~0.5	0.311 068
ALPHA_BNK	主河道调蓄系数	4	V	0~0.8	0.000 483
EPCO	植物蒸腾补偿系数	5	V	0.1~0.9	0.141 889
CH_K2	主河道水利传导系数	6	V	0~100	17.384 88
GWQMN	浅层地下水径流系数	7	V	0~5000	4229.125
SOL_AWC	表层土壤有效含水率	8	R	-0.5~0.5	0.299 138
ESCO	土壤蒸发补偿系数	9	V	0.1~0.8	0.450 984
GW_DELAY	地下水延迟系数	10	V	0~500	493.743 3
REVAPMN	地下水再蒸发深度	11	V	0~500	280.185
ALPHA_BF	基流消退系数	12	V	0.1~0.9	0.389 457
GW_REVAP	地下水再蒸发系数	13	V	0.02~0.2	0.092 103
CH_N2	主河道曼宁糙率系数	14	V	0~0.3	0.196 919

注：调参方法中的 R 表示参数初始值乘于给定倍数；V 表示参数使用给定值替换。

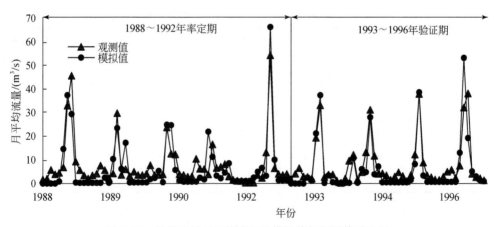

图 7-32 甘谷驿站月平均流量的模拟值与实测值对比图

根据率定的 SWAT 模型，将 CMCC、GFDL、IPSL 气候模式模拟的 2021～2070 年逐日气象数据输入模型，模拟延河流域变化情景下的水沙变化过程。从图 7-33（a）看出，在三种不同的气候模式下，2021～2070 年延河流域年平均流量均呈现波动变化。在 CMCC 和 IPSL 两种气候模式下，年平均流量呈不显著增加趋势（$p>0.05$），其中 CMCC 气候模式下 Z 为 0.038，IPSL 气候模式下 Z 为 0.140。然而，在 GFDL 气候模式下，年平均流量呈显著增加趋势（$p<0.05$），对应的 Z 为 0.275。与年平均流量不同，在 CMCC 气候模式下，2021～2070 年延河流域年输沙量呈不显著减少趋势［图 7-33（b）］；在 IPSL 气候模式下，呈不显著增加趋势；在 GFDL 气候模式下，年输沙量呈显著增加趋势，Z 高达 0.455。

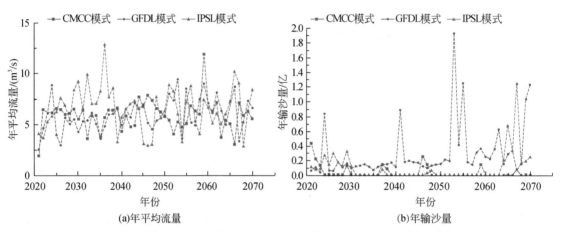

图 7-33　气候模式下延河流域 2021～2070 年的年平均流量及年输沙量变化预估

从时段变化来看（表 7-9 和图 7-34），对于 CMCC 和 IPSL 气候模式，多年平均径流量呈现波动变化，在 GFDL 气候模式下，多年平均径流量呈直线增长趋势，多年平均径流量 2021～2070 年增长 0.45 亿 m³。在 GFDL 和 IPSL 两种气候模式下，延河流域不同时段多年平均输沙量呈现完全不同的变化趋势，其中 IPSL 气候模式下，流域多年平均输沙量一直呈持续减少趋势，直至 60 年代又有一定的回升。其他两种气候模式流域多年平均输沙量总体呈增加趋势，但在 CMCC 气候模式下，流域多年平均输沙量减少 0.10 亿 t。

表 7-9　延河流域 2021～2070 年多年平均径流量、输沙量统计表

	气候模式	21 世纪 20 年代	21 世纪 30 年代	21 世纪 40 年代	21 世纪 50 年代	21 世纪 60 年代
多年平均径流量 /亿 m³	CMCC	1.83	1.77	1.96	1.94	1.79
	GFDL	1.58	1.67	1.84	2.19	2.03
	IPSL	1.86	2.53	1.75	2.06	2.03
多年平均输沙量/亿 t	CMCC	0.11	0.03	0.05	0.02	0.01
	GFDL	0.18	0.13	0.23	0.52	0.35
	IPSL	0.18	0.03	0.02	0.01	0.28

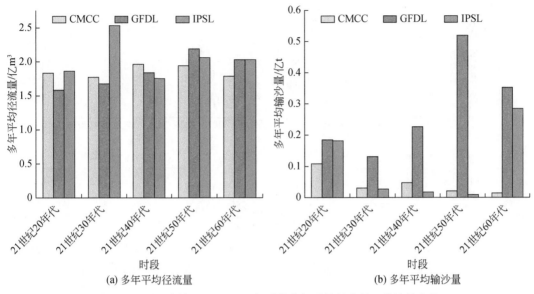

(a) 多年平均径流量　　　　　　　　　　　　(b) 多年平均输沙量

图 7-34　延河流域 2021～2070 年时段多年平均径流量、输沙量变化

7.4　基于数字流域模型的黄河水沙变化趋势预测

基于数字流域模型，对潼关站在九种气候模式下 2021～2070 年年输沙量进行预测，结果如图 7-35 所示。在不同的气候模式下，潼关站年输沙量的预测结果具有一定差异，说明气候对降雨有很大的影响。整体上，2021～2070 年潼关站年输沙量呈波动变化的趋势。各气候模式下年输沙量为 1.61 亿～3.27 亿 t（表 7-10），除 CMCC、GFDL 和 IPSL 气候模式外均低于 2 亿 t。九种气候模式下 2021～2050 年潼关站年输沙量范围为 1.56 亿～3.17 亿 t，2051～2070 年年输沙量的范围为 1.54 亿～3.65 亿 t。说明还受到淤地坝作用下降（库容减小）和植被趋好的综合影响，2051～2070 年潼关站年输沙量虽然有所增加，但增加的幅度不会太大。

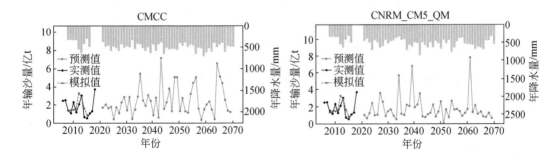

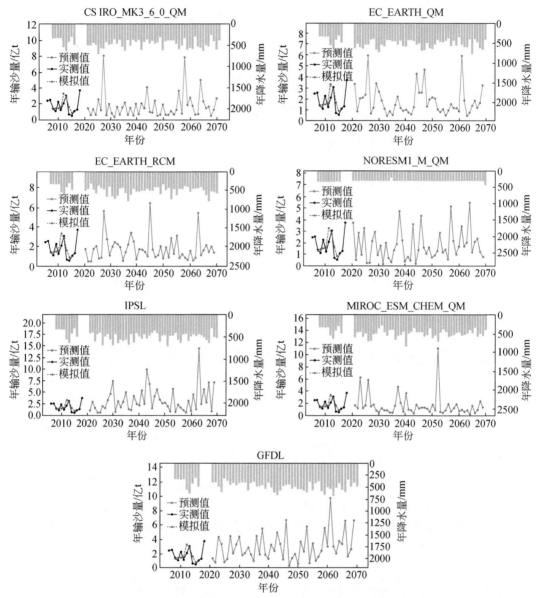

图 7-35　各种气候模式下潼关站 2021～2070 年年输沙量预测结果

表 7-10　各种气候模式下潼关站 2021～2070 年年输沙量预测结果统计

（单位：亿 t）

气候模式	年输沙量	2021～2050 年年输沙量	2051～2070 年年输沙量
CMCC	2.50	2.43	2.61
GFDL	3.00	2.59	3.65
IPSL	3.27	3.17	3.44

气候模式	年输沙量	2021~2050 年年输沙量	2051~2070 年年输沙量
CNRM_CM5_QM	1.81	1.91	1.66
CSIRO_MK3_6_0_QM	1.75	1.56	2.06
EC_EARTH_QM	1.78	1.93	1.54
EC_EARTH_RCM	1.79	1.87	1.67
MIROC_ESM_CHEM_QM	1.61	1.65	1.54
NORESM1_M_QM	1.80	1.65	2.04

　　九种气候模式下潼关站年均输沙量峰值均超过 5 亿 t，且模型预测 2021~2070 年仍然会出现特大产沙年份（图 7-35）。其中，IPSL 气候模式和 MIROC_ESM_CHEM_QM 气候模式的年输沙量峰值均超过 11 亿 t，GFDL 气候模式峰值接近 10 亿 t。各模式预测最小年输沙量均低于 0.6 亿 t，与潼关站近年最低年均输沙量相近。特大产沙年份年降水量并不一定最大，甚至要比其他年份小很多，猜想可能是暴雨的时空分布引起的。特大产沙年份往往出现在 2050 年后，可能是大部分淤地坝淤满作用下降的原因。采用情景模拟法，在 IPSL 气候模式下，将 2063 年暴雨年份的降雨分别作用在 2063 年淤地坝和 2021 年淤地坝状态下，发现淤地坝的作用是非常显著的，2020 年淤地坝状态极大地降低产沙量。上述分析综合表明，2021~2070 年潼关站年输沙量主要是淤地坝作用下降（库容减小）、植被趋好和暴雨的叠加效果引起的。

7.5　基于 GAMLSS 模型的黄河水沙变化趋势预测

　　为了研究 2021~2070 黄河水沙变化趋势，本书收集了潼关站 1958~2018 年的年径流量、年输沙量、年降水量和年累计水土保持措施面积数据，基于 GAMLSS 模型构建考虑气候因子和水土保持措施因子的年径流量和年输沙量模型，在对模型进行适用性分析的基础上，以全球气候模式预测的气候因子为输入，预测潼关站 2021~2070 年水沙变化趋势。

7.5.1　潼关站年径流量和年输沙量模型构建

　　潼关站 1958~2018 年的年径流量、年输沙量、年降水量和年累计水土保持措施面积的时间序列如图 7-36 所示。由图 7-36 可知，潼关站年径流量和年输沙量呈显著下降的趋势，年输沙量的变化幅度大于年径流量的变幅，年降水量序列有略微下降趋势，但是变幅较小，年累计水土保持措施面积呈指数增加的趋势。20 世纪 70 年代开始黄河流域加强水土保持措施治理，自 2000 年以来，国家进一步加大水土流失的治理力度，截至 2015 年，年累计水土保持措施面积达到 20 万 km² 左右。

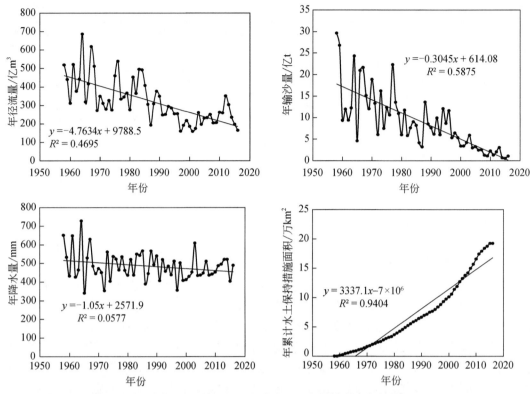

图 7-36　潼关站年径流量、年输沙量、年降水量和年累计水土保持措施面积时间序列

本书选取年降水量 P、年蒸发量 E、水土保持措施面积占比 A_{sw} 作为影响年径流量（Q）和年输蒸沙量（S）的主要因素，基于 GAMLSS 模型构建了流域径流量和输沙量与气象因子及下垫面因子的响应函数，根据年径流量模型和年输沙量模型计算得到的潼关站各时段年径流量和年输沙量的实测序列均值与模拟序列均值的对比结果如图 7-37 所示。

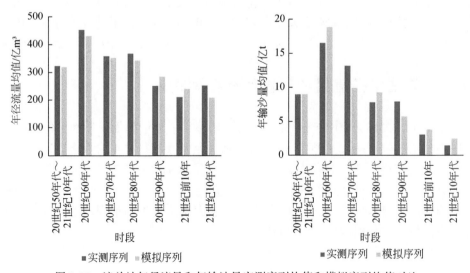

图 7-37　潼关站年径流量和年输沙量实测序列均值和模拟序列均值对比

由图 7-38 可知，潼关站年径流量和年输沙量模拟序列均值与实测序列均值在不同时段均比较接近，20 世纪 50 年代～21 世纪 10 年代年径流量和年输沙量的相对误差分别为 1.34% 和 0.25%，但是 21 世纪 10 年代模拟值与实测值相对误差大于其他时段。潼关站年径流量和年输沙量的模拟结果如图 7-38 所示，模拟指标如表 7-11 所示。

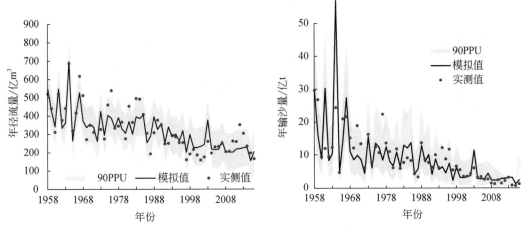

图 7-38　潼关站年径流量和年输沙量模拟

表 7-11　潼关站年径流量和年输沙量模拟指标汇总表

变量	相关系数	$CR_{0.9}$	$BP_{0.9}$
年径流量	0.85	0.90	1.72
年输沙量	0.73	0.95	1.94

由图 7-38 所示，潼关站年径流量和年输沙量模拟序列与实测序列相近，且大部分实测点距落入 90% 不确定区间（90PPU）。表 7-11 潼关站年径流量和年输沙量模拟指标汇总表统计显示，年径流量模拟值和实测值的相关系数达到 0.85，年输沙量的模拟精度略低于年径流量，年输沙量模拟值和实测值的相关系数仅为 0.73，90% 以上的实测值落入 90% 不确定区间范围内，且 90% 不确定区间平均宽度均小于年径流量实测序列标准差的两倍。因此基于 GAMLSS 模型构建的年径流量与下垫面因子的响应函数、年输沙量与下垫面因子的响应函数能够准确地反映年径流量和年输沙量的年际变化，可以用于预测水沙情势。

7.5.2　潼关站年径流量和年输沙量预测

依据建立的黄河流域年径流量和年输沙量模型，输入 CMIP5_RCP4.5 情景下 EC_EARTH 模型的动力降尺度（EC_EARTH_RCM）和统计降尺度（EC_EARTH_QM）、CNRM_CM5 模型统计降尺度（CNRM_CM5_QM）、CSIRO_MK3_6_0 模型统计降尺度（CSIRO_MK3_6_0_QM）、MIROC_ESM_CHEM 模型统计降尺度（MIROC_ESM_CHEM_QM）预测因子数据，可以得到基于全球气候模式（GCM）的年径流量和年输沙量模拟序列。为了进一步验证模型的精度,对比了潼关站近年实测序列均值和 GCM 降尺度数据模拟序列均值,如图 7-39 所示。

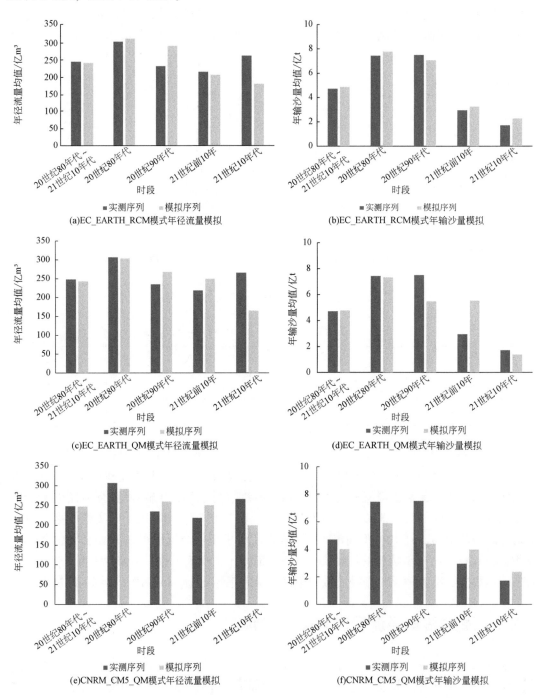

(a)EC_EARTH_RCM模式年径流量模拟　　(b)EC_EARTH_RCM模式年输沙量模拟

(c)EC_EARTH_QM模式年径流量模拟　　(d)EC_EARTH_QM模式年输沙量模拟

(e)CNRM_CM5_QM模式年径流量模拟　　(f)CNRM_CM5_QM模式年输沙量模拟

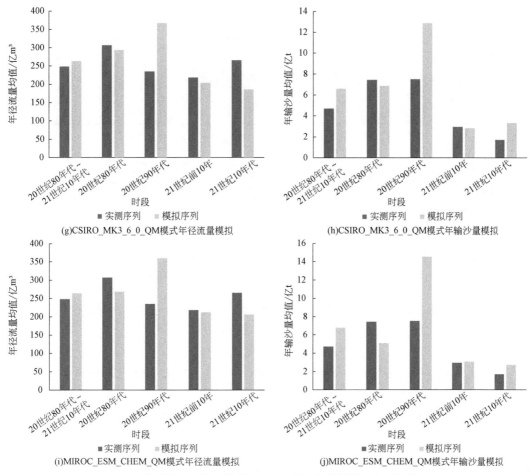

图 7-39　潼关站实测序列均值和 GCM 降尺度数据模拟序列均值对比

图 7-39 显示 20 世纪 80 年代～21 世纪 10 年代基于 EC_EARTH_RCM、EC_EARTH_QM、CNRM_CM5_QM、CSIRO_MK3_6_0_QM、MIROC_ESM_CHEM_QM 共计 5 个模式的年径流量模拟序列均值与实测序列均值较接近；年输沙量模拟方面，EC_EARTH_RCM 和 EC_EARTH_QM 模拟序列均值与实测序列均值数值相当，CNRM_CM5_QM 模式模拟序列略小，CSIRO_MK3_6_0_QM 和 MIROC_ESM_CHEM_QM 模拟序列略大。不同时段对比发现，20 世纪 90 年代所有模式下年径流量序列和年输沙量序列模拟均值与实测序列均值都差异较大；21 世纪前 10 年除了 EC_EARTH_QM 模式，其他年径流量模拟序列均值与实测序列均值较接近；21 世纪 10 年代年径流量模拟序列均值较实测序列均值偏小，而除了 EC_EARTH_QM 模式年输沙量模拟序列均值较实测序列均值偏大。

为进一步分析水土保持措施的减水和减沙效益，将年径流量和年输沙量增量与水土保持措施面积的增量相比（即水土保持措施减水减沙的边际效益），分析其随水保措施面积增加的变化趋势，如图 7-40 所示。

研究表明水土保持措施在黄河流域起到充分的减水减沙作用，但是随着水土保持措施面积的增加，水土保持措施减水减沙的边际效益逐渐降低，在 2000 年前后达到一个临界

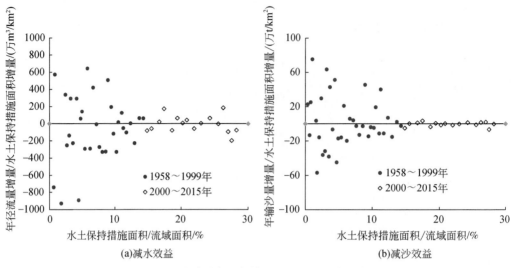

图 7-40　潼关站水土保持措施的减水和减沙效益

点，在目前水利水保措施条件下，减水减沙的边际效益已达稳定状态，因此在估计年径流量和年输沙量变化趋势时，假定水利水保的拦水拦沙效率不变。

依据建立的黄河流域年径流量和年输沙量模型，输入 CMIP5-RCP4.5 情景的预测因子数据，假定水利水保措施及其拦水拦沙效率不变，计算得到的 2021～2070 年的平均年径流量和平均年输沙量如图 7-41 所示。

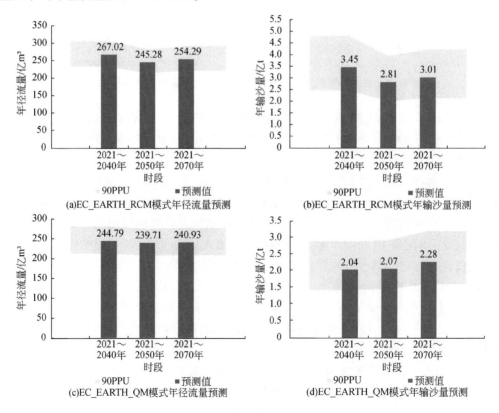

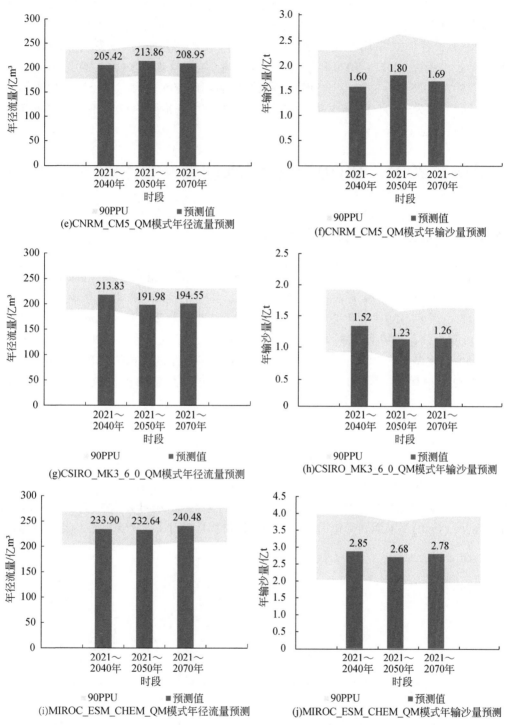

图 7-41 潼关站年径流量和年输沙量预测

整体上，2021～2070 年潼关站年径流量和年输沙量呈波动变化的趋势。2021～2040 年各模式年均径流量在 205.42 亿～267.02 亿 m³，各模式年均输沙量在 1.52 亿～3.45 亿 t；2021～2050 年各模式年均径流量在 191.98 亿～245.28 亿 m³，各模式年均输沙量在 1.23 亿～2.81 亿 t；2021～2070 年各模式年均径流量在 194.55 亿～254.29 亿 m³，各模式年均输沙量在 1.26 亿～3.01 亿 t。但是预测结果的不确定性较大，年径流量预测的 90% 不确定区间范围为 [164.1，305.9]（亿 m³），年输沙量预测的 90% 不确定区间范围为 [0.84，4.81]（亿 t）。

7.6　2021～2070 年黄河水沙变化趋势集合评估

7.6.1　多模型水沙模拟精度评价

逻辑回归（logistic regression，LR）模型、SWAT 模型、机器学习（machine learning，ML）模型、GAMLSS 模型下潼关站年径流量、年输沙量的模拟值与潼关站实测值（observation，简称 OBS）变化关系见图 7-42，结果表明各模型对年径流量、年输沙量的模拟在 2000 年之前，模拟值与潼关站实测值之间有较好的变化一致性，2000 年及之后各模型的模拟值出现差异分化，特别是在年输沙量方面，各模型的模拟值存在较大差异。同时可发现相对其他模型，GAMLSS 模型对年径流量、年输沙量的模拟效果呈现出更好的效果。

鉴于各模型对年径流量、年输沙量的模拟结果在 2000 年前后存在差异，同时为了更好地分析各模型对潼关站年径流量、年输沙量序列模拟的效果，本研究将研究时段划分为基准期（2000 年之前）和变化期（2000 年及之后），采用确定性模型精度评价指标纳什效率系数 NSE、相对误差 RE、一致性指数 d、相对均方根误差 RMSE、相对平方均方误差 MSESQ、相对对数均方误差 MSELN、校正的决定性系数 adjusted R^2（共 7 个），对各模型模拟序列所划分的基准期和变化期进行了相应评价指标的计算。考虑到评价指标的量纲不

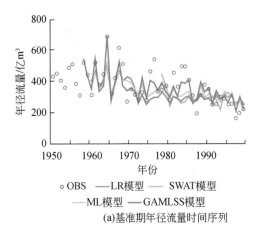
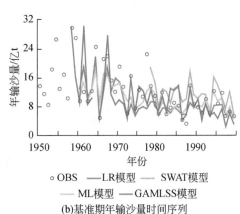

(a)基准期年径流量时间序列　　　　　　(b)基准期年输沙量时间序列

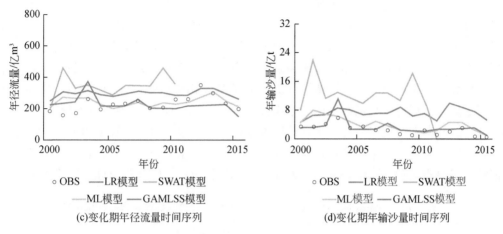

(c)变化期年径流量时间序列   (d)变化期年输沙量时间序列

图 7-42　各模型对潼关站水沙模拟的时间序列

统一，很难直接应用于模型评价，将评价指标进行了无量纲化处理，即将评价指标的实际量值转化为 [0，1] 区间上的无量纲数，结果见图 7-43。从图 7-43 可以看出，年径流量方面，GAMLSS 模型相对表现最好；年输沙量方面，GAMLSS 模型和 ML 模型的评价指标基本一致，优于 LR 模型、SWAT 模型。

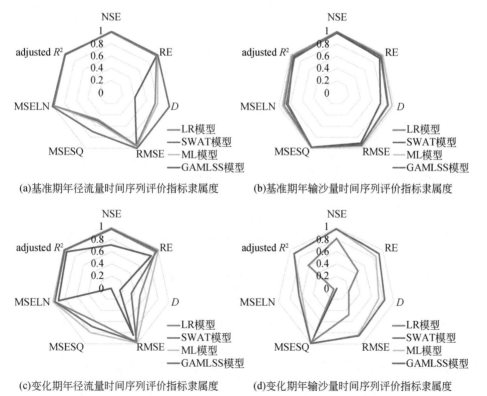

(a)基准期年径流量时间序列评价指标隶属度   (b)基准期年输沙量时间序列评价指标隶属度

(c)变化期年径流量时间序列评价指标隶属度   (d)变化期年输沙量时间序列评价指标隶属度

图 7-43　各模型模拟评价指标的隶属度计算统计图

虽然本书较直观地给出 7 个评价指标在不同模型下的评价结果，但不同模型不同指标间呈现离散化、多样化的评价结果，难以形成统一的具有说服性的结果，这使得不同模型之间具有可比性。为此，提出水沙模型的精度评价体系，对各模型进行体系化、整体化的模型精度集合评估探究。具体可概化为采用主成分分析对各模型下年径流量、年输沙量统计评价指标进行主成分分析及敏感性分析，根据判断矩阵提取评价指标的贡献率表及主成分载荷矩阵，加权计算得到各指标的主成分得分，由此进行评价指标的敏感性排名。在敏感性排名的基础上应用层次分析法计算评价指标权重。根据以上计算所得的各指标隶属度及优化权重，采用评价指标计算各模型综合得分，并对水文模型进行评价。为使不同模型的模拟结果具有对比性，结合不同模型评价指标的权重值，综合得分计算结果见表 7-12。

表 7-12　各模型对年径流量、年输沙量模拟的评价指标综合得分计算结果

水文要素	模型	时段	评价指标隶属度							综合得分	精度等级
			NSE	RE	d	RMSE	MSESQ	MSELN	adjusted R^2		
年径流量	LR 模型	基准期	0.990	0.975	0.750	0.969	0.497	0.976	0.988	0.906	优
		变化期	0.963	0.949	0.500	0.953	0.627	0.960	0.991	0.889	优
	SWAT 模型	基准期	0.983	0.963	0.407	0.958	0.505	0.966	0.997	0.876	优
		变化期	0.704	0.849	0.150	0.842	0	0.898	0.958	0.678	中
	ML 模型	基准期	0.992	0.981	0.788	0.978	0.537	0.985	0.993	0.918	优
		变化期	0.987	0.998	0.641	0.993	0.793	0.992	1	0.940	优
	GAMLSS 模型	基准期	0.996	1	1	1	0.701	1	0.981	0.958	优
		变化期	0.978	0.981	0.345	0.975	0.690	0.982	0.997	0.897	优
年输沙量	LR 模型	基准期	0.992	0.962	0.889	0.943	0.993	0.904	0.955	0.956	优
		变化期	0.808	0.459	0.207	0.472	0.973	0.044	0.607	0.570	差
	SWAT 模型	基准期	0.975	0.913	0.749	0.913	0.992	0.843	0.949	0.924	优
		变化期	0	0	0	0	0.863	0	0	0.105	差
	ML 模型	基准期	0.995	0.981	0.955	0.970	0.996	0.932	0.976	0.975	优
		变化期	0.972	0.847	0.726	0.830	1	0.582	0.906	0.861	优
	GAMLSS 模型	基准期	0.990	0.946	0.869	0.917	0.981	0.871	0.915	0.936	优
		变化期	0.978	0.911	0.820	0.856	0.994	0.638	0.912	0.886	优

各模型的综合得分的分析结果表明，整体来看，GAMLSS 模型、ML 模型对年径流量、年输沙量的模拟效果明显优于其他模型，具体为 GAMLSS 模型对年径流量的模拟精度在基准期相对最优，ML 模型对年径流量的模拟在变化期相对最优；基准期、变化期对年输沙量的模拟相对最优则分别为机器学习模型、GAMLSS 模型。SWAT 模型和计算相对简单且结果易获取的 LR 模型在基准期的模拟效果优于变化期。同时可以发现，4 种模型在对年径流量的模拟方面，精度等级基本均为优，但在对年输沙量的模拟方面，LR 模型和SWAT 模型的精度等级明显下降，效果较差，可能与这两种模型对流域内水土保持措施的持续实施等欠缺有效考虑有关。

7.6.2 黄河潼关站水沙预测集合评估

由典型流域水沙变化预测方法误差与不确定性解析可知，资料来源不同对模型模拟结果有很重要的影响，不同气候模式条件下数字流域模型和 GAMLSS 模型的预测结果也不同，潼关站水沙预测结果差异较大，因此本书考虑尽可能应用多种气候模式输入，对 2021～2070 年潼关站水沙集合预测。

模型的选择方面，LR 模型在预测潼关站水沙情势的时候，对人类活动中水保措施持续开展所发挥的减水减沙效益欠缺有效考虑，在 2000 年以后估算得到年径流量和年输沙量均偏大，因此在对 2021～2070 年潼关站水沙预测时不再纳入 LR 模型的预测结果。考虑水土保持措施的 GAMLSS 模型和 ML 模型在基准期与变化期的模拟精度均较高，因此在 2021～2070 年模拟时两个模型的预测结果均纳入集合预测样本。SWAT 模型描述了坡面上的降水产流、径流产沙和沟道水沙输移等物理过程，在黄土高原典型流域的水沙过程模拟运用比较广，因此 SWAT 模型也用于水沙预测。数字流域模型通过子流域单元划分，考虑气候、地形地貌、土壤植被等的空间差异性；通过河网水沙演进与河道冲淤计算，重现流域内任何河道断面和流域出口的水沙过程，具有坚实的物理基础，因此数字流域模型也用于潼关站水沙预测。多因子影响的黄河流域分布式水沙模型（MFWESP 模型）在二元水循环模型（WEP-L 模型）的基础上进行改进，通过添加对黄河源区冻土水热耦合模拟、黄土高原水沙耦合过程模拟、考虑水库调度影响模拟及基于 OpenMP（一种用于共享内存并行系统的多线程序设计方案）的并行化改进，能够描述黄河流域径流量和输沙量的月过程，因此 MFWESP 模型也用于潼关站水沙预测。

在集合预测模型的选择方面，由黄河中游典型流域水文模型集合评估可知简单平均法、贝叶斯模型加权平均法、模型得分加权平均法不同集合预测模型差异较小。贝叶斯模型加权平均法和模型得分加权平均法均需要在历史实测序列与模拟对比的基础上进行集合预测，而简单平均法不需要模型模拟的历史数据。为了尽可能地增加预测的样本容量，增加预测结果的可信度，本研究选用简单平均法进行集合预测。潼关站 2021～2070 年的年径流量、年输沙量预测值见图 7-44。

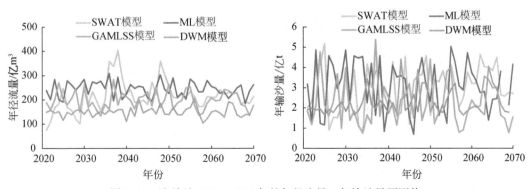

图 7-44 潼关站 2021～2070 年的年径流量、年输沙量预测值

由图 7-45 可知，不同气候模式输入下相同模型对年径流量和年输沙量预测的结果差异较大，相同气候模式输入下不同模型预测结果的变化趋势一致，如 GAMLSS 模型和数字流域模型（DWM）均显示 CNRM_CM5_QM 气候模式条件下对年输沙量的预测结果较大，CSIRO_MK3_6_0_QM 气候模式条件下对年输沙量的预测结果小，ML 模型和 DWM 在 IPSL_CM5A_LR 气候模式下对年输沙量的模拟结果相当。

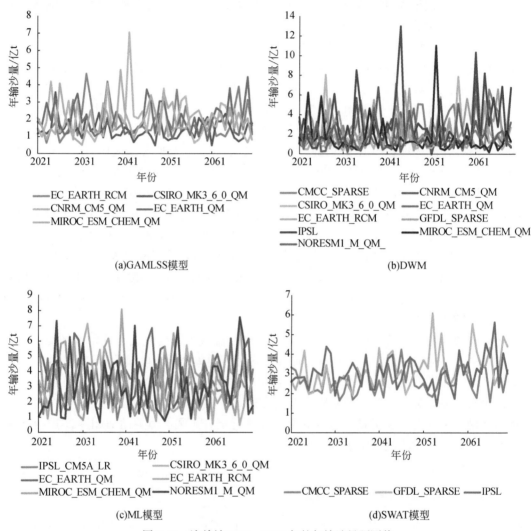

图 7-45　潼关站 2021~2070 年的年输沙量预测值

集合 SWAT 模型、GAMLSS 模型、ML 模型、DWM 模型、MFWESP 模型对潼关站 2021~2070 年水沙变化进行集合预测，结果见图 7-46。

2021~2040 年年均径流量 235 亿 m³，90% 不确定区间范围为 [202，275]（亿 m³）；2021~2050 年年均径流量为 239 亿 m³，90% 不确定区间范围为 [206，283]（亿 m³）；2021~2070 年年均径流量为 240 亿 m³，90% 不确定区间范围为 [208，276]（亿 m³）；潼关站年径流量 90% 的置信区间范围是 [164，328]（亿 m³）。

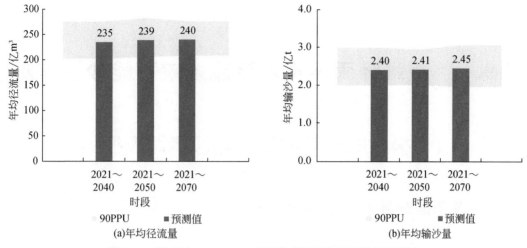

图7-46 潼关站2021～2070年年均径流量和年均输沙量预测

2021～2040年年均输沙量为2.40亿t，90%不确定区间范围为［2.00，2.98］（亿t）；2021～2050年年均输沙量为2.41亿t，90%不确定区间范围为［2.01，2.94］（亿t）；2021～2070年年均输沙量为2.45亿t，90%不确定区间范围为［1.96，3.06］（亿t）；潼关站年输沙量90%的置信区间范围为［0.79，5.12］（亿t）。

| 8 | 极端降雨下黄河流域未来可能沙量预测

8.1 极端降雨下的洪水泥沙事件表征指标

8.1.1 黄河流域暴雨洪水泥沙特点

8.1.1.1 暴雨

黄河流域的暴雨主要发生在 6~9 月。开始日期一般是南早北迟、东早西迟。黄河上游的大暴雨一般以 7 月、9 月出现概率较高，8 月出现概率较低（徐宗学和张楠，2006）。黄河中游的大暴雨多发生在 7 月、8 月，其中三门峡站至花园口站区间（简称三花间）特大暴雨多发生在 7 月中旬至 8 月中旬。黄河下游的暴雨以 7 月出现的概率最高，8 月次之。

黄河流域的主要暴雨中心地带：上游为积石山东坡；中游为六盘山东侧的泾河中、上游，陕北的神木一带；三花间的山西垣曲县，河南洛阳新安县、嵩县、宜阳及沁河太行山南坡的济源市五龙口等地。

黄河上游的暴雨特点是面积大、历时长，但强度不大（Sheng et al.，2002）。例如，1981 年 8 月中旬至 9 月上旬连续降雨约一个月，150mm 雨区面积为 116 000km²，暴雨中心久治站 8 月 13 日~9 月 13 日，共降雨 634mm，其中仅有一天降水量达 43mm，其他日降水量均小于 25mm。1967 年 8 月下旬至 9 月上旬和 1964 年 7 月中旬等几次较大洪水的降雨历时都在 15d 以上，雨区笼罩兰州站以上大部分流域（陈效逑等，2011）。

黄河中游的暴雨主要来源于河口镇站至龙门站区间（简称河龙间）、龙门站至三门峡站区间（简称龙三间）和三花间。

（1）河龙间

河龙间经常发生区域性暴雨，其特点可概括为暴雨强度大、历时短，雨区面积在 4 万 km² 以下。例如，1971 年 7 月 25 日，窟野河上的杨家坪站，实测 12h 降水量达 408.7mm，雨区面积为 17 000km²。最突出的记录是 1977 年 8 月 1 日在陕西、内蒙古交界的乌审旗附近发生的特大暴雨（暴雨中心在流域内的闭流区），中心点 9h 降水量达 1400mm（调查值），50mm 雨区范围为 24 650km²。

（2）龙三间

泾河上、中游的暴雨特点与河龙间相近。渭河及北洛河暴雨强度略小，历时一般为 2~3d，在其中、下游，也经常出现一些连阴雨天气，降雨持续时间一般可以维持 5~10d 或更长，一般降雨强度较小，这种连阴雨天气发生在夏初，往往是江淮连阴雨的一部分，秋季连阴雨则是我国华西秋雨区的边缘, 如 1981 年 9 月上、中旬, 渭河、北洛河普遍降雨, 总历时在半个月以上, 其中强降水历时在 5d 左右, 大于 50mm 的雨区范围为 70 000km², 这场降水形成渭河华县站洪峰流量 5360m³/s。在出现有利的天气条件时, 河龙间与泾河、洛河、渭河中上游可同时发生大面积暴雨, 这种大面积暴雨还有间隔几天相继出现的现象。例如, 1933 年 8 月上旬暴雨区同时笼罩泾河、洛河、渭河和北干流无定河、延河、三川河流域, 雨带呈西南-东北向, 雨区面积达 10 万 km² 以上, 主要雨峰出现在 6 日, 其次是 9 日。这种雨型是形成三门峡大洪水和特大洪水的典型雨型。

（3）三花间

暴雨发生次数频繁, 强度也较大, 暴雨区面积可达 2 万 ~ 3 万 km², 历时一般为 2 ~ 3d。例如, 1958 年 7 月中旬暴雨, 垣曲站 7 月 16 日降水量达 366mm, 涧河任村日降水量达 650mm（调查值）。1982 年 7 月底 8 月初的三花间大暴雨, 7 月 29 日暴雨中心石涡最大 24h 降水量达 734.3mm, 5 日雨深 200mm 以上的笼罩面积超过 44 000km²。据历史文献记载, 1761 年（乾隆二十六年）暴雨几乎遍及整个三花间, 有关县志描述该场暴雨为"七月十五日至十九日暴雨五昼夜不止""暴雨滂沱者数日", 这是形成三花间大洪水或特大洪水的典型雨型。

8.1.1.2 径流

（1）空间分布

本书采用 1956 ~ 2010 年天然径流量系列来分析黄河流域径流特性。从空间分布来看, 黄河流域径流深等值线分布与降水量等值线分布十分相似, 总体趋势是由东南向西北递减, 最高为南部的巴颜喀拉山脉-秦岭-伏牛山-嵩山一线, 多年平均径流深一般都在 300mm 以上, 个别小区最大可达 700mm; 西部的祁连山、太子山、贺兰山, 中部的六盘山及东部和东南部的吕梁山、中条山、泰山等石质或土石山区, 都存在径流深的局部极大值。黄土高原和黄土丘陵区, 下垫面性质比较均一, 相对高差不大, 径流深等值线分布比较均匀, 并随降雨变化依次由东南向西北递减, 在兰州站至托克托站区间, 径流深降低至 10mm 以下。

（2）年内分配

从黄河流域河川天然径流量年内分配来看, 其主要集中于 7 ~ 10 月, 可占年径流量的 58.0% 左右。最少月径流量多发生在 1 月, 仅占年径流量的 2.4% 左右; 最多月径流量多发生在 7 月、8 月, 可占年径流量的 30% 左右。表 8-1 给出黄河主要干、支流水文站 1956 ~ 2010 年多年平均天然径流量年内分配的情况。

表 8-1　黄河主要干、支流水文站 1956 ~ 2010 年多年平均天然
径流量年内分配的情况　　　　　　　　（单位:%）

水文站	1 月	2 月	3 月	4 月	5 月	6 月	7 月	8 月	9 月	10 月	11 月	12 月
兰州站	2.6	2.4	3.4	4.9	8.0	10.8	15.9	14.7	14.9	12.4	6.5	3.5
龙门站	1.9	2.8	5.7	5.5	7.9	9.4	14.7	15.6	14.6	13.0	6.6	2.3
三门峡站	2.3	3.2	5.7	5.7	7.7	8.7	14.0	15.2	14.5	13.1	7.0	2.9

水文站	1月	2月	3月	4月	5月	6月	7月	8月	9月	10月	11月	12月
花园口站	2.5	2.9	5.5	5.6	7.6	8.3	14.0	15.6	14.4	13.2	7.2	3.2
利津站	2.4	2.9	5.3	5.6	7.5	7.8	13.8	16.1	14.8	13.3	7.3	3.2
红旗站	2.8	2.6	3.6	5.1	8.7	9.8	13.0	14.6	15.4	13.0	7.2	4.2
民和站	3.5	3.3	4.0	9.3	7.9	8.5	12.1	13.4	12.8	13.5	7.4	4.3
享堂站	1.9	1.7	2.6	5.3	8.7	11.4	18.9	18.1	15.3	9.1	4.4	2.6
华县站	3.3	3.3	3.9	6.5	8.4	7.1	13.1	13.6	15.7	13.7	7.3	4.1
河津站	5.3	4.4	8.3	6.7	6.4	6.2	12.1	17.3	13.3	7.7	6.6	5.7
状头站	3.7	4.5	7.9	6.8	6.4	6.4	13.9	16.7	11.8	10.0	6.9	5.0
黑石关站	3.7	3.2	4.7	5.7	7.1	6.0	15.6	16.2	14.0	12.1	6.9	4.8
武陟站	5.2	4.4	4.5	4.4	5.0	5.5	13.2	20.2	12.9	10.9	7.5	6.3

8.1.1.3 洪水

（1）洪水发生时间及峰型

黄河洪水由暴雨形成，故洪水发生的时间与暴雨发生的时间相一致。从全流域来看，洪水发生时间为6~10月。其中，大洪水的发生时间，上游一般为7~9月，三门峡站为8月，三花间为7月中旬至8月中旬（任国玉等，2010）。

从黄河的洪水过程来看，上游为矮胖形，即洪水历时长、洪峰低、洪量大；中游为高瘦型，即洪水历时较短、洪峰较大、洪量相对较小。实测资料统计，中游洪水过程有单峰型，也有连续多峰型。一次洪水的主峰历时，支流一般为3~5d，干流一般为8~15d。支流连续洪水一般为10~15d，干流三门峡、小浪底、花园口等站的连续洪水历时可达30~40d，最长达45d，较大洪水的洪峰流量为15 000~25 000m³/s。

（2）洪水来源及组成

黄河上游的洪水主要来自兰州站以上流域，由于源远流长，加之河道的调蓄作用和宁夏、内蒙古的灌区耗水，洪水流至下游，只能组成黄河下游洪水的基流，并随洪水统计时段的加长，上游来水所占比例相应增大。黄河中游的洪水主要来自河龙间、龙三间和三花间三个地区。黄河下游的洪水主要来自中游河口镇站至花园口站区间。

根据实测及历史调查的洪水资料分析，花园口站大于8000m³/s的洪水都是以中游来水为主，河口镇站以上的上游地区相应来水流量一般为2000~3000m³/s，只能形成花园口洪水的基流。三花间的洪水主要来自小花间，对三次较大洪水实测统计的结果表明，小花间来水占三花间的70%以上，主要原因是小花间面积占三花间比例很大（86.2%）。

（3）洪水的地区遭遇

根据实测及历史洪水资料分析，黄河上游的大洪水和黄河中游的大洪水不同时发生。黄河中游的"上大洪水"和"下大洪水"也不同时发生。黄河上游大洪水可以和黄河中游的小洪水相遇，形成花园口站断面洪水。实测资料统计，花园口站洪峰流量一般不超过8000m³/s，但洪水历时甚长，含沙量较小。黄河中游的河龙间和龙三间洪水可以相遇，形成三门峡站断面峰高量大的洪水过程。黄河中游的河三间和三花间的较大洪水也可以相遇，形成花园口站断面的较大洪水。这类洪水一般由纬向型暴雨形成，雨区一般笼罩泾河、洛河、渭河下游至伊洛河的上游地区。

8.1.1.4 泥沙

黄河是世界上输沙量最大、含沙量最高的河流（康玲玲等，2004）。1919～1960年陕县站实测多年平均输沙量为16亿t，平均含沙量达35kg/m³。

近年来，由于人类活动对下垫面影响和水文气象条件变化，黄河实测来沙量明显减少，中游地区来沙量变化尤为明显（闵岫和钱永甫，2008），如头道拐站至龙门站区间1919～2015年多年平均实测水量、沙量分别为55.0亿m³、6.67亿t，1987～2015年年均水量、沙量分别下降到29.9亿m³、2.74亿t，较多年均值分别减少了45.6%和58.9%；2000～2015年年均水量、沙量分别下降到21.0亿m³、1.03亿t，较多年均值分别减少61.8%、84.6%。潼关站1919～2015年多年平均实测水量、沙量分别为365.2亿m³、11.59亿t，1987～2015年潼关站年均水量、沙量分别为244.1亿m³、5.00亿t，较多年均值分别减少33.2%、56.9%；2000～2015年潼关站年均水量、沙量分别为230.6亿m³、2.50亿t，较多年均值分别减少36.9%、78.4%。龙门、华县、河津、状头四站1919～2015年多年平均实测水量、沙量分别为369.8亿m³、12.18亿t，1987～2015年四站年均水量、沙量分别为253.7亿m³、5.52亿t，较多年均值分别减少31.4%、54.7%；2000～2015年四站年均水量、沙量分别为244.0亿m³、2.71亿t，较多年均值分别减少34.0%、77.8%。

黄土高原多沙粗沙区是黄河流域水土流失最严重的地区，是黄河泥沙特别是粗泥沙的主要来源地。相关研究表明粒径大于0.05mm的粗泥沙为黄河下游河床冲淤主体，粒径大于0.1mm的泥沙是下游河床淤积主体，而这部分泥沙的主要来源是多沙粗沙区及其中的粗泥沙集中来源区（杨金虎等，2008）。

多沙粗沙区位于河龙间及泾河、洛河上游，地理位置为106°57′E～111°58′E、35°54′N～40°15′N，面积为7.86万km²，行政区涉及陕西、山西、甘肃、内蒙古、宁夏的9个地（盟、市）的45个县（旗、区），拥有总人口595.3万人，其中农业人口为507.45万人。区内有1000km²以上的支流21条，其中河龙间1000km²以上的支流有皇甫川、孤山川、窟野河、秃尾河、佳芦河、无定河、清涧河、延河、浑河、杨家川、偏关河、县川河、朱家川、岚漪河、蔚汾河、湫水河、三川河、屈产河及昕水河共19条。区域内支毛沟发育，沟壑面积占总面积的50%~60%，属典型的黄土丘陵沟壑区和黄土高原沟壑区地貌。该区域内的粗泥沙集中来源区主要分布在黄河中游右岸的皇甫川、清水川、孤山川、窟野河、秃尾河、佳芦河、无定河、清涧河、延河9条主要支流，总面积为1.88万km²。区内绝大多数地区属黄土丘陵沟壑区，黄土覆盖层厚度为30～100m。地形总体呈现出梁峁起伏，沟壑纵横的地貌特征，沟壑密度一般为3.0～8.0km/km²。

黄河中下游主要测站的水沙量统计见表8-2。其中，水量主要来自河口镇站以上，河口镇站断面年均来水量为209.24亿m³，占花园口站的58.3%；沙量主要来自中游的河龙间、渭河流域和北洛河流域，其中，河龙间年均来沙量为6.18亿t、渭河年均来沙量为3.02亿t、北洛河年均来沙量为0.68亿t，分别占潼关站断面年均来沙量的67.0%、

32.7%和7.3%。伊洛河和沁河来沙量很少，平均含沙量不足5kg/m³。河龙间的祖厉河、皇甫川、无定河、窟野河和渭河流域的泾河及北洛河上游等地区是黄河中游主要的泥沙来源区。

表8-2　黄河中下游主要测站水沙量统计表

河流	站名	年均来水量/亿 m³	年均来沙量/亿 t	平均含沙量/(kg/m³)
黄河	河口镇站	209.24	0.95	4.53
黄河	龙门站	248.91	6.28	24.84
汾河	河津站	8.68	0.12	14.17
北洛河	状头站	6.64	0.68	101.72
渭河	华县站	64.83	3.02	46.59
黄河	潼关站	327.91	9.24	28.17
伊洛河	黑石关站	23.69	0.07	3.00
沁河	武陟站	6.93	0.03	4.47
黄河	花园口站	359.21	8.43	23.48

注：各站采用的水沙时间序列为1960年7月～2010年6月。

以潼关站断面为例分析黄河中下游地区水沙年内分布情况，见表8-3。年内7月、8月来沙量最大，约占全年的58.2%，含沙量也最高，其次为9月。

表8-3　潼关站断面水沙年内分布情况表

项目	1月	2月	3月	4月	5月	6月	7月	8月	9月	10月	11月	12月
来水量/亿 m³	14.14	16.56	25.54	24.29	17.97	15.64	34.38	47.75	49.91	41.81	24.02	15.83
沙量/亿 t	0.14	0.16	0.28	0.22	0.21	0.27	2.25	3.11	1.46	0.68	0.26	0.18
含沙量/(kg/m³)	9.83	9.61	10.92	8.93	11.8	17.29	65.57	65.22	29.31	16.11	11.00	11.16
来沙量占年比例/%	1.5	1.7	3	2.4	2.3	2.9	24.4	33.8	15.9	7.3	2.9	1.9

8.1.2　黄河流域极端洪水表征指标

一般认为，洪水要素重现期5年以下的为小洪水，5～20年的为中洪水，20～50年的为大洪水，50年以上的为特大洪水。潼关站、花园口站天然设计洪水洪峰流量见表8-4。

表8-4　潼关站、花园口站天然设计洪水洪峰流量

站名	项目	重现期			
		2年	5年	10年	20年
潼关站	$Q_m/(m^3/s)$	19 900	15 800	12 700	11 700
	$W_5/$亿 m³	47.6	39.1	32.5	28.6
	$W_{12}/$亿 m³	84.3	71.8	61.9	57.0

续表

站名	项目	重现期			
		2 年	5 年	10 年	20 年
花园口站	$Q_m/(m^3/s)$	23 200	18 100	14 300	12 800
	$W_5/$亿 m^3	58.3	47.6	39.5	35.0
	$W_{12}/$亿 m^3	105.1	89.3	76.7	69.8

根据黄河下游防洪标准，预报花园口站流量超过 10 000m³/s，中游防洪工程体系均要进入防御大洪水的状态。目前黄河下游河道主槽最小过流能力约 4200m³/s，若花园口站发生 10 000m³/s 洪水，防洪进入紧急状态。因此，以花园口站流量 10 000m³/s 作为下游极端洪水的指标。

从不同频率设计洪水洪峰流量分析，同频率潼关站、花园口站设计洪水洪峰流量相差不大，且"上大洪水""下大洪水"一般不同时发生，因此初步考虑将潼关站 10 000m³/s 及其以上洪水作为极端洪水，或洪峰、洪量重现期 5 年一遇以上的洪水为极端洪水。

8.1.3 黄河流域极端泥沙事件的表征指标

以潼关站为代表站进行研究。极端泥沙事件的表征指标，一般按时间长度分为场次指标（沙峰、沙量、含沙量等）和累计指标（沙量），且本书的研究重点是年、月沙量的分析，分析年、月沙量还涉及相应的年、月径流量，因此极端泥沙事件的表征指标分为两类：场次泥沙指标，沙峰、不同时段沙量等；累计径流泥沙指标，包括月、汛期、年水量和沙量。

8.2 黄河流域极端降雨下的洪水、泥沙指标值变化

8.2.1 河潼间极端水沙的极值分析

按统计时段的长度将洪水、泥沙指标划分为两类：一类是场次类型的洪水、泥沙指标（如最大 N 日洪量、沙量）；另一类是累计类型的洪水、泥沙指标（如年及汛期径流量、输沙量等）。本书在两种类型中各选一部分洪水、泥沙指标，基于频率分析法对河潼间 1956~2015 年的极端洪水、泥沙极值进行分析。

（1）场次类型的洪水、泥沙指标分析

选取的场次类型的洪水、泥沙指标为年最大 1d、3d、5d、12d、30d 洪量及输沙量，河潼间 1956~2015 年 $P=10\%$ 的场次类型洪水、泥沙指标的极值计算结果见表 8-5。

表 8-5　河潼间 1956～2015 年 P=10% 的场次类型洪水、泥沙指标的极值

项目		年最大 N 日				
		1	3	5	12	30
洪水	洪量/亿 m³	5.1	12.1	17.4	31.0	59.5
泥沙	输沙量/亿 t	1.4	2.9	4.0	6.6	9.7

（2）累计类型的洪水、泥沙指标分析

选取的累计类型的洪水、泥沙指标为年径流量、6～9 月月径流量、7～8 月月径流量、年输沙量等，河潼间 1956～2015 年 P=10% 的累计类型洪水、泥沙指标的极值计算结果见表 8-6。

表 8-6　河潼间 1956～2015 年 P=10% 的累计类型洪水、泥沙指标的极值

项目	选取指标	极值
径流/亿 m³	年径流量	192.6
	6～9 月月径流量	104.4
	7～8 月月径流量	66.1
	6～9 月扣除 200m³/s 基流	83.3
	7～8 月扣除 200m³/s 基流	55.3
泥沙	年输沙量/亿 t	18.6

（3）极端洪水泥沙极值变化分析

根据河潼间 1956～2015 年 P=10% 的场次类型洪水、泥沙指标的极值，统计了大于极值的洪水、泥沙指标在各时段的出现频次。总体来看，P=10% 的场次类型洪水、泥沙指标的极值主要出现在 1980 年以前，特别是场次类型泥沙指标均出现在 1980 年以前，见表 8-7。

表 8-7　河潼间 1956～2015 年 P=10% 的场次类型洪水、泥沙指标极值出现频次

项目		年最大 N 日				
		1	3	5	12	30
场次洪量出现频次	阈值/mm	5.1	12.1	17.4	31.0	59.5
	1956～1960 年	3	4	2	3	2
	1961～1970 年	1	0	2	1	1
	1971～1980 年	2	2	2	1	1
	1981～1990 年	0	0	0	1	2
	1991～2000 年	0	0	0	0	0
	2001～2010 年	0	0	0	0	0
	2011～2015 年	0	0	0	0	0

续表

项目		年最大 N 日				
		1	3	5	12	30
	阈值/亿 m³	1.4	2.9	4.0	6.6	9.7
场次输沙量出现频次	1956~1960 年	2	2	2	2	2
	1961~1970 年	2	2	2	2	3
	1971~1980 年	2	2	2	2	1
	1981~1990 年	0	0	0	0	0
	1991~2000 年	0	0	0	0	0
	2001~2010 年	0	0	0	0	0
	2011~2015 年	0	0	0	0	0

根据河潼间 1956~2015 年 $P=10\%$ 的累计类型洪水、泥沙指标的极值，统计了大于极值的降雨指标在各时段的出现频次。总体来看，$P=10\%$ 的累计类型洪水、泥沙指标的极值主要出现在 1970 年以前，特别是年径流量指标均出现在 1970 年以前，见表 8-8。

表 8-8　河潼间 1956~2015 年 $P=10\%$ 的累计类型洪水、泥沙指标极值出现频次

项目		年径流量	年输沙量
阈值/亿 m³		192.6	18.6
累计类型的洪水、泥沙出现频次	1956~1960 年	3	2
	1961~1970 年	3	3
	1971~1980 年	0	1
	1981~1990 年	0	0
	1991~2000 年	0	0
	2001~2010 年	0	0
	2011~2015 年	0	0

8.2.2　潼关站极端水沙事件相应的降雨特征指标

8.2.2.1　极端洪水泥沙事件相应降雨

根据潼关站 1960~2015 年实测资料，分析了潼关站洪峰流量大于 10 000m³/s 的 6 场洪水相应的降雨、洪水、泥沙的特征指标，典型场次洪水、泥沙特征见表 8-9、表 8-10，从图 8-1 可以看出，"19640717""19770707""19770807"三场洪水的洪水、泥沙特征指标较为突出，洪量、沙量都较大。从洪水来源上分析，"19640717""19790812"洪水主要来源于河口镇以上，其余四场洪量均主要来自河潼间。

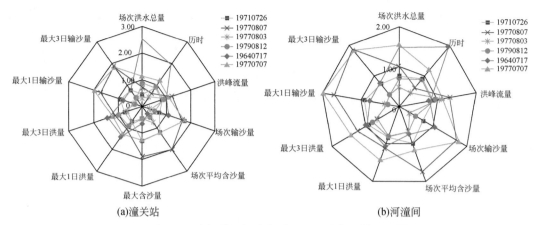

(a)潼关站　　　　　　　　　　　　　　(b)河潼间

图 8-1　潼关站、河潼间典型场次的洪水、泥沙指标模比系数雷达图

表 8-9　潼关站典型场次洪水情况表

站/区间	洪水编号	开始时间	结束时间	历时/d	场次洪水总量/亿 m³	洪峰流量/(m³/s)	最大1日洪量/亿 m³	最大3日洪量/亿 m³	年水量/亿 m³
潼关站	19640717	1964 年 8 月 4 日 2：00	1964 年 8 月 16 日 18：00	13	59.8	12 400	8.2	18.1	699
	19710726	1971 年 7 月 25 日 0：00	1971 年 7 月 30 日 23：00	6	11.0	10 200	4.2	9.2	309
	19770707	1977 年 7 月 6 日 13：00	1977 年 7 月 13 日 23：00	8	27.0	13 600	7.7	15.4	330
	19770803	1977 年 8 月 3 日 0：00	1977 年 8 月 5 日 23：00	3	7.8	12 000	4.2	7.8	330
	19770807	1977 年 8 月 6 日 0：00	1977 年 8 月 9 日 23：00	4	16.4	15 400	6.1	14.2	330
	19790812	1979 年 8 月 11 日 20：00	1979 年 8 月 17 日 0：00	6	20.5	11 100	5.4	12.4	359

表 8-10　潼关站典型场次泥沙情况表

站/区间	洪水编号	开始时间	结束时间	历时/d	场次输沙量/亿 t	场次平均含沙量/(kg/m³)	最大1日输沙量/亿 t	最大3日输沙量/亿 t	年沙量/亿 t
潼关站	19640717	1964 年 8 月 4 日 2：00	1964 年 8 月 16 日 18：00	13	4.82	80.58	1.35	2.81	24.5
	19710726	1971 年 7 月 25 日 0：00	1971 年 7 月 30 日 23：00	6	3.08	280.28	1.58	2.75	13.4
	19770707	1977 年 7 月 6 日 13：00	1977 年 7 月 13 日 23：00	8	7.69	284.53	3.42	6.70	22.1
	19770803	1977 年 8 月 3 日 0：00	1977 年 8 月 5 日 23：00	3	1.37	174.01	0.63	1.37	22.1
	19770807	1977 年 8 月 6 日 0：00	1977 年 8 月 9 日 23：00	4	7.37	466.36	2.94	6.87	22.1
	19790812	1979 年 8 月 11 日 20：00	1979 年 8 月 17 日 0：00	6	2.23	114.33	0.53	1.50	10.9

　　河潼间典型场次的洪水、泥沙特征见表 8-11 和图 8-1，相应的降雨统计情况见表 8-12，从表 8-12 可以看出，仅"19770707"降雨、洪水、泥沙均可达到或接近基于频率分析法的极值，"19770707"可作为河潼间实测资料系列中极端洪水、泥沙事件的典型；

降雨与洪水、泥沙的关系较为复杂，降水量、雨强、落区等降雨指标及其相互组合关系共同影响洪水、泥沙的量级大小，因而与较大的洪水、泥沙事件相应的单个降雨指标未必较大，本书选取的 6 场洪水中，仅"19770707"洪水相应的降雨能可达到或接近基于频率分析法的极值。

表 8-11　河潼间典型场次洪水、泥沙情况表

洪水编号	历时/d	洪峰流量/(m³/s)	场次洪水总量/亿 m³	场次输沙量/亿 t	场次平均含沙量/(kg/m³)	最大 1 日洪量/亿 m³	最大 3 日洪量/亿 m³	最大 1 日输沙量/亿 t	最大 3 日输沙量/亿 t
19640717	13	8 800	18.4	4.57	245.78	5.0	8.8	1.34	2.77
19710726	6	9 833	9.4	3.08	330.96	3.9	8.3	1.58	2.75
19770707	8	12 477	19.3	7.65	390.38	6.7	13.0	3.42	6.69
19770803	3	11 538	6.0	1.36	226.48	3.7	6.0	0.63	1.36
19770807	4	14 484	12.6	7.36	581.12	5.2	11.2	2.94	6.86
19790812	6	9 330	8.8	2.08	230.28	3.7	7.2	0.52	1.43

表 8-12　河潼间典型场次降雨统计情况表

洪水编号	降水总量/mm	雨强/(mm/d)	最大 1 日降水量/mm	最大 3 日降水量/mm	前期降水量指数	最大 1 日25mm 雨区笼罩面积/万 km²	最大 3 日50mm 雨区笼罩面积/万 km²	最大 1 日25mm 雨区降雨累计值/亿 m³	最大 3 日50mm 雨区降雨累计值/亿 m³	最大 1 日25mm 雨区雨强/mm	最大 3 日50mm 雨区雨强/mm
19640717	66.8	5.6	23.7	35.5	17.6	8.9	6.7	57.5	60.4	64.5	90.2
19710726	24.4	6.1	8.9	22.7	7.5	3.8	4.9	19.2	47.5	51.3	96.5
19770707	66.0	8.2	32.6	47.0	21.5	13.6	11.4	85.8	106.8	63.2	93.8
19770803	17.3	5.8	9.7	17.3	18.6	2.6	2.0	23.9	25.4	92.7	127.0
19770807	29.8	7.4	13.8	28.1	20.9	6.1	6.1	32.4	56.2	52.9	91.5
19790812	28.7	4.8	9.2	18.4	14.1	3.7	3.5	16.1	34.2	43.6	97.5

8.2.2.2　极端径流泥沙事件相应的降雨

建立潼关站以上流域年降水量与年径流量长时间序列变化的对应关系，可直观判断大水年份（实测年径流量模比系数大的年份）的降雨情况，见图 8-2～图 8-6，三门峡站、河口镇站及河口镇站至三门峡站区间（简称河三间）、河龙间、龙三间的年降水量、年径流量的长时间序列变化过程，除河龙间外，其他站、区间的最大年径流量、年降水量均发生在 1964 年，河龙间最大年降水量也发生在 1964 年，但该年年径流量处于长时间序列中第四位，河龙间最大年径流量发生在 1959 年，该年年降水量处于长时间序列中第四位。

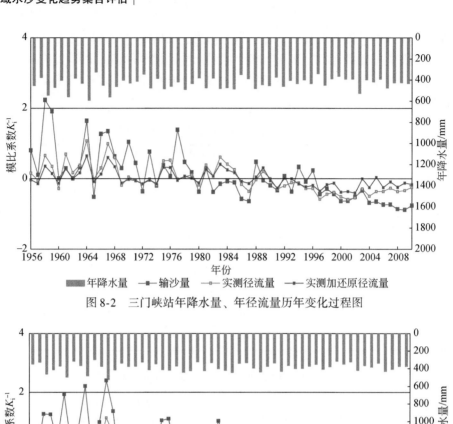

图 8-2　三门峡站年降水量、年径流量历年变化过程图

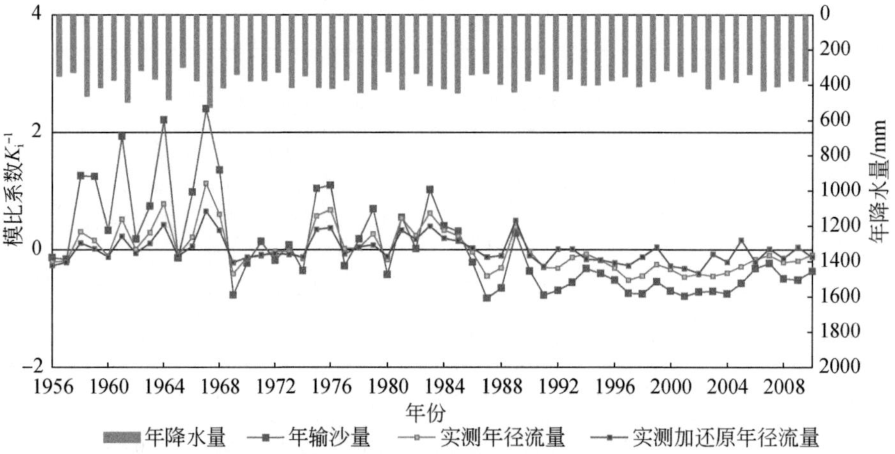

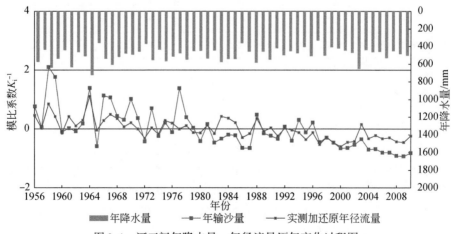

图 8-3　河口镇站年降水量、年径流量历年变化过程图

图 8-4　河三间年降水量、年径流量历年变化过程图

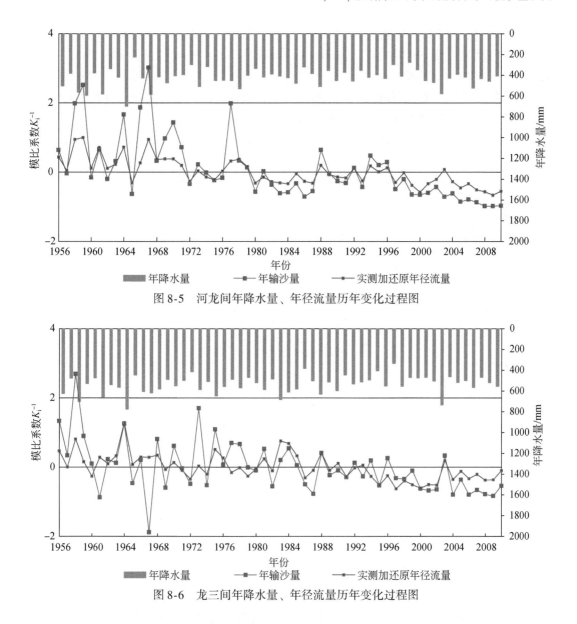

图 8-5　河龙间年降水量、年径流量历年变化过程图

图 8-6　龙三间年降水量、年径流量历年变化过程图

8.3　黄河中游典型流域雨–洪、洪–沙关系演变

8.3.1　西柳沟"2016.8.17"洪水

2016 年 8 月 17 日，黄河西柳沟发生了较为罕见的大雨强、大雨量、长历时的降雨过程，龙头拐站的洪峰流量为 2730m³/s（郭少峰等，2016）。该场洪水与流域 1989 年"7.21"暴雨洪水具有一定的相似性，本书从下垫面情况、降雨、洪水等方面对两场洪水进行了比较分析，并进一步分析了流域产流产沙的变化情况。

西柳沟是黄河上游内蒙古河段的一级支流，发源于内蒙古鄂尔多斯市东胜区，自南向北至达拉特旗昭君坟乡河畔村汇入黄河，流域面积为 1356.3km²，河长 106.3km，河道平均比降为 3.57‰（郭少峰等，2016）。西柳沟是十大孔兑之一，是黄河内蒙古河段产沙最严重的区域，流域内地势南高北低，上游为黄土丘陵沟壑区，中游为库布齐沙漠地带，下游为冲洪积扇区。西柳沟流域位置及地貌分区示意图见图 8-7。

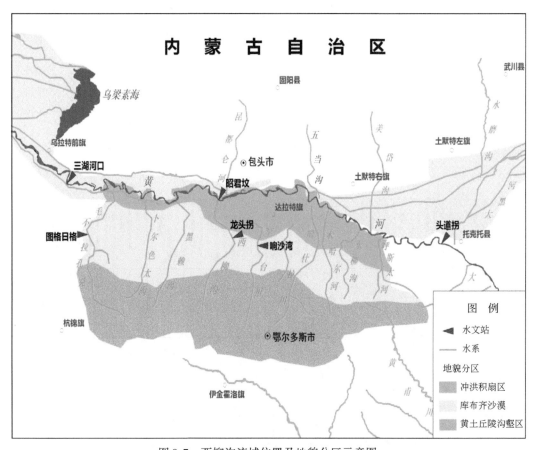

图 8-7　西柳沟流域位置及地貌分区示意图

西柳沟流域属于典型的干旱大陆性季风气候，干旱少雨，多年平均降水量为 268.7mm，蒸发量为 2200mm，平均气温为 6.1℃。降雨主要以汛期集中降雨的形式出现，汛期 6~9 月降水量占全年的 81%，主汛期 7~8 月降水量占全年的 56%。流域产流产沙多为暴雨形成，产生的洪水峰高量少、陡涨陡落、含沙量大，通常一次洪水的水沙量能占全年水沙量的 35% 以上，最高可达 99.8%。西柳沟入黄把口水文站为龙头拐站，控制流域面积 1157km²，多年平均径流量为 3057 万 m³，多年平均输沙量为 482 万 t，实测最大洪峰流量为 6940m³/s（1989 年），最大含沙量为 1550kg/m³（1973 年），年最大输沙量为 4748.7 万 t（1989 年）。

西柳沟流域的水土保持综合治理始于 20 世纪 60 年代，前期治理以植物措施为主，尤其是近年来，随着流域退耕还林、退牧还草等水土保持治理工程的实施，西柳沟流域植被覆盖状况趋于好转。2006～2011 年西柳沟上游陆续集中建设了 96 座淤地坝，其中骨干坝 33 座，中型坝 27 座，小型坝 36 座，详见图 8-8。淤地坝控制面积为 195.35km² 、占西柳沟流域面积的 14.4%。

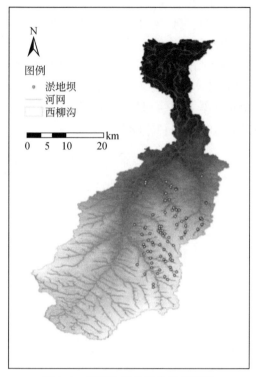

图 8-8　西柳沟淤地坝位置示意图

西柳沟流域设有龙头拐水文站和高头窑、柴登壕两个雨量站，这三个站是水利系统长期设立的站点，水文资料整编系统规范已有 50 余年的系列资料。西柳沟"2016.8.17"暴雨资料有两个来源：一是黄河流域水文年鉴整编资料；二是内蒙古鄂尔多斯市的山洪预警平台降水量监测点的实测资料（流域内 16 个点），两个来源的站点位置不同、实测降水量也有差异，各水文站、雨量站和降水量监测点的位置见图 8-9。山洪预警平台中的降水量监测点多、监测时段细，更有利于分析暴雨的时空分布，因此主要采用山洪预警平台监测资料分析"2016.8.17"暴雨分布。分析暴雨、下垫面变化对西柳沟产流产沙影响时，需要对比研究系列资料，则主要采用水文年鉴的长系列资料。需要说明的是，"2016.8.17"暴雨山洪预警平台的高头窑监测点与水文年鉴的高头窑雨量站不是一个位置，两个高头窑站的实测降水量也不同（如最大 24h 降水量，前者为 404mm，后者为 228.6mm），为便于区分，将山洪预警平台的高头窑称为高头窑 2 站。

8.3.1.1　暴雨洪水泥沙过程

(1) 暴雨过程及分布

西柳沟"2016.8.17"暴雨发生在 8 月 16 日 22：00～18 日 5：00，包括两场降雨：第一场从 8 月 16 日 22：00 ~ 17 日 14：00，第二场从 8 月 17 日 21：00 ~ 8 月 18 日 5：00。第一场降雨历时长，强度大，连续大雨时间为 17 日 5：00 ~ 12：00，暴雨的最大 1h、最大 3h、最大 6h、最大 12h 降水量都发生在第一场降雨，第一场雨的降水量为 352.0mm，占"2016.8.17"暴雨总量（410.5mm）的 80% 以上。第二场降雨，相对历时短、强度小，连续大雨时间为 17 日 23：00 ~ 18 日 1：00，降水量为 58.5mm。由西柳沟"2016.8.17"暴雨最大 24h 降水量分布图（图 8-9）可见，这次暴雨有两个距离较近的暴雨中心：一个暴雨中心在西柳沟高头窑 2 站，最大 24h 降水量达 404mm；另一个暴雨中心在西柳沟和罕台川流域交界处神木塔和赫家渠一带，最大 24h 降水量在 290mm 左右。两个暴雨中心相距约 17.5km，暴雨中心最大 24h 降水量超过 200mm 的笼罩面积约239.7km²，超过 300mm 的笼罩面积约 14.2km²。

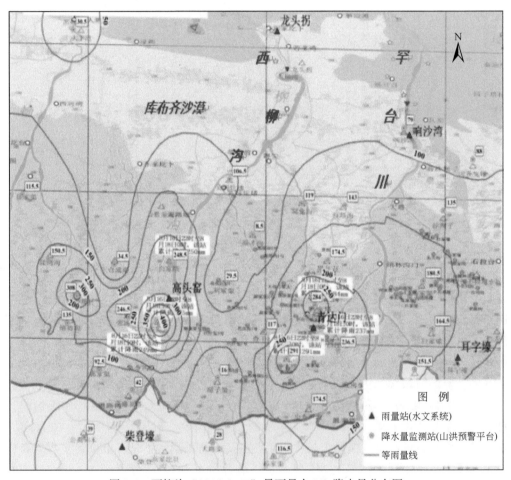

图 8-9　西柳沟"2016.8.17"暴雨最大 24h 降水量分布图

流域内累计降水量在 200mm 以上的监测点除暴雨中心高头窑 2 站外，还有劳场湾（252.5mm）、白家塔（251mm）、神木塔（297.5mm）、昌汉沟（236.5mm）、赫家渠（288mm）。从降雨分布看，本次降雨为西柳沟全流域性降雨，最大 24h 降水量超过 100mm

的降雨基本笼罩整个上游，降雨发生时间较为集中，最大 1h、最大 3h、最大 6h、最大 12h 降水量均发生在 8 月 17 日上午，整场降雨历时基本为 24h。

（2）实测洪水泥沙过程

根据黄河流域水文年鉴资料，西柳沟流域场次降水量为 159.2mm，最大 3h、最大 6h、最大 12h、最大 24h 降水量分别为 46.8mm、67.7mm、109.5mm、141.8mm。龙头拐站洪水过程为双峰，主峰洪峰流量为 2760m³/s，为 1960 年有实测资料以来第 5 位，发生在 8 月 17 日 14：54，次峰洪峰流量为 1170m³/s，发生在 8 月 18 日 2：40（洪水流量和输沙量过程见图 8-10），最大 24h、最大 3d、最大 5d 洪量分别为 5473 万 m³、6040 万 m³、6303 万 m³，最大 5d 洪量为有实测资料以来第二大。最大含沙量为 149kg/m³，最大 24h、最大 3d、最大 5d 沙量分别为 450 万 t、480 万 t、496 万 t，最大 1d 平均含沙量为 87kg/m³。

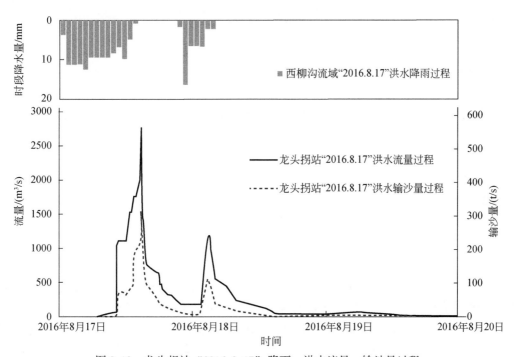

图 8-10　龙头拐站 "2016.8.17" 降雨、洪水流量、输沙量过程

8.3.1.2 "2016.8.17" 与 "1989.7.21" 暴雨洪水泥沙对比

（1）"1989.7.21" 暴雨洪水泥沙情况

1989 年 7 月 21 日西柳沟发生了特大洪水，龙头拐站实测洪峰流量 6940m³/s，为有实测资料以来最大洪水，最大含沙量为 1240kg/m³，为有实测资料以来第二大。"1989.7.21" 洪水由一场降雨引起，主降雨从 7 月 20 日 20：00 至 21 日 8：00，降雨历时 12h，面平均降水量为 106.5mm，最大 3h、最大 6h、最大 12h、最大 24h 降水量分别为 65.4mm、95.7mm、106.5mm、111.0mm。龙头拐站最大 24h、最大 3d 洪量分别为 7291 万 m³、7360 万 m³；最大 24h、最大 3d、最大 5d 沙量分别为 4743 万 t、4745 万 t、4745 万 t，最大 1d 平均含沙量为 652kg/m³，见图 8-11。此次洪水大量泥沙在西柳沟口与黄河汇流处

淤积，形成一条宽 600m、长 7000m、高 2m 的沙坝，一度阻断黄河流量。

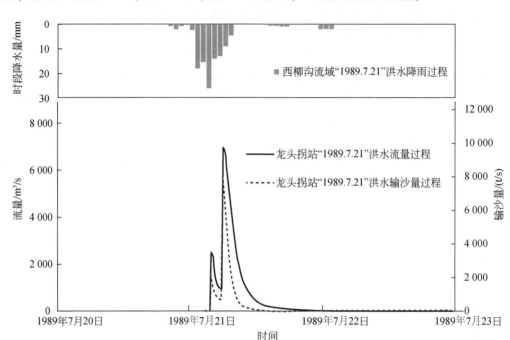

图 8-11　龙头拐站"1989.7.21"洪水降雨、洪水、输沙量过程

（2）暴雨对比分析

　　暴雨对比分析结果见表 8-13，选取西柳沟长期设站的柴登壕、高头窑、龙头拐三个雨量站分析"1989.7.21"与"2016.8.17"暴雨特点。统计两次暴雨的最大 3h、最大 6h、最大 12h、最大 24h 及场次降水量见表 8-13，可以看出，1989 年暴雨历时短，上游两站暴雨集中在 6h、中下游龙头拐站集中在 12h，暴雨强度大，暴雨中心在上游高头窑站，但下游龙头拐站降水量较大，高强度暴雨覆盖全流域；2016 年暴雨历时长、集中在 24h，暴雨中心也在上游高头窑站，上游最大 3h、最大 6h 降水量小于 1989 年，最大 12h、最大 24h 及场次降水量均大于 1989 年，中下游龙头拐站 2016 年各时段降水量均小于 1989 年。从三站的场次降水量看 2016 年上游的柴登壕站、高头窑站降水量明显大于 1989 年，中下游的龙头拐站的场次降水量略小于 1989 年。

表 8-13　西柳沟"1989.7.21"与"2016.8.17"时段降水量比较表（单位：mm）

雨量站	时段降水量	"1989.7.21"暴雨 （①）	"2016.8.17"暴雨 （②）	差值（①-②）
柴登壕站 （上游）	最大 3h	30.5	46.4	-15.9
	最大 6h	60.9	70.4	-9.5
	最大 12h	67	90.6	-23.6
	最大 24h	69.8	109.8	-40
	场次	69.8	139.5	-69.7

续表

雨量站	时段降水量	"1989.7.21"暴雨（①）	"2016.8.17"暴雨（②）	差值（①-②）
高头窑站（上游）	最大3h	88.5	60	28.5
	最大6h	139.2	96	43.2
	最大12h	146.7	188.3	-41.6
	最大24h	155.4	228.6	-73.2
	场次	167.7	248.6	-80.9
龙头拐站（中下游）	最大3h	77.1	34.1	43
	最大6h	87.1	36.8	50.3
	最大12h	105.9	49.6	56.3
	最大24h	107.7	86.9	20.8
	场次	107.7	89.6	18.1
流域平均	最大3h	65.4	46.8	18.6
	最大6h	95.7	67.7	28
	最大12h	106.5	109.5	-3
	最大24h	111	141.8	-30.8
	场次	115.1	159.2	-44.1

综上可见，"1989.7.21"暴雨是覆盖西柳沟全流域上、中、下游的短历时强降雨，"2016.8.17"暴雨历时长，降水量大，强度小于1989年，暴雨中心主要在上游，其中下游暴雨小于"1989.7.21"暴雨。

（3）洪水对比分析

从图8-11可看出，龙头拐站"1989.7.21"洪水陡涨陡落，涨水历时很短，洪水在15min内流量由0.15m³/s上涨到2450m³/s，洪水过程极为尖瘦；洪水过程为双峰，前峰小、后峰大，前峰发生在7月21日4：00，洪峰流量为2450m³/s；后峰发生在7月21日6：15，洪峰流量为6940m³/s，整场洪水历时约24h。"2016.8.17"洪水过程比1989年洪水历时长，主要包括两场洪水，两场洪水过后的退水过程中由于上游淤地坝溃坝又出现了两次小的涨落，整场洪水过程历时4d左右。

西柳沟龙头拐站"1989.7.21"洪水与"2016.8.17"洪水的洪峰流量、时段洪量比较见表8-14。1989年洪水的最大24h、最大3d、最大5d洪量均大于2016年洪水。而最大24h降水量和场次雨量，西柳沟上游1989年均明显小于2016年，西柳沟中下游1989年大于2016年（表8-13）。对比1989年和2016年龙头拐站的洪水过程可以看出，1989年洪水峰高（6940m³/s）、量大（最大1d洪量7291万m³）、历时短（24h），是一个非常尖瘦型的自然洪水涨落过程；2016年洪水峰小（2760m³/s）、量大（最大5d洪量6264万m³）、历时长（雨洪主峰2d，后续溃坝退水2d），是受部分淤地坝溃坝影响的涨落过程（起涨过程比1989年缓，退水过程历时长）。

表 8-14 西柳沟龙头拐站"1989.7.21"洪水与"2016.8.17"洪水的洪峰流量、时段洪量比较

项目	"1989.7.21"洪水（①）	"2016.8.17"洪水（②）	差值（①-②）
洪峰流量/（m³/s）	6940	2760	4180
最大24h洪量/万 m³	7291	5473	1818
最大3d洪量/万 m³	7360	6021	1339
最大5d洪量/万 m³	7416	6264	1152

（4）泥沙对比分析

西柳沟龙头拐站"1989.7.21"洪水与"2016.8.17"洪水的最大含沙量、时段沙量比较见表 8-15。可见两场洪水的含沙量及沙量差别较大，1989 年各项沙量指标基本为 2016 年的 10 倍左右。洪水最大含沙量 1989 年是 2016 年的 8.32 倍；最大 24h、最大 3d、最大 5d 沙量分别是 2016 年的 10.5 倍、9.9 倍和 9.6 倍；1989 年洪水沙量集中在 24h，2016 年沙量基本集中在前 2d，占总沙量的 93.8%；最大 1d 平均含沙量 1989 年是 2016 年的 7.50 倍。

表 8-15 西柳沟龙头拐站"1989.7.21"洪水与"2016.8.17"洪水的最大含沙量、时段沙量比较

项目	"1989.7.21"洪水（①）	"2016.8.17"洪水（②）	差值（①-②）
最大含沙量/（kg/m³）	1240	149	1091
最大24h沙量/万 t	4743	450	4293
最大3d沙量/万 t	4745	480	4265
最大5d沙量/万 t	4745	496	4249

"2016.8.17"洪水最大含沙量 149kg/m³，"1989.7.21"洪水最大含沙量 1240kg/m³，"1989.7.21"洪水最大含沙量为实测第 2。"2016.8.17"洪水最大 5d 沙量为 496 万 t，为实测第 6，"1989.7.21"洪水为 4745 万 t，是"2016.8.17"洪水的 9.6 倍，为实测最大。

8.3.1.3 "2016.8.17"洪水与"1989.7.21"洪水泥沙差异解析

（1）暴雨时空分布对洪水泥沙的影响

西柳沟流域上游为黄土丘陵沟壑区，面积为 876.3km²，占流域总面积的 64.6%，地面物质由砂岩和砒砂岩组成，植被覆盖度低，极易产生水土流失，以水力侵蚀为主，多年平均侵蚀模数为 8500t/（km²·a），上游河床为宽 200~400m 的宽谷河床；中游为库布齐沙漠地带，面积为 280.8km²，占总面积的 20.7%，多为流动性沙丘，风蚀严重，也存在水力侵蚀，多年平均侵蚀模数为 10 000t/（km²·a）；下游为冲洪积扇区，面积为 199.4km²，占总面积的 14.7%，地势较为平坦，水力侵蚀轻微。

"2016.8.17"洪水与"1989.7.21"洪水时段洪量、洪水过程和沙量差异较大，与两场暴雨的时空分布、量级及强度有很大关系。对于降雨空间分布，2016 年暴雨中心在上游、中下游降雨较少；1989 年暴雨中心也在上游，但高强度暴雨覆盖整个流域，中下游降雨与暴雨中心量级差别较小。对于降雨历时，2016 年包括两场暴雨，历时约 24h，1989 年一场暴雨，历时约 6h。对于降水总量，2016 年上游降水量大于 1989 年，中下游降水量略小于 1989 年。降雨强度，最大 3h、最大 6h 降水量，2016 年小于 1989 年；最大 12h 降水量，2016 年与 1989 年相差不大；最大 24h 降水量，2016 年明显大于 1989 年。

从暴雨时空分布特性看，1989 年暴雨是覆盖西柳沟全流域的高强度、短历时的暴雨，西柳沟中游为库布齐沙漠地带，中下游大暴雨是 1989 年龙头拐站形成高洪峰、高含沙量洪水的必要条件（冉大川等，2016）。上游 6h 之内雨强小于 1989 年，中下游 12h 之内降水量不到 1989 年的 50%，虽然降水总量大，但暴雨强度和时空分布不利于形成龙头拐站高洪峰、高含沙量洪水的类型。

（2）下垫面变化对洪水泥沙的影响

A. 林草植被变化

西柳沟流域水土流失面积约 811.7km²，占流域上游黄土丘陵沟壑区面积的 92.6%，西柳沟水土保持综合治理始于 20 世纪 60 年代，治理措施以植物措施为主。先后实施了水保世行贷款项目、国债项目和水土保持治沟骨干工程专项等一系列流域治理项目。截至 2012 年底，已治理水土流失面积 416.4km²，治理度为 32.7%，其中基本农田 2160hm²，水保林 35 310hm²，人工种草 1320hm²，封禁治理 2850hm²。

西柳沟上、中、下游植被覆盖度差异较大，上游地区总体植被盖度较高，由于河道两岸水分充足，植被盖度明显高于远离河道区域；中游地区为库布齐沙漠，植被覆盖度较低；下游地区植被覆盖度也较低。近年来，随着流域退耕还林、退牧还草等水土保持治理工程的实施，西柳沟流域植被覆盖趋于好转，上游地区和下游地区低覆盖度植被类型区面积减少，中低及以上覆盖度植被类型区面积增加。

B. 淤地坝建设

1989 年西柳沟流域基本没有建设淤地坝，"1989.7.21" 洪水过程是自然的暴雨洪水陡涨陡落过程。2006~2011 年西柳沟流域陆续集中建设了 96 座淤地坝，淤地坝控制面积为 195.35km²、占龙头拐站以上流域面积的 14.4%。淤地坝设计总库容为 4705 万 m³、拦泥库容为 2303 万 m³、滞洪库容为 2402 万 m³，设计淤积面积为 671hm²。小型、中型和骨干坝的设计淤积年限分别为 5 年、10 年和 20 年，截至 2012 年西柳沟淤地坝已累积淤积库容为 455 万 m³，面积为 220hm²，剩余库容为 4251 万 m³。从设计淤积年限和实际淤积情况看，2016 年汛前实际剩余库容仍较大。

C. 淤地坝和林草等下垫面变化对洪水影响量分析

通过 "1989.7.21" 洪水和 "2016.8.17" 洪水的场次洪水径流系数对比，说明西柳沟下垫面（淤地坝建设、林草植被等）变化对大洪水的影响。由表 8-16 可见，"1989.7.21" 暴雨的场次洪水径流系数为 0.55，"2016.8.17" 暴雨的场次洪水径流系数为 0.34，说明西柳沟 2006 年后淤地坝建设等下垫面变化对场次洪水的影响是比较明显的，相同降雨条件下，2016 年下垫面的场次洪量比 1989 年下垫面减小约 38%（表 8-17）。

表8-16 西柳沟流域淤地坝建设等下垫面变化对场次洪水径流系数影响分析表

项目	"1989.7.21"洪水（①）	"2016.8.17"洪水（②）	比值（②/①）
场次平均降水量/mm	115.1	159.2	1.38
洪峰流量/（m³/s）	6940	2760	0.40
场次洪量/万 m³	7394	6303	0.85
场次洪水径流系数	0.55	0.34	0.62

表8-17 下垫面变化对大洪水场次洪量影响量成果表

年份	场均降水量/mm	1989年下垫面场次洪量/万 m³	2016年下垫面场次洪量/万 m³	下垫面变化	
				洪量影响量/万 m³	比例/%
2016	159.2	101 48	6 303	-3 845	-38
1989	115.1	7 394	4 593	-2801	-38

8.3.2 无定河"2017.7.26"洪水

黄河中游头道拐站至龙门站区间是黄河三大暴雨区之一，是黄河粗泥沙集中来源区。无定河流域作为该区间中黄河最大的一级支流，因其含沙量大，素有"小黄河"之称。其地貌类型、气候及生态脆弱性在黄土高原地区极具代表性。1982年无定河流域被确定为中国水土流失重点治理区，长期生态治理特别是植被重建使得该地区土地利用发生了巨大变化，年均入黄泥沙量较20世纪减少约50%，水土流失治理取得明显成效，流域水沙锐减与流域土地利用变化规律在趋势上有很大吻合度，但由于流域水沙演化过程和影响机制非常复杂，极端降水频发等因素为流域水沙情势增加了极大的不确定性，极端降水条件下的水土保持措施生态效益的研究还需深入。无定河"2017.7.26"特大暴雨为开展极端降水事件下的黄土高原地区水土保持措施调水保土等生态效益量化评价研究提供了不可多得的试验样本。为此，以无定河"2017.7.26"特大暴雨洪水事件为背景，系统梳理了流域不同时段极端降水情景下的产流产沙特性及其演变特征，采用对比流域法量化评价了水土保持生态建设引发的下垫面变化对极端降水条件下流域产流产沙的影响，研究结果一方面可为辨识极端降水对无定河流域未来水沙情势影响大小提供边界参考，另一方面利于深化该水土保持措施调水保土等生态效益评价的研究，为科学预测未来入黄泥沙情势提供重要参考。

8.3.2.1 暴雨洪水泥沙过程

2017年7月25~26日，黄河中游山陕区间（黄河中游河龙间山西、陕西所属区域）中北部大部地区出现大到暴雨过程，暴雨中心主要集中在无定河支流大理河流域，其中李家圪站日降水量为256.8mm、朱家阳湾站日降水量为234.8mm，接近或达到单站特大暴雨量级。受强降雨影响，无定河支流大理河青阳岔站洪峰流量为1840m³/s，绥德站最大流量为3160m³/s，均为1959年建站以来最大洪水；无定河白家川站洪峰流量为4500m³/s，最大含沙量为980kg/m³，为1975年建站以来最大洪水；黄河干、支流洪水汇合后演进至龙门站，形成黄河2017年第1号洪水，7月27日1：06测得龙门站洪峰流量为6010m³/s，7

月 28 日 7：00 潼关站最大流量为 3230m³/s。

（1）暴雨特征

受高空槽底部冷空气与副高外围暖湿气流共同影响，7 月 25～26 日，黄河中游山陕区间中北部大部地区出现大到暴雨过程，暴雨中心主要集中在无定河流域（图 8-12），无定河流域的水系及水文站布置见图 8-13。

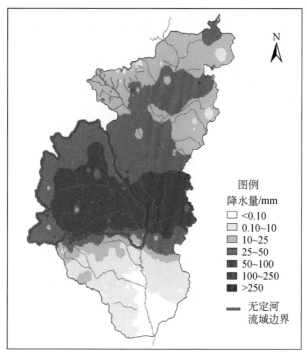

图 8-12 "2016.8.17" 洪水降水量空间分布图

（7 月 25 日 8：00～26 日 8：00）

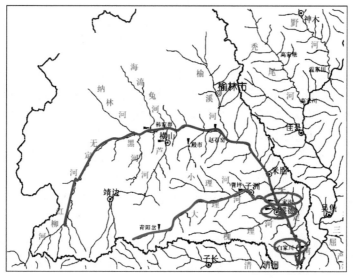

图 8-13 无定河流域水系及水文站布置

选用无定河流域 92 个雨量站进行降雨过程分析（资料来源于黄河水情信息查询及会商系统），降水量资料的类型为逐小时降水量和逐日降水量，雨量站的空间分布情况见图 8-14。92 个雨量站中 91% 的雨量站降水量在 25mm 以上，达到 50mm、100mm、200mm 以上降水量的雨量站数量分别为 60 个、26 个、6 个，分别占雨量站总数的 65%、28%、7%。其中，6 个降水量达到 200mm 以上的雨量站分别是李家河站（217.8mm）、米脂站（214.6mm）、李家圪站（256.8mm）、朱家阳湾站（234.8mm）、万家墕站（210mm）、王家墕站（210.2mm），均集中在无定河支流大理河中下游附近，场次降雨的空间分布见图 8-15。

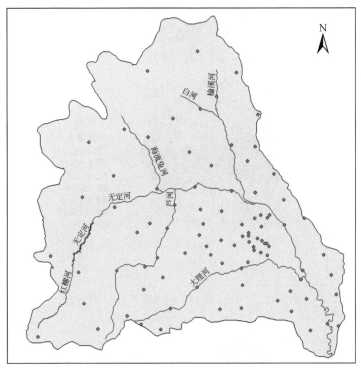

图 8-14　无定河流域雨量站的空间分布

7 月 25～26 日无定河流域普降暴雨，场次面均总降水量达 82.7mm，降雨开始于 25 日 15：00，至 26 日 2：00 达到最大，最大 1h 面降水量达 13.0mm；此后降雨开始减弱，至 26 日 8：00，降雨过程基本结束。本次降雨历时 17h，降雨集中在 12h 之内，其降水量占场次降水量的 97%，见图 8-16。

从最大 1h 降水量看，降水量达到 20mm 以上的雨量站有 64 个，占雨量站总数的 70%，达到 30mm 以上的雨量站有 38 个，占雨量站总数的 41%，达到 50mm 以上的雨量站有 9 个，占雨量站总数的 10%。两个雨量站最大 1h 雨量达到 70mm 以上，分别是李孝河站（79mm）、李家河站（72.4mm），均位于大理河支流小理河流域。从最大 6h 降水量看，最大 6h 降水量达到 50mm 以上的雨量站有 53 个，占雨量站总数的 58%；达到 100mm 以上的雨量站有 19 个，占雨量站总数的 21%。支流小理河流域上的李家圪站最大 6h 降水量达到 232.8mm。

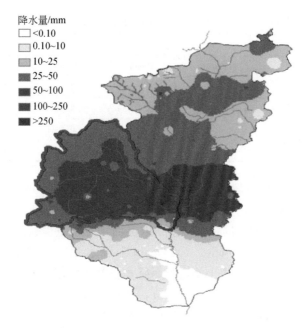

图 8-15 无定河流域场次降雨的空间分布

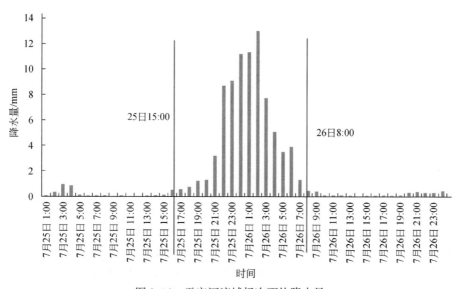

图 8-16 无定河流域场次面均降水量

最大 1h 降水量、最大 6h 降水量及场次降水量的统计情况见表 8-18、表 8-19。

表 8-18 最大 1h 雨量站点统计表

项目	降雨量级				
	≥10mm	≥20mm	≥30mm	≥50mm	≥70mm
雨量站数量/个	83	64	38	9	2
占总站数比例/%	90	70	41	10	2

表 8-19　最大 6h 降水量、场次降水量雨量站点统计表

项目		降雨量级				
		≥10mm	≥25mm	≥50mm	≥100mm	≥200mm
最大 6h 降水量	雨量站数量/个	89	86	53	19	1
	占总站数比例/%	97	93	58	21	1
场次降水量	雨量站数量/个	90	84	60	26	6
	占总站数比例/%	98	91	65	28	7

采用算术平均法计算场次面均降水量,青阳岔站、李家河站、曹坪站、绥德站、丁家沟站、白家川站(图 8-16)以上面均降水量分别为 141.1mm、135.9mm、136.4mm、126.8mm、64.1mm、84.2mm,其中青阳岔站以上面均降水量最大。从场次降水量笼罩面积看,白家川站以上 25mm、50mm、100mm 以上降水量笼罩面积分别为 27 685km²、19 775km²、6813km²,各水文站以上不同量级降水量笼罩面积见表 8-20;从前期影响雨量(按 10d 计算)看,大理河流域内的青阳岔站、李家河站、曹坪站、绥德站以上前期影响雨量较小,为 17.6~18.8mm,丁家沟站以上前期影响雨量较大,为 23.6mm。

表 8-20　各水文站以上不同量级降水量笼罩面积及前期影响降水量

水文站	笼罩面积/km²				前期影响降水量 /mm
	10mm	25mm	50mm	100mm	
青阳岔站	662	662	662	662	17.6
李家河站	807	807	692	346	18.5
曹坪站	187	187	187	115	18.8
绥德站	3 759	3 759	3 490	2 148	18.0
丁家沟站	22 963	21 126	12 859	3 215	23.6
白家川站	29 003	27 685	19 775	6 813	21.6

从面均降水量的时间变化看,青阳岔站、李家河站、绥德站、白家川站以上最大 1h 面均降水量均出现在 26 日 2:00,最大 1h 降水量分别为 46.6mm、38.6mm、26.7mm、13.3mm,曹坪站、丁家沟站以上最大 1h 面均降水量均出现在 26 日 0:00,最大 1h 降水量分别为 28.5mm、10.1mm。其中,青阳岔站以上最大 1h 面均降水量最大,见图 8-17。

从逐小时场次降雨中心的移动看,7 月 25 日 20:00 在无定河流域西北部及大理河流域上游初步产生两个降雨中心,并随时间不断加强;至 25 日 22:00 在无定河流域西北部及大理河流域形成两个明显的降雨中心,无定河流域西北部降雨中心逐渐向东南方向移动,大理河流域的降雨中心基本不变;至 26 日 2:00,小时降水量达到最大,降雨中心集中于大理河流域,随后降雨强度开始减弱,并向东南移动。从整个降雨过程看,大理河流域自降雨中心形成一直处于降雨中心位置(图 8-18~图 8-21)。

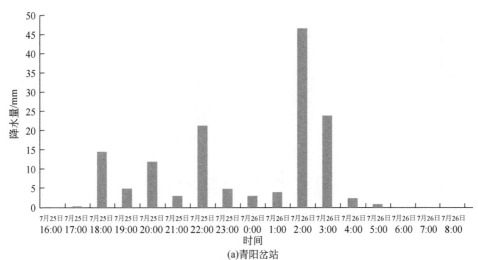

(a)青阳岔站

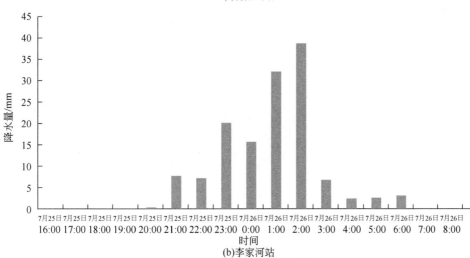

(b)李家河站

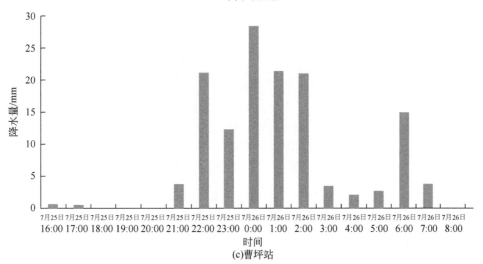

(c)曹坪站

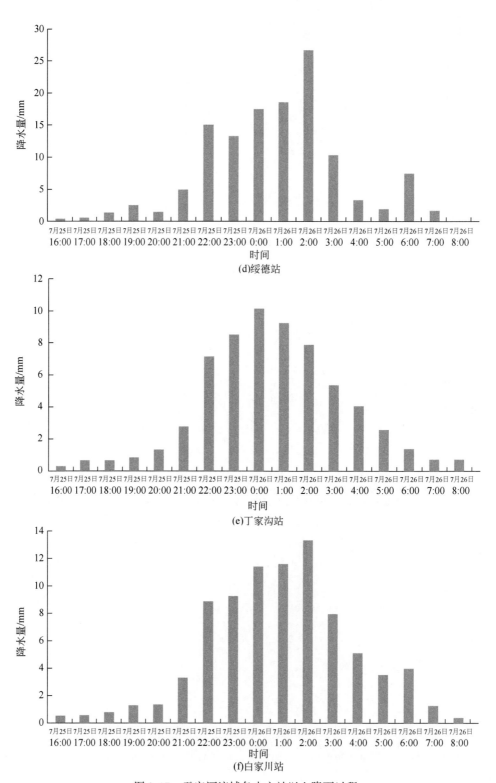

图 8-17　无定河流域各水文站以上降雨过程

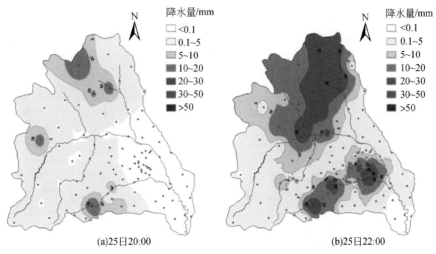

(a)25日20:00　　　　　　　　　　　(b)25日22:00

图 8-18　25 日 20：00、25 日 22：00 降雨中心位置

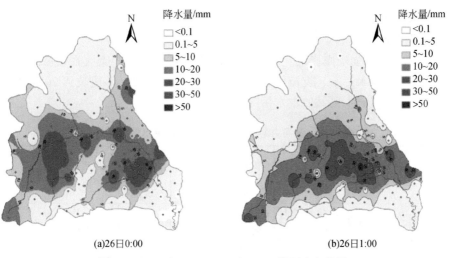

(a)26日0:00　　　　　　　　　　　(b)26日1:00

图 8-19　26 日 0：00、26 日 1：00 降雨中心位置

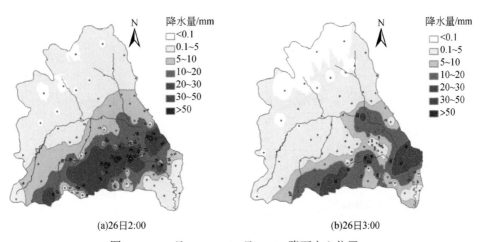

(a)26日2:00　　　　　　　　　　　(b)26日3:00

图 8-20　26 日 2：00、26 日 3：00 降雨中心位置

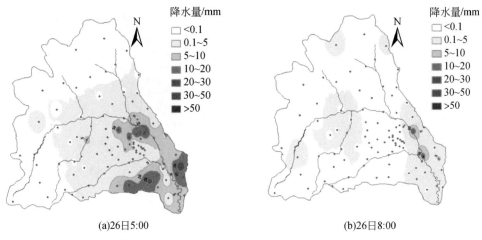

(a)26日5:00 (b)26日8:00

图 8-21 26 日 5:00、26 日 8:00 降雨中心位置

(2) 洪水泥沙过程

A. 洪水泥沙概况

受 7 月 25~26 日强降雨影响,黄河中游山陕区间中部干、支流普遍涨水,尤其是无定河流域出现罕见洪水,干、支流洪水汇合后演进至龙门站,形成黄河 2017 年第 1 号洪水,黄河中游干、支流主要站的洪水情况统计见表 8-21。

表 8-21 黄河中游干、支流主要站的洪水情况统计

河流		水文站	开始时间	结束时间	历时/h	洪峰流量/(m³/s)	出现时间	最大含沙量/(kg/m³)	出现时间
黄河		府谷站	7 月 23 日 8:00	7 月 25 日 8:00	48	575	7 月 24 日 11:48	—	—
府谷站至吴堡站区间	佳芦河	申家湾站	7 月 26 日 5:48	7 月 27 日 8:00	26	119	7 月 26 日 6:30	260	7 月 26 日 8:00
	清凉寺沟	杨家坡站	7 月 23 日 8:00	7 月 26 日 8:00	72	393	7 月 26 日 3:42	—	—
	湫水河	林家坪站	7 月 26 日 6:18	7 月 28 日 8:00	97	640	7 月 26 日 5:36	370	7 月 25 日 10:30
黄河		吴堡站	7 月 25 日 8:00	7 月 27 日 8:00	48	3560	7 月 26 日 8:12	183	7 月 26 日 10:30
吴堡站至龙门站区间	三川河	后大成站	7 月 26 日 4:18	7 月 27 日 20:00	39	1100	7 月 26 日 11:30	288	7 月 26 日 13:00
	无定河	白家川站	7 月 26 日 3:03	7 月 28 日 8:00	52	4500	7 月 26 日 10:12	980	7 月 26 日 9:42
	延河	甘谷驿站	7 月 26 日 23:08	7 月 29 日 8:00	56	136	7 月 28 日 11:00	70.5	7 月 28 日 7:00

河流	水文站	开始时间	结束时间	历时/h	洪峰流量/(m³/s)	出现时间	最大含沙量/(kg/m³)	出现时间
黄河	龙门站	7月26日16：12	7月27日17：00	72	6010	7月27日1：06	291	7月27日14：00
黄河	潼关站	7月27日13：30	7月31日8：00	90	3230	7月28日7：00	90	7月28日20：00

表 8-22 无定河干、支流主要站的洪水情况统计

水文站	开始时间	结束时间	历时/h	洪峰流量/(m³/s)	出现时间	最大含沙量/(kg/m³)	出现时间
青阳岔站	7月25日20：00	7月26日14：06	18	1840	7月26日4：00	—	—
李家河站	7月25日8：00	7月27日8：00	48	997	7月26日5：00	—	—
绥德站	7月26日0：00	7月27日8：06	32	3160	7月26日5：05	—	—
丁家沟站	7月26日0：30	7月27日8：00	31	1600	7月26日4：48	—	—
白家川站	7月26日3：03	7月28日8：00	52	4500	7月26日10：12	980	7月26日9：42

a. 中游吴堡站以上洪水泥沙

府谷站至吴堡站区间支流秃尾河高家川站 26 日 4：00 洪峰流量 163m³/s；佳芦河申家湾站 26 日 6：30 洪峰流量 119m³/s，26 日 8：00 最大含沙量 260kg/m³；清凉寺沟杨家坡站 26 日 3：42 洪峰流量 393m³/s；湫水河林家坪站 26 日 5：36 洪峰流量 640m³/s，25 日 10：30 最大含沙量 370kg/m³。

上述支流洪水加上未控区间及干流来水，使吴堡站 26 日 8：12 出现洪峰流量 3560m³/s，26 日 10：30 最大含沙量 183kg/m³。

b. 吴堡站至龙门站区间洪水泥沙

洪水主要来源于无定河，无定河支流大理河上游青阳岔站 26 日 4：00 洪峰流量 1840m³/s，为 1959 年建站以来最大洪水；大理河支流小理河李家河站 26 日 5：00 洪峰流量 997m³/s，为 1994 年以来最大洪水，为有资料以来第 3 位；大理河控制站绥德站 26 日 5：05 最大流量 3160m³/s，亦为 1959 年建站以来最大洪水；无定河干流丁家沟站 26 日 4：48 洪峰流量 1600m³/s，为 1994 年以来最大洪水。上述无定河干、支流来水加上区间加水，形成无定河控制站白家川站 26 日 10：12 洪峰流量 4500m³/s，超过实测最大的 1977 年洪水（洪峰流量为 3840m³/s），成为 1975 年建站以来最大洪水，26 日 9：42 最大含沙量 980kg/m³，无定河干、支流主要站的洪水情况统计见表 8-22。

三川河后大成站 26 日 11：30 洪峰流量 1100m³/s，26 日 13：00 最大含沙量 280kg/m³。

无定河、三川河等支流洪水与黄河吴堡站以上洪水汇合至龙门站，形成黄河 2017 年 1 号洪水，龙门站 27 日 1：06 洪峰流量 6010m³/s，27 日 14：00 最大含沙量 291kg/m³。

龙门站洪水经小北干流河道演进后，潼关站 28 日 7：00 洪峰流量 3230m³/s，28 日 20：00 最大含沙量 90kg/m³。

本次洪水无定河多站出现建站以来较大或最大洪水，经分析，大理河青阳岔站洪峰流量 1840m³/s，接近 500 年一遇 (1860m³/s)，绥德站洪峰流量 3160m³/s，接近 20 年一遇 (3322m³/s)；无定河干流丁家沟站洪峰流量 1600m³/s，大于 10 年一遇 (1540m³/s)，白家川站洪峰流量 4500m³/s，大于 30 年一遇 (4340m³/s)。

黄河中游干、支流主要站洪水过程见图 8-22～图 8-24。

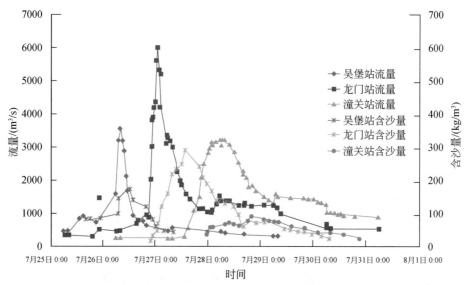

图 8-22 黄河吴堡站至潼关站区间干流主要站的洪水流量、含沙量

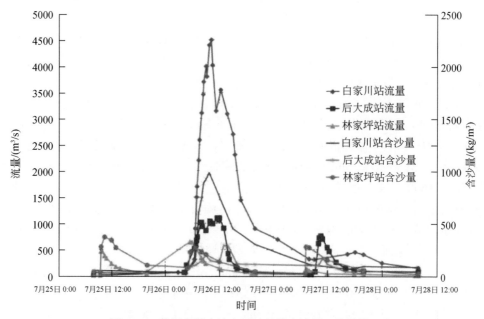

图 8-23 黄河中游支流主要站的洪水流量、含沙量

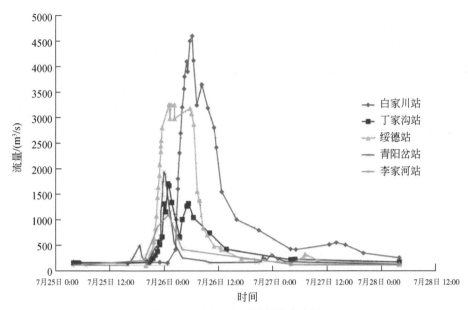

图 8-24　无定河主要站的洪水流量

B. 洪水泥沙来源与组成

a. 无定河洪水泥沙来源

无定河是黄河中游多沙粗沙区面积及输沙量最大的一条支流，流域面积为 30 261km²，其中水土流失面积为 29 893km²，涉及多沙粗沙区面积 13 753km²，粗泥沙集中来源区面积 5253km²，分别占多沙粗沙区总面积（7.86 万 km²）的 17.5%，粗泥沙集中来源区总面积（1.88 万 km²）的 27.9%。截至 2015 年，无定河流域水土保持治理面积 1.15 万 km²，约占流域水土流失面积的 38%。

根据绥德站、丁家沟站和白家川站三个水文站的径流、泥沙观测资料，计算得到三个水文站 7 月 25 日 0：00~7 月 29 日 20：00 的输沙总量。从计算结果来看，丁家沟站输沙量共计 1165 万 t，大理河的绥德站输沙量 3374 万 t，无定河入黄的白家川站输沙量 7756 万 t。根据无定河流域 1956~2006 年白家川站的实测输沙量显示，白家川站多年平均输沙量 1.2 亿 t，本次暴雨事件的输沙量可占多年平均输沙量的 64.6%。

从入黄的白家川站的输沙来源来看，无定河支流大理河绥德站的输沙量占 43.2%，干流丁家沟站来水量占 14.9%，二者合计占 58.1%，可以看出，大理河是本次暴雨事件泥沙的主要来源区。

从降雨中心的落区看，主要发生在支流大理河，该区域地貌类型区为黄土丘陵沟壑区，是水土流失最为严重的地区，易发生坡面侵蚀、重力侵蚀，这也是本次洪峰流量大、含沙量高的主要原因。

b. 清水沟水库溃决对产洪产沙的影响

受暴雨洪水影响，位于大理河子洲县的清水沟水库 7 月 26 日 5：00 发生漫溢险情，7 月 26 日 13：50 水库决口，至 15：00 左右水库蓄水基本泄完。

清水沟水库是子洲县城供水水库，2010 年建成，控制流域面积 6km²，总库容 37 万 m³，目前剩余库容 28 万 m³，属小型水库。

　　大理河控制站绥德站的洪水流量过程看（图 8-25），绥德站 26 日 0：00 涨水，5：05
出现洪峰流量 3160m³/s，洪峰持续时间约 5h，7 月 26 日 13：30，流量降至 600m³/s，
15：00 流量降至 380m³/s，此后，流量持续减小，过程平稳，整个过程未发现流量增加。
清水沟水库决口时（7 月 26 日 13：50），绥德站洪水流量已降至 600m³/s 以下，水库决口
未对洪水过程造成明显影响，这与溃坝洪水峰高量小、坦化速度快有关。这次大理河高含
沙洪水主要由高强度降雨引起。

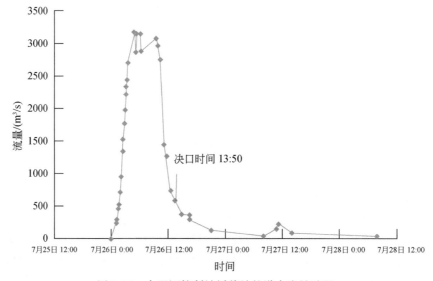

图 8-25　大理河控制站绥德站的洪水流量过程

　　清水沟坝体冲失量约 50%，因决口时间已处于洪水末期，后期已无降雨，入库流量很
小，决口后库区泄水对库区淤积泥沙冲击不明显，见图 8-26。

图 8-26　清水沟水库溃决情况

c. 子洲县、绥德县泥沙落淤量

本次洪水造成子洲县、绥德县受淹，水深达 3m，泥沙大量落淤。根据调研查勘情况，子洲县、绥德县沿大理河方向泥沙落淤长度为 5km，按淹没区宽度 500m、淤泥厚度 1.5m 估算，淤沙量约 750 万 m³。另外，媒体报道，绥德县泥沙淤积量约为 600 万 m³（陕西新闻网），子洲县泥沙淤积量约 360 万 m³（子洲县委宣传部），合计 960 万 m³。本次洪水泥沙落淤量按 1000 万 m³ 考虑，约合 1400 万 t。绥德县房屋进水、街道泥沙淤积情况见图 8-27。

图 8-27　绥德县房屋进水、街道泥沙淤积情况

d. 黄河中游洪水泥沙来源

洪水期间黄河中游干、支流控制站的流量和含沙量过程图见图 8-28 ~ 图 8-33，洪量、沙量特征值见表 8-23。

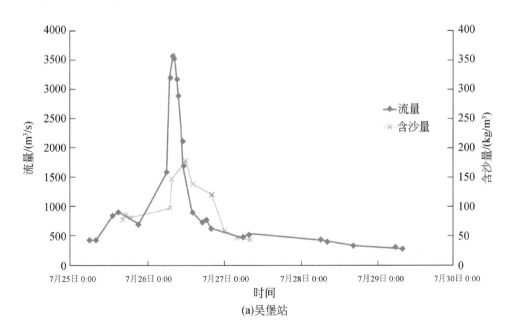

(a)吴堡站

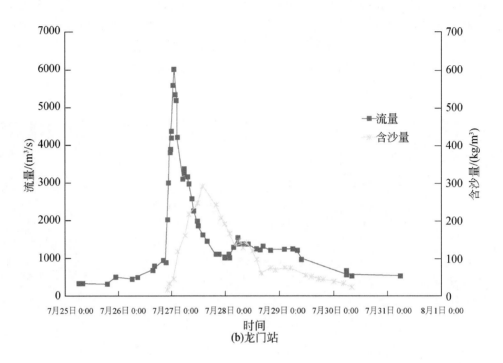

(b)龙门站

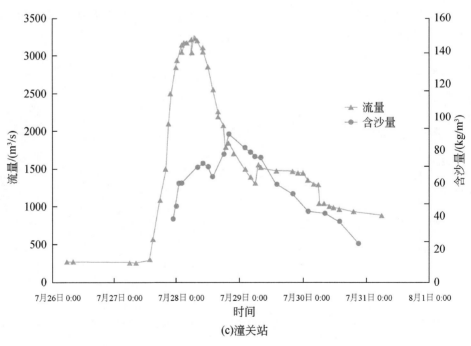

(c)潼关站

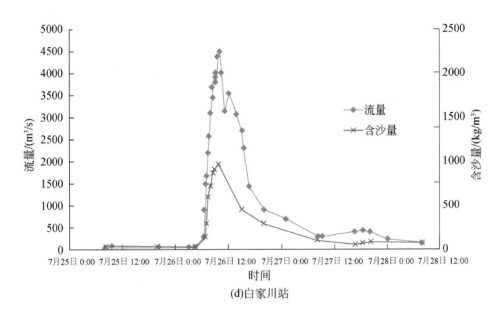

(d)白家川站

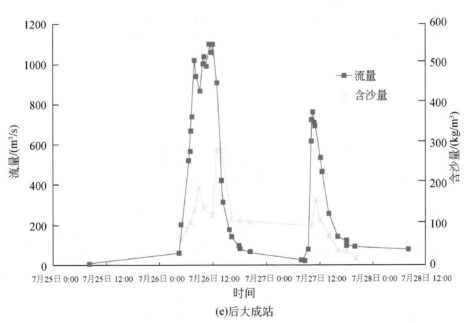

(e)后大成站

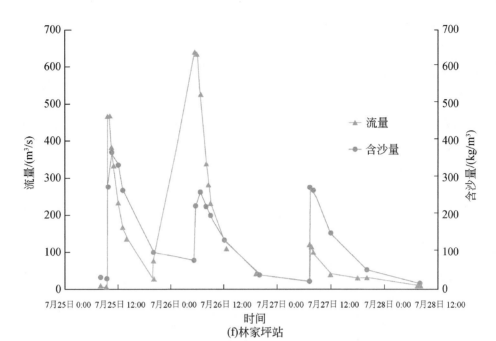

图 8-28　各水文站流量、含沙量过程图

表 8-23　黄河 2017 年 7 月洪水过程主要站的洪量和含沙量统计

河流		水文站	开始时间	结束时间	历时 /h	洪量 /万 m³	沙量 /万 t
黄河		府谷站	7 月 23 日 8：00	7 月 25 日 8：00	48	—	—
区间	佳芦河	申家湾站	7 月 26 日 5：48	7 月 27 日 8：00	26	377	78
	清凉寺沟	杨家坡站	7 月 23 日 8：00	7 月 26 日 8：00	72	3 675	—
	湫水河	林家坪站	7 月 26 日 6：18	7 月 28 日 8：00	97	3 863	736
黄河		吴堡站	7 月 25 日 8：00	7 月 27 日 8：00	48	18 190	1 844
区间	三川河	后大成站	7 月 26 日 4：18	7 月 27 日 20：00	39	4 347	643
	无定河	白家川站	7 月 26 日 3：03	7 月 28 日 8：00	52	17 999	10 100
	延河	甘谷驿站	7 月 26 日 23：08	7 月 29 日 8：00	56	1 173	21. 57
黄河		龙门站	7 月 26 日 16：12	7 月 27 日 17：00	72	42 910	5 498
黄河		潼关站	7 月 27 日 13：30	7 月 31 日 8：00	90	52 532	2 948

受支流湫水河、清凉寺沟、佳芦河等支流洪水影响，中游吴堡站洪水洪量 1.82 亿 m³，沙量 1844 万 t。

吴堡站至龙门站区间洪水主要来自三川河、无定河、延河三条支流，区间支流合计来洪量 2.35 亿 m³，来沙量 10 765 万 t，其中无定河洪量占 76.5%，沙量占 93.8%。

干支流洪水演进至龙门站，洪水水量为 4.29 亿 m³，沙量为 5498 万 t；演进至潼关站，洪水水量为 5.25 亿 m³，沙量为 2948 万 t。

(3) 河道冲淤

A. 典型断面冲淤

a. 丁家沟站断面情况

图 8-29 为无定河干流丁家沟站不同时段断面套绘图，总体来看，自 1970 年以来无定河干流丁家沟呈现不断淤积状态；1970～2009 年该断面右侧河床冲淤变化比较大，左侧主河槽冲淤变化较小，2009～2017 年汛前未发生大洪水（最大流量为 2012 年的 7 月 28 日的800m³/s），该时段丁家沟站全断面产生淤积，主河槽左侧淤积较为明显。

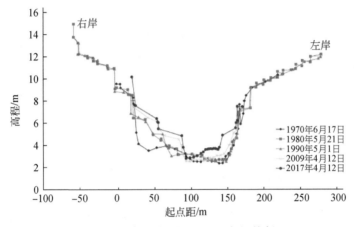

图 8-29　丁家沟站 1970～2017 年汛前断面

图 8-30 为本次洪水前后断面变化图，洪水过后，右岸滩地淤积显著，平均淤积0.6m，主河槽发生较大冲刷，最大冲刷深度超过 1.5m；深泓位置发生变化，由右侧变至左侧；5m 高程以下的河床平均高程下降 0.76m，断面面积增大 42.8m²。表明小水年间，水动力条件不足，使河道泥沙淤积，河床抬高，而在发生大洪水时，河道内淤积的泥沙将会随着洪水向下游输移，冲刷河道。

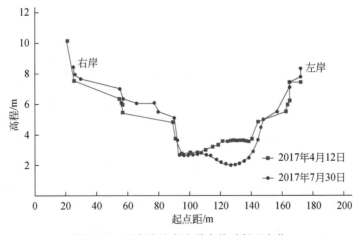

图 8-30　丁家沟站本次洪水前后断面变化

b. 白家川站断面情况

图 8-31 为无定河白家川站不同时段断面套绘图，该河段河床基本为基岩，河床冲淤变化不大。1980~2009 年白家川站发生过较大洪水，如 1994 年 8 月 5 日和 2001 年 8 月 19 日白家川站流量都超过 1000m³/s，河床主河槽基本冲刷至基岩层，断面冲淤很小；2009~2017 年汛前，白家川站未发生大洪水，最大流量为 1000m³/s，其断面主河槽产生淤积。

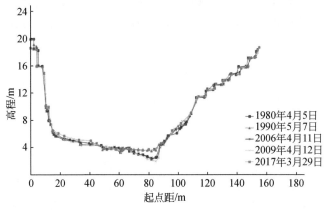

图 8-31　白家川站 1980~2017 年汛前断面

图 8-32 为本次洪水前后断面变化图，洪水过后白家川断面滩槽均发生冲刷，左岸河滩平均冲刷约 0.5m，主槽深泓降低 1.65m；5m 水位条件下河床平均高程下降 0.34m，断面面积增大约 44.3m²。

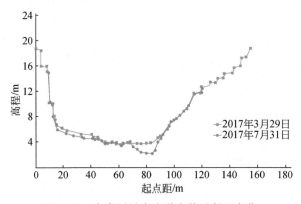

图 8-32　白家川站本次洪水前后断面变化

c. 吴堡站和龙门站断面情况

吴堡站在洪水过程中，峰顶附近主河槽发生冲刷，最大过水面积增加 105m²，平均河底高程下降约 0.31m。落水段断面回淤，洪水后断面面积增加约 15m²，断面形态稳定（图 8-33）。龙门站断面主河槽左岸持续淤积抬高，右岸左冲右淤，同水位过水面积在 1 号洪水过程中持续减小，至 7 月 27 日洪水落平时，断面淤至最小，同水位下过水面积较涨水前减小约 180m²（图 8-34）。

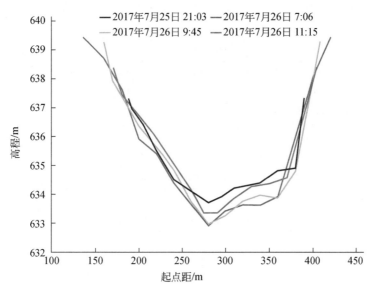

图 8-33　吴堡站洪水前后断面变化

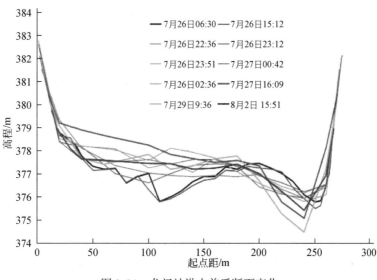

图 8-34　龙门站洪水前后断面变化

B. 北干流河段冲淤

a. 吴堡站至龙门站区间河段冲淤情况

洪水期间吴堡站至龙门站区间河段主要站的水沙量统计见表 8-24，本次洪水吴堡站沙量 1844 万 t，吴堡站至龙门站区间支流来沙量 10 765 万 t，合计输沙量 12 609 万 t，洪水演进至龙门站，输沙量仅为 5498 万 t。按照沙量平衡法计算，北干流河段吴堡站至龙门站区间泥沙淤积量约 7111 万 t，约占来沙总量的 56%。黄河北干流吴堡站至龙门站区间河段为峡谷性河段，历史上该河段河床上冲淤变化不大。

表 8-24　2017 年 7 月洪水期间吴堡站至潼关站区间主要站的水沙量统计

河名	站名	起始时间	结束时间	历时/h	径流量/万 m³	输沙量/万 t
黄河	吴堡站	2017 年 7 月 25 日 8：00	2017 年 7 月 27 日 8：00	48	18 190	1 844
三川河	后大成站	2017 年 7 月 26 日 4：18	2017 年 7 月 27 日 20：00	39	4 347	643
无定河	白家川站	2017 年 7 月 26 日 3：03	2017 年 7 月 28 日 8：00	52	17 999	10 100
延河	甘谷驿站	2017 年 7 月 26 日 23：08	2017 年 7 月 29 日 8：00	56	1 173	22
合计					41 709	12 609
黄河	龙门站	2017 年 7 月 26 日 16：12	2017 年 7 月 27 日 17：00	72	42 910	5 498
汾河	河津站	2017 年 7 月 26 日 8：00	2017 年 7 月 28 日 12：00	52	0.000 07	0
渭河	华县站	2017 年 7 月 26 日 14：00	2017 年 7 月 28 日 18：00	52	0.014 2	0
北洛河	状头站	2017 年 7 月 26 日 2：00	2017 年 7 月 28 日 6：00	52	0	0
合计					42 910	5 498
黄河	潼关站	2017 年 7 月 27 日 13：30	2017 年 7 月 31 日 8：00	90	52 532	2 948

　　表 8-25 为历史上吴堡站至龙门站区间场次洪水输沙量统计表，可以看出 20 世纪 90 年代以前，北干流吴堡站至龙门站区间发生洪水时，吴堡站与区间各支流的输沙总量之和略小于龙门站输沙量，说明洪水期间该河段略有冲刷，将前期小水期间落淤的沙量冲走。自 2000 年以来，该河段洪水期间冲淤发生变化，洪水期间河段发生淤积。经过调查分析，吴堡站至龙门站区间河段淤积与近些年北干流河段采砂有关。

表 8-25　吴堡站至龙门站区间场次洪水输沙量统计　　　　（单位：万 t）

河名	站名	1977 年 7 月 6~8 日	1988 年 8 月 6~8 日	1994 年 8 月 4~7 日	1996 年 8 月 9~11 日	2002 年 7 月 4~6 日	2012 年 7 月 28~29 日
黄河	吴堡站	4 110	17 626	8 550	8 060	135	7 776
汾川河	新市河站	232	58	93	50	0.21	0.29
清涧河	延川站	4 865	1 625	757	781	7 646	10
三川河	后大成站	1 514	1 190	2 057	332	8	10
无定河	白家川站	2 968	2 087	8 844	1 993	1 585	619
昕水河	大宁站	1 518	614	565	46	13	0.01
延河	甘谷驿站	9 645	579	18	82	3 893	58
屈产河	裴沟站	2 117	115	710	416	3.05	0
仕望川	大村站	176	101	3	0	0	0
州川河	吉县站	322	34	0	0.10	1.56	0
合计		27 467	24 029	21 597	11 760	13 285	8 473
黄河	龙门站	35 588	29 964	27 864	16 062	12 131	5 391

　　b. 龙门站至潼关站区间河段冲淤情况

　　洪水期间黄河四站输沙量为 5498 万 t，潼关站输沙量为 2948 万 t，四站至潼关区间淤积量约为 2500 万 t，约占来沙总量的 46%。

8.3.2.2 极端降水下流域治理对洪水泥沙过程的影响

对无定河流域"2017.7.26"次暴雨降水量数据进行空间插值分析可知，此次暴雨呈现三个主要特点。具体为：①降水量大。流域面降水量达 63.7mm，累计降水量大于 100mm 的有 34 个雨量站，200mm 以上的站点有 10 个且降雨重现期达到 33~76 年。②范围广。50mm 以上降水量笼罩面积占无定河流域面积的 49%，100mm 以上降水量笼罩面积占无定河流域面积的 15%。③强度大。暴雨历时集中在 12h 内，最大暴雨历时集中在 2~6h，最大 1h 降水量达 7.7mm，强度大。为进一步剖析此次降雨在历史降雨事件中的排序，进一步地将与无定河有观测数据以来洪峰流量大于 2000m³/s 的 12 场暴雨事件对比发现："2017.7.26"特大暴雨场次面降水量最大，较 1977 年特大洪水场次降水量增加 1.6mm；100mm 降水量笼罩面积达 4573km²，较 1977 年无定河特大暴雨覆盖面积增加 54%；场次降雨平均雨强及最大 1h、最大 6h、最大 12h 降水量均为无定河流域历史上有观测数据以来统计最大值（表 8-26）。参考 IPCC 第四次评估报告关于极端降水的定义，以发生概率 10% 为临界值，无定河"2017.7.26"特大暴雨事件为极端降水事件。

表 8-26　无定河流域 1956~2017 年以来降雨事件统计

洪水编号	场次降水量 /mm	平均雨强 /(mm/h)	50mm 笼罩面积/km²	100mm 笼罩面积/km²	洪峰流量 /(m³/s)	洪量/亿 m³	沙量/亿 t
19560722	38.8	1.4	3 374	0	2 970	0.86	0.51
19590818	27.9	1.5	1 854	0	2 970	0.76	0.62
19630829	28.9	1	2 539	0	2 250	0.98	0.59
19640706	57.3	1.7	13 543	1 783	3 020	1.48	0.84
19660718	38.7	1.3	12 852	740	4 980	1.96	1.34
19660816	35.4	0.8	3 542	0	2 290	1.35	0.87
19700708	38.3	1.9	11 139	0	2 200	0.82	0.45
19770805	62.1	1.7	14 945	2 979	3 840	2.54	1.66
19940805	49.6	2.8	11 848	2 238	3 220	1.70	0.80
19940810	49.8	1.4	11 664	2 613	2 510	1.11	0.55
19950717	33.8	1.5	6 110	0	2 960	1.08	0.51
19950902	13.2	0.7	830	0	2 490	0.59	0.32
20170726	64.0	3.5	13 687	4573	4 480	1.67	0.78

极端降水事件下的雨洪和雨沙关系研究可客观反映下垫面变化对流域洪水输沙的影响，是检验流域水土流失治理成效的重要判定标准。为进一步阐明不同历史时段相似极端降水事件产流产沙异同，甄别极端降水条件下流域雨洪-雨沙关系演变特征，统计分析了无定河白家川站有观测数据以来次洪峰流量大于 1200m³/s 的洪水事件雨洪-雨沙关系变化（图 8-35）。结果说明，与 1977 年特大暴雨相比，在面降水量大致相同、降雨强度增加 1 倍的条件下，"2017.7.26"特大暴雨洪水量减少 34.3%，输沙量减少更为显著，减幅达 53.0%。

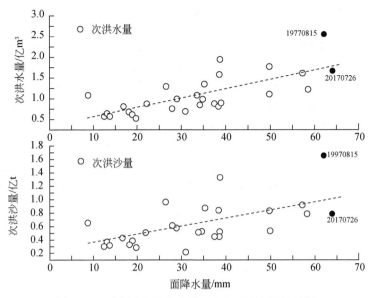

图 8-35　无定河流域典型暴雨事件下洪水输沙特征

　　流域产、输沙环境改变会对流域雨洪–雨沙关系改变产生重要影响。无定河是黄河中游多沙粗沙区的代表性支流，年均土壤侵蚀模数可达 7900t/km²，水土流失十分严重。据统计，20 世纪 60 年代末无定河流域水土流失治理工作初步开展，70 年代流域造林、种草及梯田等措施呈现大幅增加趋势。截至 2015 年，流域林地面积达 7870km²，梯田面积达到 1200km²，淤地坝坝地面积达 210km²，水土保持措施面积大幅增加（图 8-36）。2000 年各项措施达到峰值，之后变化趋于缓和。水土保持措施的大量实施通过改变水分在蒸发、渗

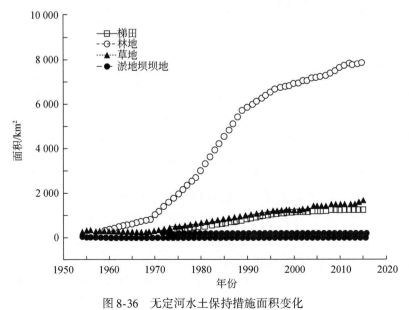

图 8-36　无定河水土保持措施面积变化

透、径流和地下水间的分配比例，进而影响流域产汇流及输沙过程，进而在消洪峰、减洪水、减输沙方面发挥着重要作用，是影响流域次洪水事件洪水输沙量减少的重要因素。

无定河流域水土保持措施累计面积增加，使得大雨大沙问题得到明显改善，水土保持生态建设主导下的流域产沙环境变化对黄河流域极端降水洪水事件中泥沙减少起着重要的积极作用。进一步系统地收集并分析了无定河流域有观测数据以来历年洪水事件年最大含沙量变化趋势（图 8-37），结果表明，自 2000 年以来，无定河流域次洪水事件最大含沙量明显降低，减少幅度达 50% 以上，说明水土保持措施在减少洪水含沙量方面发挥着重要作用。

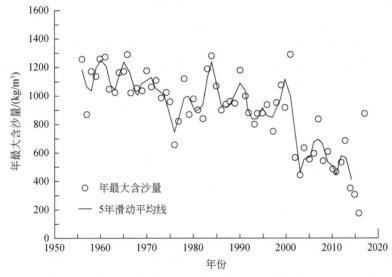

图 8-37　自 1956 年以来无定河典型洪水事件含沙量的变化

如图 8-38 所示，对无定河流域历史发生的"19770805"和"20170726"两次极端降水、相似洪水事件流量–含沙量过程（$Q=aC_s^b$）分析可知，2017 典型暴雨事件下 a 因子相对 1977 年暴雨减小，表明无定河流域下垫面可侵蚀性在降低，侵蚀程度在减弱；b 因子小幅增加说明单位径流输送泥沙能力在增强。

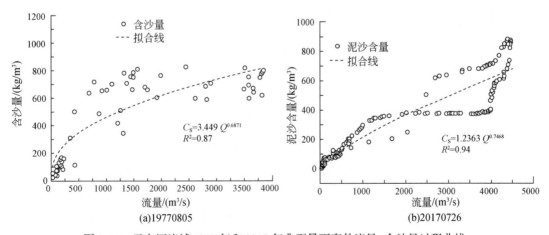

图 8-38　无定河流域 1977 年和 2017 年典型暴雨事件流量–含沙量过程曲线

8.3.3 河龙间历史典型暴雨洪水事件对比分析

8.3.3.1 场次降雨洪水泥沙

(1) 流域内水利和水土保持工程概况

河龙间总面积为 11.16 万 km^2，是黄河下游三大洪水主要来源区之一，也是黄河中游的主要多沙粗沙区，水土流失极为严重。自 1955 年全国人民代表大会通过黄河治理规划以来，黄河中游，特别是河龙间，开展了大量的水土保持治理工作。据统计，截至2010 年，河龙间各项水土保持措施中梯田治理面积已达 40 万 hm^2，淤地坝坝地面积为6.6 万 hm^2，造林面积为 228.9 万 hm^2，种草面积为 40.6 万 hm^2。同时，在河龙间还修建了大批水库，其中大型水库两座，即无定河的新桥水库（总库容 2 亿 m^3，已淤积1.7 亿 m^3）和延河的王窑水库（总库容 2.03 亿 m^3，已淤积 0.8 亿 m^3）；中型水库 45 座，总库容 17.4 亿 m^3，已淤积 5.88 亿 m^3；小（1）型水库 109 座，总库容 5.48 亿 m^3，已淤积 2.01 亿 m^3。

(2) 场次洪水雨洪关系分析

根据河龙间场次洪水的划分情况，选取 1956 ~ 2010 年历年最大的 1 ~ 3 场洪水作为本次雨洪关系分析的样本系列，首先分析不同流量级洪水各时段雨洪关系的变化，经多个量级对比分析，发现洪峰流量 6000m^3/s 以上、6000m^3/s 以下洪水各时段的雨洪关系表现不同，因此，以场次洪峰流量是否达到 6000m^3/s 作为划分洪水量级的指标。河龙间 3 年一遇设计洪峰流量为 6150m^3/s，6000m^3/s 为 2 ~ 3 年一遇。不同时段各量级洪水场次统计结果见表 8-27，各量级不同时段场次洪水特征统计见表 8-28。

表 8-27　河龙间不同时段各量级洪水场次统计结果

洪峰流量 Q_m/(m^3/s)		<6000	≥6000	合计
洪水场次数		94	38	132
时段/年	1956 ~ 1960	8	6	14
	1961 ~ 1970	25	12	37
	1971 ~ 1980	21	11	32
	1981 ~ 1990	15	3	18
	1991 ~ 2000	18	5	23
	2001 ~ 2010	7	1	8

表 8-28　河龙间各量级不同时段场次洪水特征统计

流量级/(m^3/s)	时段	洪水历时/d	洪峰流量/(m^3/s)	场次洪量/亿 m^3	降水总量/亿 m^3	径流系数
Q_m≥6000	1956 ~ 1969 年	6.1	9 449	8.96	71.4	0.127
	1970 ~ 1989 年	3.6	10 118	6.23	44.2	0.142

流量级/(m³/s)	时段	洪水历时/d	洪峰流量/(m³/s)	场次洪量/亿 m³	降水总量/亿 m³	径流系数
$Q_m \geq 6000$	1990~2010 年	3.6	7 977	5.57	46.4	0.108
$Q_m < 6000$	1956~1969 年	5.7	3 754	3.80	38.5	0.112
	1970~1989 年	4.6	3 206	3.03	43.3	0.073
	1990~2010 年	4.4	3 287	3.04	44.2	0.083
全部	1956~1969 年	5.8	5 805	5.70	50.8	0.117
	1970~1989 年	4.3	5 141	3.92	45.7	0.088
	1990~2010 年	4.3	4 258	3.37	46.2	0.081

分别点绘 6000m³/s 以上及以下不同时段实测次洪量与相应面均降水量关系，见图 8-39 和图 8-40。从图 8-39 和图 8-40 可看出，对于洪峰流量 6000m³/s 以下的洪水，20 世纪 50 年代、60 年代点群较为偏上，70 年代以后点群整体较为偏下；对于洪峰流量 6000m³/s 以上的洪水，上述三个时间群的点群基本分布在一个带状区域内，不同时段雨洪关系变化不明显，流域内的水土保持工程对较大流量级的洪水影响程度有限。

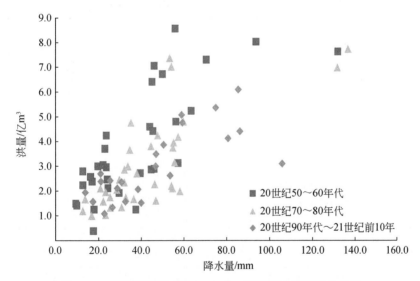

图 8-39　河龙间不同时段 6000m³/s 以下场次降雨洪水关系

(3) 典型暴雨洪水比较

为进一步说明水利水保工程对洪水的影响，选取不同时段典型暴雨洪水过程，比较相似降雨情况下不同下垫面条件的产流特点。典型洪水相应降雨的选择侧重于次降水量、降雨过程、暴雨中心等指标。通过筛选，选取 1977 年、1996 年洪水作为较大量级洪水典型；选取 1967 年、1995 年、2003 年洪水作为中等量级洪水典型；选取 1961 年、1984 年、2001 年洪水作为较小量级洪水典型，河龙间各典型洪水相应降雨比较见表 8-29，其降雨空间分布图见图 8-41。

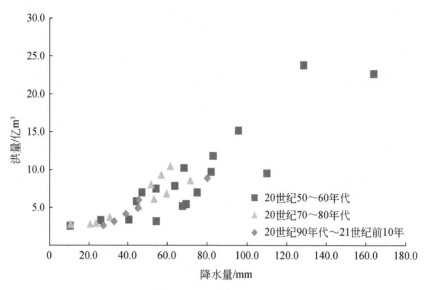

图 8-40　河龙间不同时段 6000m³/s 以上场次降雨洪水关系

表 8-29　河龙间各典型洪水相应降雨比较

| 洪水量级 | 场次洪水编号 | 场次洪水 | | | | | 相应降雨 | | | 径流系数 |
		开始时间	结束时间	洪水历时/d	洪水总量/亿 m³	洪峰流量/m³/s	相应降水量/亿 m³	最大日降水量/mm	主雨区	
较大	19770803	8月2日	8月4日	3	5.17	12 977	45.7	25.0	窟野河上游	0.113
	19960810	8月9日	8月12日	4	6.01	10 370	45.6	19.9	窟野河上游	0.132
中等	19670718	7月17日	7月19日	3	3.41	6 150	40.52	39.9	吴堡上下	0.084
	19950730	7月3日	7月31日	2	3.18	6 890	33.07	20.6	吴堡上下	0.096
	20030731	7月31日	8月2日	3	2.64	6 980	27.62	23.6	吴堡上下	0.10
较小	19610928	9月27日	9月29日	3	3.88	3 730	77.5	45.3	无定河	0.05
	19840827	8月27日	8月3日	4	2.19	2 030	54.1	36.9	无定河	0.04
	20010819	8月19日	8月21日	3	2.98	3 070	105.1	63.6	无定河	0.028

注：按场次洪峰界定，较大量级洪水指 10 000m³/s 以上级洪水，中等量级洪水指 6000 ~ 10 000m³/s 量级洪水，较小量级洪水指 6000m³/s 以下量级洪水。

从表 8-29 可以看出，对于较大量级和中等量级洪水，20 世纪 90 年代以来与 60 ~ 70 年代相比径流系数变化不大，对于较小量级洪水，20 世纪 90 年代以来径流系数较 60 年代减小 20% ~ 44%。综上所述，河龙间人类活动影响较大的节点确定为 1970 年，对较大量级和中等量级洪水不进行还原、还现，对较小量级洪水进行还现计算，还现的标准为 20%。

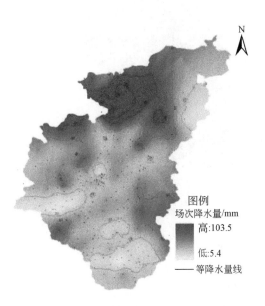

(较大量级典型)

(a)河龙间"19960810"场次洪水降水量

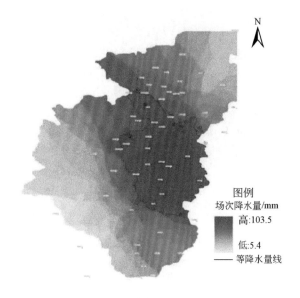

(中等量级典型)

(b)河龙间"19670718"场次洪水降水量

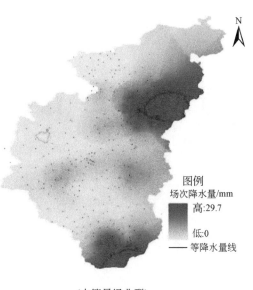

(中等量级典型)

(c)河龙间"19950730"场次洪水降水量

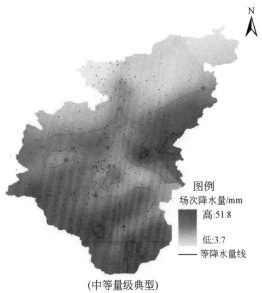

(中等量级典型)

(d)河龙间"20030731"场次洪水降水量

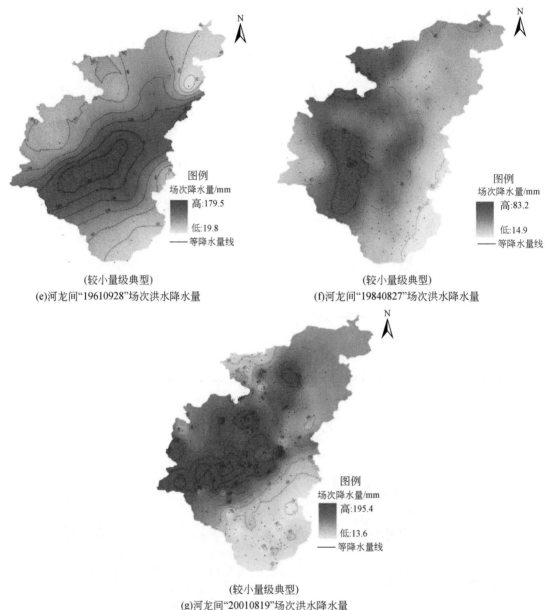

(较小量级典型)
(e)河龙间"19610928"场次洪水降水量

(较小量级典型)
(f)河龙间"19840827"场次洪水降水量

(较小量级典型)
(g)河龙间"20010819"场次洪水降水量

图 8-41　各典型洪水的降雨空间分布

8.3.3.2　年降雨径流泥沙

自 1956 年以来，河龙间降水-径流关系发生了三次较大的突变或转折情况，分别为 1972 年、1999 年和 2006 年，比较河龙间四个时段的年降水-径流关系（图 8-42）可以发现，四个时段的年降水径流关系发生了很大的变化，其中 1956～1972 年降水径流关系点明显偏高，1973～1999 年关系点位于整个点群中部，2000～2006 年关系点与 1973～1999 年系列中的枯水年份接近，2007～2010 年关系点明显位于整个点群的最下方。说明近年来同样降水条件下产生的河川径流量明显减少，整个系列的一致性发生变化。

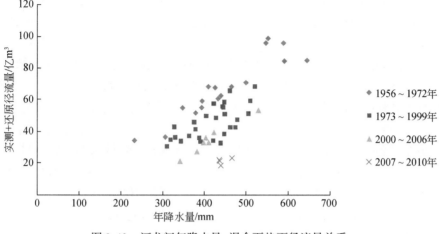

图 8-42　河龙间年降水量−混合下垫面径流量关系

　　由 1954～2015 年各时段河龙间 6～9 月降水量与输沙量关系图（图 8-43）可见，2000 年以后河龙间降雨产沙关系发生了显著变化。

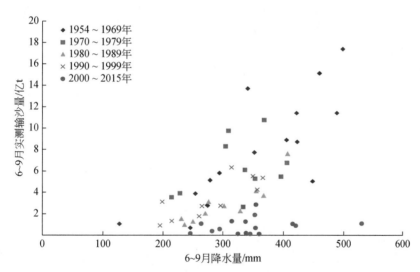

图 8-43　河龙间 6～9 月降水量与输沙量关系

8.3.4　渭河流域历史典型暴雨事件对比分析

8.3.4.1　场次降雨洪水泥沙

（1）渭河流域水库工程情况
　　渭河是黄河第一大支流，发源于甘肃渭源县鸟鼠山，渭河流域涉及甘肃、宁夏、陕西三省（自治区），在陕西潼关县注入黄河。渭河流域面积为 13.48 万 km²，其中甘肃占

44.1%、宁夏占 6.1%、陕西占 49.8%。干流全长 818km，宝鸡峡以上为上游，河长430km，河道狭窄，河谷川峡相间，水流湍急；宝鸡峡至咸阳为中游，河长 180km，河道较宽，多沙洲，水流分散；咸阳至入黄口为下游，河长 208km，比降较小，水流较缓，河道泥沙淤积。

渭河流域地形特点为西高东低，西部最高处高程为 3495m，自西向东地势逐渐变缓，河谷变宽，入黄口高程与最高处高程相差 3000m 以上。流域北部为黄土高原，南部为秦岭山区，地貌主要有黄土丘陵区、黄土塬区、土石山区、黄土阶地区、河谷冲积平原区等。

渭河支流众多，其中，南岸的数量较多，但较大支流集中在北岸，水系呈扇状分布。北岸支流多发源于黄土丘陵区和黄土高原，相对源远流长，比降较小，含沙量大；南岸支流均发源于秦岭山区，源短流急，谷狭坡陡，径流较丰，含沙量小。泾河是渭河最大的支流，河长 455.1km，流域面积 4.54 万 km²，占渭河流域面积的 33.7%。北洛河为渭河第二大支流，河长 680km，流域面积为 2.69 万 km²，占渭河流域面积的 20%。

渭河流域洪水主要来源于泾河、渭河干流咸阳站以上和南山支流。渭河流域洪水具有暴涨暴落、洪峰高、含沙量大的特点。每年 7~9 月为暴雨季节，汛期水量约占年水量的 60%。

根据泾、渭河流域张家山站以上（区间）及咸阳站以上（区间）的水库工程建设情况统计：张家山站以上（区间）的水库工程主要在 20 世纪 60 年代开始大批修建，以 60 年代修建最多，其后每个时段都有增建，而 80 年代以后增建数量减少；咸阳站以上（区间）的水库工程主要在 60 年代开始大批修建，以 70 年代修建最多，其后每个时段都有增建，而 80 年代以后增建不多。综合来看，渭河流域华县站以上（区间）的水库工程在 70 年代增建最多，80 年代以后增建数量减少。渭河流域水库工程建设情况见表 8-30。

表 8-30　渭河流域水库工程建设情况

库容分类	时段	咸阳站/亿 m³	张家山站/亿 m³	咸张合计（咸阳站+张家山站）/亿 m³	咸张合计各时段占比/%
总库容	20 世纪 50 年代	1.47	0.41	1.88	6.4
	20 世纪 60 年代	1.72	5.88	7.60	25.8
	20 世纪 70 年代	11.79	1.84	13.63	46.3
	20 世纪 80 年代	2.09	0.43	2.52	8.6
	20 世纪 90 年代	0.25	0.27	0.52	1.8
	21 世纪前 10 年	2.44	0.88	3.32	11.3
兴利库容	20 世纪 50 年代	0.21	0.05	0.26	2.2
	20 世纪 60 年代	0.52	0.34	0.86	7.4
	20 世纪 70 年代	6.06	0.43	6.49	55.8
	20 世纪 80 年代	1.46	0.26	1.72	14.8
	20 世纪 90 年代	0.08	0.03	0.11	0.9
	21 世纪前 10 年	1.95	0.24	2.19	18.8

（2）场次洪水及雨洪关系选样

A. 场次洪水选样

根据最终提交的成果要求，主要挑选华县站（渭河流域）的场次洪水，同时挑选咸阳站及张家山站的相应场次洪水。根据洪峰流量进行选样，在其年最大选样的基础上另外补充超定量选样的场次，以 1000m³/s 作为超定量补充选样的控制条件。根据上述选样原则，共挑选出华县站 165 场洪水（相应咸阳站 165 场、张家山站 158 场，华县站、咸阳站资料从 1954 年开始，张家山站资料从 1955 年开始），不同时段洪水场次选样结果见表 8-31。

表 8-31　华县站不同时段洪水场次选样结果　　　（单位：场）

时段	20 世纪50 年代	20 世纪60 年代	20 世纪70 年代	20 世纪80 年代	20 世纪90 年代	21 世纪前 10 年	总计
洪水场次	31	29	27	36	20	22	165

场次洪水中，华县站洪峰流量变化情况见图 8-44。

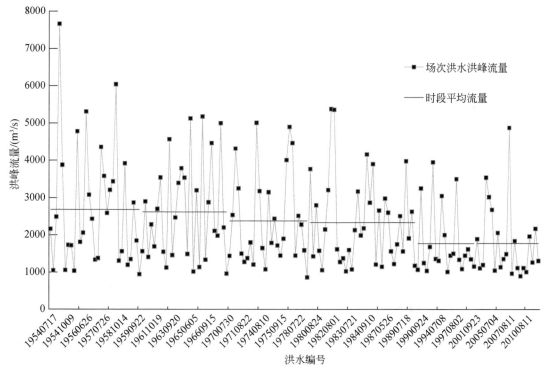

图 8-44　华县站洪峰流量变化情况

B. 雨洪关系选样

渭河流域面积较大，根据综合分析，流域产汇流时间一般在 1d 左右。因此，在分析雨洪对应关系时，洪水过程选样时考虑 1d 的产汇流时间，并根据雨洪的具体对应关系略作调整。华县站不同年代场次雨洪特征指标平均值的统计情况见表 8-32。

表 8-32　华县站不同年代场次雨洪特征指标平均值统计表

时段	洪水历时/d	场次洪量/亿 m³	洪峰流量/(m³/s)	降水总量/亿 m³	径流系数	前期影响降水量/mm
20 世纪 50 年代	17	10.90	2684	60.46	0.1853	13.0
20 世纪 60 年代	22	15.12	2624	77.53	0.1795	11.3
20 世纪 70 年代	20	11.23	2377	70.61	0.1420	15.7
20 世纪 80 年代	20	12.46	2334	73.00	0.1612	13.4
20 世纪 90 年代	15	6.65	1771	54.07	0.1334	15.7
21 世纪前 10 年	17	8.53	1777	62.91	0.1299	18.0

(3) 雨洪关系总体分析

对华县站雨洪关系进行总体分析，见图 8-45 和图 8-46。由图 8-45 和图 8-46 可以看出，不同时段的降雨–径流关系点群交叉分布，但总体而言分布在一片带状区域内，无法准确定性出人类活动对降雨–径流关系的影响。

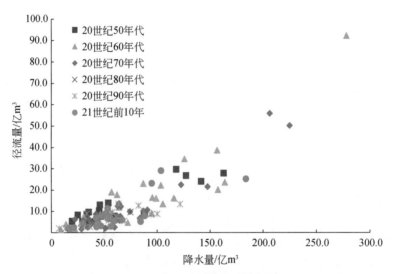

图 8-45　华县站雨洪关系散点图

(4) 雨洪关系分类分析

鉴于所有场次洪水的降雨–径流关系时段变化不显著，因此基于洪水历时 T、洪峰流量 Q_m、前期影响降水量 P_a 及洪水来源区对雨洪关系进行分类分析计算，结果见表 8-33。

A. 基于洪水历时 T 分类

根据需提交的华县站设计洪水特征值（Q_m、W_{1d}、W_{3d}、W_{5d}、W_{12d}）需求以及场次洪水历时变化的实际情况，以及分析龙三区间雨洪关系的需要，以华县站洪水过程历时 16d 分类标准进行分类分析，场次数见表 8-33，分类分析图见图 8-47。根据洪水过程历时 T（16d）分类后，渭河流域华县站不同时段的雨洪关系没有明显的变化，只能定性看出 2000s 的雨洪关系点总体上较其他时段略靠下，表明产流量稍减小。其中，对于 $T \leqslant 16d$ 的

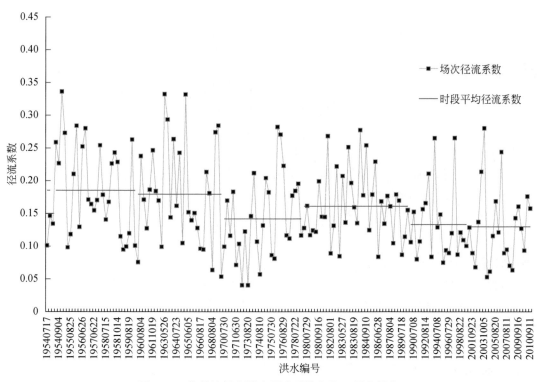

图 8-46 华县站场次洪水径流系数变化（所有场次）

分类，"19630526"场次洪水因降雨强度较大，且前期土壤已经接近蓄满状态，因此产流量较同降水量的其他场次大。综合而言，点群全部在一片带状区域内，无法明确地识别其时段变化。

表 8-33 雨洪关系分类分析的场次数统计表　　　　　　（单位：场）

分类		20 世纪 50 年代	20 世纪 60 年代	20 世纪 70 年代	20 世纪 80 年代	20 世纪 90 年代	21 世纪 前 10 年	合计
洪水 过程历时	$T \leq 16d$	16	15	14	22	13	11	91
	$T > 16d$	15	14	13	14	7	11	74
洪峰流量	$Q_m \leq 2000 m^3/s$	14	12	15	18	16	16	91
	$Q_m > 2000 m^3/s$	17	17	12	18	4	6	74
前期 影响降水量	$P_a \leq 8mm$	11	9	6	8	3	2	39
	$P_a > 8mm$	20	20	21	28	17	20	126
洪水来源区	以张家山站来水为主	2	5	4	—	7	2	20
	以咸阳站来水为主	22	23	23	33	12	19	132
	同时来水	7	1	—	3	1	1	13
合计		31	29	27	36	20	22	165

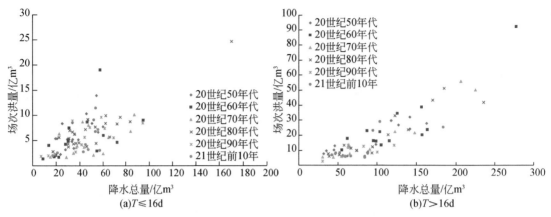

图 8-47 基于洪水历时 T 分类的雨洪关系

B. 基于洪峰流量 Q_m 分类

为保证分类后场次数量足够,本次首先采用洪峰流量大于 $1000\text{m}^3/\text{s}$ 的超定量法进行选样,然后在以 $2000\text{m}^3/\text{s}$ 为分界点。按照洪峰流量是否大于 $2000\text{m}^3/\text{s}$ 进行分类分析,场次数见表 8-33,分类分析图见图 8-48。根据洪峰流量 Q_m($2000\text{m}^3/\text{s}$)分类后,对于 $Q_m \le 2000\text{m}^3/\text{s}$ 的分类,华县站不同时段的雨洪关系点群呈片状分布,没有明显的时段差异性;对于 $Q_m > 2000\text{m}^3/\text{s}$ 的分类,不同时段的雨洪关系点群在一片带状区域内,关系没有明显的变化。综合来看,无法明确地识别其时段变化。

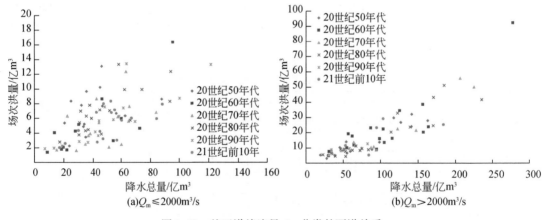

图 8-48 基于洪峰流量 Q_m 分类的雨洪关系

C. 基于前期影响降水量 P_a 分类

经历时分类后,计算的前期影响降水量 P_a 变化范围 $0.3 \sim 37.3\text{mm}$。综合洪水发生前流域降雨较少的场次情况分析,其前期影响降水量 P_a 为 $0.3 \sim 7.9\text{mm}$。据此以前期影响降水量 P_a(8mm)为分类标准进行分类分析,场次数见表 8-33,分类分析图见图 8-49。根据前期影响降水量 P_a(8mm)分类后,华县站不同时段的雨洪关系没有明显的变化,只能定性看出 21 世纪前 10 年的雨洪关系点总体上较其他时段略靠下,表明产流量稍减小。其

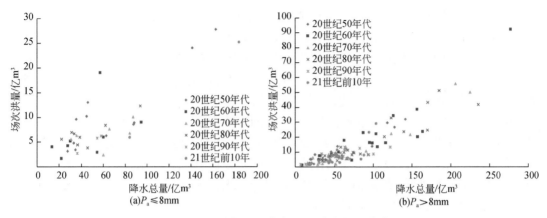

图 8-49　基于前期影响降水量 P_a 分类的雨洪关系

中，对于 $T \leq 16\mathrm{d}$ 的分类，"19630526" 场次洪水，因降雨强度较大，且前期土壤已经接近蓄满状态，因此产流量较同降水量的其他场次大。综合而言，点群全部在一片带状区域内，无法明确地识别其时段变化。

D. 基于洪水来源区分类

华县站控制流域面积为 $106\,498\mathrm{km}^2$，其中张家山站控制流域面积为 $43\,216\mathrm{km}^2$，约占华县站面积的 41%；咸阳控制流域面积为 $46\,827\mathrm{km}^2$，约占华县站面积的 44%。以不同来源区相应的场次洪量占华县站场次洪量的比例进行分类：若 $\dfrac{W_{咸阳}}{W_{华县}} \geq 44\%$，计为以咸阳站来水为主；若 $\dfrac{W_{张家山}}{W_{华县}} \geq 41\%$，计为以张家山站来水为主；其他情况 [含张咸华区间（华县的来水由三个地区组成，咸阳以上、张家山以上及张家山、咸阳、华县区间，简称张咸华区间）来水为主]，计为同时来水。经分类后，同时来水的场次数较少，无法反映其时段变化特征，因此不予分析，仅列出场次数。基于洪水来源区分类分析的场次数见表 8-33，分类分析图见图 8-50。

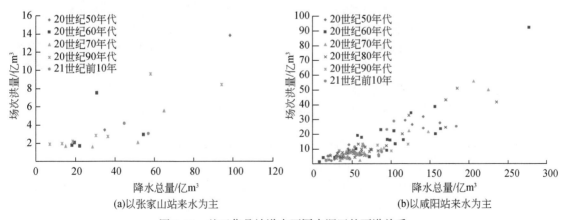

图 8-50　基于华县站洪水不同来源区的雨洪关系

由表8-33及图8-50可以看出，根据华县站洪水不同来源区分类后，对于以张家山站来水为主的分类，其本身场次较少，且雨洪关系点群分布较散；对于以咸阳站来水为主的分类，华县站不同时段的雨洪点群呈带状分布，可定性看出21世纪前10年的雨洪关系点群总体上较其他时段略靠下，表明产流量稍减小，但总体上没有明显的时段差异性。综合来看，无法明确地识别其时段变化。

由上述基于洪水历时 T、洪峰流量 Q_m、前期影响雨量 P_a 及洪水来源区对雨洪关系分类分析的结果可以看出，根据不同的特征量进行分类后，华县站的雨洪关系点群仍然处在一片带状或片状区域内，个别分类可定性看出21世纪前10年的雨洪点群较其他时段略靠下，表明产流量稍减小，但总体上没有明显差异，无法明确地识别其时段变化。综上所述，人类活动对华县站洪水的影响不显著。

(5) 典型洪水场次分析

A. 降水量相近但洪量不同的典型场次对比

按照华县站洪峰流量是否大于3000m³/s（2～3年一遇）作为分类点，对不同时段相似降雨的产流情况进行分析。

a. 华县站洪峰流量大于3000m³/s的典型场次对比

根据降雨-径流关系散点图及场次洪水雨洪量的统计结果，"19540819"与"20030921"的场次洪水降水总量相近，54亿m³左右，但洪量不同，分别为13.98亿m³和11.43亿m³。为此对其进行典型分析，相关特征值统计见表8-34，两场洪水的降水量空间分布见图8-51。

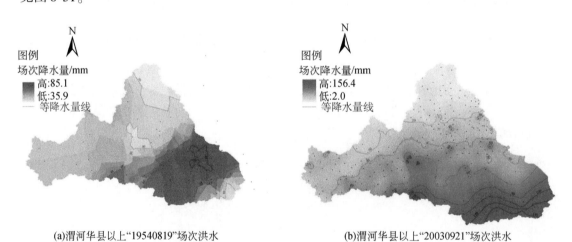

(a)渭河华县以上"19540819"场次洪水　　　　　　(b)渭河华县以上"20030921"场次洪水

图8-51　"19540819"和"20030921"场次洪水的降水量空间分布

由表8-34及图8-51可看出，两场洪水的降水量相近，且前者80mm左右面降水量集中分布且范围广，但分属于不同的时段，水利水保工程条件不同。从两场洪水的径流系数来看，分别为0.2588和0.2139，相差不大，说明后期水利水保工程对大洪水降雨径流关系有一定影响。

表 8-34　典型场次洪水分析统计表

类型		洪水编号	开始时间	结束时间	历时 /d	场次洪量 /亿 m³	洪峰流量 /(m³/s)	降水总量 /亿 m³	径流系数	前期影响降水量 /mm	P+Pₐ /亿 m³
降水量相近但洪量不同	$Q_m \leq 3000 m^3/s$	19940728	1994 年 7 月 21 日 8:00	1994 年 8 月 4 日 8:00	15	1.97	1010	13.26	0.1485	11.2	25.14
		19630607	1963 年 6 月 4 日 18:00	1963 年 6 月 15 日 18:00	12	4.00	1460	13.63	0.2936	7.8	21.92
	$Q_m > 3000 m^3/s$	20030921	2003 年 9 月 17 日 8:00	2003 年 9 月 30 日 8:00	14	11.43	3020	53.45	0.2139	11.8	66.01
		19540819	1954 年 8 月 17 日 8:00	1954 年 8 月 25 日 8:00	9	13.98	7660	54.03	0.2588	22.7	78.21
降水量不同但洪量相近		19581014	1958 年 10 月 11 日 8:00	1958 年 10 月 31 日 8:00	21	10.26	1560	44.84	0.2288	6.9	52.17
		19770707	1977 年 7 月 2 日 8:00	1977 年 7 月 19 日 8:00	18	10.61	4470	90.89	0.1168	24.4	116.85
		20030921	2003 年 9 月 18 日 8:00	2003 年 9 月 30 日 8:00	13	11.43	3020	53.45	0.2139	11.8	66.01
典型年份 2003 年		20030901	2003 年 8 月 24 日 8:00	2003 年 9 月 18 日 8:00	26	25.21	3540	183.91	0.1371	7.4	191.81
		20030921	2003 年 9 月 18 日 8:00	2003 年 9 月 30 日 8:00	13	11.43	3020	53.45	0.2139	11.8	66.01
		20031005	2003 年 9 月 30 日 18:00	2003 年 10 月 26 18:00	27	29.04	2680	103.63	0.2802	30.5	136.08
典型场次		19630526	1963 年 5 月 19 日 18:00	1963 年 6 月 3 日 18:00	16	19.02	4570	57.23	0.3324	7.8	65.58

b. 华县站洪峰流量小于等于 3000m³/s 的典型场次对比

根据降雨–径流关系散点图及场次洪水雨洪量的统计结果，"19630607" 与 "19940728" 的场次洪水降水总量相近，13.5 亿 m³左右，但洪量不同，分别为 4.00 亿 m³ 及 1.97 亿 m³。为此对其进行典型分析，相关特征值统计见表 8-34，两场洪水的降水量的空间分布见图 8-52。两场洪水的降水量相近，均约 13.5 亿 m³，降水量的空间分布情况类似，主要雨区处于流域的西南方及西北方，但分属 20 世纪 60 年代和 90 年代。80 年代以后有大量水利水保工程，两场次洪水的水利水保工程条件不同。从两场洪水的径流系数来看，分别为0.2936 和 0.1485，有一定差别，说明水利水保工程对小洪水降雨–径流关系存在一定影响。

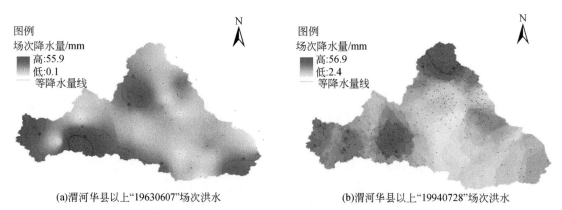

(a)渭河华县以上"19630607"场次洪水　　　　(b)渭河华县以上"19940728"场次洪水

图 8-52　　"19630607" 和 "19940728" 场次洪水的降水量的空间分布

B. 洪量相近但降水量不同的典型场次对比

根据降雨–径流关系散点图及场次洪水雨洪量的统计结果，"19581014" "19770707""20030921" 的场次洪量相近，11 亿 m³左右，但降水量不同，分别为 44.84 亿 m³、90.89亿 m³、53.45 亿 m³。为此对其进行典型分析，相关特征值统计见表 8-34，3 场洪水的降水量空间分布见图 8-53。3 场洪水的降水量不同，产洪量应有所不同。3 场降水量的空间分布情况不同，"19581014" 及 "20030921" 场次的主要雨区分布在流域东南方，与 "19770707"场次相比，更靠近流域出口，从产流角度来看，产流量会更大，因此 "19581014" 及"20030921" 场次的降水量虽小于 "19770707" 场次，但场次洪量相近。对比 "19581014" 及"20030921" 场次来看，80 年代后大量增加的水利水保工程及其他人类活动影响加剧等导致流域下垫面发生变化，相同降雨条件下产流量会稍小，因此虽然 "20030921" 场次降水量略大于 "19581014" 场次，但其产流量相近。前期影响降水量对降雨产流也有一定影响。综合而言，不同时段的不同降水量条件下，可能会产生相同的场次洪量。

C. 2003 年连续场次径流系数变化分析

根据降雨–径流关系散点图及场次洪水雨洪量的统计结果，2003 年 "20030901""20030921" "20031005" 的场次洪水径流系数不断变化。为此对其进行典型分析，相关特征值统计见表 8-34，3 场洪水的降水量空间分布见图 8-54。由于降水量的空间分布情况及前期土壤含水量的影响，在出现连续降雨的时候场次洪水的降雨径流系数会逐渐增大。

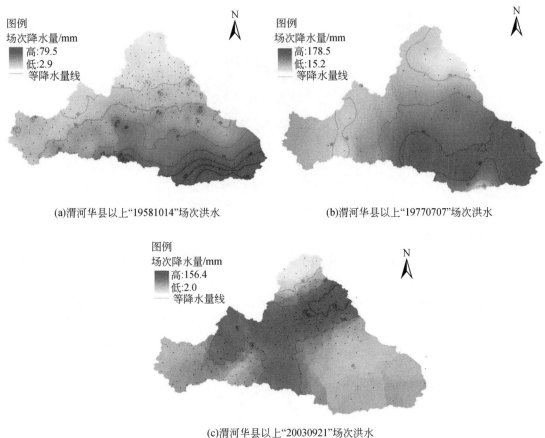

(a)渭河华县以上"19581014"场次洪水　　　　　　　(b)渭河华县以上"19770707"场次洪水

(c)渭河华县以上"20030921"场次洪水

图 8-53　降水量不同但洪量相近的 3 场洪水的降水量空间分布

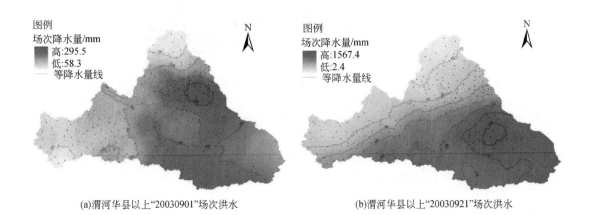

(a)渭河华县以上"20030901"场次洪水　　　　　　　(b)渭河华县以上"20030921"场次洪水

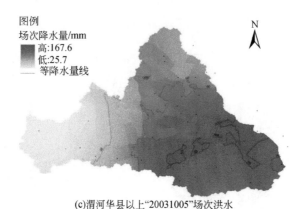

(c)渭河华县以上"20031005"场次洪水

图 8-54　典型年份（2003 年）3 场洪水的降水量空间分布

D. "19630526"场次洪水

根据降雨-径流关系散点图及场次洪水雨洪量的统计结果，"20030901""19630526"的场次洪水与其他散点点据离散长度较大，体现为洪量较大，为此对其进行典型分析，相关特征值统计见表 8-34，降水量空间分布见图 8-55。"19630526"场次洪水的降雨主要分布在泾、渭河下游，靠近华县站附近，从产流机制上看，符合超渗产流特征，即短时高强度暴雨可产生较大的洪量。

图 8-55　　"19630526"场次洪水的降水量空间分布

由于降雨时空分布的差异及前期影响降水量的影响，会出现降水量相近但洪量不同、洪量相近但降水量不同的情况，且同样年份也会出现降雨径流系数变化的现象。综合各种条件来看，渭河流域水利工程建设对大量级洪水的影响并不显著，尤其是对前期降水量较大的连续降雨的长历时洪水影响不明显，但对一般量级或小量级洪水有影响。

8.3.4.2　年降雨径流泥沙

点绘渭河华县断面 1956 年以来年降水-径流双累积曲线可以发现，在 1956～2010 年华县以上降水径流关系于 2000 年前后有所变化，但转折年前后双累积曲线的斜率变化不大，说明降水-径流关系虽然有所变化，但变化程度并不大。比较华县以上 1956～2000 年和 2001 ~ 2010 年年降水-径流关系（图 8-56）可以发现，两个时段年降水-径流关系基本处于一个带状区域，但 2001 ~ 2010 年整体偏向点群下部，说明年降水-径流关系有所变化。

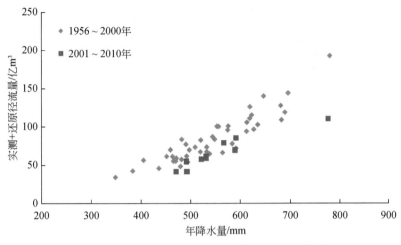

图 8-56　华县站年降水量-混合下垫面径流量关系图

根据泾河张家山以上 1954 ~ 2015 年实测降雨及泥沙资料，点绘 6 ~ 9 月降水量与输沙量关系，如图 8-57 所示。从总的趋势看，输沙量随着降水量的增加而增大，自 20 世纪 80 年代以来，关系点逐渐向下方偏离，特别是 2000 年以后降水量与输沙量关系线远离 1954 ~ 1969 年关系线，表示相同降水量时输沙量明显减少。

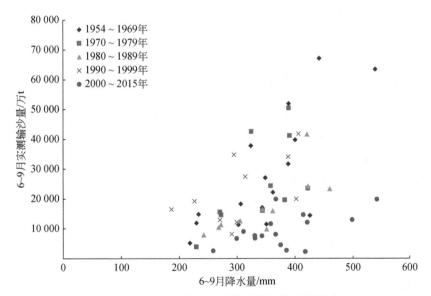

图 8-57　张家山站 6 ~ 9 月降水量与输沙量关系

根据咸阳以上 1954~2015 年实测降雨及泥沙资料，点绘咸阳站以上 6~9 月降水量与输沙量关系，如图 8-58 所示。从总的趋势看，输沙量随着降水量的增加而增大，20 世纪 90 年代以后降水量与输沙量关系线远离 1954~1969 年关系线，表示相同降水量时输沙量明显减少。

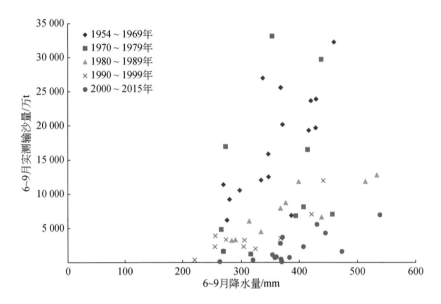

图 8-58　咸阳站 6~9 月降水量与输沙量关系

8.4　极端降雨下典型流域水土保持成效

8.4.1　典型流域极端降水变化

基于黄河中游 46 个国家雨量站数据，结合极端降水指数定义标准，对黄河中游 1960~2016 年 3 个时段极端降水事件的时空分布规律进行分析，见图 8-59，随着时间推移，黄河中游极端降水量占总降水量的比例呈明显增加趋势，河潼区间由 1960~1980 年的 47.6% 增加到 2000 年以后的 52.7%，增加 35.1 个百分点；从空间分布看，1960~1980 年，极端降水量占总降水量比例较高的区域主要集中在河龙区间陕西北片区的窟野河、皇甫川等流域，而龙潼区间极端降水比例相对较低。2000 年以后，极端降水量占总降水量比例较高的区域由河龙区间局部发展至河潼区间大部分，河潼区间极端降水比例明显增高。极端降水事件中心呈现由河龙区间陕西北片区向河龙区间陕西南片区无定河流域及龙潼区间转移的分布特征。

选取极端降水事件频发的皇甫川（河龙区间陕西北片）、无定河（河龙区间陕西南片）、湫水河（河龙区间晋西片区）等典型流域为研究对象，对比分析了历史不同时段相似极端降水条件下的典型场次洪水事件产流产沙特征（表 8-35），结果表明自 2000 年以来

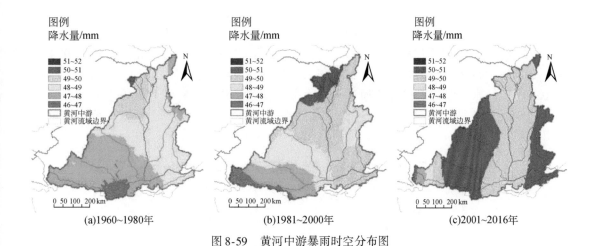

|(a)1960~1980年|(b)1981~2000年|(c)2001~2016年|

图 8-59　黄河中游暴雨时空分布图

多个典型流域在同等降雨条件下次洪水量和次输沙量较 20 世纪 60~80 年代均显著减少，其中，洪水量减少范围为 30.4%~78.2%，泥沙量减少范围为 53.0%~88.2%，减沙幅度大于减洪幅度，水土流失治理下的流域下垫面变化发挥重要作用，这些结果为区域水沙模型参数设定提供边界条件。进一步分析表明，2000 年以后，极端降水事件洪水最大含沙量大体呈下降趋势，无定河"2017.7.26"特大暴雨事件因降雨强度问题，最大含沙量较历史以往增加 15.6%，说明高含沙量洪水依然会发生，但发生频率明显减少。

表 8-35　典型流域极端暴雨事件特性

流域	洪水编号	场次降水量/mm	平均雨强/(mm/h)	50mm降水量笼罩面积/km²	100m降水量笼罩面积/km²	洪峰流量/(m³/s)	次洪量/亿m³	输沙量/亿t	最大含沙量/(kg/m³)
无定河（白家川站）	20170726	64.0	3.5	13 687	4 573	4 480	1.67	0.78	873
	19940805	49.6	2.8	11 848	2 238	3 220	1.70	0.80	526
	19770805	62.1	1.7	14 945	2 979	3 840	2.54	1.66	737
	19640706	57.3	1.7	13 543	1 783	3 020	1.48	0.84	633
湫水河（林家坪站）	20150802	58.8	5.83	1 549	0	1 400	0.159 5	0.063 8	428
	20120727	64.7	5.34	1 230	332.9	1 350	0.137 6	0.050 9	497
	19770706	55.3	4.95	1 297	0	1 860	0.272 8	0.148 7	582
	19700809	64.3	4.35	897	394.5	2 760	0.630 3	0.43	741
皇甫川（皇甫站）	20160818	80.8	2.88	3 004	358.6	2 220	0.314 7	0.095 2	510
	19880805	81.0	2.10	1 227	256	6 790	1.543	0.905 6	802
	19790810	85.1	1.98	3 198	574.5	4 960	1.34	0.659 2	1 400

8.4.2　典型流域下垫面变化

　　黄河中游地处黄土高原核心区，是国家水土保持生态建设工程的重点实施区，1970~

2014 年，黄河中游下垫面发生明显变化（表8-36），相关研究表明，2000 年后黄河河潼区间，淤地坝、梯田及林草等典型水土保持措施面积较20 世纪70 年代大幅增加，增幅分别达到1384%、338.6% 和18.3%，另外，水库数量增加346.2%。参考相关文献，2000 年后，黄河中游地区淤地坝年均拦沙3.75 亿 t，梯田措施年均减沙4.22 亿 t，而水库年均拦沙0.98 亿 t。水土保持工程实施通过改变水分在蒸发、渗透、径流和地下水间的分配比例，进而影响流域产汇流及输沙过程，从而在消洪峰、减洪水、减输沙方面发挥重要作用。

表 8-36 黄河中游主要产沙区下垫面变化情况统计

类别	具体措施	统计年份	数量	出处
典型水土保持措施	淤地坝（骨干坝）/座	2011	4 898	李景宗等（2018）
		1970	330	
	梯田/km²	2014	21 603	刘晓燕（2016）
		1970	4 925	
	林草覆盖率/%	2014	40.6	田勇等（2014）
		1970	22.3	
水库	水库/座	2012	772	
		1970	173	

8.4.3　不同时段流域雨洪和雨沙关系演变

下垫面条件变化会造成流域产汇流特性发生变化。雨洪、雨沙关系变化是客观反映下垫面变化对流域洪水输沙影响的重要方面。为进一步阐明不同历史时段相似极端降水事件产流产沙异同，甄别极端降水条件下的流域雨洪、雨沙关系演变特征，选取不同流域洪峰流量大于 1000m³/s 的洪水事件进行分析发现，2000 年后，雨洪、雨沙关系发生明显变化（图8-60）。其中，无定河、皇甫川、湫水河流域2000 年后次洪水量、次输沙量均位于拟合直线下方，说明2000 年以后黄河中游地区极端降水–洪水–泥沙关系发生明显变化。进一步以2017 年无定河"2017.7.26"特大暴雨为研究对象，分析了无定河白家川站有观测数据以来洪峰流量大于2000m³/s 的洪水事件雨洪、雨沙关系变化情况，结果说明，与1977 年特大暴雨相比，在面降水量大致相同、降雨强度增加1 倍的条件下，"2017.7.26"特大暴雨洪水量减少34.3%，产沙量减少更为显著，减幅达53.01%，结果说明2000 年后相似极端降雨条件下的雨洪、雨沙关系发生明显变化，流域产流产沙大幅减少，水土保持生态建设主导下的流域下垫面变化对黄河流域极端降水洪水事件泥沙减少起着重要的积极作用。

8.4.4　典型对比流域水土保持成效分析

对比流域试验研究方法被公认为是开展下垫面水文响应研究的最有效方法之一。以无

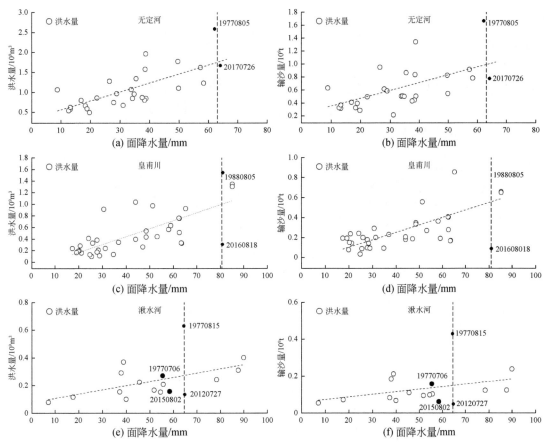

图 8-60　不同流域典型极端降雨事件下的雨洪、雨沙关系

定河韭园沟（治理流域）和裴家茆沟（非治理流域）为对比流域（图 8-61 和表 8-37），通过对比相似极端降水条件下的流域产流产沙特征，辨析流域雨洪、雨沙关系变化的主要驱动因素，量化评价水土保持措施对极端降水条件下的流域产流产沙影响的贡献。

表 8-37　小流域主要特征对比

流域名称	流域面积/km²	治理度/%	主要水土保持措施				
			年份	淤地坝数量/座	梯田面积/km²	林地面积/km²	坝地面积/km²	草地面积/km²
韭园沟	70.7	18.1	1960	148	1.62	2.72	0.54	1.73
		30.0	1970	237	7.04	5.93	1.47	2.00
		62.4	2000	253	12.85	24.73	2.80	1.26
		701	2010	263	16.94	28.31	3.04	1.27
裴家茆沟	39.5	11.7	2015	61	0.71	5.18	0.38	11.78

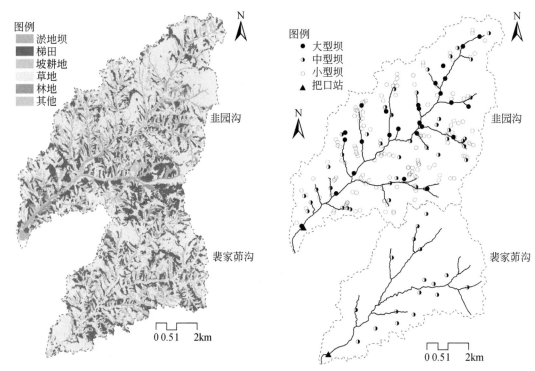

图 8-61　韭园沟与裴家峁沟流域土地利用及坝系布局图

为进一步说明极端降水条件下的下垫面变化对流域洪水输沙的影响，以无定河流域"2017.7.26"特大暴雨事件为背景，选取韭园沟（治理流域）和裴家峁沟（非治理流域）1954 年以来 15 次典型暴雨事件开展水土保持效益进行对比分析，结果如下。

在"2017.7.26"特大暴雨事件中，两个流域次降水量接近（表 8-38），裴家峁沟径流深为韭园沟径流深的 2.47 倍，裴家峁沟洪峰流量为韭园沟洪峰流量的 3.49 倍。同时，韭园沟最大含沙量为 170kg/m³，裴家峁沟最大含沙量为 382kg/m³，这些结果均显示出水土保持措施在滞洪、调水减沙等方面发挥着巨大作用。

表 8-38　对比流域"2017.7.26"特大暴雨洪水泥沙分析

流域名称	降雨历时	降水量/mm	径流深/mm	径流系数	洪峰流量/(m³/s)	最大含沙量/(kg/m³)	输沙模数/(t/km²)
韭园沟	51h 20min	156.1	18.39	0.12	36.14	170	1914
裴家峁沟	36h 30min	156.7	45.50	0.29	126.10	382	7595

如图 8-62 所示，流域历史暴雨事件汇总分析表明在相似极端降水事件中韭园沟流域径流模数和输沙模数取值范围均明显小于未经治理的裴家峁沟，其中径流模数平均减少57.2%，输沙模数平均减少 75.7%，水土流失治理调水减沙效益极为显著。

通过将"2017.7.26"特大暴雨与历史暴雨事件洪沙特征比较可知，韭园沟流域径流模数和输沙模数较 1977 年特大暴雨事件大幅降低，其中产沙量减少尤为明显，通过单位

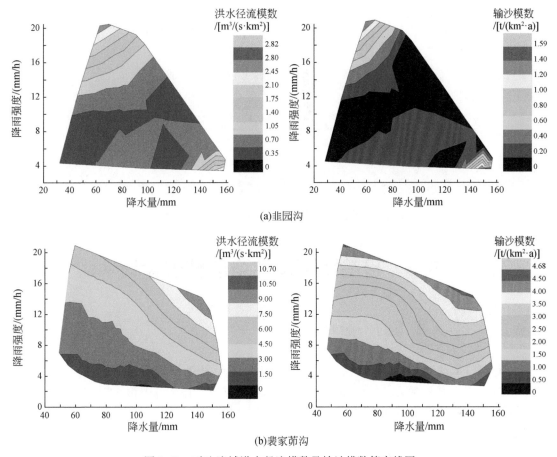

(a)韭园沟

(b)裴家茆沟

图 8-62　对比流域洪水径流模数及输沙模数等高线图

降雨径流模数比较发现（图 8-63），韭园沟流域单位降雨径流模数和单位降雨输沙模数在 1977 年达到峰值，之后趋于平稳或相对很低，说明随着流域水土流失治理度的不断提高，流域侵蚀产沙量不断减少。

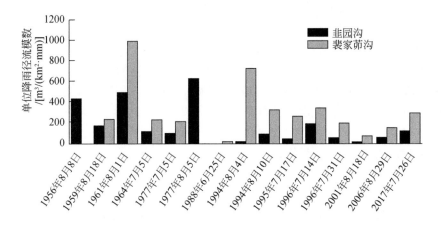

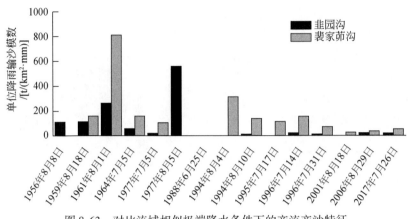

图 8-63　对比流域相似极端降水条件下的产流产沙特征

8.5　极端降雨事件可能情景设计

8.5.1　中游大暴雨的一般特性

中游河口镇站至龙门站区间河段，经常发生区域性暴雨，其特点可概括为暴雨强度大、历时短，暴雨区面积在 4 万 km² 以下。大暴雨经常发生在 7 月中旬~8 月中旬。例如，1971 年 7 月 25 日，窟野河上的杨家坪站，实测 12h 降水量达 408.7mm，雨区面积为 17 000km²。最突出的记录是 1977 年 8 月 1 日，在陕西、内蒙古两省（自治区）交界的乌审旗发生的特大暴雨，暴雨中心木多才当 9h 降水量达 1400mm（调查值）。其 50mm 雨区范围为 24 000km²。

龙门以下至三门峡区间，泾河上中游的暴雨特点与河龙间相近。渭、洛河暴雨强度略小，历时 2~3d，在其中下游，也经常出现一些连阴雨天气。降水持续时间一般可以维持 5~10d 或更长时间，但日降雨强度较小，这种连阴雨天气发生在夏初时，往往是江淮连阴雨的一部分。秋季连阴雨则是我国华西秋雨区的边缘。例如，1981 年 9 月上中旬，渭、洛河普遍降雨总历时在半个月以上，其中强降水历时在 5d 左右，大于 50mm 降水量雨区范围为 70 000km²，这场降水形成渭河华县洪峰流量 5360m³/s。

在出现有利的天气条件时，河龙间与泾、洛、渭河中上游两地区，可同时产生大面积暴雨。例如 1933 年 8 月上旬的大暴雨，雨带呈西南东北向，雨区面积可达 10 万 km² 以上，这是形成三门峡大洪水和特大洪水的典型雨型。

8.5.2　典型极端降雨事件

在 1956~2015 年系列中，1964 年、1977 年汛期洪水的洪水、泥沙特征指标较为突出，洪量、沙量都较大。因此，选用 1964 年、1977 年作为典型极端降雨年份，其特征统计值见表 8-39。

表 8-39　潼关站典型极端降雨年份的特征值统计表

典型年份	降水量/mm	径流量/亿 m³	沙量/亿 t
1964	594.4	798	24.5
1977	421.7	462	22.1

（1）1964 年极端降雨事件

1964 年降雨整体偏丰，河潼间年降水量达到 724.9mm，为 1954~2015 年系列的最大值，1964 年的年降水量等值面图见图 8-64，相应龙门站最大洪峰流量 17 300m³/s，潼关站最大洪峰流量为 12 400m³/s，年径流量为 798 亿 m³，年输沙量为 24.5 亿 t。

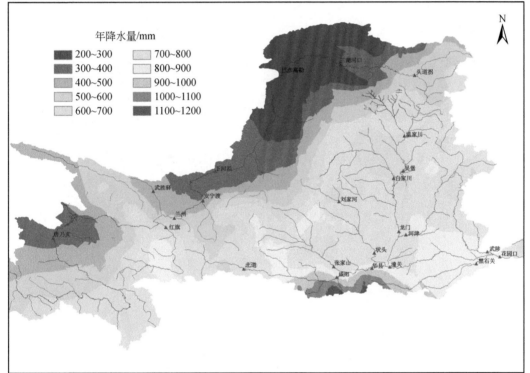

图 8-64　1964 年的年降水量等值面图

（2）1977 年极端降雨事件

1977 年 7 月 4~6 日、8 月 1~2 日和 4~6 日黄河中游地区发生了 3 次大暴雨过程，简称 "77·7" 延河暴雨、"77·8" 乌审旗暴雨和 "77·8" 平遥暴雨。3 次暴雨中乌审旗暴雨强度之大为前所未有，据调查暴雨中心木多才当最大 10h 降水量达 1400mm，但主雨区在毛乌素沙地，只波及中游一小部分地区。延河、平遥两次暴雨范围大、历时长，且主雨区均在生态脆弱的黄土丘陵沟壑区，给山西、陕西造成了巨大的损失。

受降雨影响，黄河中游龙门站出现洪峰流量 14 500m³/s 洪水，最大含沙量 690kg/m³，总水量 10.09 亿 m³，输沙总量 2.59 亿 t。渭河流域华县站、北洛河流域状头站 7 月 7 日洪峰流量分别为 4470m³/s、3070m³/s，干、支流洪水汇合后，潼关站洪峰流量 13 600m³/s，最大含沙量616kg/m³，总水量17.43亿m³，输沙总量7.50亿t。

根据276个水文气象站的实测和调查资料分析，"77.7"暴雨区范围在泾河、北洛河、渭河中上游，延河、清涧河及无定河中下游地区，见图8-65。50mm降水量等值线笼罩面积为8.3万km²，100mm降水量等值线笼罩面积为3.3万km²。暴雨中心在延河上游王庄、泾河支流环江的马岭及泾河源头的李士，王庄5h降水量达270mm，24h降水量达400mm。高强度暴雨集中于7～8h。

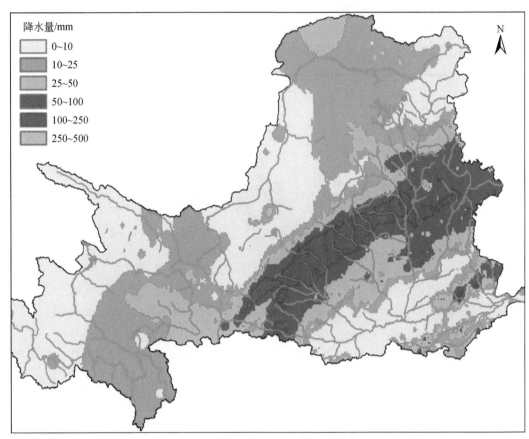

降水量/mm
- 0~10
- 10~25
- 25~50
- 50~100
- 100~250
- 250~500

图8-65　1977年7月4～6日降水量等值面图

"77·8"暴雨区范围主要在无定河、延河、三川河和汾河中游一带，50mm降水量等值线笼罩面积为4.6万km²，100mm降水量等值线笼罩面积为1.6万km²。该次降雨总历时40余小时，主雨历时9h，暴雨中心在晋中盆地南部平遥县和山西石楼县与陕西清涧县间，4日、5日暴雨总量分别为365mm、280mm。1977年黄河流域花园口以上年降水量等值面图见图8-66。

8.5.3　极端降雨可能情景设计

与产流产沙相关的极端降雨包含降水量、笼罩面积、降雨落区、降雨历时、降雨强度等多种特征指标，各指标量级的大小及相互组合关系共同影响流域产流产沙过程。降雨指

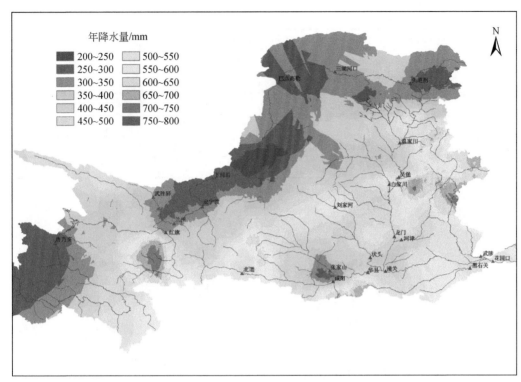

图 8-66　1977 年的年降水量等值面图

标类型较多，相互组合关系较为复杂，单一性的降雨特征指标不能完全反映降雨的实际情况，直接根据降雨指标大小设计极端降雨情景需要综合考虑多种因素，本书主要采用发生极端洪水泥沙事件时相应的实际降雨过程作为设计极端降雨情景，可以尽量避免降雨指标及其组合关系考虑不全的问题。2000 年以后，黄河中游的降水量较大，但产流产沙量较少，不能根据极端洪水泥沙事件筛选极端降雨情景。为避免遗漏，2000 年以后考虑综合选用多种降雨指标进行极端降雨情景的选取。

　　结合前面章节研究成果，在 1954~2015 年的实测水文资料系列中，采用频率分析法，以 10% 作为阈值标准选取出 6 个年份作为极端降雨情景。以洪峰流量和年沙量作为指标分析了龙门站、潼关站、河龙间、河潼间极端洪水泥沙事件量级大小排序及发生的年份，综合选取 1954 年、1958 年、1959 年、1964 年、1967 年、1977 年 6 个年份极端洪水泥沙过程相应的降雨作为设计极端降雨情景，见表 8-40，河潼间极端洪水泥沙年份的年降水量空间分布情况见图 8-67。

表 8-40　河潼间极端洪水泥沙年份及特征值表

指标	站点（区域）	项目	1954 年	1958 年	1959 年	1964 年	1967 年	1977 年
洪峰流量	龙门站	值/(m³/s)	16 400	10 800	12 400	17 300	21 000	14 500
		排序	3	11	8	2	1	4
	潼关站	值/(m³/s)	14 700	9 540	11 900	12 400	9 530	15 400
		排序	2	7	4	3	8	1

续表

指标	站点（区域）	项目	1954 年	1958 年	1959 年	1964 年	1967 年	1977 年
年沙量	河龙间	值/亿 t	18.4	15.9	18.8	14.2	21.4	15.9
		排序	3	5	2	7	1	4
	河潼间	值/亿 t	24.9	27.2	24.8	21.5	18.6	21.4
		排序	2	1	3	4	7	5
	潼关站	值/亿 t	26.6	29.9	27.0	24.5	21.8	22.1
		排序	3	1	2	4	6	5

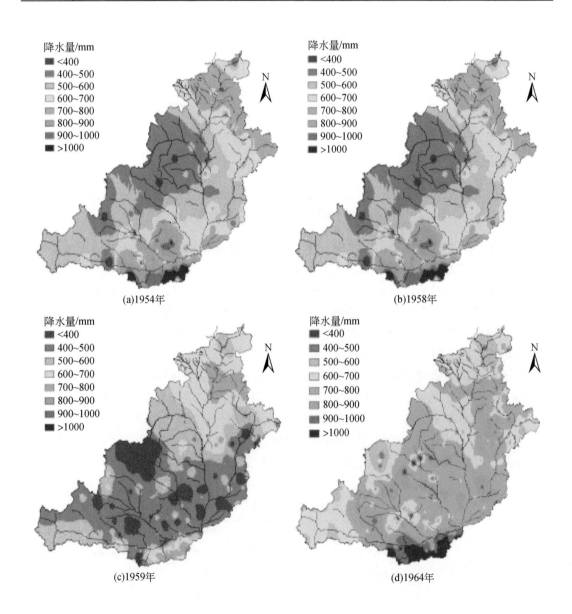

(a)1954年   (b)1958年

(c)1959年   (d)1964年

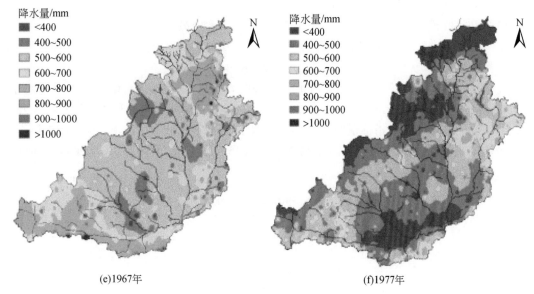

(e)1967年　　　　　　　　　　　(f)1977年

图8-67　河潼间极端洪水泥沙年份的年降水量空间分布

（1）1954 年极端洪水泥沙情景

潼关站洪峰流量为 14 700m³/s，在 1954～2015 年系列中排第 2 位，年沙量为 26.6 亿 t，排第 3 位；龙门站洪峰流量为 16 400m³/s，在 1954～2015 年系列中排第 3 位，河龙间、河潼间年沙量分别为 18.4 亿 t、24.9 亿 t，分别排在第 3 位、第 2 位。

（2）1958 年极端洪水泥沙情景

潼关站洪峰流量为 9540m³/s，在 1954～2015 年系列中排第 7 位，年沙量为 29.9 亿 t，为 1954～2015 年系列的最大值，该年份年沙量较大，但洪峰流量并不突出；龙门站洪峰流量为 10 800m³/s，在 1954～2015 年系列中排第 11 位；河龙间年沙量为 15.9 亿 t，排在第 5 位，河潼间年沙量为 27.2 亿 t，为 1954～2015 年系列的最大值。

（3）1959 年极端洪水泥沙情景

潼关站洪峰流量为 11 900m³/s，在 1954～2015 年系列中排第 4 位，年沙量为 27.0 亿 t，排第 2 位，仅次于 1958 年；龙门站洪峰流量为 12 400m³/s，在 1954～2015 年系列中排第 8 位，河龙间、河潼间年沙量分别为 18.8 亿 t、24.8 亿 t，分别排在第 2 位、第 3 位。

（4）1964 年极端洪水泥沙情景

潼关站洪峰流量为 12 400m³/s，在 1954～2015 年系列中排第 3 位，年沙量为 24.5 亿 t，排第 4 位；龙门站洪峰流量为 17 300m³/s，在 1954～2015 年系列中排第 2 位，河龙间、河潼间年沙量分别为 14.2 亿 t、21.5 亿 t，分别排在第 7 位、第 4 位。

（5）1967 年极端洪水泥沙情景

潼关站洪峰流量为 9530m³/s，在 1954～2015 年系列中排第 8 位，年沙量为 21.8 亿 t，排第 6 位；龙门站洪峰流量为 21 000m³/s，为 1954～2015 年系列最大值，河龙间、河潼间年沙量分别为 21.4 亿 t、18.6 亿 t，分别排在第 1 位、第 7 位。

(6) 1977年极端洪水泥沙情景

潼关站洪峰流量为 15 400m³/s，为 1954～2015 年系列最大值，年沙量为 22.1 亿 t，排第 5 位；龙门站洪峰流量为 14 500m³/s，在 1954～2015 年系列中排第 4 位，河龙间、河潼间年沙量分别为 15.9 亿 t、21.4 亿 t，分别排在第 4 位、第 5 位。

在 2000～2015 年系列中，以河龙间、河潼间为对象，选用年降水量、7～8 月降水量、年最大 30d 降水量、年 25mm 以上降水量、年 150mm 以上降水量等多种指标进行极端降雨情景的选取，综合考虑各指标量级的大小，选取 2003 年、2007 年、2012 年、2013 年作为设计极端降雨情景，见表 8-41，河潼间 2000～2015 年极端降雨年份的年降水量空间分布情况见图 8-68。

表 8-41 2000～2015 年极端降雨特征值表

指标	站点（区域）	项目	2003 年	2007 年	2012 年	2013 年
$P_{年}$	河龙间	值/mm	580.0	526.7	541.5	597.9
		排序	2	4	3	1
	河潼间	值/mm	699.6	545.7	523.9	604.0
		排序	1	5	6	2
$P_{7～8}$	河龙间	值/mm	226.7	206.6	256.2	348.0
		排序	6	9	2	1
	河潼间	值/mm	289.8	220.4	244.2	316.9
		排序	2	7	3	1
P_{max30}	河龙间	值/mm	142.4	140.5	195.5	252.2
		排序	7	8	2	1
	河潼间	值/mm	190.6	137.7	156.6	238.7
		排序	2	11	5	1
P_{25}	河龙间	值/亿 m³	171.0	175.2	238.3	304.3
		排序	8	6	2	1
	河潼间	值/亿 m³	673.9	454.4	526.9	751.3
		排序	2	9	4	1
P_{150}	河龙间	值/亿 m³	1.17	0.00	3.97	0.00
		排序	3	11	1	11
	河潼间	值/亿 m³	4.6	2.3	4.0	3.1
		排序	2	8	3	6
洪峰流量	龙门站	值/(m³/s)	7340	2330	7540	3450
		排序	2	9	1	6
	潼关站	值/(m³/s)	4220	2850	5350	4990
		排序	5	9	2	3

续表

指标	站点（区域）	项目	2003 年	2007 年	2012 年	2013 年
年沙量	河龙间	值/亿 t	1.6	0.7	1.1	1.3
		排序	5	10	8	6
	潼关站	值/亿 t	6.2	2.5	2.1	3.1
		排序	1	8	11	6

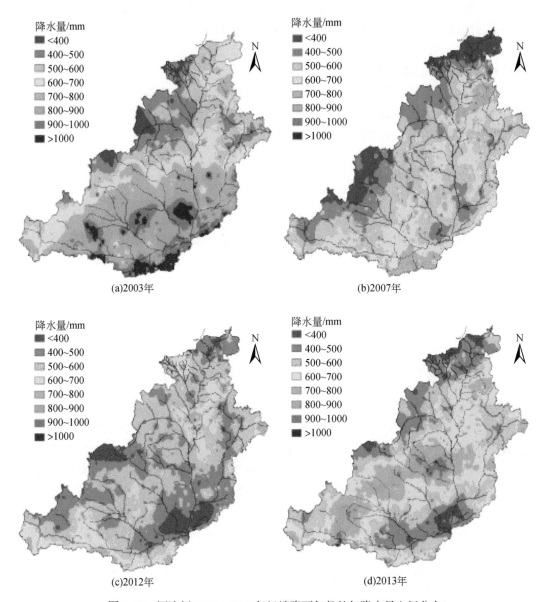

图 8-68　河潼间 2000～2015 年极端降雨年份的年降水量空间分布

(1) 2003 年极端降雨情景

河龙间、河潼间年降水量分别为 580.0mm、699.6mm，在 2000～2015 年系列中分别排第 2 位、第 1 位，年 25mm 以上降水量分别为 171.0 亿 m^3、673.9 亿 m^3，在 2000～2015 年系列中分别排第 8 位、第 2 位，河龙间、潼关站的年沙量分别为 1.6 亿 t、6.2 亿 t，分别排在第 5 位、第 1 位。

(2) 2007 年极端降雨情景

河龙间、河潼间年降水量分别为 526.7mm、545.7mm，在 2000～2015 年系列中分别排第 4 位、第 5 位，年 25mm 以上降水量分别为 175.2 亿 m^3、454.4 亿 m^3，在 2000～2015 年系列中分别排第 6 位、第 9 位，河龙间、潼关站的年沙量分别为 0.7 亿 t、2.5 亿 t，分别排在第 10 位、第 8 位。

(3) 2012 年极端降雨情景

河龙间、河潼间年降水量分别为 541.5mm、523.9mm，在 2000～2015 年系列中分别排第 3 位、第 6 位，年 25mm 以上降水量分别为 238.3 亿 m^3、526.9 亿 m^3，在 2000～2015 年系列中分别排第 2 位、第 4 位，河龙间、潼关站的年沙量分别为 1.1 亿 t、2.1 亿 t，分别排在第 8 位、第 11 位。

(4) 2013 年极端降雨情景

河龙间、河潼间年降水量分别为 597.9mm、604.0mm，在 2000～2015 年系列中分别排第 1 位、第 2 位，年 25mm 以上降水量分别为 304.3 亿 m^3、751.3 亿 m^3，在2000～2015 年系列中均为最大值，河龙间、潼关站的年沙量分别为 1.3 亿 t、3.1 亿 t，均排在第 6 位。

8.6 不同下垫面情景极端降雨可能沙量

8.6.1 不同下垫面情景设计

随着我国社会经济发展，黄河流域人类活动影响也在加强，流域内公路、铁路等基础设施不断完善，煤矿开采量上升，大型水库工程、水土保持等大量水利水保工程建设，黄河流域部分区域下垫面情况发生了较大变化，直接影响了雨洪、雨沙关系，水文系列一致性受较大影响。为解决这个问题，《黄河流域水资源综合规划（1956—2000 年）》编制阶段，曾经提出了进行下垫面一致性处理，提出了不同下垫面情景的河川天然径流量的计算方法，并根据人类活动影响和下垫面变化情况定义 1956～1979 年下垫面为早期下垫面，1980～2000 年下垫面为近期下垫面，得出 1980～2000 年近期下垫面情景下的黄河天然径流量 1956～2000 年均值 535 亿 m^3 的结果。

《黄河流域水文设计成果修订报告》（1956～2010 年）阶段，在《黄河流域水资源综合规划（1956—2000 年）》成果的基础上，提出了三种情景下径流修订成果。将 1956～1979 年下垫面条件作为早期下垫面情景，基本反映了人类活动相对较弱的时段黄河流域天然径流量情况。以黄河流域水资源综合规划下垫面即 1980～2000 年下垫面条件为基础延长至 2010 年，将 1980~2010 年下垫面条件作为近期 I 下垫面情景，回答近 30 年下垫面条件下黄河流域水资源变化情况。考虑到黄河中游（尤其是河龙间）2001 年以来能源开发等人类活动加剧，将 2001~2010 年下垫面条件作为近期 II 下垫面情景，以反映 2001~2010 年下垫面条件下黄河流域天然径流量变化情况，回答 2001~2010 年这个特殊时段黄河流域天然径流量能减少到何种程度。

考虑到 1978 年我国改革开放后，随着社会经济的快速发展，黄河流域面上的变化一直不断进行，而不同下垫面情景应有相对的稳定性，在一个情景中下垫面的变化不是太大；从本书研究的典型支流和区域不同时段的雨洪、雨沙关系研究成果可以看出，黄河中游特别是河龙间 2000 年后的雨洪、雨沙关系与 20 世纪 70 年代前相比变化较大，关系点据也相对集中，因此，本书对 1980~1999 年下垫面变化较大、不稳定的时段不做定义，定义人类活动影响较弱的 1956~1979 年下垫面为早期下垫面，定义人类活动影响较强的 2000~2015 年下垫面为现状下垫面。

本书主要针对下垫面变化较大的黄河中游特别是河龙间，研究相同极端降雨在不同下垫面情景下的可能产沙量，通过对比接近天然情况的早期下垫面、代表现状及未来相似情况的现状下垫面的可能产沙量，说明下垫面变化对区域产沙的影响。

本书主要考虑了水文法和支流极端降雨组合估算沙量法两种方法。

（1）水文法

流域产流产沙是降雨和下垫面结合的产物。无论下垫面还是降雨，一旦发生变化，都会产生不同的水量和沙量。水文法就是利用基准期下垫面条件下的水文泥沙资料，建立降雨输沙数学模型，然后将其他时段的降雨因子代入所建模型，计算出相当于基准期下垫面条件下的产沙量。

根据河龙间不同下垫面条件建模时段实测输沙量及降雨指标建立降雨输沙模型，其中区间输沙量采用龙门站实测沙量减去头道拐站实测沙量，降雨指标选取降水量、雨强、降雨落区三类指标。降水量指标考虑年降水量、6~9 月降水量、7~8 月降水量等指标，雨强考虑不同等级降水量（75mm、100mm、150mm、200mm 以上）和最大 N 日（最大 1d、最大 3d、最大 5d、最大 7d、最大 12d、最大 15d、最大 20d、最大 30d）降水量作为指标，降雨落区考虑 75mm 以上降水量在输沙模数 5000t/（km² · a）以上区域的笼罩面积作为统计指标。

以相关性系数最高为目标函数，构建水文法计算模型。首先分别建立年输沙量与单个降雨指标的关系，从其中筛选出与输沙量相关性较好的多组单个降雨指标，再按最小二乘法进行分组模拟，建立输沙量与不同降雨组合指标的相关关系，得到多组降雨输沙模型，选择相关性最好的一组作为河龙间的降雨输沙模型。

构建出 1954~1979 年河龙间降雨-输沙量关系，以 2003 年、2007 年、2012 年、2013 年等极端降雨年份的降雨情景作为输入，代入上述河龙间降雨-输沙量关系，获得河龙间早期下垫面极端降雨情况的产沙量。

构建出 2000~2015 年河龙间降雨-输沙量关系，以 1954 年、1958 年、1959 年、1964 年、1977 年等极端降雨年份的降雨情景作为输入，代入上述河龙间降雨-输沙量关系，获得河龙间现状下垫面极端降雨情况的产沙量。

（2）支流极端降雨组合估算沙量法

支流极端降雨组合估算沙量法。以各支流 1956～1979 年、2000～2015 年出现最大年输沙量的相应降雨作为输入情景，统计在此情景下早期下垫面、现状下垫面潼关站可能出现的最大年输沙量。统计计算时，分别统计各支流 1956～1979 年中最大年输沙量，将其进行求和，并按照面积比的方法，估算水文站未控区间的年输沙量，以此推求早期下垫面潼关站的极端降雨年输沙量。潼关站现状下垫面的极端降雨年输沙量的计算方法与之类似，统计时段变为 2000～2015 年。

8.6.2 河龙间极端降雨可能沙量

河龙间是我国水土流失最严重的地区，1950～1969 年输入黄河的泥沙约 9.9 亿 t，占黄河三门峡站以上同期输沙量的 69.0%，而且泥沙粒径粗，大于 0.05mm 的粗泥沙约占总沙量的 41.6%，其是造成黄河下游河床淤积的主要粗泥沙来源区。水力侵蚀、重力侵蚀和风力侵蚀是本区主要的水土流失类型。

本书分析建立了河龙间不同下垫面的降雨输沙模型，根据选取的典型极端降雨年份的指标，计算了极端降雨情况下的产沙量。

8.6.2.1 早期下垫面

河龙间早期下垫面 1954～1979 年输沙量与单个降雨指标的相关关系见表 8-42，可以看出，对于单个降雨指标，输沙量与 150mm 以上降水量、200mm 以上降水量、7～8 月降水量、最大 30d 降水量关系较大，表明输沙量与高量级降水量、主降雨期降水量的关系较大，反映河龙间输沙量主要与一定强度以上的降水量和雨强相关。因此，在建立早期下垫面极端降雨输沙模型时重点考虑这些指标。

表 8-42　河龙间输沙量与单个降雨指标的相关关系（1954～1979 年）

降雨指标	降雨输沙模型	R^2
降水量	$W_s = 0.0016 P_{7\sim8}^{1.5817}$	0.670
	$W_s = 0.0006 P_{6\sim9}^{1.626}$	0.638
	$W_s = 8 \times 10^{-5} P_{1\sim12}^{1.8958}$	0.605
最大 N 日降水量 （雨强）	$W_s = 0.1916 P_{\max1}^{1.1363}$	0.252
	$W_s = 0.0028 P_{\max3}^{2.0897}$	0.498
	$W_s = 0.0084 P_{\max5}^{1.6854}$	0.467
	$W_s = 0.0125 P_{\max7}^{1.5284}$	0.446
	$W_s = 0.0085 P_{\max12}^{1.524}$	0.428
	$W_s = 0.0041 P_{\max15}^{1.6532}$	0.532
	$W_s = 0.0014 P_{\max20}^{1.8095}$	0.652
	$W_s = 0.0021 P_{\max30}^{1.6496}$	0.658

降雨指标	降雨输沙模型	R^2
不同等级降水量 （雨强）	$W_s = 0.0011P_{10}^{1.5271}$	0.641
	$W_s = 0.0266P_{25}^{1.1293}$	0.655
	$W_s = 0.4643P_{50}^{0.747}$	0.618
	$W_s = 2.406P_{75}^{0.4649}$	0.544
	$W_s = 5.4874P_{100}^{0.3042}$	0.416
	$W_s = 6.079P_{150}^{0.4463}$	0.718
	$W_s = 6.8148P_{200}^{0.4251}$	0.685
降雨落区	$W_s = 0.0911F_{75}^{0.4884}$	0.480

将三类降雨指标组合，并尽量反映高强度降雨指标（100mm 以上降水量）及降雨落区的影响，建立的 6 组相关性相对较好的降雨输沙模型见表 8-43。式 1 ~ 式 3 包含 100mm 以上降水量的高强度降雨指标，式 4 ~ 式 6 包含 150mm 以上降水量的高强度降雨指标。从公式中的指数看，在包含高强度降雨指标的关系式中，最大 30d 降水量对产沙的影响更为明显。

表 8-43 河龙间降雨输沙模型（1954 ~ 1979 年）

编号	降雨输沙模型	R^2
式 1	$W_s = 0.0023P_{\max 30}^{1.2171}P_{100}^{0.1085}F_{75}^{0.1863}$	0.726
式 2	$W_s = 0.0026P_{7 \sim 8}^{1.0133}P_{\max 30}^{0.6471}\left(P_{100}/F_{75}\right)^{0.1066}$	0.604
式 3	$W_s = 0.0094P_{\max 30}^{1.4824}\left(P_{100}/P_{7 \sim 8}\right)^{0.2134}$	0.706
式 4	$W_s = 0.0034P_{7 \sim 8}^{0.2732}P_{\max 30}^{1.2302}P_{150}^{0.2456}$	0.819
式 5	$W_s = 0.0059P_{7 \sim 8}^{1.8710}\left(P_{150}/F_{75}\right)^{0.3331}$	0.785
式 6	$W_s = 0.0052P_{\max 30}^{1.6955}\left(P_{150}/P_{7 \sim 8}\right)^{0.2252}$	0.802

1954 ~ 1979 年及 2000 ~ 2015 年实测输沙量与 7 ~ 8 月降水量关系见图 8-69。可以看出，相同降雨条件下，2000 年以来输沙量明显减少，但 2000 年以来极端降雨年份的降水量变化范围均在建模时段降水量变化范围内，因此，可以采用上述建立的降雨输沙模型计算极端降雨情景下的输沙量。

从表 8-44 可以看出，河龙区间早期下垫面条件下，2003 年极端降雨产沙量在 6.3 亿 ~ 8.3 亿 t，2007 年极端降雨产沙量在 4.5 亿 ~ 5.9 亿 t，2012 年极端降雨产沙量在 10.2 亿 ~ 15.6 亿 t，2013 年极端降雨产沙量在 14.3 亿 ~ 15.1 亿 t。

为反映高强度降雨的指标对产沙量的影响，选择包含 150mm 以上降水量的降雨输沙模型（式 4 ~ 式 6）计算的平均值作为早期下垫面的产沙量，对于 2007 年、2013 年未发生该量级的降雨，选择包含 100mm 以上降水量的降雨输沙模型（式 1 ~ 式 3）计算的平均值作为早期下垫面的产沙量，得到河龙间早期下垫面的极端降雨最大产沙量为 14.6 亿 t，其

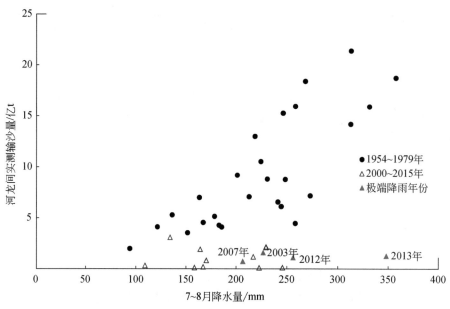

图 8-69　河龙间实测输沙量与 7~8 月降水量关系

中 2003 年、2007 年、2012 年、2013 年极端降雨场景产沙量分别为 6.8 亿 t、5.0 亿 t、13.5 亿 t、14.6 亿 t。

表 8-44　河龙间早期下垫面条件下极端降雨情况的产沙量

| 年份 | 实测产沙量/亿 t | 计算的早期下垫面产沙量/亿 t | | | | | | | 备注 |
		式 1	式 2	式 3	式 4	式 5	式 6	采用	
2003	1.6	7.9	7.6	8.3	6.9	6.3	7.1	6.8	式 4~式 6 平均值
2007	0.7	4.5	5.9	4.6	—	—	—	5.0	式 1~式 3 平均值
2012	1.1	12.5	10.2	13.1	14.3	10.6	15.6	13.5	式 4~式 6 平均值
2013	1.3	14.5	15.1	14.3	—	—	—	14.6	式 1~式 3 平均值

　　与 1954~1979 年河龙间极端年份的产沙量相比，计算的 2000 年后这四个年份极端降雨的产沙量最大为 14.6 亿 t，只比 1964 年河龙间产沙量大，小于 1979 年前的另外五个极端年份，这说明 2000 年后的极端降雨强度没有 1979 年前的典型年份强。

8.6.2.2　现状下垫面

　　河龙间 2000~2015 年实测输沙量比 1979 年以前实测输沙量大幅度减少，除受降雨影响外，下垫面变化对其影响也较大。通过分析发现，输沙量与单个降雨指标的关系吻合度较差，无法建立水文法模型。通过支流极端降雨组合估算沙量法建立的降雨输沙模型见表 8-45。

表 8-45   河龙间降雨输沙模型（2000～2015 年）

编号	降雨输沙模型	R^2
式 1	$W_s = 0.94 P_{\text{max1}}^{2.0574} \left(P_{150}/F_{75} \right)^{0.7243}$	0.688
式 2	$W_s = 0.2829 P_{\text{max1}}^{1.189} \left(P_{150}/P_{6\sim9} \right)^{0.4416}$	0.567
式 3	$W_s = 0.0242 P_{\text{max1}}^{0.7872} P_{100}^{0.6142}$	0.734
式 4	$W_s = 7.6753 P_{\text{max1}}^{1.2228} \left(P_{100}/F_{75} \right)^{0.8042}$	0.886
式 5	$W_s = 1.9055 P_{\text{max1}}^{0.7571} \left(P_{100}/P_{6\sim9} \right)^{0.7950}$	0.790

2000～2015 年及 1954～1979 年实测输沙量与 100mm 以上降水量的关系见图 8-70。可以看出，1954 年、1959 年和 1967 年三个极端降雨年份的 100mm 以上的降水量均落在建模时段（2000～2015 年）降水量的变化范围内；1958 年、1964 年和 1977 年三个极端降雨年份的 100mm 以上降水量超出建模时段降水量变化范围。因此，将 1954 年、1959 年和 1967 年极端降雨情景下的输沙量反演，降雨情景作为输入，代入上述河龙间 2000～2015 年降雨-输沙量关系，并进行合理修正，计算河龙间现状下垫面条件下极端降雨情况的输沙量。而 1958 年、1964 年和 1977 年极端降雨情景下的输沙量，不能采用上述建立的降雨输沙模型计算，需要另建模型。

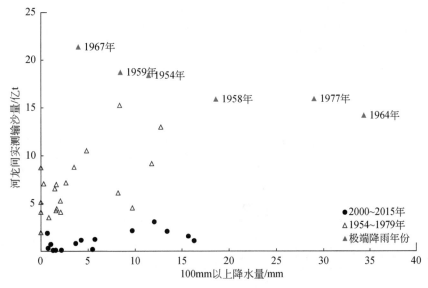

图 8-70   河龙间实测输沙量与 100mm 以上降水量的关系

1954 年、1959 年和 1967 年实测的最大 24h 降水量大多在 100mm 上下，只有少数几个雨量站达到 150mm 左右；也仅有少数几个暴雨中心的一次降水量超过 150mm。因此，1954 年、1959 年和 1967 年的输沙量采用式 1～式 2 的计算结果会存在较大偏差；而采用式 3～式 5 的计算结果更为准确，分别为 1.82 亿～2.22 亿 t、1.41 亿～2.06 亿 t 和 1.46 亿～2.09 亿 t。取计算最大值，得到现状下垫面条件下，1954 年、1959 年和 1967 年极端降雨的输沙量分别为 2.22 亿 t、2.06 亿 t 和 2.09 亿 t，结果见表 8-46。

表 8-46 河龙间现状下垫面条件下极端降雨情况的输沙量　　　（单位：亿 t）

年份	实测输沙量	计算的现状下垫面输沙量						备注
		式1	式2	式3	式4	式5	采用	
1954	18.40	—	—	2.11	2.22	1.82	2.22	取计算最大值
1959	18.73	—	—	2.06	1.41	1.54	2.06	
1967	21.37	—	—	2.09	1.71	1.46	2.09	

　　本书选取 1958 年、1964 年和 1977 年大暴雨主要涉及的河龙间的无定河、窟野河、清涧河、延河、孤山川、屈产河等 9 条支流的水沙数据进行计算分析。对每个流域分别建立现状下垫面时段的输沙量计算模型，即输沙量与不同降雨组合指标（最大 1d 降水量、最大 5d 降水量、汛期降水量、年降水量、降雨侵蚀力、侵蚀性降雨）及水土保持措施面积（梯田面积、造林面积、种草面积、封禁治理面积、淤地坝坝地面积）的相关关系，得到多组输沙量计算模型。以相关性系数最高为目标函数，从其中选择相关性最好的一组作为计算输沙量的模型。分别将 1958 年、1964 年、1977 年降雨的相关参数和现状下垫面的措施面积数据代入各支流计算输沙量的模型，估算现状下垫面条件下的输沙量。

　　如表 8-47 所示，现状下垫面条件下，1958 年、1964 年和 1977 年降雨的减沙比例分别为 87.28%、82.10% 和 74.05%，1958 年和 1964 年降雨的减沙比例均在 80% 以上，1977 年降雨的减沙比例相对较小。1958 年和 1964 年降雨的特点为汛期内大面积降雨次数较多，暴雨强度中等。1977 年降雨的特点为汛期内发生少数几次强度特大的大面积暴雨，是暴雨强度大且集中的典型，无定河、窟野河、孤山川、延河、屈产河均发生极端降雨，这使得在这种情况下，各类水土保持措施的减沙效果较弱。根据以上减沙比例，推算得到现状下垫面条件下，1958 年、1964 年和 1977 年极端降雨的输沙量分别为 2.02 亿 t、2.54 亿 t 和 4.13 亿 t。

表 8-47 不同时段输沙量计算结果对比　　　（单位：亿 t）

站点	1958 年		1964 年		1977 年	
	实测值	现状下垫面模拟值	实测值	现状下垫面模拟值	实测值	现状下垫面模拟值
无定河白家川站	3.15	0.38	3.09	0.43	2.69	0.54
窟野河温家川站	1.18	0.12	1.16	0.11	1.38	0.15
清涧河延川站	0.62	0.14	1.16	0.56	1.17	0.79
延河甘谷驿站	0.73	0.06	1.82	0.16	1.40	0.23
孤山川高石崖站	0.23	0.04	0.52	0.16	0.84	0.31
佳芦河申家湾站	0.56	0.12	0.37	0.07	0.12	0.02
屈产河裴沟站	—	—	0.23	0.08	0.50	0.13
昕水河大宁站	0.71	0.09	0.38	0.05	0.40	0.07
秃尾河高家川站	0.60	0.04	0.49	0.03	0.21	0.02

站点	1958 年		1964 年		1977 年	
	实测值	现状下垫面模拟值	实测值	现状下垫面模拟值	实测值	现状下垫面模拟值
总计	7.78	0.99	9.22	1.65	8.71	2.26
减沙比例/%		87.28		82.10		74.05

各极端降雨年份河龙间现状下垫面的输沙量为 2.02 亿~4.13 亿 t，其中 1954 年、1958 年、1959 年、1964 年、1967 年、1977 年极端降雨场景输沙量分别为 2.22 亿 t、2.02 亿 t、2.06 亿 t、2.54 亿 t、2.09 亿 t、4.13 亿 t。计算的现状下垫面输沙量多集中于 2 亿~3 亿 t，但最大值高于 2000~2018 年的最大值，这一方面说明 2000 年后的极端降雨强度没有 1979 年前的降雨强，另一方面在更强降雨条件下河龙间的输沙量会增大。

8.6.2.3 成果的合理性分析

从早期下垫面及现状下垫面降雨输沙模型可以看出，1954~1979 年的河龙间雨沙关系中与沙量关系最大的是 7~8 月或最大 30d 降水量，P_{100}、P_{150} 等高量级降雨指标（雨强）和落区 F_{75} 指标关系次之；而 2000~2015 年的雨沙关系中，与沙量关系较大的降水量为 $P_{\text{max}1}$，P_{100}、P_{150} 等高量级降雨指标（雨强）对沙量的影响比早期下垫面有所增强。

从计算的早期下垫面极端降雨输沙量与 7~8 月降水量关系（图 8-71）可以看出，计算的极端降雨场景输沙量在建模时段（1954~1979 年）实测输沙量的变化范围内。

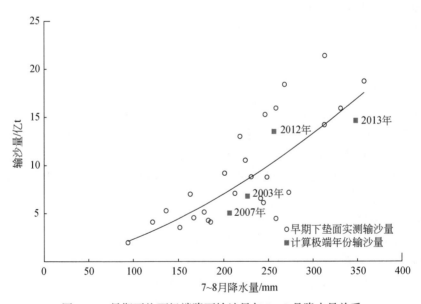

图 8-71　早期下垫面极端降雨输沙量与 7~8 月降水量关系

除窟野河和孤山川，计算的河龙间其他支流的极端降雨场景输沙量在现状下垫面（2000~2015 年）实测输沙量变化范围内。窟野河流域 1977 年的暴雨和 2012 年的暴雨特征指标接近且后者偏大，但 1977 年极端降雨的输沙量反演值却大于 2012 年实测值。1977 年暴雨发生在窟野河的中下游地区，而 2012 年的暴雨中心则发生在地势较为平坦且植被发育较好的上游支流局部地区，使得温家川站 2012 年的实测输沙量较少。孤山川流域 1977 年极端降雨的输沙量反演值大于现状下垫面（2000～2015 年）实测输沙量，但小于 1988 年极端降雨的实测输沙量，尽管其降雨特征指标均大于 1988 年。这说明极端降雨条件下，2000 年后孤山川流域的水利水保措施具有明显的减沙效益。

8.7 黄河中游 "1933.8" 暴雨条件下流域输沙量反演

8.7.1 暴雨过程及其特征

1933 年 8 月上旬，黄河陕县站发生了一次自 1919 年有水文记录以来的最大洪水。该次洪水的暴雨面积广、强度大、雨区呈西南东北向分布，西自渭河上游，东至汾河上游，雨区还笼罩到黄河上游的庄浪河、大夏河和清水河等支流。

该次洪水的特点如下：一是 5d 内有两次降雨过程，每次过程在整个雨区范围内几乎同时降雨，而且暴雨区内各地至陕县站断面的洪水汇流时间接近，因此龙门站以上洪水与龙门站以下泾河、洛河、渭河、汾河等支流洪水同时发生，形成峰高量大的洪水过程，实测洪峰流量为 22 000m³/s，5d 洪量为 51.8m³，12d 洪量为 92.0 亿 m³；二是洪水含沙量大，最大 12d 沙量达 21.1 亿 t，45d 沙量为 28.1 亿 t。

(1) 降雨发生时间及过程

该场暴雨 8 月 5～10 日共有两次雨峰过程：第一个过程发生在 8 月 6～7 日凌晨，基本遍及整个雨区，7 日白天及 8 日雨区呈斑状分布；第二个过程发生在 8 月 9 日，雨区主要在渭河上游和泾河中上游一带，8 月 10 日暴雨基本结束。

(2) 雨区范围

该次降雨西自黄河上游的大夏河、庄浪河，向东经渭河、泾河、北洛河、清涧河、延水、无定河至山西的三川河、汾河，雨区面积是黄河中游有实测资料以来的最大值，从 1933 年 8 月 6～10 日降水量等值面图（图 8-72）可以看出，暴雨中心有 4 个，分别是渭河上游的散渡河、葫芦河，泾河支流马莲河的东川、西川，大理河、延水、清涧河中游一带，三川河及汾河中游一带。

(3) 暴雨强度特征

根据有实测资料的雨量站资料分析，降水量最大的为清涧站 8 月 5～8 日，4d 内降水量为 255mm，其次为无定河绥德站最大 1d 降水量（发生在 8 月 6 日），为 71mm，其他几个暴雨中心区无实测雨量资料，渭河中游支流散渡河的群众反映"民国二十二年雨很大，像提着桶倒的一样，由于雨太大，山坡上、院子里的水都淌不出去，积了很深的水使人害怕"。泾河支流葫芦河的群众谈"民国二十二年下了三天三夜大雨"。泾河支流马莲河畔的宁县县志载"民国二十二年大雨如注，各河暴涨，洪水横流，漂没人畜无数"。延河与三川河的群众反映"该年六月十七日（8 月 7 日）天明前发大水，十六日下午当地下大

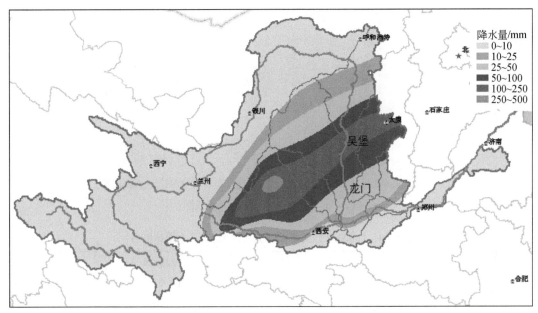

图 8-72　1933 年 8 月 6～10 日降水量等值面图

雨，雨中夹雹"。

（4）暴雨移动路径

根据大量调查资料，8 月 6 日白天陇东（甘肃东部）首先出现暴雨，迅速向东北偏东方向发展，晚间至 7 日凌晨先后在泾河、渭河中上游及清涧河、大理河、三川河发生暴雨，8 月 7 日暴雨区扩展至晋中，8 月 8 日黄河中游西区呈斑状分布，8 月 9～10 日渭河上游和泾河中下游又出现了一次新的暴雨过程。

8.7.2　暴雨等深线

该次洪水实测暴雨资料稀少，在黄河中游地区 30 多万平方千米面积上仅有 57 个雨量观测资料，其分布也很不均匀，暴雨中心附近地区几乎没有观测资料，因而不可能单纯利用实测雨量资料勾绘"1933.8"暴雨等深线图。

考虑到该次暴雨中心附近地区中小面积洪水调查资料多（共有洪水调查资料 100 多个），分析过程中充分利用这些洪水调查资料，采用场次暴雨径流相关法推求雨量，并配合"1933.8"黄河中游洪峰模数图等资料，勾绘了这次暴雨的等深线图（图 8-73）。

根据实测雨量资料和调查洪水反推估算的降水量，并参照洪峰模数图，绘制出 1933 年 8 月 6～10 日最大 5d 暴雨等深线图和 8 月 6 日最大 1d 暴雨等深线图。绘图时考虑等深线的走向和梯度以及山脉抬升作用对水汽输送的影响，并将由等深线图求得支流的面平均降水深与由实测洪水反推的面平均降水深相协调。

根据矢量化的"1933.8"最大 1d 降水量和最大 5d 降水量图，量算出选取的各条支流不同等级降水量控制面积（表 8-48 和表 8-49）。

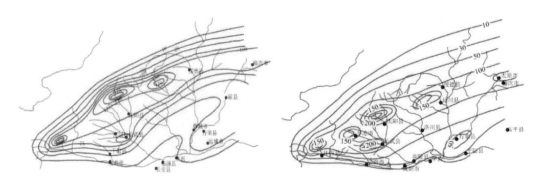

(a)8月6日最大1d暴雨等深线图　　　　　　　　(b)8月6~10日最大5d暴雨等深线图

图 8-73　"1933.8"暴雨等深线图

表 8-48　"1933.8"大暴雨各支流最大 1d 降水量特征值

河名	站名	8 月 6 日最大 1d 降水量（mm）覆盖面积/km²									
		≥225	200~225	175~200	150~175	125~150	100~125	75~100	50~75	25~50	10~25	10 以下
三川河	后大成以上	—	—	—	—	—	—	—	—	—	—	—
无定河	赵石窑站以上	—	—	—	—	4	253	610	2 947	2 963	2 278	6 285
	赵石窑–丁家沟	—	—	—	—		810	583	1 126	516	705	4 322
	丁家沟以上	—	—	—	—	4	1 063	1 193	4 073	3 479	2 983	10 607
	绥德以上	—	—	—	152	385	2 069	960	336	—	—	—
	丁家沟、绥德–白家川	—	—	—	—	211	2 136	8	—	—	—	—
	白家川以上	—	—	—	152	599	5 268	2 161	4 408	3 479	2 983	10 607
清涧河	延川	—	—	—	272	628	1 906	585	136	—	—	—
延河	甘谷驿	—	—	532	1 219	662	2 824	707	62	—	—	—
泾河	洪德以上	—	—	—	204	354	527	636	908	1 062	882	49
	洪德–庆阳	—	420	655	1 093	1 235	2 412	83	3	—	—	—
	庆阳以上	—	420	655	1 297	1 589	2 939	719	910	1 062	882	49
	贾桥以上	—	66	304	331	445	1 880	—	—	—	—	—
	庆阳、贾桥–雨落坪	—	—	—	—		830	3 333	1 106	79	—	—
	雨落坪以上	—	486	959	1 628	2 034	5 650	4 052	2 016	1 141	882	49
	泾川以上	—	—	—	—		2 124	1 000	—	—	—	—
	杨闾以上	—	—	—	—		696	611	—	—	—	—
	毛家河以上	—	—	—	—	1 546	4 705	861	—	—	—	—
	袁家庵以上	—	—	—	—		128	1 525	—	—	—	—

续表

河名	站名	8月6日最大1d降水量（mm）覆盖面积/km²									
		≥225	200~225	175~200	150~175	125~150	100~125	75~100	50~75	25~50	10~25	10以下
泾河	泾川、杨闾、毛家河、袁家庵-杨闾	—	—	—	—	—	5	820	—	—	—	—
	杨家坪以上	—	0	0	0	1 546	7 658	4 816	0	0	0	0
	雨落坪、杨家坪-张家山	—	—	—	—	1 081	2 665	2 053	2 214	2 100	—
	张家山以上	—	486	959	1 628	3 580	14 389	11 533	4 069	3 355	2 982	49
渭河	武山以上	—	—	—	—	—	71	226	874	2 056	3 031	1 624
	甘谷以上	—	—	—	261	564	654	648	366	—	—	—
	秦安以上	—	—	—	25	3 903	2 833	1 935	794	296	—
	武山、甘谷、秦安-南河川	—	—	—	—	1	181	932	1 360	837	93
	南河川以上	—	—	261	588	4 629	3 889	4 106	4 211	4 163	1 717
	社棠以上	—	—	—	—	—	254	466	862	297	—
	北道（籍河）以上	—	—	—	—	—	—	—	—	809	193
	南河川、社棠、北道(籍河)-林家村	—	—	—	—	—	10	155	401	2 949	920
渭河	林家村以上	—	—	—	261	588	4 629	4 153	4 728	5 474	8 219	2 829
	千阳以上	—	—	—	—	—	992	1 023	814	88	—
	林家村、千阳-魏家堡	—	—	—	—	—	—	—	304	1 361	1 752
	魏家堡-咸阳	—	—	—	—	—	—	—	773	3 853	5 200
	咸阳以上	—	—	—	261	588	4 629	5 144	5 751	7 366	13 521	9 781
北洛河	刘家河以上	—	—	17	808	2 577	2 660	637	511	47	—	—
	张村驿以上	—	—	—	—	—	1 574	964	1 599	611	—	—
	刘家河、张村驿-状头	—	—	—	—	888	515	1 003	2 741	6 992	982
	状头以上	—	—	17	808	2 577	5 123	2 117	3 113	3 400	6 992	982

河名	站名	8月6日最大1d降水量（mm）覆盖面积/km²										
		≥225	200~225	175~200	150~175	125~150	100~125	75~100	50~75	25~50	10~25	10以下
汾河	兰村以上	—	—	—	—	—	2 994	895	1 800	1 128	924	60
	兰村–义棠	—	—	—	—	—	7 430	3 627	2 995	2 003	—	—
	义棠以上	—	—	—	—	—	10 425	4 522	4 795	3 130	924	60
	义棠–河津	—	—	—	—	—	—	—	149	14 076	694	—
	河津以上	—	—	—	—	—	10 425	4 522	4 944	17 206	1 618	60
四站–陕县	区间	—	—	—	—	—	—	—	—	—	—	—
黄河	陕县	—	—	—	—	—	—	—	—	—	—	—

表8-49 "1933.8" 大暴雨各支流最大5d降水量特征值

河名	站名	8月6~10日最大5d降水量（mm）包围面积/km²								
		≥300	250~300	200~250	150~200	100~150	50~100	30~50	10~30	10以下
三川河	后大成以上	—	—	—	—	—	—	—	—	—
无定河	赵石窑以上	—	—	—	—	—	7 114	5 951	2 274	—
	赵石窑–丁家沟	—	—	—	—	296	2 769	2 335	2 660	—
	丁家沟以上	—	—	—	—	296	9 884	8 287	4 934	—
	绥德以上	—	—	—	—	—	3 226	677	—	—
	丁家沟、绥德–白家川	—	—	—	253	2 101	—	—	—	—
	白家川以上	—	—	—	253	2 397	13 109	8 963	4 934	—
清涧河	延川	—	—	495	1 764	1 264	4	—	—	—
延河	甘谷驿	—	—	846	1 100	3 621	440	—	—	—
泾河	洪德以上	—	—	—	—	740	3 546	335	—	—
	洪德–庆阳	525	735	1 178	1 375	1 747	341	—	—	—
	庆阳以上	525	735	1 178	1 375	2 487	3 888	335	0	—
	贾桥以上	42	501	827	1 087	569	—	—	—	—
	庆阳、贾桥–雨落坪	—	—	—	27	5 118	203	—	—	—
	雨落坪以上	567	1 236	2 005	2 489	8 174	4 091	335	0	—
	泾川以上	—	—	848	1 144	1 130	—	—	—	—
	杨间以上	—	—	15	446	846	—	—	—	—
	毛家河以上	—	—	421	1 535	5 027	128	—	—	—

续表

河名	站名	8月6~10日最大5d降水量（mm）包围面积/km²								
		≥300	250~300	200~250	150~200	100~150	50~100	30~50	10~30	10以下
泾河	袁家庵以上	—	—	—	290	1 363	—	—	—	—
	泾川、杨阎、毛家河、袁家庵-杨家坪	—	—	47	506	273	—	—	—	—
	杨家坪以上	—	—	1 332	3 921	8 639	128	0	0	—
	雨落坪、杨家坪-张家山	—	—	858	1 441	1 689	5 430	695		
	张家山以上	567	1 236	4 195	7 852	18 502	9 648	1 030	0	0
渭河	武山以上	—	—	—	1	178	1 185	1 834	3 154	1 531
	甘谷以上	—	—	431	909	652	475	26	—	—
	秦安以上	—	—	19	907	6 380	1 867	613		
	武山、甘谷、秦安-南河川	—	—	—	—	14	1 010	1 559	644	177
	南河川以上	—	—	450	1 817	7 224	4 537	4 031	3 798	1 708
	社棠以上	—	—	—	—	633	627	546	74	
	北道（籍河）以上	—	—	—	—	—	15	772	215	
	南河川、社棠、北道（籍河）-林家村	—	—	—	—	137	279	813	2 284	923
	林家村以上	—	—	450	1 817	7 994	5 443	5 405	6 927	2 846
	千阳以上	—	—	—	125	1 479	1 177	136	—	—
	林家村、千阳-魏家堡	—	—	—	—	—	246	498	910	1 763
	魏家堡-咸阳	—	—	—	—	—	992	2 641	1 765	4 427
	咸阳以上	—	—	450	1 942	9 474	7 858	8 680	9 603	9 036
北洛河	刘家河以上	—	—	180	601	4 522	1 955	—	—	—
	张村驿以上	—	—	46	278	3 819	605	—	—	—
	刘家河、张村驿-状头	—	—	—	—	2 406	6 844	3 872		
	状头以上	—	—	226	879	10 746	9 405	3 872	0	0

河名	站名	8月6~10日最大5d降水量（mm）包围面积/km²								
		≥300	250~300	200~250	150~200	100~150	50~100	30~50	10~30	10以下
汾河	兰村以上	—	—	—	94	3 806	3 811	90	—	—
	兰村-义棠	—	—	—	2 225	9 144	4 687	—	—	—
	义棠以上	—	—	—	2 319	12 950	8 497	90	—	—
	义棠-河津	—	—	—	—	228	6 224	8 094	372	—
	河津以上	—	—	—	2 319	13 179	14 721	8 184	372	—
四站-陕县	区间	—	—	—	—	—	—	—	—	—
黄河	陕县									

8.7.3　现状下垫面可能沙量

（1）下垫面情景

早期下垫面情景为估算重演历史大暴雨的可能产沙量提供支撑，选取最为接近，且有资料的1961~1975年为早期下垫面（近似代替"1933.8"大暴雨时下垫面）。定义2010年后的下垫面条件为现状下垫面情景。

（2）黄河中游极端降雨的沙量计算

本书选取"1933.8"大暴雨主要涉及的无定河、北洛河、渭河、泾河、汾河等较小支流的14个水文站、416个雨量站进行计算分析。建立不同下垫面时段的降雨输沙模型，即输沙量与不同降雨组合指标（最大1d降水量、最大5d降水量）的相关关系，得到多组降雨输沙模型；建立不同下垫面时段的降雨洪水模型、洪水输沙模型。以相关性系数最高为目标函数，从其中选择相关性最好的一组作为计算输沙量的模型。将1933年暴雨的相关参数（最大1d和最大5d）代入不同时段各支流计算输沙量的模型，估算不同下垫面条件下的输沙量。由表8-50可知，选取的14条支流2010年后与1975年前相比，减沙比例约为83.28%。

表8-50　不同时期输沙量计算结果对比

站名	输沙量/万t		2010年后较1975年前减沙量/万t	2010年后较1975年前减沙比例/%
	1975年前	2010年后		
渭河武山站	630	203	427	67.78
渭河甘谷站	1 907	1 593	314	16.47
渭河秦安站	6 239	574	5 665	90.80
渭河社棠站	389	75	314	80.72
泾河庆阳站	6 630	2 557	4 073	61.43

站名	输沙量/万 t		2010 年后较 1975 年前减沙量/万 t	2010 年后较 1975 年前减沙比例/%
	1975 年前	2010 年后		
泾河泾川站	1 784	249	1 535	86.04
泾河杨闾站	1 457	16	1 441	98.90
泾河毛家河站	6 589	235	6 354	96.43
渭河千阳站	259	40	219	84.56
清涧河延川站	5 590	713	4 877	87.25
延河甘谷驿站	2 640	1 234	1 406	53.26
北洛河刘家河站	3 671	847	2 824	76.93
汾河河津站	5 200	32	5 168	99.38
无定河绥德站	12 712	945	11 767	92.57
合计	55 697	9 313	46 382	83.28

"1933.8" 暴雨在 8 月产生的入黄沙量为 27.8 亿 t, 其中, 龙门站来沙量为 16.22 亿 t, 泾河的张家山站来沙量为 9.48 亿 t, 渭河的咸阳站来沙量为 1.46 亿 t, 北洛河的状头站来沙量为 1.70 亿 t, 汾河的河津站来沙量为 0.52 亿 t。如图 8-74 所示, 龙门站、咸阳站、状头站、河津站 1933 年汛期的水沙关系均与 1919~1975 年的其他年份的汛期的水沙关系基本一致, 而张家山站 1933 年汛期水沙关系点群明显偏离其他年份的水沙关系点群, 导致陕县站断面 1933 年汛期径流输沙点明显偏离其他年份水沙关系点群。

泾河的张家山 1933 年暴雨在 8 月产生的来沙量占入黄沙量的 34.10%, 1933 年的水沙关系点群明显偏离其他年份的水沙关系点群, 来沙量偏大, 不仅与其暴雨范围大和降雨强度大有关, 也与之前连续 11 年枯水期间重力侵蚀产生的泥沙在沟道大量积存, 被 1933 年大洪水集中输送有关。根据刘晓燕等 (2016) 的研究成果, 该流域如果没有发生大洪水, 连续 11 年沟谷坡脚就可以累积 3.85 亿~4 亿 t 重力侵蚀物。因此, 若不考虑重力侵蚀物堆积造成的影响, 推测 "1933.8" 暴雨在现状下垫面条件下可能的入黄沙量约为 4.0 亿 t。

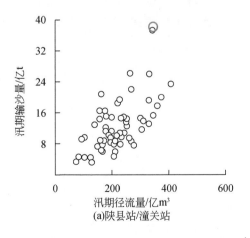

(a)陕县站/潼关站

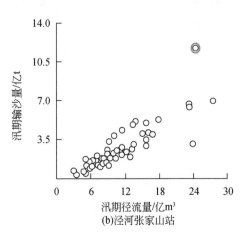

(b)泾河张家山站

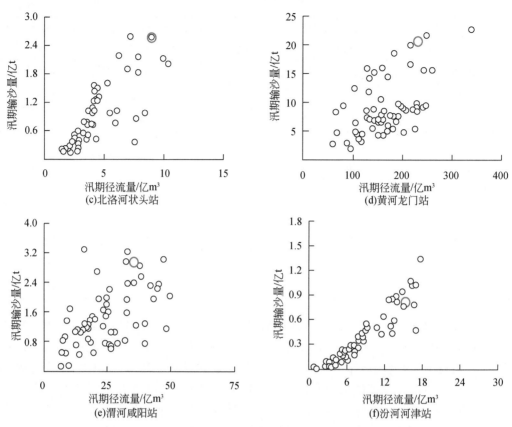

图 8-74　1933 年典型断面水沙关系与其他时段水沙关系对比

黑色为 1919～1969 年数据系列，红色标注为 1933 年数据

（3）成果合理性分析

研究的 14 条支流最大 1d 降水量 50mm 以上的面积占"1933.8"暴雨面积的 48.9%，最大 5d 降水量面积占 50%；最大 1d 降水量 100mm 以上的面积占"1933.8"暴雨面积的 65.2%，最大 5d 降水量面积占 67.6%；最大 1d 降水量 200mm 以上的面积占"1933.8"暴雨面积的 100%，最大 5d 降水量面积占 88.8%。14 条支流在"1933.8"暴雨中，所占面积比例大，且涵盖了当时的暴雨中心。因此，具有足够的代表性，成果结论合理可靠。

参 考 文 献

陈效逑，刘立，尉杨平．2011. 1961-2005 年黄河流域极端气候事件变化趋势 [J]. 人民黄河，33 (5)：3-5.

樊辉，杨晓阳．2010. 黄河干、支流径流量与输沙量年际变化特征 [J]. 泥沙研究，(4)：11-15.

付金霞，张鹏，郑粉莉，等．2016. 河龙区间近 55a 降雨侵蚀力与河流输沙量动态变化分析 [J]. 农业机械学报，47 (2)：185-192，207.

高云飞，郭玉涛，刘晓燕，等．2014. 陕北黄河中游淤地坝拦沙功能失效的判断标准 [J]. 地理学报，69 (1)：73-79.

郭少峰，贾德彬，高栓伟．2016. 黄河上游西柳沟流域水沙置换模式的初步研究 [J]. 水利科技与经济，22 (4)：51-55.

郝春沣，贾仰文，王浩．2012. 气象水文模型耦合研究及其在渭河流域的应用 [J]. 水利学报，(9)：1042-1049.

郝振纯，侯艳茹，张余庆，等．2013. 基于 SWAT 模型的皇甫川流域径流模拟研究 [J]. 中国农村水利水电，(5)：6-10.

侯建才，李占斌，崔灵周，等．2008. 黄土高原典型流域次降雨径流侵蚀产沙规律研究 [J]. 西北农林科技大学学报（自然科学版），36 (2)：210-214，221.

胡春宏，陈绪坚，陈建国．2008. 黄河水沙空间分布及其变化过程研究 [J]. 水利学报，39 (5)：10-19，518-527.

胡春宏，王延贵，张燕菁，等．2010. 中国江河水沙变化趋势与主要影响因素 [J]. 水科学进展，21 (4)：524-532.

贾绍凤，梁季阳．1992. 黄土高原降雨、径流、产沙相互关系的研究 [J]. 水土保持学报，6 (3)：42-47.

贾仰文，王浩，倪广恒，等．2005. 分布式流域水文模型原理与实践 [M]. 北京：中国水利水电出版社.

江忠善，王志强，刘志．1996. 黄土丘陵区小流域土壤侵蚀空间变化定量研究 [J]. 土壤侵蚀与水土保持学报，(1)：1-9.

金鑫，郝振纯，张金良．2006. 水文模型研究进展及发展方向 [J]. 水土保持研究，13 (4)：197-199，202.

康玲玲，王昌高，张永兰，等．2004. 近 50 年黄河中游降水变化及其对径流的影响 [J]. 人民黄河，26 (8)：26-29，46.

李斌兵，郑粉莉，龙栋材，等．2009. 基于 GIS 纸坊沟小流域土壤侵蚀强度空间分布 [J]. 地理科学，29 (1)：105-110.

李春晖，郑小康，庞爱萍，等．2008. 黄河流域 1919~1998 年径流量突变分析 [J]. 人民黄河，30 (6)：33-34.

李二辉．2016. 黄河中游皇甫川水沙变化及其对气候和人类活动的响应 [D]. 杨凌：西北农林科技大学.

李建华，雷文青．2014. 渭河 2013 年 7 月洪水分析评估 [J]. 陕西水利，(2)：17-18.

李景宗，刘立斌，Li，等．2018. 近期黄河潼关以上地区淤地坝拦沙量初步分析 [J]. 人民黄河，40 (1)：6.

李向阳, 程春田, 林剑艺. 2006. 基于 BP 神经网络的贝叶斯概率水文预报模型 [J]. 水利学报, 37 (3): 354-359.

刘昌明, 张学成. 2004. 黄河干流实际来水量不断减少的成因分析 [J]. 地理学报, 59 (3): 323-330.

刘铁龙, 张翔宇, 马雪妍. 2015. 渭河下游来水来沙及冲淤情况分析 [J]. 陕西水利, (5): 5-8.

刘晓燕, 杨胜天, 李晓宇, 等. 2015. 黄河主要来沙区林草植被变化及对产流产沙的影响机制 [J]. 中国科学: 技术科学, (10): 8.

刘晓燕, 党素珍, 张汉. 2016. 未来极端降雨情景下黄河可能来沙量预测 [J]. 人民黄河, 38 (10): 13-17.

刘晓燕. 2016. 黄河近年水沙锐减成因 [M]. 北京: 科学出版社.

闵屾, 钱永甫. 2008. 中国极端降水事件的区域性和持续性研究 [J]. 水科学进展, 19 (6): 763-771.

慕星, 张晓明. 2013. 皇甫川流域水沙变化及驱动因素分析 [J]. 干旱区研究, 30 (5): 933-939.

穆兴民, 巴桑赤烈, Zhang L, 等. 2007. 黄河河口镇至龙门区间来水来沙变化及其对水利水保措施的响应 [J]. 泥沙研究, (2): 36-41.

冉大川, 刘斌, 付良勇, 等. 1996. 双累积曲线计算水土保持减水减沙效益方法探讨 [J]. 人民黄河, (6): 24-25.

冉大川, 柳林旺, 赵力仪, 等. 2000. 黄河中游河口镇至龙门区间水土保持与水沙变化 [M]. 郑州: 黄河水利出版社.

冉大川, 罗全华, 刘斌, 等. 2004. 黄河中游地区淤地坝减洪减沙及减蚀作用研究 [J]. 水利学报, (5): 7-13.

冉大川, 张栋, 焦鹏, 等. 2016. 西柳沟流域近期水沙变化归因分析 [J]. 干旱区资源与环境, 30 (5): 143-148.

冉大川, 左仲国, 上官周平. 2006. 黄河中游多沙粗沙区淤地坝拦减粗泥沙分析 [J]. 水利学报, 37 (4): 443-450.

冉大川. 1992. 马莲河支流环江流降雨产流产沙经验公式初探 [J]. 中国水土保持, (9): 12-15.

冉大川. 1998. 环江流域综合治理蓄水减沙效益研究 [J]. 土壤侵蚀与水土保持学报, (3): 27-31.

冉大川. 2006. 黄河中游水土保持措施的减水减沙作用研究 [J]. 资源科学, (1): 93-100.

任国玉, 封国林, 严中伟. 2010. 中国极端气候变化观测研究回顾与展望 [J]. 气候与环境研究, 15 (4): 337-353.

芮孝芳, 朱庆平. 2002. 分布式流域水文模型研究中的几个问题 [J]. 水利水电科技进展, 22 (3): 56-58.

邵广文, 管仪庆, 管章岑, 等. 2014. 皇甫川径流变化趋势及成因分析 [J]. 水资源与水工程学报, (3): 53-56.

时芳欣, 王志慧, 齐亮, 等. 2018. 2017 年绥德 "7·26" 暴雨重现期分析 [J]. 人民黄河, 40 (7): 11-14.

汤立群, 陈国祥. 1999. 水土保持减水减沙效益计算方法研究 [J]. 河海大学学报 (自然科学版), (1): 82-87.

田勇, 马静, 李勇, 等. 2014. 河口镇—潼关区间水库近年拦沙量调查与分析 [J]. 人民黄河, 36 (7): 13-15, 31.

汪岗, 范昭. 2002a. 黄河水沙变化研究: 第 1 卷 [M]. 郑州: 黄河水利出版社.

汪岗, 范昭. 2002b. 黄河水沙变化研究: 第 2 卷 [M]. 郑州: 黄河水利出版社.

汪丽娜, 穆兴民, 高鹏, 等. 2005. 黄土丘陵区产流输沙量对地貌因子的响应 [J]. 水利学报, 36 (8): 956-960.

汪丽娜，穆兴民，张晓萍，等．2008．黄河流域粗泥沙集中来源区径流及输沙特征分析［J］．干旱区资源与环境，（10）：60-65．

王光谦，刘家宏．2006．黄河数字流域模型［J］．水利水电技术，（2）：15-21．

王国庆，贺瑞敏，张建云．2006a．环境变化对黄河中游三川河流域径流量的影响［C］//中国水利学会学术年会暨水文学术研讨会．

王国庆，贾西安，陈江南，等．2001．人类活动对水文序列的显著影响干扰点分析——以黄河中游无定河流域为例［J］．西北水资源与水工程，12（3）：13-15．

王国庆，张建云，贺瑞敏．2006b．环境变化对黄河中游汾河径流情势的影响研究［J］．水科学进展，17（6）：853-858．

王宏，熊维新．1994．渭河流域降雨产流产沙经验公式初探［J］．中国水土保持，（8）：15-18，61．

王士强．1990．冲积河渠床面阻力试验研究［J］．水利学报，（12）：18-29．

王随继，李玲，颜明．2013．气候和人类活动对黄河中游区间产流量变化的贡献率［J］．地理研究，32（3）：395-402．

王随继，闫云霞，颜明，等．2012．皇甫川流域降水和人类活动对径流量变化的贡献率分析——累积量斜率变化率比较方法的提出及应用［J］．地理学报，67（3）：388-397．

王小军，蔡焕杰，张鑫，等．2009．皇甫川流域水沙变化特点及其趋势分析［J］．水土保持研究，16（1）：5．

王延贵，刘茜，史红玲．2014．江河水沙变化趋势分析方法与比较［J］．中国水利水电科学研究院学报，（2）：190-195，201．

王云璋，康玲玲，王国庆．2004．近50年黄河上游降水变化及其对径流的影响［J］．人民黄河，（2）：5-7，46．

王中根，刘昌明，黄友波．2003．SWAT模型的原理、结构及应用研究［J］．地理科学进展，22（1）：79-86．

王中根，夏军，刘昌明，等．2007．分布式水文模型的参数率定及敏感性分析探讨［J］．自然资源学报，22（4）：649-655．

卫伟，陈利顶，傅伯杰，等．2007．黄土丘陵沟壑区极端降雨事件及其对径流泥沙的影响［J］．干旱区地理，30（6）：896-901．

魏霞，李勋贵，李占斌．2011．大理河流域治理前后径流泥沙变化研究［J］．长江科学院院报，28（4）：1-4．

谢平，陈广才，陈丽．2009．变化环境下基于降雨径流关系的水资源评价［J］．资源科学，31（1）：69-74．

邢贞相，芮孝芳，崔海燕，等．2007．基于AM-MCMC算法的贝叶斯概率洪水预报模型［J］．水利学报，38（12）：1500-1506．

徐建华，李晓宇，陈建军，等．2009．黄河中游河口镇至龙门区间水利水保工程对暴雨洪水泥沙影响研究［M］．郑州：黄河水利出版社．

徐宗学，张楠．2006．黄河流域近50年降水变化趋势分析［J］．地理研究，25（1）：27-34．

许继军．2007．分布式水文模型在长江流域的应用研究［D］．北京：清华大学．

许炯心．2004．无定河流域侵蚀产沙过程对水土保持措施的响应［J］．地理学报，59（6）：972-981．

许炯心．2010．黄河中游多沙粗沙区1997～2007年的水沙变化趋势及其成因［J］．水土保持学报，24（1）：1-7．

杨大文，李翀，倪广恒，等．2004．分布式水文模型在黄河流域的应用［J］．地理学报，59（1）：143-154．

杨大文，夏军，张建云．中国 PUB 研究与发展 [C] //夏军．2004．水问题的复杂性与不确定性研究与进展 [M]．北京：中国水利水电出版社．

杨大文，张树磊，徐翔宇．2015．基于水热耦合平衡方程的黄河流域径流变化归因分析 [J]．中国科学（技术科学），45 (10)：1042-1034．

杨金虎，江志红，王鹏祥，等．2008．中国年极端降水事件的时空分布特征 [J]．气候与环境研究，13 (1)：75-83．

姚文艺，高亚军，安催花，等．2015．百年尺度黄河上中游水沙变化趋势分析 [J]．水利水电科技进展，35 (5)：112-120．

姚文艺，冉大川，陈江南．2013．黄河流域近期水沙变化及其趋势预测 [J]．水科学进展，24 (5)：607-616．

姚文艺，徐建华，冉大川，等．2011．黄河流域水沙变化情势分析与评价 [M]．郑州：黄河水利出版社．

姚文艺．2011．黄河流域水沙变化情势分析与评价 [M]．郑州：黄河水利出版社．

叶清超．1993．黄河流域环境变迁与水沙运行规律研究 [M]．济南：山东科学技术出版社．

张洪刚，郭生练，刘攀，等．2004．基于贝叶斯分析的概率洪水预报模型研究 [J]．水电能源科学，22 (1)：22-25．

张建云，王国庆，贺瑞敏，等．2009．黄河中游水文变化趋势及其对气候变化的响应 [J]．水科学进展，20 (2)：153-158．

张铭，李承军，张勇传．2009．贝叶斯概率水文预报系统在中长期径流预报中的应用 [J]．水科学进展，20 (1)：40-44．

赵广举，穆兴民，田鹏，等．2012．近60年黄河中游水沙变化趋势及其影响因素分析 [J]．资源科学，34 (6)：1070-1078．

赵广举，穆兴民，温仲明，等．2013．皇甫川流域降水和人类活动对水沙变化的定量分析 [J]．中国水土保持科学，11 (4)：1-8．

赵力毅，赵光耀，王鸿斌．2006．黄河中游粗泥沙集中来源区产沙规律综述 [J]．人民黄河，(3)：64-66，80．

赵文林．1990．皇甫川流域降雨、产流、产沙特性初析 [J]．人民黄河，(6)：37-42．

周端庄，赵纯厚，朱振宏，等．世界江河与大坝 [M]．北京：中国水利水电出版社．

周佩华，王占礼．1992．黄土高原土壤侵蚀暴雨的研究 [J]．水土保持学报，6 (3)：1-5

周园园，师长兴，杜俊，等．2012．无定河流域1956～2009年径流量变化及其影响因素 [J]．自然资源学报，27 (5)：856-865．

周园园，师长兴，范小黎，等．2011．国内水文序列变异点分析方法及在各流域应用研究进展 [J]．地理科学进展，30 (11)：1361-1369．

朱慧明，韩玉启．2006．贝叶斯多元统计推断理论 [M]．北京：科学出版社．

Ajami N K, Duan Q, Sorooshian S. 2007. An integrated hydrologic Bayesian multi-model combination framework：Confronting input, parameter, and model structural uncertainty in hydrologic prediction [J]. Water Resources Research, 43 (1)：208-214.

Allen R G, Pereira L S, Raes D, et al. 1998. Crop evapotranspiration：Guidelines for computing crop requirements. FAO irrig. drain. report modeling and application [J]. Journal of Hydrology, 285：19-40.

Bayes T. 1991. An Essay towards solving a problem in the doctrine of chances. 1763 [J]. Philosophical Transactions of the Royal Society of London, 8 (3)：157-171.

Berendse F, van Ruijven J, Jongejans E, et al. 2015. Loss of plant species diversity reduces soil erosion resistance [J]. Ecosystems, 18 (5)：881-888.

Beven K. 2006. A manifesto for the equifinality thesis [J]. Journal of Hydrology, 320 (1-2): 18-36.

Borrelli P, Märker M, Schütt B. 2015. Modelling Post-Tree-Harvesting soil erosion and sediment deposition potential in the Turano River Basin (Talian Entral Apennine) [J]. Land Degradation & Development, 26 (4): 356-366.

Brevik E C, Cerdà A, Mataix-Solera J, et al. 2015. The interdisciplinary nature of soil [J]. Soil, 1 (1): 117-129.

Budyko M I. 1974. Climate and Life [M]. New York: Academic Press.

Buendia C, Batalla R J, Sabater S, et al. 2016. Runoff trends driven by climate and afforestation in a Pyrenean basin [J]. Land Degradation & Development. 27 (3): 823-838.

Burnham K P, Anderson D R. 1998. Model selection and inference: a Practical Information-Theoretic Approach [M]. New York: Springer Publishing Company.

Burt T, Boardman J, Foster I, et al. 2016. More rain, less soil: l ong-term changes in rainfall intensity with climate change [J]. Earth Surface Processes and Landforms, 41 (4): 563-566.

Capra A, Porto P, Spada C L. 2017. Long-term variation of rainfall erosivity in Calabria (Southern Italy) [J]. Theoretical and Applied Climatology, 128: 141-158.

Cevasco A, Pepe G, Brandolini P. 2014. The influences of geological and land use settings on shallow landslides triggered by an intense rainfall event in a coastal terraced environment [J]. Bulletin of Engineering Geology and the Environment, 73 (3): 859-875.

Chen D, Wei W, Che L. 2017. Effects of terracing practices on water erosion control in China: A meta-analysis [J]. Earth-Science Reviews, 173: 109-121.

Choudhury B. 1999. Evaluation of an empirical equation for annual evaporation using field observations and results from a biophysical model [J]. Journal of Hydrology, 216 (1-2): 99-110.

Clark D B, Haddeland I, Franssen W, et al. 2009. Water MIP: A multi-model estimate of the terrestrial water cycle. Experimental setup and first results [J]. Hydrology.

Clark J S. 2005. Why environmental scientists are becoming Bayesians [J]. Ecology Letters, 8 (1): 2-14.

Clark M P, Kavetski D, Fenicia F. 2011. Pursuing the method of multiple working hypotheses for hydrological modeling [J]. Water Resources Research, 47 (9): 178-187.

Clark M P, Slater A G, Rupp D E, et al. 2008. Framework for Understanding Structural Errors (FUSE): A modular framework to diagnose differences between hydrological models [J]. Water Resources Research, 44 (12): 421-437.

Cong Z T, Yang D W, Gao B, et al. 2009. Hydrological trend analysis in the Yellow River Basin using a distributed hydrological model [J]. Water Resources Research, 45 (7): 335-345.

Deng J L. 1982. Control problems of grey systems [J]. Systems & Control Letters, 1 (5): 288-294.

Feng X, Cheng W, Fu B, et al. 2016. The role of climatic and anthropogenic stresses on long-term runoff reduction from the Loess Plateau, China [J]. Science of the Total Environment, 571: 688-698.

Friend A D, Lucht W, Rademacher T T, et al. 2014. Carbon residence time dominates uncertainty in terrestrial vegetation responses to future climate and atmospheric CO_2 [J]. Proceedings of the National Academy of Sciences of the United States of America, 111 (9): 3280-3285.

Fu B, Wang S, Liu Y, et al. 2017. Hydrogeomorphic Ecosystem Responses to Natural and Anthropogenic Changes in the Loess Plateau of China [J]. Annual Review of Earth and Planetary Sciences, 45 (1): 223-243.

Fu B. 1981. On the calculation of the evaporation from land surface [J]. Chinese Journal of Atmospheric Sciences,

5 (1): 23-31.

Fu G, Charles S P, Viney N R, et al. 2007. Impacts of climate variability on stream-flow in the Yellow River [J]. Hydrological Processes, 21 (25): 3431-3439.

Fu G, Chen S, Liu C, et al. 2004. Hydro-climatic trends of the Yellow River Basin for the last 50 years [J]. Climatic Change, 65 (1-2): 149-178.

Gao G, Fu B, Wang S, et al. 2016a. Determining the hydrological responses to climate variability and land use/cover change in the Loess Plateau with the Budyko framework [J]. Science of the Total Environment, 557-558: 331-342.

Gao Z L, Fu Y L, Li Y H, et al. 2012. Trends of streamflow, sediment load and their dynamic relation for the catchments in the middle reaches of the Yellow River over the past five decades [J]. Hydrology and Earth System Sciences, 16 (9): 3219-3231.

Gao Z, Zhang L, Zhang X, et al. 2016. Long-term streamflow trends in the middle reaches of the Yellow River Basin: detecting drivers of change [J]. Hydrological Processes, 30 (9): 1315-1329.

Gölz E. 1990. Suspended sediment and bed load problems of the Upper Rhine [J]. Catena, 17: 127-140.

Haan C T. 2002. Statistical Methods in Hydrology [M]. Ames: Iowa State Press.

Hansen J, Sato M, Ruedy R, et al. 2006. Global temperature change [J]. Proceedings of the National Academy of Sciences of the United States of America, 103 (39): 14288-14293.

He Y, Wang F, Mu X, et al. 2017. Human activity and climate variability impacts on sediment discharge and runoff in the Yellow River of China [J]. Theoretical & Applied Climatology, (1a2): 645-654.

Hirsch R M, Slack J R, Smith R A. 1982. Techniques of trend analysis for monthly water quality data [J]. Water Resources Research, 18 (1): 107-121.

Hoeting J, Raftery A E, Madigan D. 1996. A method for simultaneous variable selection and outlier identification in linear regression [J]. Computational Statistics & Data Analysis. 22 (3): 251-270.

Hu Z D, Wang L, Wang Z J, et al. 2015. Quantitative assessment of climate and human impacts on surface water resources in a typical semi-arid watershed in the middle reaches of the Yellow River from 1985 to 2006 [J]. International Journal of Climatology, 35 (1): 97-113.

Huntington T G. 2006. Evidence for intensification of the global water cycle: Review and synthesis [J]. Journal of Hydrology, 319 (1-4): 83-95.

Jia Y, Wang H, Zhou Z, et al. 2006. Development of the WEP-L distributed hydrological model and dynamic assessment of water resources in the Yellow River basin [J]. Journal of Hydrology, 331 (3-4): 606-629.

Kempe S, Krahe P. 2005. Water and biochemical fluxes in the River Rhine catchment [J]. Erdkunde, 59 (3): 216-250.

Kendall M G. 1975. Rank Correlation Methods [M]. London: Charles Griffin.

Kesel R H. 1988. The decline in the suspended load of the Lower Mississippi River and its influence on adjacent wetlands [J]. Environmental Geology, 11 (3): 271-281.

Kong D, Miao C, Wu J, et al. 2016. Impact assessment of climate change and human activities on net runoff in the Yellow River Basin from 1951 to 2012 [J]. Ecological Engineering, 91: 566-573.

Krzysztofowicz R. 1999. Bayesian theory of probabilistic forecasting via deterministic hydrologic model [J]. Water Resources Research, 35 (9): 2739-2750.

Labat D, Ronchail J, Guyot J L. 2005. Recent advances in wavelet analyses: Part 2—Amazon, Parana, Orinoco and Congo discharges time scale variability [J]. Journal of Hydrology, 314 (1-4): 289-311.

Lavielle M. 2005. Using penalized contrasts for the change-point problem [J]. Signal Processing, 85 (8):

1501-1510.

Li E, Mu X, Zhao G, et al. 2017. Effects of check dams on runoff and sediment load in a semi-arid river basin of the Yellow River [J]. Stochastic Environmental Research & Risk Assessment, 31 (7): 1-13.

Li L J, Zhang L, Wang H, et al. 2007. Assessing the impact of climate variability and human activities on streamflow from the Wuding River basin in China [J]. Hydrological Processes: an International Journal, 21 (25): 3485-3491.

Liang W, Bai D, Wang F, et al. 2015. Quantifying the impacts of climate change and ecological restoration on streamflow changes based on a Budyko hydrological model in China's Loess Plateau [J]. Water Resources Research, 51 (8): 6500-6519.

Liu B Y, Zhang K, Xie Y. 2002. An Empirical Soil Loss Equation [C]. Ministry of Water Resources of the People's Republic of China.

Liu C, Sui J, Wang Z Y. 2008. Changes in runoff and sediment yield along the yellow river during the period from 1950 to 2006 [J]. Journal of Environmental Informatics, 12 (2): 129-139.

Lu X X, Ran L S, Liu S, et al. 2013. Sediment loads response to climate change: A preliminary study of eight large Chinese rivers [J]. International Journal of Sediment Research, 28 (1): 1-14.

Mann H B. 1945. Non-parametric tests against trend [J]. Econometrica, 13 (3): 245-259.

Meehl G A, Boer G J, Covey C, et al. 1997. Intercomparison makes for a better climate model [J]. Eos Transactions American Geophysical Union, 78 (41): 445-451.

Meehl G A, Covey C, Mcavaney B, et al. 2005. Overview of the coupled model intercomparison project [J]. Bulletin of the American Meteorological Society, 86 (1): 89-93.

Miao C, Ni J, Borthwick A G L, et al. 2011. A preliminary estimate of human and natural contributions to the changes in water discharge and sediment load in the Yellow River [J]. Global & Planetary Change, 76 (3-4): 196-205.

Miao C, Ni J, Borthwick A G L, et al. 2011. A preliminary estimate of human and natural contributions to the changes in water discharge and sediment load in the Yellow River [J]. Global & Planetary Change, 76 (3-4): 196-205.

Milliman J D, Qin Y S, Ren M E, et al. 1987. Man's influence on the erosion and transport of sediment by Asian rivers: the Yellow River (Huanghe) Example [J]. Journal of Geology, 95 (6): 751-762.

Milly P C D, Dunne K A. 2002. Macroscale water fluxes 2. Water and energy supply control of their interannual variability [J]. Water Resources Research, 38 (10): 1-9.

Mirza M Q. 1997. Hydrological changes in the Ganges system in Bangladesh in the post-Farakka period [J]. Hydrological Sciences-Journal-des Sciences Hydrologiques, 42 (5): 613-631.

Mirza M Q. 1998. Precipitation-discharge modelling for assessing future flood hazard in Bangladesh under climate change [D]. Waikato: University of Waikato.

Mirza, M Q. 2001. The Institute for Environmental Studies (IES), University of Toronto, Canada, Are floods getting worse in the Ganges, Brahmaputra and Meghna basins? [J]. Environmental Hazards, 3 (2): 37-48.

Mu X, Zhang L, Mcvicar T R, et al. 2007. Analysis of the impact of conservation measures on stream flow regime in catchments of the Loess Plateau, China [J]. Hydrological Process, 21 (16): 2124-2134.

Mu X, Zhang X, Shao H, et al. 2012. Dynamic changes of sediment discharge and the influencing factors in the Yellow River, China, for the recent 90 years [J]. Clean - Soil Air Water, 40 (3): 303-309.

Neitsch S, Arnold J, Kiniry J, et al. 2005. Soil and water assessment tool theoretical documentation, version 2000" [M]. Texas, USA.

Neuman S P. 2003. Maximum likelihood Bayesian averaging of uncertain model predictions [J]. Stochastic Environmental Research and Risk Assessment, 17 (5): 291-305.

OL'dekop E M. 1911. On evaporation from the surface of river basins [J]. Transactions on Meteorological Observations, 4: 200.

Orfanidis S. 1995. Introduction to Signal Processing [M]. Englewood: Prentice-Hall.

Pettitt A N. 1979. A non-parametric approach to the change-point problem [J]. Journal of the Royal Statistical Society. Series C (Applied Statistics), 28 (2): 126-135.

Piao S, Friedlingstein P, Ciais P, et al. 2007. Changes in climate and land use have a larger direct impact than rising CO_2 on global river runoff trends [J]. Proceedings of the National Academy of Sciences, 104 (39): 15242-15247.

Pike J G. 1964. The estimation of annual run-off from meteorological data in a tropical climate [J]. Journal of Hydrology, 2 (2): 116-123.

Renard B, Kavetski D, Kuczera G, et al. 2010. Understanding predictive uncertainty in hydrologic modeling: The challenge of identifying input and structural errors [J]. Water Resources Research, 46 (5): W05521.

Rodriguez-Iturbe I, Porporato A, Ridolfi L, et al. 1999. Probabilistic modeling of water balance at a point: The role of climate, soil and vegetation [J]. Proceedings of the Royal Society, 455 (1990): 3789-3805.

Sankarasubramanian A, Vogel R M, Limbrunner J F. 2001. Climate elasticity of streamflow in the United States [J]. Water Resources Research, 37 (6): 1771-1781.

Schaake J C. 1990. From climate to flow [C] //Waggoner. Climate Change and U. S. Water Resources. New York: John Wiley and Sons Inc.

Schmid K, Bader S, Schlegel T. 2005. Starkniederschläge 19. bis 23. August 2005. MeteoSchweiz, Bundesamt für Meteorologie und Klimatologie [C]. Mitteilung vom. 24. 8. 2005.

Schreiber P. 1904. Über die Beziehungen zwischen dem Niederschlag und der Wasserführung der Flüsse in Mitteleuropa [J]. Z. Meteorol, 21 (10): 441-452.

Schuol J, Abbaspour K C, Srinivasan R, et al. 2008. Estimation of freshwater availability in the West African sub-continent using the SWAT hydrologic model [J]. Journal of Hydrology, 352 (1-2): 30-49.

Schwarz G. 1978. Estimating the dimension of a model [J]. Annals of Statistics, 6 (2): 461-464.

Sen P K. 1968. Estimates of the Regression Coefficient Based on Kendall's Tau [J]. Publications of the American Statistical Association, 63 (324): 1379-1389.

Shannon C E. 1948. A mathematical theory of communication [J]. Bell System Technical Journal, 27 (3): 379-423.

Sheng Yue, Pilona P, Cavadiasb G. 2002. Power of the Mann-Kendall and Spearman's rho tests for detecting monotonic trends in hydrological series [J]. Journal of Hydrology, 259 (1-4): 254-271.

Shi H, Li T, Wang K, et al. 2016. Physically based simulation of the streamflow decrease caused by sediment-trapping dams in the middle Yellow River [J]. Hydrological Processes, 30 (5): 783-794.

Singh V P, Woolhiser D A. 2002. Mathematical modeling of watershed hydrology [J]. Journal of Hydrologic Engineering, 7 (4): 270-292.

Sugiura N. 1978. Further Analysis of the Data by Anaike' S Information Criterion and the Finite Corrections [J]. Communication in Statistics-Theory and Methods, 7 (1): 13-26.

Taylor K E, Stouffer R J, Meehl G A. 2012. An overview of CMIP5 and the experiment design [J]. Bulletin of the American Meteorological Society, 93 (4): 485-498.

Thyer M, Renard B, Kavetski D, et al. 2009. Critical evaluation of parameter consistency and predictive uncertainty in hydrological modeling: A case study using Bayesian total error analysis [J]. Water Resources Research, 45 (12): 1211-1236.

Tian A P, Zhao G, Mu X, et al. 2013. Check dam identification using multisource data and their effects on streamflow and sediment load in a Chinese Loess Plateau catchment [J]. Journal of Applied Remote Sensing, 7 (1): 63-72.

Tian P, Mu X, Liu J, et al. 2016. Impacts of climate variability and human activities on the changes of runoff and sediment load in a catchment of the Loess Plateau [J]. Advances in Meteorology, (3): 1-15.

Turc L. 1954. Le bilan d'eau des sols: Relation entre la precipitation, l'evaporation etl'e'coulement [J]. Annales Agronomiques, (5): 491-569.

Vicens G J, Rodriguez-Iturbe I, Schaake J C. 1975. Bayesian framework for use of regional information in hydrology [J]. Water Resources Research, 11 (3): 405-414.

Vogel R M, Kroll C N. 1991. The value of streamflow record augmentation procedures in low flow and flood-flow frequency analysis [J]. Journal of Hydrology, 125: 259-276.

Vrugt J A, Diks C G H, Gupta H V, et al. 2005. Improved treatment of uncertainty in hydrologic modeling: Combining the strengths of global optimization and data assimilation [J]. Water Resources Research, 41 (1): 143-148.

Wainwright J, Mulligan M. 2004. Soil and Hillslope Hydrology Environmental Modelling: Finding Simplicity in Complexity [M]. London: John Wiley & Sons.

Walling D E. 2006. Human impact on land-ocean sediment transfer by the world's rivers [J]. Geomorphology, 79 (3-4): 192-216.

Wang D, Hejazi M I. 2011. Quantifying the relative contribution of the climate and direct human impacts on mean annual streamflow in the contiguous United States [J]. Water Resources Research, 47 (10): 1-16.

Wang F, Mu X, Li R, et al. 2015b. Co-evolution of soil and water conservation policy and human-environment linkages in the Yellow River Basin since 1949 [J]. Science of the Total Environment, 508: 166-177.

Wang G, Zhang J, Ruimin H E, et al. 2008. Runoff reduction due to environmental changes in the Sanchuanhe river basin [J]. International Journal of Sediment Research, 23 (2): 174-180.

Wang H, Saito Y, Zhang Y, et al. 2011. Recent changes of sediment flux to the western Pacific Ocean from major rivers in East and Southeast Asia [J]. Earth-Science Reviews, 108 (1-2): 80-100.

Wang H, Yang Z, Saito Y, et al. 2007. Stepwise decreases of the Huanghe (Yellow River) sediment load (1950-2005): Impacts of climate change and human activities [J]. Global & Planetary Change, 57 (3-4): 331-354.

Wang S, Fu B, Liang W, et al. 2017. Driving forces of changes in the water and sediment relationship in the Yellow River [J]. Science of the Total Environment, 576: 453-461.

Wang S, Fu B, Piao S, et al. 2015a. Reduced sediment transport in the Yellow River due to anthropogenic changes [J]. Nature Geoscience, 9 (1): 38-41.

Wang Y, Ding Y J, Ye B S, et al. 2013. Contributions of climate and human activities to changes in runoff of the Yellow and Yangtze rivers from 1950 to 2008 [J]. Science China Earth Sciences, 56 (8): 1398-1412.

Warszawski L, Frieler K, Huber V, et al. 2014. The inter-sectoral impact model intercomparison project (ISI-MIP): Project framework. [J]. Proceedings of the National Academy of Sciences of the United States of America, 111 (9): 3228-3232.

Wu J, Miao C, Zhang X, et al. 2017. Detecting the quantitative hydrological response to changes in climate and human activities [J]. Science of The Total Environment, 586: 328-337.

Wu Y, Chen J. 2012. Modeling of soil erosion and sediment transport in the East River Basin in southern China [J]. Science of the Total Environment, 441: 159-168.

Xu J. 2013. Effects of climate and land-use change on green-water variations in the Middle Yellow River, China [J]. Hydrological Sciences Journal, 58 (1): 106-117.

Xu J. 2011. Variation in annual runoff of the Wudinghe River as influenced by climate change and human activity [J]. Quaternary International, 244 (2): 230-237.

Xu X, Yang D, Yang H, et al. 2014. Attribution analysis based on the Budyko hypothesis for detecting the dominant cause of runoff decline in Haihe basin [J]. Journal of Hydrology, 510 (6): 530-540.

Xu Z X, Zhao F F, Li J Y. 2009. Response of streamflow to climate change in the headwater catchment of the Yellow River basin [J]. Quaternary International, 208 (1-2): 62-75.

Yang D, Li C, Hu H, et al. 2004. Analysis of water resources variability in the Yellow River of China during the last half century using historical data [J]. Water Resources Research, 40 (6): W06502. 1-W06502. 12.

Yang H, Yang D, Hu Q. 2014. An error analysis of the Budyko hypothesis for assessing the contribution of climate change to runoff [J]. Water Resources Research, 50 (12): 9620-9629.

Yang Z S, Milliman J D, Galler J, et al. 2013. Yellow river's water and sediment discharge decreasing steadily [J]. Eos Transactions American Geophysical Union, 79 (48): 589-592.

Yao H, Shi C, Shao W, et al. 2015. Impacts of preate simnge and human activities on runoff and sediment load of the Xiliugou basin in the Upper Yellow River [J]. Advances in Meteorology, (3): 1-12.

Yu Y, Wang H, Shi X, et al. 2013. New discharge regime of the Huanghe (Yellow River): Causes and implications [J]. Continental Shelf Research, 69 (6): 62-72.

Zadeh L A. 1965. Fuzzy sets, information and control [J]. Information & Control, 8 (3): 338-353.

Zhang L, Dawes W R, Walker G R. 2001. Response of mean annual evapotranspiration to vegetation changes at catchment scale [J]. Water Resources Research, 37 (3): 701-708.

Zhang S, Chen D, Li F X, et al. 2018. Evaluating spatial variation of suspended sediment rating curves in the middle Yellow River basin, China [J]. Hydrological Processes, 32 (11): 1616-1624.

Zhang X P, Lu Z, Jing Z, et al. 2008. Responses of streamflow to changes in climate and land use/cover in the Loess Plateau, China [J]. Water Resources Research, 44 (7): 12.

Zhao G, Mu X, Jiao J, et al. 2017. Evidence and causes of spatiotemporal changes in runoff and sediment yield on the Chinese loess plateau [J]. Land Degradation & Development, 28 (2): 579-590.

Zhao G, Tian P, Mu X, et al. 2014. Quantifying the impact of climate variability and human activities on streamflow in the middle reaches of the Yellow River basin, China [J]. Journal of Hydrology, 519 (part A): 387-398.

Zheng H, Zhang L, Zhu R, et al. 2009. Responses of streamflow to climate and land surface change in the headwaters of the Yellow River basin [J]. Water Resources Research, 45 (7): 641-648.

Zhou T J, Chen X L. 2015. Uncertainty in the 2℃ warming threshold related to climate sensitivity and climate feedback [J]. Journal of Meteorological Research, 29: 884-895.

Zhou Y, Shi C, Fan X, et al. 2015. The influence of climate change and anthropogenic activities on annual runoff of Huangfuchuan basin in northwest China [J]. Theoretical and Applied Climatology, 120 (1-2): 137-146.